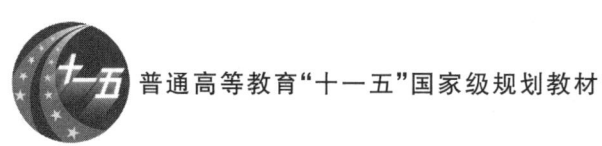

虚拟样机技术与 ADAMS
应用实例教程（第 2 版）

郭卫东　李守忠　编著

北京航空航天大学出版社

内 容 简 介

本书以 ADAMS 软件为平台,全面介绍了虚拟样机技术在机构运动学分析、动力学分析和机构设计与仿真中的应用。共分为 9 章,主要内容有:虚拟样机技术概论,虚拟样机建模基础,函数的定义及其应用,柔性体建模及系统振动特性分析,机构的参数化建模与优化设计,虚拟样机的控制设计,机械传动系统设计与仿真分析,及虚拟样机建模中的用户化设计。

本书既可作为高等工科院校机械类、近机类专业本科生和研究生的教材,也可作为工程技术人员的参考用书。

图书在版编目(CIP)数据

虚拟样机技术与 ADAMS 应用实例教程 / 郭卫东,李守忠编著. -- 2 版. -- 北京:北京航空航天大学出版社,2018.8
　　ISBN 978 - 7 - 5124 - 2761 - 7

　　Ⅰ. ①虚… Ⅱ. ①郭… ②李… Ⅲ. ①机械工程－计算机仿真－应用软件－高等学校－教材 Ⅳ. ①TH - 39

中国版本图书馆 CIP 数据核字(2018)第 164683 号

版权所有,侵权必究。

虚拟样机技术与 ADAMS 应用实例教程(第 2 版)
郭卫东　李守忠　编著
责任编辑　冯　颖
＊
北京航空航天大学出版社出版发行

北京市海淀区学院路 37 号(邮编 100191)　http://www.buaapress.com.cn
发行部电话:(010)82317024　传真:(010)82328026
读者信箱:goodtextbook@126.com　邮购电话:(010)82316936
北京宏伟双华印刷有限公司印装　各地书店经销
＊
开本:787×1 092　1/16　印张:20.5　字数:525 千字
2018 年 8 月第 2 版　2023 年 7 月第 6 次印刷　印数:10 001～11 000 册
ISBN 978 - 7 - 5124 - 2761 - 7　定价:49.00 元

若本书有倒页、脱页、缺页等印装质量问题,请与本社发行部联系调换。联系电话:(010)82317024

第 2 版前言

2008 年 6 月,《虚拟样机技术与 ADAMS 应用实例教程》第 1 版正式出版发行。本书的编写思路是以虚拟样机技术的应用为出发点,以虚拟样机创建和开发软件 ADAMS 为平台,在介绍虚拟样机基础理论的基础上,全面阐述虚拟样机的创建和仿真的主要技术,从虚拟样机建模的基础知识开始,到重要函数的定义及应用,再到机械系统的有关设计与分析,到最后的用户化设计等,内容全面、详实。在叙述方法上,不是枯燥地介绍 ADAMS 的各种操作命令的格式和使用方法,而是从实用出发,以各个设计实例为主线,由浅入深地逐步引导读者通过具体操作过程来掌握 ADAMS 软件的基本建模、仿真和分析方法。由问题出发,有针对性地应用虚拟样机技术解决实际问题,使读者在使用此书的过程中,保持明确的目标和清晰的思路。在编写方法上,此书将图形和文字结合起来,以便于读者的学习和使用,文字前的标号与图形中的标号相互对应,可读性更强。

由于本书第 1 版具有详实的内容和鲜明的编写特点,自出版以来,一直受到广大读者的普遍欢迎,并于 2011 年被评为"北京高等教育精品教材"。但在过去的十年中,ADAMS 软件已经由 2005 版本升级到了 2017 版本,不但软件的界面风格由以前的 Classic(经典)型变成了现在默认的 Default(流行)型,而且功能和内容也有所增加,从而使得机械系统的虚拟样机创建更方便、仿真分析功能更强大。基于这些原因,并应读者的要求,作者重新编写了本书。

此次改版在保留第 1 版部分内容的基础上,也在编排顺序和叙述风格上进行了一定的调整和改进,以使其内容更系统、连贯并更易于阅读。另外,第 2 版还增加了一些新内容,例如机械设计模块(ADAMS/Machinery)及柔性体的刚柔替换设计等等。

此次改版仍以设计实例为主线,由浅入深地一步步引导读者通过具体操作过程来掌握基于 ADAMS 2017 软件的虚拟样机技术的基本建模、仿真和分析方法。内容涉及虚拟样机建模基础、函数定义及应用、机构设计、控制系统设计、柔性体建模、参数化建模、优化设计与分析、机械系统设计、用户化设计等内容。

本书是作者结合多年的科研实践以及本科生与研究生的相关教学经验编写而成的。作者在编写过程中参考了来自美国 MSC.Software 公司的一些实例,以及部分参考文献中的实例,在此一并致谢。

由于作者水平有限,书中错误之处在所难免,还请广大读者给予批评指正。

郭卫东　李守忠
2018 年 5 月于北京航空航天大学

第 1 版前言

虚拟样机技术(Virtual Prototyping Technology)是当前设计制造领域的一项新技术,其应用涉及汽车制造、工程机械、航空航天、造船、航海、机械电子、通用机械等众多领域。虚拟样机技术的应用贯穿于整个设计过程,它可以用在概念设计和方案论证中,设计者可以把自己的经验与想象结合在虚拟样机里,让想象力和创造力得到充分地发挥。用虚拟样机替代物理样机,不但可以缩短开发周期,而且设计效率也得到了很大的提高。

本书以美国 MSC 公司的机械系统动力学分析软件 ADAMS 为平台,以设计实例为主线,从最基础的入门开始,介绍虚拟样机技术在机械产品设计与分析中的应用。

本书的特点是不泛泛介绍 ADAMS 的各种操作和命令,而是从实用出发,以设计实例为主线,由浅入深地一步步引导读者通过具体操作过程来掌握 ADAMS 软件的基本建模、仿真和分析方法。其内容涉及 ADAMS 的虚拟样机建模基础、函数定义及应用、机构设计、控制系统设计、柔性体建模、参数化建模、优化设计与分析、用户化设计等内容。

本书非常便于读者自学,跟着书中的实例进行操作,即可使读者熟练掌握 ADAMS 的基本操作,并在自己的设计分析任务中灵活运用。

本书是作者结合自己多年的科研实践以及教授本科生与研究生相关课程的一线教学经验编写而成的。

希望广大读者对书中的问题给予批评指正。

郭卫东
2007 年 11 月于北京航空航天大学

目　　录

第1章　虚拟样机技术概论 ··· 1
1.1　机械产品设计的主要过程 ·· 1
1.2　虚拟样机技术的基本概念 ·· 2
1.3　虚拟样机技术的应用及其特点 ·· 3
1.4　虚拟样机技术应用软件 ·· 4
1.5　ADAMS软件简介 ··· 4
1.5.1　前处理模块 ADAMS/View ······································ 4
1.5.2　CAD接口模块 ADAMS/Exchange ································· 5
1.5.3　后处理模块 ADAMS/PostProcessor ······························ 5
1.5.4　求解器模块 ADAMS/Solver ····································· 6
1.5.5　线性化求解模块 ADAMS/Linear ································· 7
1.5.6　优化/试验分析模块 ADAMS/Insight ······························ 7
1.5.7　刚柔耦合分析模块 ADAMS/Flex ································· 7
1.5.8　耐久性模块 ADAMS/Durability ·································· 8
1.5.9　控制模块 ADAMS/Controls ····································· 9
1.5.10　机电一体化模块 ADAMS/Mechatronics ·························· 9
1.5.11　振动分析模块 ADAMS/Vibration ································ 9
1.5.12　自动的柔性体生成模块 ADAMS/ViewFlex ······················· 10
1.5.13　直接的CAD数据接口模块 ADAMS/Translators ··················· 11
1.5.14　汽车包 ADAMS/Car ··· 11
1.5.15　机械包 ADAMS/Machinery ···································· 12
思考题与习题 ··· 12

第2章　虚拟样机建模基础 ·· 13
2.1　机构的运动学仿真与分析 ··· 13
2.1.1　启动ADAMS并设置工作环境 ·································· 13
2.1.2　创建机构模型 ··· 16
2.1.3　保存模型 ··· 25
2.1.4　仿真与测试 ··· 25
2.1.5　机构的装配法建模 ··· 38
2.2　机构的动力学仿真与分析 ··· 42
2.2.1　启动ADAMS并设置工作环境 ·································· 42
2.2.2　创建虚拟样机模型 ··· 43

2.2.3 仿真与测试 ·············· 52
2.3 行星轮系建模与仿真 ·············· 55
2.3.1 启动 ADAMS 并设置工作环境 ·············· 55
2.3.2 创建虚拟样机模型 ·············· 57
2.3.3 仿真与测试 ·············· 65
2.3.4 实体模型的导入 ·············· 67
2.4 凸轮机构建模与仿真 ·············· 73
2.4.1 启动 ADAMS 并设置工作环境 ·············· 73
2.4.2 创建虚拟样机模型 ·············· 75
2.4.3 仿真与测试 ·············· 81
思考题与习题 ·············· 85

第 3 章 函数的定义及其应用 ·············· 87
3.1 基本函数的定义及其应用 ·············· 87
3.1.1 启动 ADAMS 并设置工作环境 ·············· 87
3.1.2 创建虚拟样机模型 ·············· 87
3.1.3 仿真与测量模型 ·············· 93
3.2 IF 函数的定义及其应用 ·············· 95
3.2.1 启动 ADAMS 并设置工作环境 ·············· 96
3.2.2 创建虚拟样机模型 ·············· 97
3.2.3 设计凸轮 ·············· 101
3.2.4 凸轮曲线的数据 ·············· 105
3.2.5 仿真与测量 ·············· 106
3.3 STEP 函数的定义及其应用 ·············· 109
3.3.1 启动 ADAMS 并设置工作环境 ·············· 109
3.3.2 创建虚拟样机模型 ·············· 109
3.3.3 仿真与测量模型 ·············· 114
3.4 SPLINE 函数的定义及其应用 ·············· 116
3.4.1 启动 ADAMS 并设置工作环境 ·············· 117
3.4.2 创建虚拟样机模型 ·············· 117
3.4.3 仿真与测量模型 ·············· 126
3.5 DIFF 函数的定义及其应用 ·············· 131
3.5.1 启动 ADAMS 并设置工作环境 ·············· 132
3.5.2 创建虚拟样机模型 ·············· 133
3.5.3 仿真与测量模型 ·············· 138
思考题与习题 ·············· 140

第 4 章 柔性体建模及系统振动特性分析 ·············· 143
4.1 非连续柔性体建模 ·············· 143

		4.1.1 创建虚拟样机模型	143
		4.1.2 仿真与测试模型	146
	4.2	刚体转换成柔性体方式建模	150
		4.2.1 创建虚拟样机模型	150
		4.2.2 仿真与测试模型	152
	4.3	ADAMS/Flex 柔性分析模块	154
		4.3.1 创建柔性连杆 mnf 文件	154
		4.3.2 创建虚拟样机模型	158
		4.3.3 仿真与测试模型	160
	4.4	ADAMS/Line 分析模块	161
		4.4.1 打开机构模型文件	161
		4.4.2 创建仿真描述	161
		4.4.3 仿真模型	163
		4.4.4 机械系统振动特性分析	164
	思考题与习题		165

第 5 章 机构的参数化建模与优化设计 ································ 166

	5.1	机构的参数化建模	166
		5.1.1 启动 ADAMS 并设置工作环境	166
		5.1.2 创建虚拟样机模型	166
		5.1.3 更改设计变量的数值	174
		5.1.4 仿真与测试	175
	5.2	设计变量研究	177
		5.2.1 启动 ADAMS 并打开模型	177
		5.2.2 设计变量的影响度分析	178
	5.3	试验设计	181
	5.4	机构优化设计	183
		5.4.1 创建测量函数	184
		5.4.2 创建约束函数	185
		5.4.3 优化计算	186
	思考题与习题		189

第 6 章 虚拟样机的控制设计 ·································· 190

	6.1	传感器的创建与应用	190
		6.1.1 启动 ADAMS 并设置工作环境	190
		6.1.2 创建虚拟样机模型	191
		6.1.3 仿真与测试模型	195
		6.1.4 创建传感器	196
	6.2	仿真过程描述(Simulation Script)设计	198

  6.2.1 启动 ADAMS 并设置工作环境 199
  6.2.2 创建虚拟样机模型 200
  6.2.3 创建传感器 202
  6.2.4 仿真过程描述的设计 203
  6.2.5 仿真过程描述的执行 207
 6.3 ADAMS/Control 模块的应用 209
  6.3.1 概　述 209
  6.3.2 设计任务 211
  6.3.3 启动 ADAMS/Controls 212
  6.3.4 导入模型 212
  6.3.5 输入/输出的设置 215
  6.3.6 创建控制系统 222
  6.3.7 系统仿真 226
思考题与习题 230

第7章　机械传动系统设计与仿真分析 232

 7.1 ADAMS/Machinery 模块简介 232
  7.1.1 ADAMS/Machinery 模块的应用特点 232
  7.1.2 ADAMS/Machinery 模块解决的问题 232
 7.2 齿轮传动 233
  7.2.1 启动 ADAMS 并设置工作环境 233
  7.2.2 虚拟样机模型的创建 233
  7.2.3 模型仿真与分析 237
 7.3 带传动 240
  7.3.1 启动 ADAMS 并设置工作环境 241
  7.3.2 创建传动轴 241
  7.3.3 创建带轮组 241
  7.3.4 创建带 251
  7.3.5 模型仿真与分析 257
 7.4 链传动 259
  7.4.1 启动 ADAMS 并设置工作环境 259
  7.4.2 创建传动轴 259
  7.4.3 创建链轮组 259
  7.4.4 创建链条 268
  7.4.5 模型仿真与分析 274
 7.5 轴　承 276
  7.5.1 打开模型文件 276
  7.5.2 创建轴承 277
  7.5.3 轴承特征的输出设置 281

		7.5.4 模型仿真及分析	281
7.6	绳索传动		285
	7.6.1	启动 ADAMS 并设置工作环境	285
	7.6.2	滑轮传动模型的创建	285
	7.6.3	滑轮传动模型的完善	290
	7.6.4	模型仿真与分析	292
7.7	电动机驱动		294
	7.7.1	打开模型文件	294
	7.7.2	电动机的创建	295
	7.7.3	模型仿真与分析	299
思考题与习题			301

第 8 章 虚拟样机建模中的用户化设计 … 303

8.1	定制用户对话框		303
	8.1.1	打开机构模型文件	303
	8.1.2	创建用户对话框	304
	8.1.3	测试用户对话框	311
	8.1.4	输出对话框文件	312
8.2	定制用户菜单		312
	8.2.1	打开机构模型文件	313
	8.2.2	创建用户菜单	313
	8.2.3	执行用户菜单	315
	8.2.4	输出用户菜单	315
思考题与习题			316

参考文献 … 318

第1章 虚拟样机技术概论

虚拟样机技术（Virtual Prototyping Technology）是当前设计制造领域的一项新技术，它利用计算机软件建立机械系统的三维实体模型和运动学及动力学模型，分析和评估机械系统的性能，从而为机械产品的设计和制造提供依据。

1.1 机械产品设计的主要过程

机械产品设计的主要过程如图 1-1 所示。

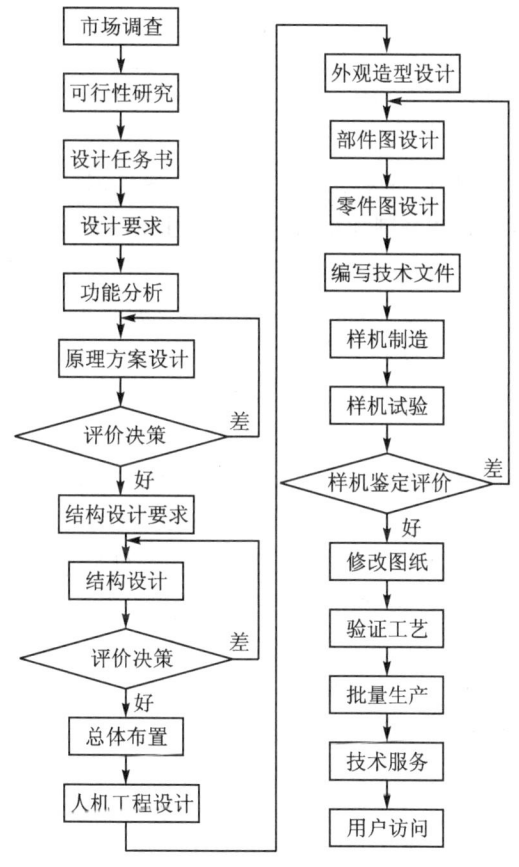

图 1-1 机械产品设计过程

设计过程从市场调查开始，在确定设计任务、明确设计要求的前提下，进入机械系统运动方案设计。在完成结构设计，获得零件图的基础上，开始样机制造和样机试验，对整个机械系统进行样机评价。

在样机制造和试验过程中，以往主要是采用物理样机。但随着计算机技术水平的不断提高，虚拟样机技术得到了迅速的发展，也得到了广泛的应用。

1.2 虚拟样机技术的基本概念

虚拟样机技术是一种基于产品计算机仿真模型的数字化设计方法,这些数字模型即虚拟样机(VP)支持并行工程方法学。虚拟样机技术涉及多体系统运动学与动力学建模理论及其技术实现,是基于先进的建模技术、多领域仿真技术、信息管理技术、交互式用户界面技术和虚拟现实技术的综合应用技术。虚拟样机技术是在CAX(如CAD、CAM、CAE等)/DFX(如DFA、DFM等)技术基础上的发展,它进一步融合信息技术、先进制造技术和先进仿真技术,将这些技术应用于复杂系统全生命周期、全系统,并对它们进行综合管理。从系统层面来分析复杂系统,支持"由上至下"的复杂系统开发模式。利用虚拟样机代替物理样机对产品进行创新设计、测试和评估,能够缩短开发周期,降低成本,改进产品设计质量,提高面向客户与市场需求的能力。

虚拟样机技术在产品设计开发中,可以将分散的零部件设计和分析技术(指在某一系统中零部件的CAD和FEA技术)糅合在一起,在计算机上建造出产品的整体模型,并针对该产品在投入使用后的各种工况进行仿真分析,预测产品的整体性能,进而改进产品设计,提高产品性能。

在传统的设计与制造过程中,首先是概念设计和方案论证,然后进行产品设计。在设计完成后,为了验证设计,通常要制造物理样机进行试验,通过试验发现问题,再回头修改设计,进行样机验证。只有通过周而复始的设计—试验—设计过程,产品才能达到所要求的性能。这一过程是较长的,尤其对于结构复杂的系统,设计周期更加漫长,无法适应市场的变化,并且物理样机的制造增加了成本。在大多数情况下,工程师为了保证产品按时投放市场而中断物理样机试验这一过程,使产品在上市时便存在先天不足的问题。在竞争的市场背景下,基于物理样机上的设计验证规程严重地制约了产品质量的提高、成本的降低和对市场的占有。

虚拟样机技术是从分析解决产品整体性能及其相关问题的角度出发,解决传统的设计与制造过程弊端的高新技术。在该技术中,工程设计人员可以直接利用CAD系统所提供的各种零部件的物理信息及其几何信息,在计算机上定义零部件间的约束关系并对机械系统进行虚拟装配,从而获得机械系统的虚拟样机。使用系统仿真软件在各种虚拟环境中真实地模拟系统的运动,并对其在各种工况下的运动和受力情况进行仿真分析,观测并试验各组成部分的相互运动情况。它可以方便地修改设计缺陷,仿真试验不同的设计方案,对整个系统进行不断改进,直到获得最优设计方案以后,再制造物理样机。

虚拟样机技术可使产品设计人员在各种虚拟环境中真实地模拟产品整体的运动及受力情况,快速分析多种设计方案,进行对物理样机而言难以进行或根本无法进行的试验,直到获得系统的最佳设计方案为止。虚拟样机技术的应用贯穿于整个设计过程,它可以用在概念设计和方案论证中,设计者可以把自己的经验与想象结合在虚拟样机里,让想象力和创造力得到充分发挥。用虚拟样机替代物理样机验证设计时,不但可以缩短开发周期,而且设计效率也得到大幅提高。

1.3 虚拟样机技术的应用及其特点

1. 虚拟样机技术的应用

目前,虚拟样机技术得到了广泛的应用,涉及汽车制造、工程机械、航空航天、造船、航海、机械电子、通用机械等众多领域。

美国波音飞机公司的波音 777 飞机是世界上首架以无图纸方式研发并制造的飞机,其设计、装配、性能评价及分析均采用了虚拟样机技术。这不但使研发周期大大缩短(其中制造周期缩短 50%),使研发成本大大降低(如减少设计更改费用 94%),而且确保了最终产品一次接装成功。

通用动力公司 1997 年建成了第一个全数字化机车虚拟样机,并行地进行产品的设计、分析、制造及夹具、模具工装设计和可维修性设计。

日产汽车公司利用虚拟样机进行概念设计、包装设计、覆盖件设计、整车仿真设计等。

Caterpillar 公司以前制造一台大型设备的物理样机需要数月时间,并耗资数百万美元;为提高竞争力,大幅度降低产品的设计成本和制造成本,该公司采用了虚拟样机技术,从根本上改进了设计和试验步骤,实现了快速虚拟试验多种设计方案,从而使其产品成本低,性能却更加优越。

John Deere 公司为了解决工程机械在高速行驶时的蛇行现象及在重载下的自激振动问题,利用虚拟样机技术,不仅找到了原因,而且提出了改进方案,并且在虚拟样机上得到了验证,从而大大提高了产品的高速行驶性能与重载作业性能。

美国海军的 NAVAIR/APL 项目利用虚拟样机技术,实现多领域多学科的设计并行和协同,形成了协同虚拟样机技术(Collaborative Virtual Prototyping)。他们研究发现,协同虚拟样机技术不仅使得产品的上市时间缩短,还使得产品的成本减少了至少 20%。

在我国的农业机械领域,虚拟样机技术也有应用,有人利用虚拟样机技术来设计甘蔗收获机,实现了产品和产品设计方法的创新,取得了良好的效果。

2. 虚拟样机技术的特点

虚拟样机技术具有下述特点:
- 强调在系统层次上模拟产品的外观、功能以及特定环境下的行为;
- 可以辅助物理样机进行设计验证和测试;
- 可以在相同的时间内"试验"更多的设计方案,从而易于获得最优设计方案;
- 用于产品开发的全生命周期,并随着产品生命周期的演进而不断丰富和完善;
- 与常规的仿真相比,它涉及的设计领域广,考虑也比较周全,因而可以提高产品的质量;
- 支持产品的全方位测试、分析与评估,支持不同领域人员对同一虚拟产品并行地测试、分析与评估;
- 可以减少产品开发过程中所需的时间,使产品尽快上市;
- 可以减少产品开发后期的设计更改,进而使得整个产品的开发周期最小化;
- 减少了设计费用。

虚拟样机技术在改善产品开发模式上面具有很大的潜力。尽管虚拟样机技术在现阶段有一些局限性,但其应用前景是好的。

1.4 虚拟样机技术应用软件

虚拟样机技术在工程中的应用是通过界面友好、功能强大、性能稳定的商业化虚拟样机软件实现的。国外虚拟样机相关技术软件的商业化过程已经完成,目前有二十多家公司在这个日益增长的市场上竞争。

比较有影响的有美国 MSC 公司的 ADAMS、比利时 LMS 公司的 DADS 以及德国航天局的 SIMPACK。其中美国 MSC 公司的 ADAMS 占据了市场的 50% 以上。其他的软件还有 Working Model、Folw3D、IDEAS、Phoenics、ANSYS、Pamcrash 等。由于机械系统仿真提供的分析技术能够满足真实系统并行工程设计要求,通过建立机械系统的模拟样机,使得在物理样机建造前便可分析出它们的工作性能,因而其应用日益受到国内外机械领域的重视。

本书采用美国 MSC 公司的 ADAMS 软件作为虚拟样机设计的平台。

1.5 ADAMS 软件简介

1977 年,美国密西根大学的 ADAMS 代码开发研究人员发起成立了 Mechanical Dynamics Incorporated(MDI)公司,从此世界上出现了一款机械系统自动化动力学仿真分析软件 ADAMS。

最开始 ADAMS 软件只有 ADAMS/Sovler,用来解算非线性的方程组。使用者需要以文本方式建立模型提交给 ADAMS/Sovler 进行求解,使用很不方便。为了便于用户的使用,也为了便于软件的推广使用,在 20 世纪 90 年代初,ADAMS/View 发布,用户可以在统一的环境下建立机械系统的模型、仿真模型和分析检查结果。现在已经发布了一些用于不同行业的产品,例如 ADAMS/Car、ADAMS/Rail、ADAMS/Engine 等模块。

1995 年 ADAMS 软件进入中国,开始在北京航空航天大学、清华大学等高校使用,随后不断扩展到国内的科研院所。

2002 年 MSC.Software 公司以 1.2 亿美元收购了 MDI 公司。

随着 ADAMS 软件内容的不断完善和更新,其版本也不断地变更,由最初的 ADAMS 8.0、到后来的 ADAMS 9.1、ADAMS 10.0、ADAMS 12.0、ADAMS 2003、ADAMS 2005、ADAMS 2007、ADAMS 2010、ADAMS 2012、ADAMS 2013、ADAMS 2015、ADAMS 2016、ADAMS 2017。

本教程是以 ADAMS 2017 为应用平台进行机构或机械系统实例的建模与仿真分析。

下面简要介绍 ADAMS 的常用模块。

1.5.1 前处理模块 ADAMS/View

前处理模块 ADAMS/View 是使用 ADAMS 软件建立机械系统功能化数字样机的可视化前处理环境,可以很方便地采用人机交互的方式建立模型中的相关对象,如定义运动部件、定义部件之间的约束关系或力的连接关系、施加强制驱动或外部载荷激励。

ADAMS/View 支持多窗口显示,最多可达 6 个,每一窗口显示不同的视图或结果;具有模型校验工具,有助于快速查找模型中存在的明显的建模问题;具有多种文件输入/输出功能

（模型及仿真结果文件、几何外形文件、试验数据、表格输出等）；能输出为有限元分析、物理试验及疲劳分析等直接使用的文件；通过把试验结果导入 ADAMS/View，实现试验与仿真结果的综合比对，完成虚拟样机的置信度检验。

ADAMS/View 提供快速建立参数化模型的能力，便于改进设计；具有方便实用的试验研究策略：单变量、多变量试验设计研究及优化分析功能；ADAMS/View 提供二次开发功能，可以重新定制界面（包括功能操作区、菜单、图标等），便于实现设计流程自动化或满足用户的个性化需求，以提高仿真效率。

利用 ADAMS/View 的内嵌式集成 ADAMS/Solver 解算的功能，用户可以直接进行仿真，并且在仿真过程中直接观察机械系统的运动情况以及用户关注的重要数据量随时间的变化情况，如图 1-2 所示。

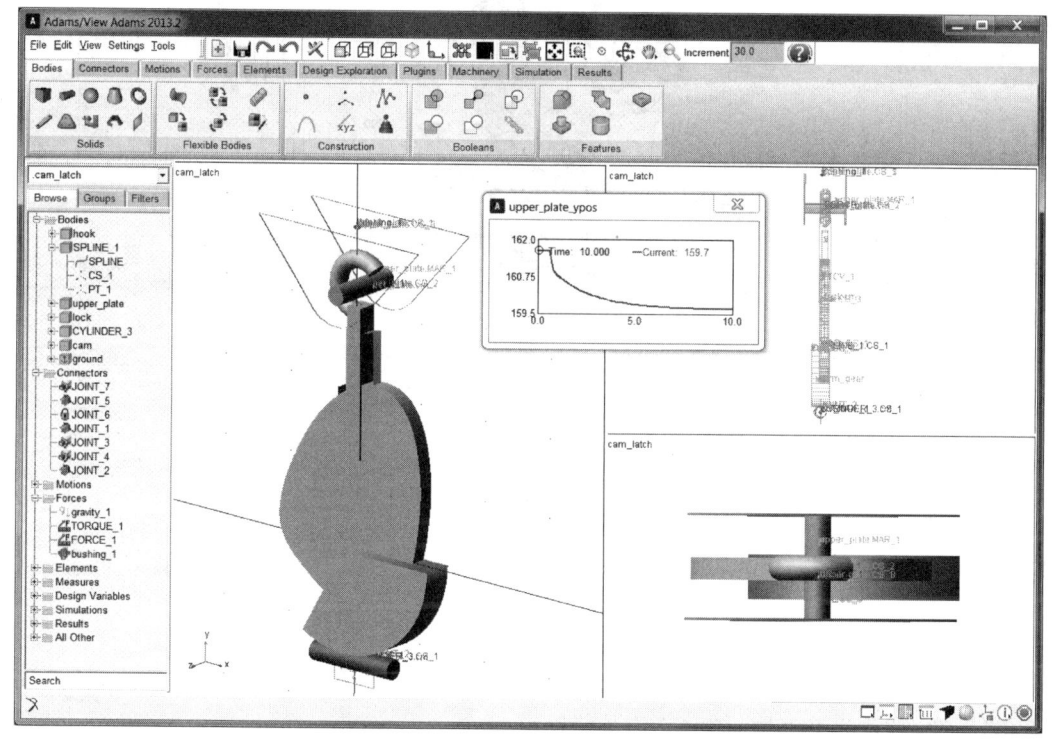

图 1-2　ADAMS/View 中仿真模型

1.5.2　CAD 接口模块 ADAMS/Exchange

CAD 接口模块 ADAMS/Exchange 为 ADAMS 与其他 CAD/CAM/CAE 软件之间的几何数据交换提供了工业标准的接口。通过 ADAMS/Exchange，用户可以将所有来源于产品数据交换库（PDE/Lib）的标准格式的几何外形进行双向数据传输。标准格式包括 IGES、STEP、DWG/DXF、ParaSolid 等。

1.5.3　后处理模块 ADAMS/PostProcessor

后处理模块 ADAMS/PostProcessor 是显示 ADAMS 仿真结果的可视化图形界面。界面除了主窗口外，还有一个树形目录窗口、一个属性编辑窗口和一个数据选取窗口。

后处理的结果既可以显示为动画,也可以显示为数据曲线,还可以显示报告文档。主窗口可同时显示仿真的结果动画以及数据曲线(如图1-3所示),可方便地叠加显示多次仿真的结果以便于比较。可以一个页面显示一条数据曲线,也可以在同一页面内显示最多六个分窗口的数据曲线。

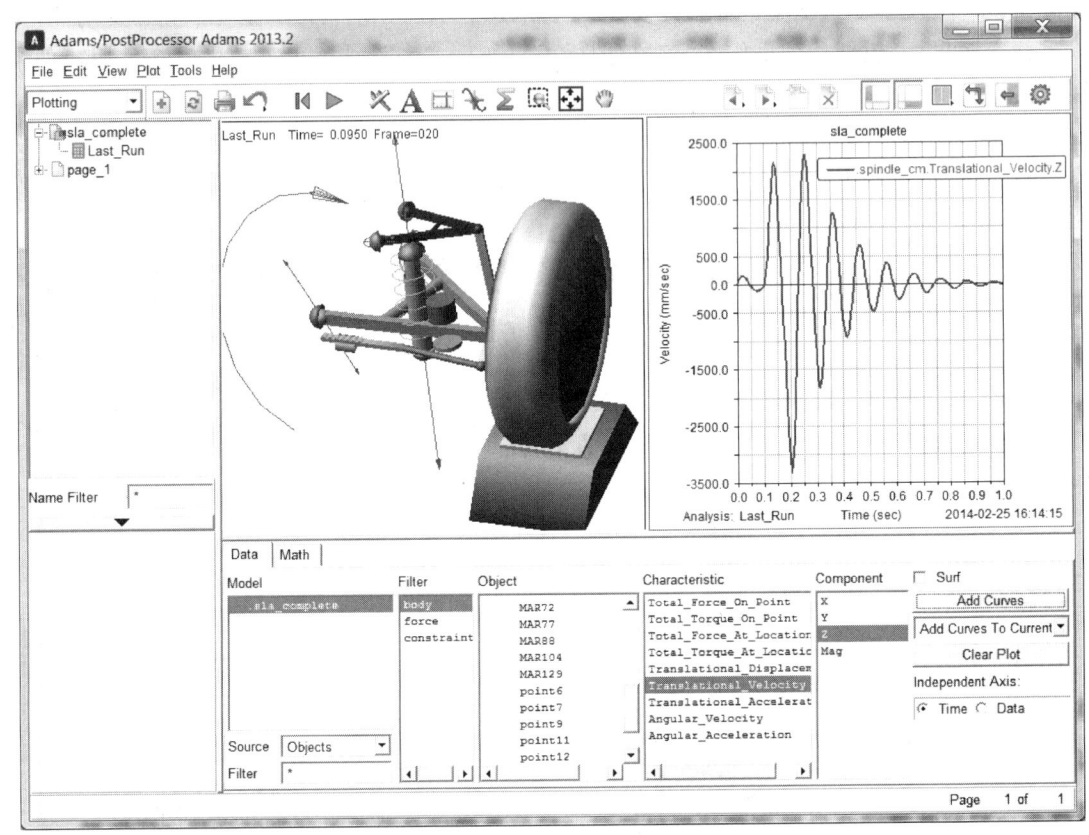

图1-3 ADAMS/PostProcessor 后处理界面

ADAMS/PostProcessor 模块既可以在 ADAMS/View 环境中运行,也可独立运行,独立运行时能加快软件启动速度,同时节约系统资源。

1.5.4 求解器模块 ADAMS/Solver

求解器模块 ADAMS/Solver 是 ADAMS 的求解器,包括稳定可靠的 Fortran 求解器和功能更为强大、丰富的 C++求解器。该模块既可以集成在 ADAMS 前处理模块下使用,也可以外部直接调用;既可以进行交互方式的解算过程,也可以进行批处理方式的解算过程。求解器导入模型后自动校验模型,再进行初始条件分析,然后进行后续的各种解算过程。ADAMS/Solver 独特的调试功能,可以输出求解器解算过程中重要数据量的变化,方便用户理解、探索模型中的深层次关系。

ADAMS/Solver 借助空间笛卡儿坐标系及欧拉角描述空间刚体的运动状态,使用 Euler-Lagrange 方程自动形成系统的运动学或动力学方程;采用牛顿-拉夫森迭代算法求解模型,包含多种显式、隐式积分算法,如刚性积分方法(Gear's 和 Modified Gear's)、非刚性积分方法

(Runge-Kutta 和 ABAM)、固定步长方法(Constant_BDF)以及二阶 HHT 和 NewMark 等积分方法;具有多种积分修正方法,如 3 阶指数法、稳定 2 阶指数法和稳定 1 阶指数法;支持柔性体-刚性体、柔性体-柔性体接触碰撞的计算,柔性体可以是 3D 实体单元或 2D 壳单元;支持原生几何外形,如球体、椭球体、圆柱体、长方体等直接进行碰撞载荷的计算,该方法借助简单几何形状特征尺寸的优势,采用侦测接触碰撞的分析方法进行渗入体积和接触碰撞力的计算,以提高计算的精度并缩短计算时间。

ADAMS/Solver 能进行静力学、准静力学、运动学和非线性瞬态动力学的求解,并支持用户自定义的 Fortran 或 C++子程序。ADAMS/Solver 提供大量的求解参数选项供用户进一步调试求解器,以改进求解的效率和精度。

1.5.5 线性化求解模块 ADAMS/Linear

线性化求解模块 ADAMS/Linear 模块是 ADAMS 求解器的一个重要功能扩展模块,其功能是对非线性方程组进行线性化,线性化后的方程组可以用来进行与机械系统振动性能相关的固有频率(特征值)和振型(特征矢量)的计算,相当于在大位移的时域范畴分析和小位移(变形)的频率范畴分析之间架起一座"桥梁"。其计算结果对于校验 ADAMS 模型的置信度也有很大帮助,很多机械系统(如卫星及空间探测器)很难在其正常工作环境下进行振动特性的试验,但对这些系统进行有限元或常规的模态试验相对来说比较容易,这样就可以得到其固有振动特性,可以将 ADAMS 频域分析结果与有限元或模态试验的结果进行比较,进而研究在特定环境下系统的模态及振动特性。

ADAMS/Linear 支持传统的 Calahan 和 Harwell 线性化求解器,并提供最新的更为强大的 UMF(非对称多重切面稀疏矩阵求解算法)线性化求解器;ADAMS/Linear 可以方便地考虑系统中零部件的柔性特性;利用求得的特征值和特征向量可以对系统进行稳定性研究;能进行系统级特征模态的计算和每阶模态能量分布的计算。

1.5.6 优化/试验分析模块 ADAMS/Insight

应用优化/试验分析模块 ADAMS/Insight,工程师可以规划和完成一系列仿真优化试验,从而精确地预测所设计的复杂机械系统在各种工作条件下的性能,并提供了对试验结果进行各种专业化的统计分析工具,通过试验方案设计,更好地理解和掌握复杂机械系统的性能。利用 ADAMS/Insight,可以有效地区分关键参数和非关键参数,观察参数对产品性能的影响,帮助工程师更好地了解产品的性能。在产品制造出来之前,可以综合考虑各种制造因素的影响(例如:配合公差、装配误差、加工精度等),大幅提高产品的可靠性能。

ADAMS/Insight 是一个选装模块,既可以在 ADAMS/View、ADAMS/Car 环境下运行,也可以脱离 ADAMS 前处理环境单独运行。

1.5.7 刚柔耦合分析模块 ADAMS/Flex

刚柔耦合分析模块 ADAMS/Flex 使工程师们能够研究在整个机械系统中部件的柔性变形的作用和影响,如图 1-4 所示。

ADAMS/Flex 支持从 NASTRAN、MARC、ABAQUS、ANSYS、I-DEAS 等专业有限元分析软件导出的模态中性文件(MNF 文件),具有多种设置每阶模态的阻尼系数的方法,用户

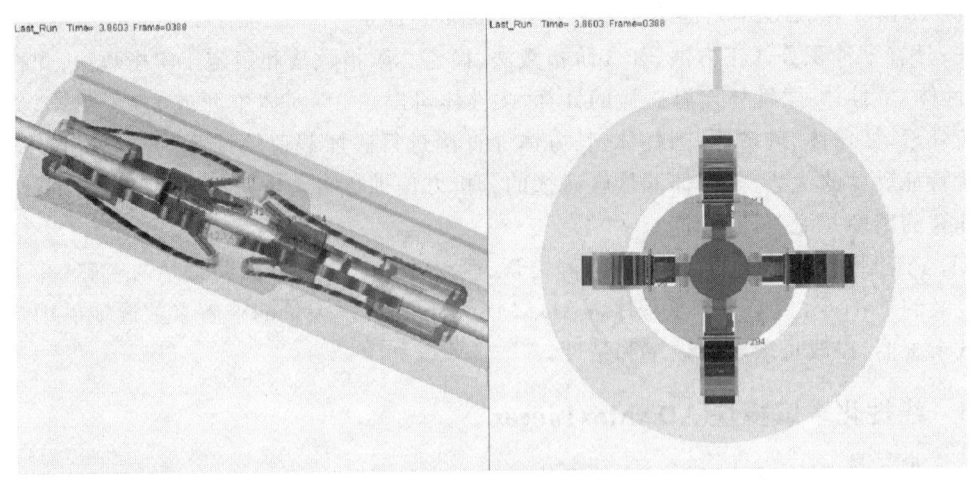

图 1-4 使用 ADAMS/Flex 进行刚柔耦合分析

可定义作用在柔性体上的分布载荷。ADAMS/Flex 具有运动部件的应力、应变的可视化效果,能够快速识别和记录过载发生的时刻。仿真的结果(如零部件应变、载荷时间历程以及振动频率等)可用于应力、疲劳、噪声和振动等后续分析中。

1.5.8 耐久性模块 ADAMS/Durability

疲劳试验是产品开发过程中很重要的一个方面,但优良的疲劳性能往往与产品的其他性能相矛盾,如行走性能、操控性能等。找到一个各方面都满足性能要求的平衡点非常重要。

使用 ADAMS/Durability 模块,可生成子系统或零部件的载荷时间历程,驱动疲劳分析工具(如 MTS 设备或疲劳分析软件),并可在 ADAMS 中对零部件进行概念性疲劳强度方面的研究,如图 1-5 所示。

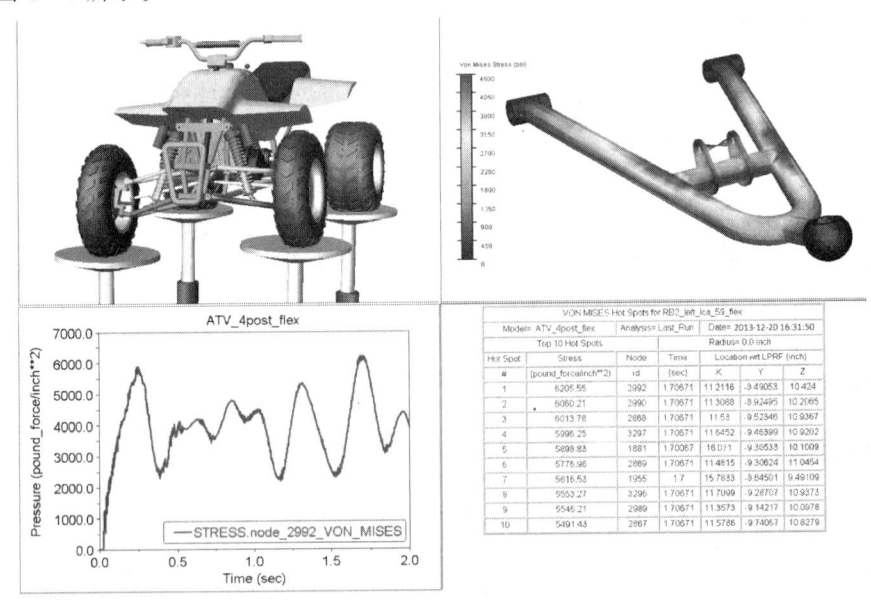

图 1-5 使用 ADAMS/Durability 查看刚柔耦合分析结果

1.5.9 控制模块 ADAMS/Controls

控制模块 ADAMS/Controls 可以将控制系统与机械系统集成在一起进行联合仿真,实现一体化仿真。

其主要的集成方式有两种:一种是将 ADAMS 建立的机械系统模型集成到控制系统仿真环境中,组成完整的机-电-液(气)耦合系统模型进行联合仿真;另一种是将控制软件中建立的控制系统导入到 ADAMS 模型中,利用 ADAMS 求解器进行机-电-液(气)耦合系统的仿真分析,如图 1-6 所示。

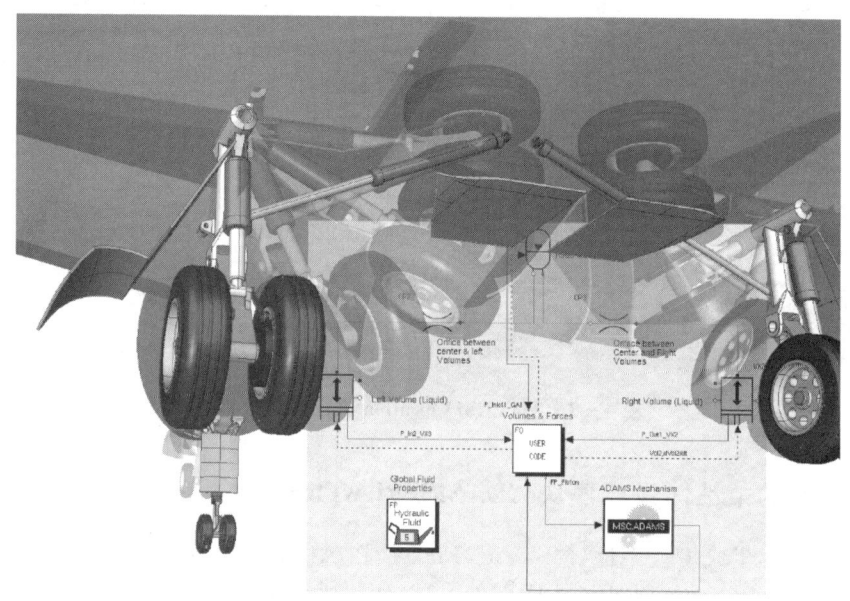

图 1-6　ADAMS/Controls 实现飞机起落架联合仿真

1.5.10 机电一体化模块 ADAMS/Mechatronics

机电一体化模块使用 ADAMS/Mechatronics 可以将控制系统更方便地集成到所建立的机械系统模型中。该模块提供建模元素,实现与虚拟控制系统之间进行信息的传递,从而更容易实现完整的系统级优化,尤其对于一些复杂问题更为适用,如车辆设计中扭矩协调控制策略问题或重载机械中液压系统的性能优化等。

1.5.11 振动分析模块 ADAMS/Vibration

振动分析模块 ADAMS/Vibration 用于机械系统在频域的强迫振动分析。ADAMS/Vibration 首先对系统进行线性化分析,然后计算特征值、特征向量以及在强迫激励作用下的传递函数和功率谱密度函数等频域特性。

使用 ADAMS/Vibration,用户可以在设计的前期就进行振动性能方面的试验,可以进行减振、隔振设计及振动性能优化,并可根据根轨迹图进行稳定性分析,得到的输出数据用来进行噪声、振动和可感颤动(NVH)研究,如图 1-7 所示。

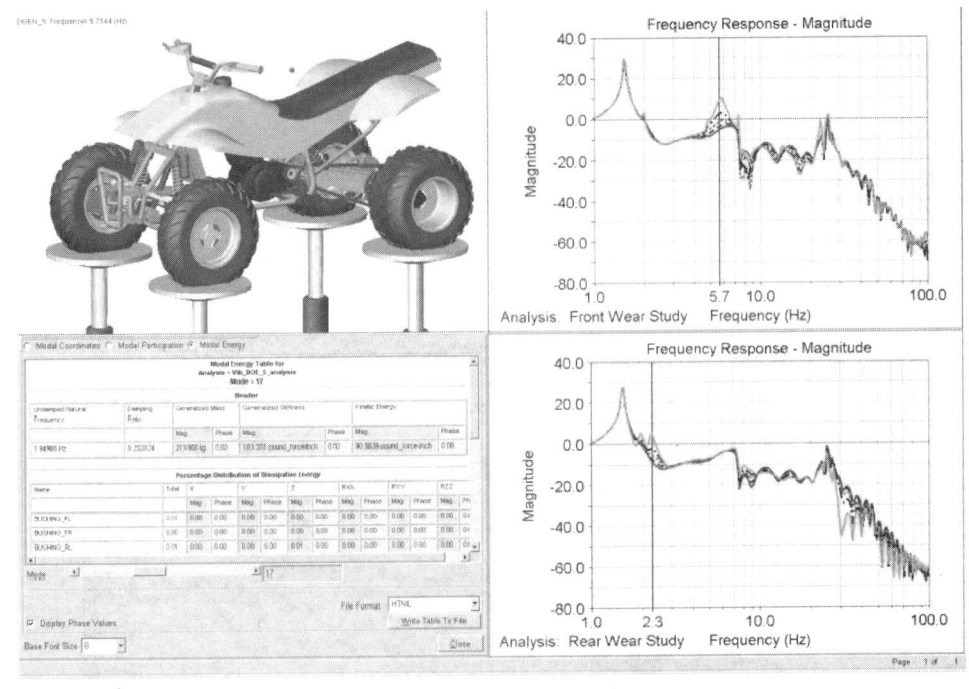

图 1-7 ADAMS/Vibration 进行振动分析

1.5.12 自动的柔性体生成模块 ADAMS/ViewFlex

自动的柔性体生成模块 ADAMS/ViewFlex 是在 ADAMS 2012 版本中新增加的功能模块,是集成在 ADAMS 中的自动柔性体生成工具,使用该模块可以方便、高效地在 ADAMS 环境下(包括 ADAMS/View 和 ADAMS/Car)直接创建并生成 ADAMS 所需的柔性体,通过直接对基于几何的刚性运动部件进行操作即可完成,并且不需要借助任何有限元软件,如图 1-8 所示。

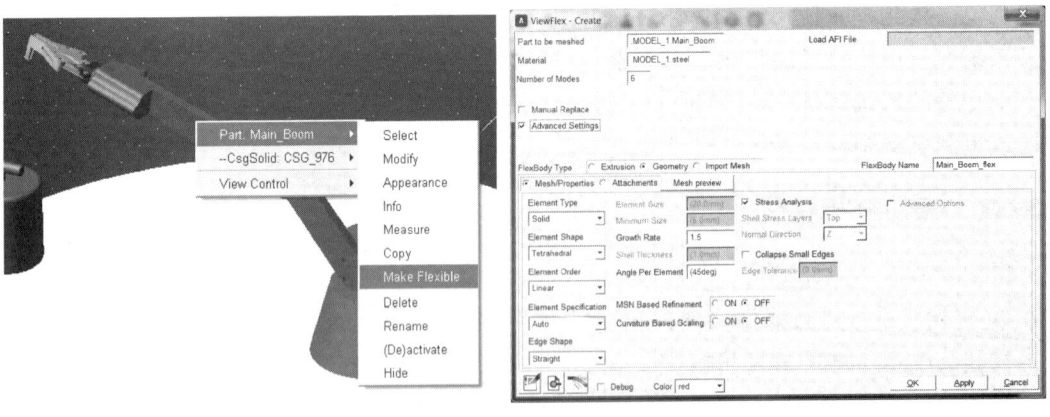

图 1-8 ADAMS/ViewFlex 自动创建柔性体

1.5.13 直接的 CAD 数据接口模块 ADAMS/Translators

直接的 CAD 数据接口模块 ADAMS/Translators 是全新的 CAD 数据直接接口模块，借助这个模块，ADAMS 与 CAD 软件之间能直接进行数据的导入/导出，不必转换成中间格式。ADAMS 可直接读取 CAD 装配体模型到 ADAMS 中并生成运动部件，几何定义更加精确，防止出现使用中间格式方法导入模型部分信息丢失等问题，而且使用这种方法导入后模型的表面映射效果更好。ADAMS/Translators 支持 CATIA V4/V5、Pro/E、SolidWorks、UG NX、Inventor、ACIS 和 VDA 等软件格式的文件，如图 1-9 所示。

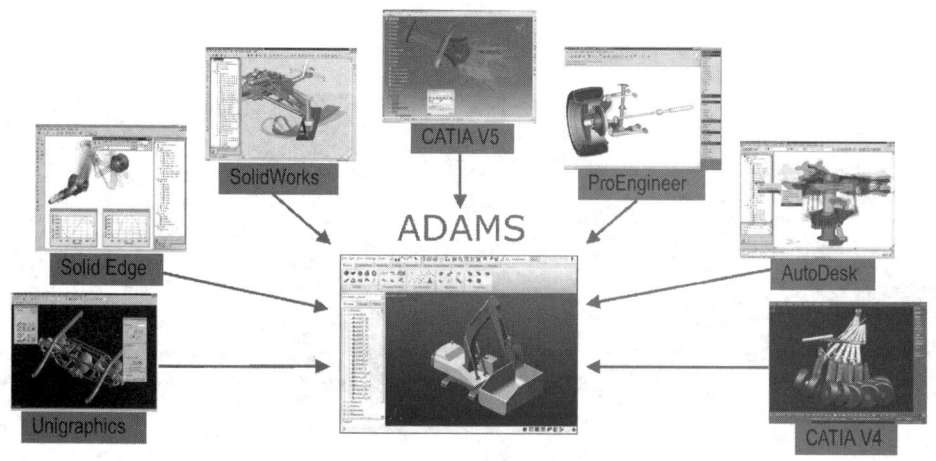

图 1-9 ADAMS 与主流 CAD 软件直接数据交换

1.5.14 汽车包 ADAMS/Car

汽车包 ADAMS/Car 包括一系列的汽车仿真专用模块，用于快速建立功能化数字样车，并对其多种性能指标进行仿真评价，如图 1-10 所示。

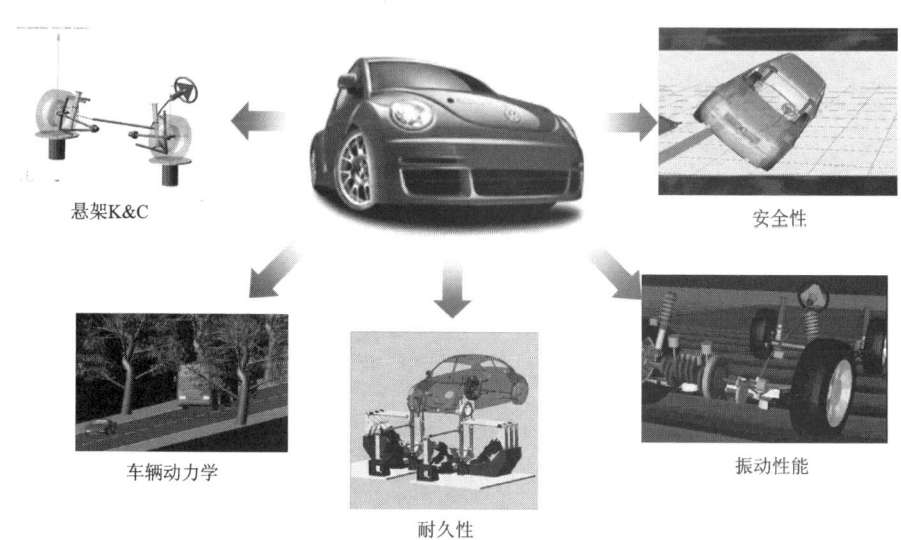

图 1-10 ADAMS/Car 实际应用

利用ADAMS/Car建立的功能化数字样车可包括以下子系统：底盘（传动系、制动系、转向系、悬架）、轮胎和路面、动力总成、车身、控制系统等。通过模板的共享和组合，用户能快速建立子系统到系统的仿真模型，并可在虚拟的试验台架或试验场地中进行子系统或整车的功能仿真，从而对其设计参数进行优化。

1.5.15　机械包 ADAMS/Machinery

机械包ADAMS/Machinery为工程师提供了一套定制的工具套件，包括以下机械工具模块：齿轮模块、带传动模块、链传动模块、轴承模块、绳索模块和电动机模块。通过用户向导界面实现复杂机械部件的自动化建模，包括几何特征及部件之间的相互作用关系，无需专业知识和经验即能为常见机械传动零部件进行高保真的仿真模拟，如图1-11所示。

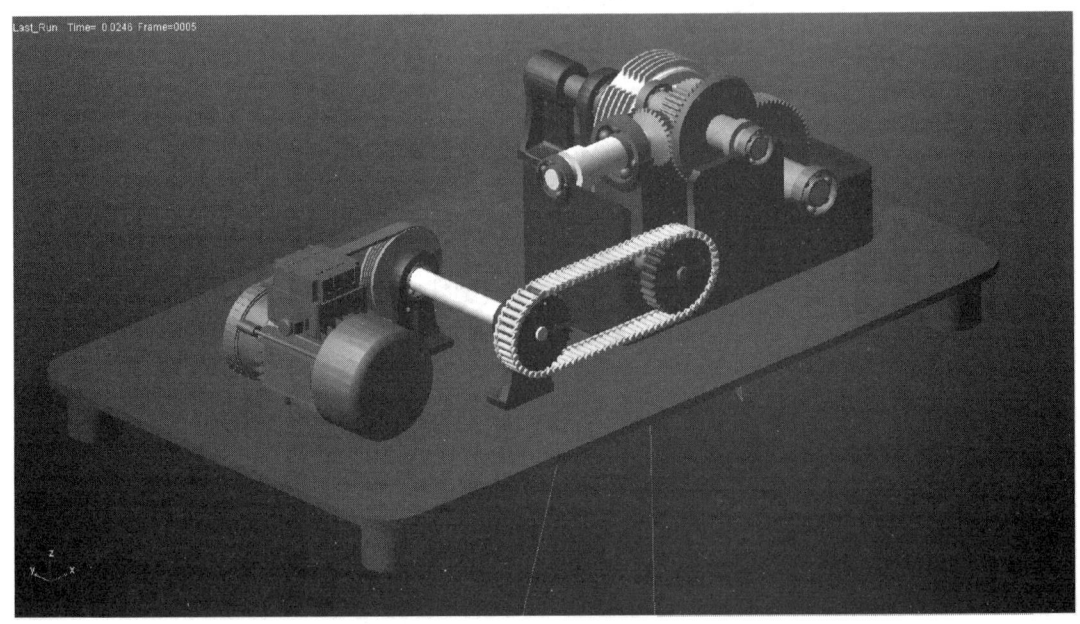

图 1-11　使用 ADAMS/Machinery 快速建立机械系统仿真模型

思考题与习题

1. 什么是虚拟样机技术？
2. 虚拟样机技术的应用领域有哪些？
3. 虚拟样机技术的特点是什么？
4. ADAMS 代表什么？
5. ADAMS 能完成哪些类型的工作？
6. 简述应用 ADAMS 进行虚拟样机设计的过程。
7. ADAMS 的常用模块有哪些？

第 2 章 虚拟样机建模基础

本章将通过几个简单的机构建模与仿真分析实例来介绍应用 ADAMS 软件创建机构的虚拟样机模型和对模型进行仿真分析以及对结果进行后处理的基本方法。主要内容包括连杆机构的运动学仿真与分析、机构的动力学仿真与分析及机构的装配法建模。

2.1 机构的运动学仿真与分析

实例 2.1 图 2-1 所示为曲柄摇杆机构。已知各杆的长度为 $l_1 = 120$ mm，$l_2 = 250$ mm，$l_3 = 260$ mm，$l_4 = 300$ mm，曲柄 1 匀速转动的角速度为 $\omega_1 = 30$ (°)/s。

试创建该曲柄摇杆机构的虚拟样机模型并通过仿真分析得出摇杆 3 的角位移、角速度和角加速度。

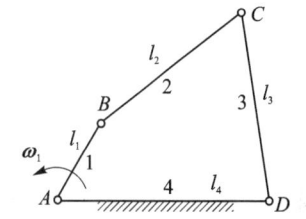

图 2-1 曲柄摇杆机构运动简图

2.1.1 启动 ADAMS 并设置工作环境

1. 启动 ADAMS

启动 ADAMS：双击桌面上的 ADAMS/View 快捷图标。

2. 创建模型名称

如图 2-2 和图 2-3 所示，创建模型名称的步骤如下：

a. 在欢迎界面中选中 **New Model**；
b. 在对话框的 Model name 栏中，输入 **crank_rocker_mechanism**；
c. 修改 Working Directory，可以改成 D:\；
d. 单击 **OK** 按钮完成模型名称的创建和路径的设置。

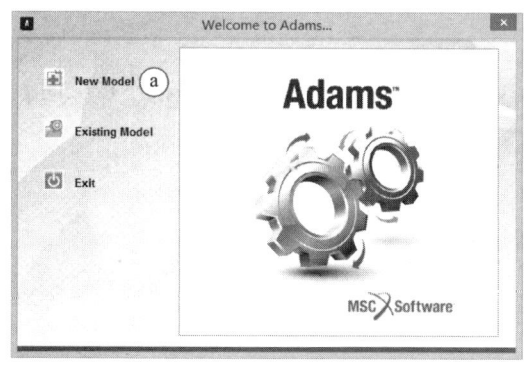

图 2-2 欢迎界面

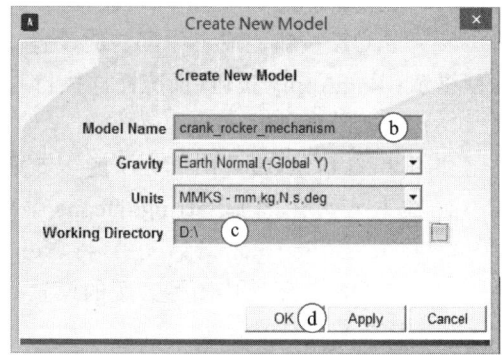

图 2-3 创建模型对话框

3. 设置工作环境

(1) 设置单位

如图 2-4 所示,设置单位的步骤如下:

a. 在主菜单中,选择 **Settings|Units** 菜单项,打开 Units Setting 对话框;

b. 在 Units Setting 对话框中,取为默认设置(Length 为 **Millimeter**,Mass 为 **Kilogram**,Force 为 **Newton**,Time 为 **Second**,Angle 为 **Degree**,Frequency 为 **Hertz**);

c. 单击 **OK** 按钮完成单位的设置。

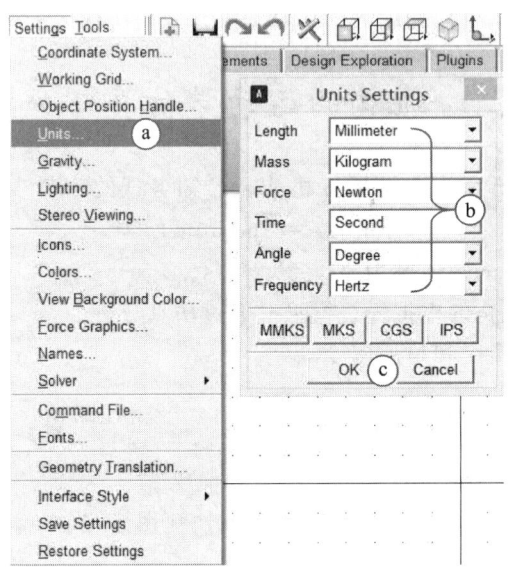

图 2-4 单位的设置

(2) 设置工作网格

如图 2-5 所示,设置工作网格的步骤如下:

a. 在主菜单中,选择 **Settings|Working Grid** 菜单项,打开 Working Grid Settings 对话框;

b. 在 Working Grid Settings 对话框中,将 Size 的 X 值设置为 350 mm,Y 值设置为 250 mm;将 Spacing 的 X 和 Y 均设置为 10 mm;

c. 单击 **OK** 按钮完成工作网格的设置。

提示:单击 **Apply** 按钮,系统同样执行与单击 OK 按钮相同的命令,但对话框不被关闭。

(3) 设置图标的大小

如图 2-6 所示,设置图标大小的步骤如下:

a. 在主菜单中,选择 **Settings|Icons** 菜单项打开 Icons Settings 对话框;

b. 在 Icons Settings 对话框中,将 New Size 设置为 **20**;

c. 单击 **OK** 按钮完成图标大小的设置。

(4) 打开光标位置显示

如图 2-7 所示,打开光标位置显示的方法如下:

a. 单击**工作区域**;

b. 在主菜单中,选择 **View|Coordinate Window F4** 菜单项,或单击工作区域后按 **F4** 快捷键,即可打开光标位置的显示。

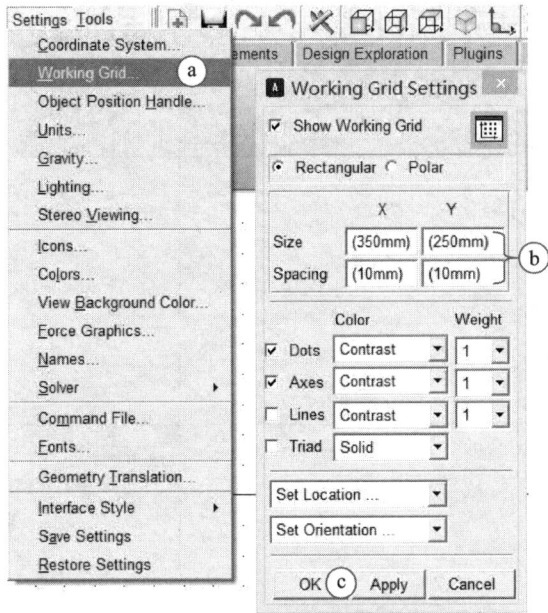

图 2-5 工作网格的设置

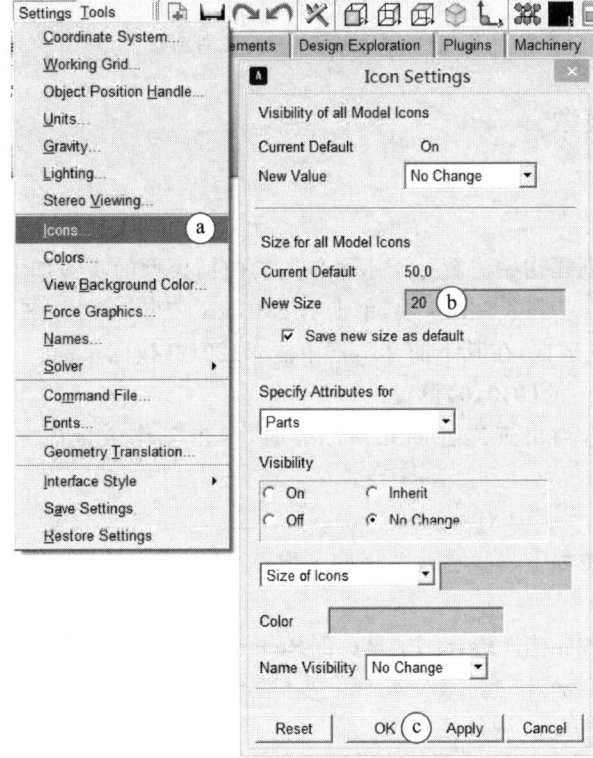

图 2-6 图标的设置

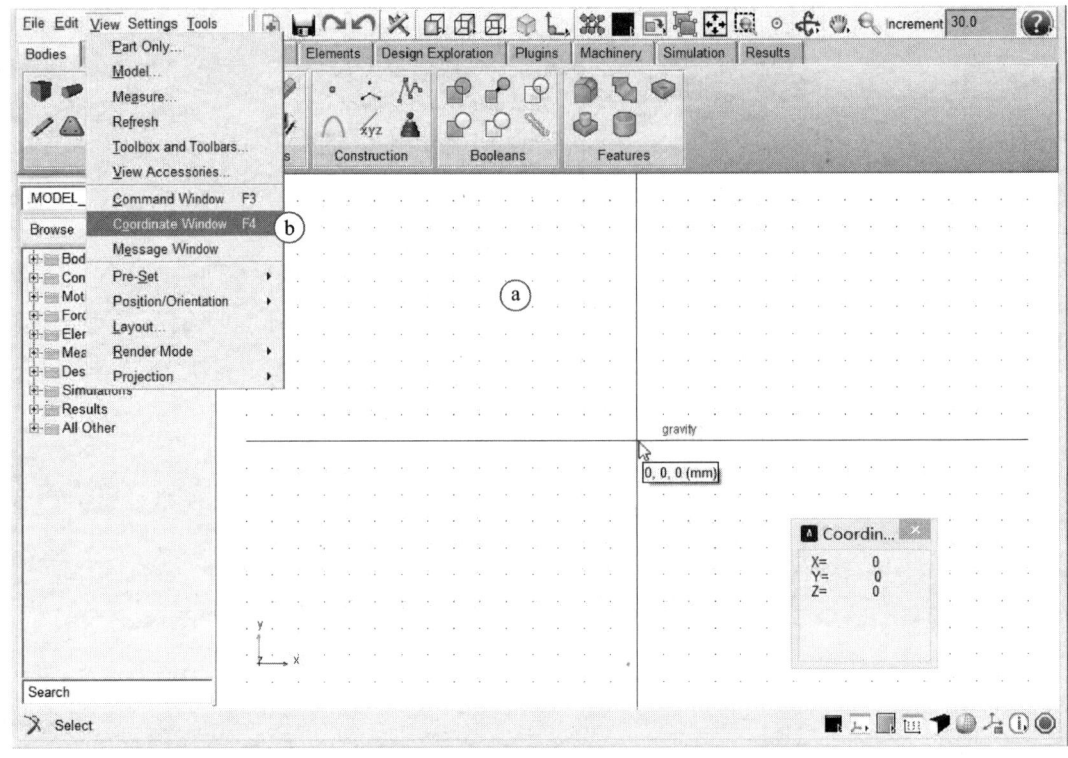

图 2-7 光标的坐标位置窗口

2.1.2 创建机构模型

1. 创建曲柄

(1) 创建曲柄模型

如图 2-8 所示,创建初始位置处于水平位置的曲柄模型的步骤如下:

a. 在功能区 Bodies 项的 Solids 中,单击 RigidBody:Link 图标,展开选项区;

b. 选中 **Length** 复选框,在其下的文本框中输入 **120**,并按回车键;

c. 单击工作区域中的 **(0,0,0)** 位置;

d. 水平右移光标,当出现连杆的几何形体时,单击工作区域即完成曲柄(PART_2)的建模。

(2) 重命名

如图 2-9 所示,按如下步骤更改曲柄的名称:

a. 右击 **PART_2**;

b. 在下拉式菜单中,选择 **Part:PART_2|Rename** 菜单项,打开 Rename 对话框;

c. 在 Rename 对话框中,将 New Name 文本框中的内容更新为 **Crank**;

d. 单击 **OK** 按钮即完成构件重命名。

提示:系统按照一定的关系设定连杆长(Length)、宽(Width)、厚(Depth)之间的比例。同设定连杆的长度一样,用户可以自行设定连杆的宽度和厚度。

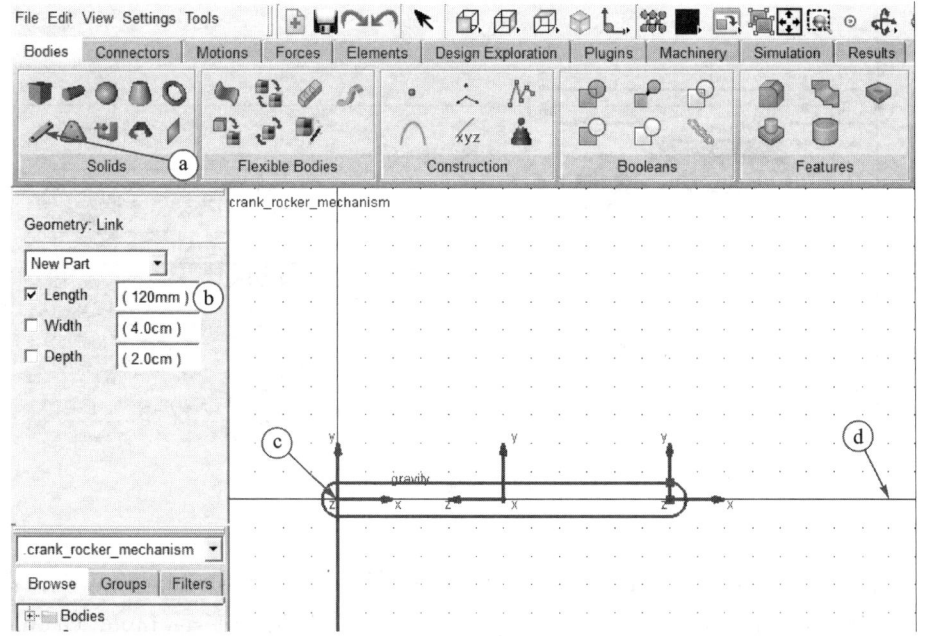

图 2-8 曲柄的创建

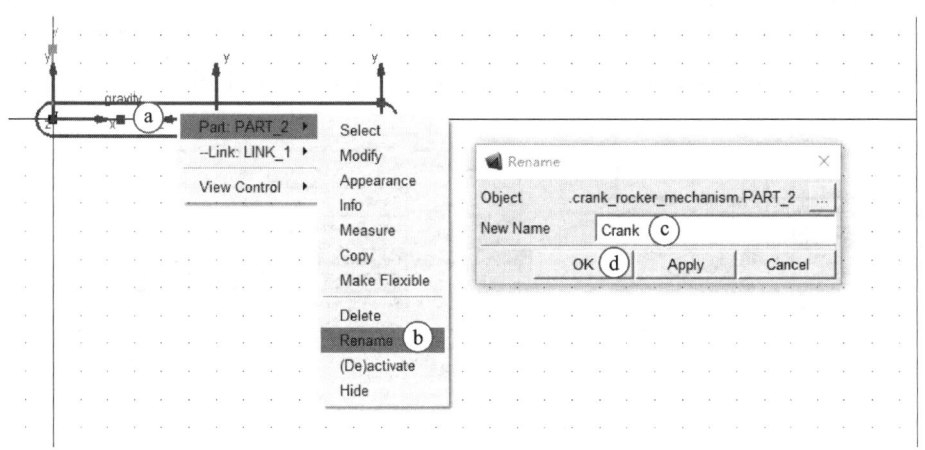

图 2-9 构件的重新命名

(3) 连杆的宽度和厚度设置

如图 2-10 所示,更改曲柄的宽度和厚度的步骤如下:

a. 右击 **Crank**;

b. 在下拉式菜单中,选择—Link:LINK_1|Modify 菜单项,打开 Geometry Modify Shape Link 对话框;

c. 在 Geometry Modify Shape Link 对话框中,将 Width 改为 **12.0**,将 Depth 改为 **6.0**;

d. 单击 **OK** 按钮即完成曲柄的宽度和厚度的修改。

(4) 更改质量特性

如图 2-11 所示,更改质量特性的步骤如下:

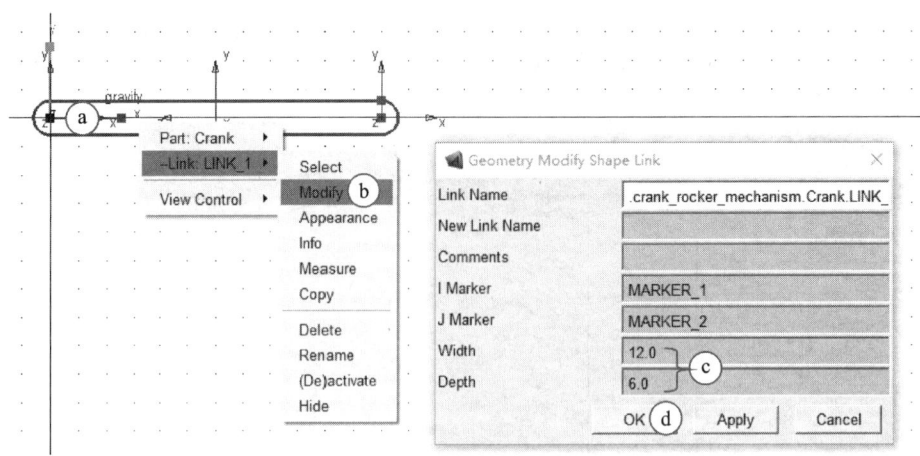

图 2-10 几何尺寸的更改

a. 右击 **Crank**;

b. 在下拉式菜单中,选择--**Part：Crank|Modify** 菜单项,打开 Modify Body 对话框;

c. 在 Modify Body 对话框中,可任意选择三种质量定义方法(User Input,Geometry and Density,Geometry and Material Type)中的一种,例如 **User Input**;

d. 单击 **OK** 按钮即完成质量特性的更改。

提示:系统默认的材料为 steel,Density 为 $7\,801.0 \times 10^{-6}$ kg/mm³。因为机构的运动分析与质量特性无关,所以这里更改质量特性没有实际作用,而仅仅是给出方法。

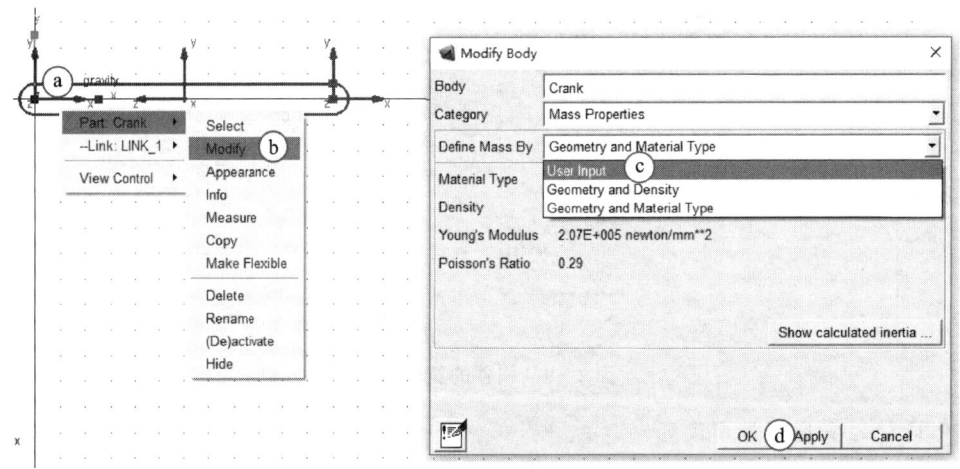

图 2-11 构件质量特性的修改

(5) 更改质心位置

如图 2-12 所示,按如下步骤更改曲柄的质心位置:

a. 右击 **Crank** 几何中心附近;

b. 在下拉式菜单中,选择--**Marker|Modify** 菜单项,打开 Marker Modify 对话框;

c. 在 Marker Modify 对话框中,更改 Location 文本框中的数值和 Orientation 文本框中的数值(因曲柄的质心位置不影响机构的运动分析,故这里保持原默认值);

d. 单击 **OK** 按钮即完成曲柄质心位置和姿态的修改。

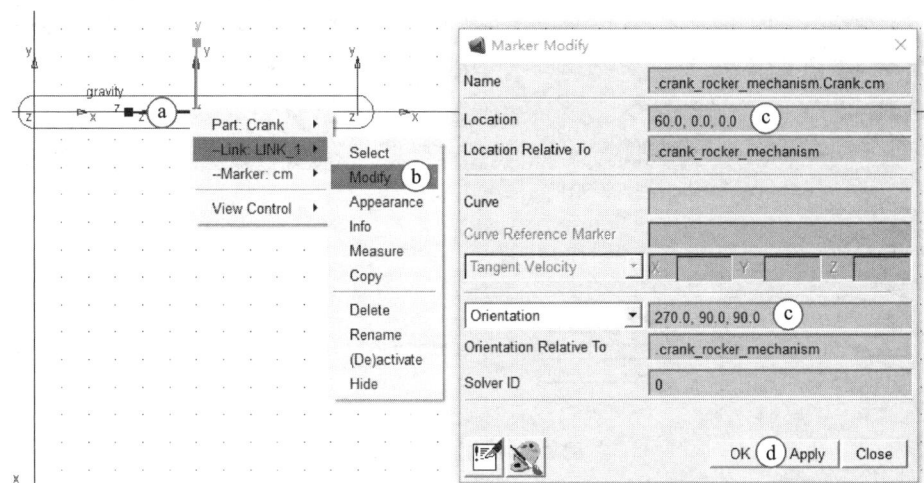

图 2-12 构件的质心位置修改对话框

提示：之所以要修改构件的质量特征和质心位置，是因为当所创建构件的几何形状与实际形状有很大差异时，可以用简单的模型替代复杂的模型，而将简单模型的质量特性和质心位置改为实际构件的质量特性和质心位置，这样将不影响机械系统的动力学分析的结果。

（6）更改构件颜色

图 2-13 所示为主工具箱中的颜色库。通过该颜色库，可以对所创建的构件进行颜色的更改。右击要改变颜色构件的几何体，在下拉式菜单中选择 Select 命令，然后单击颜色库中的颜色即可。

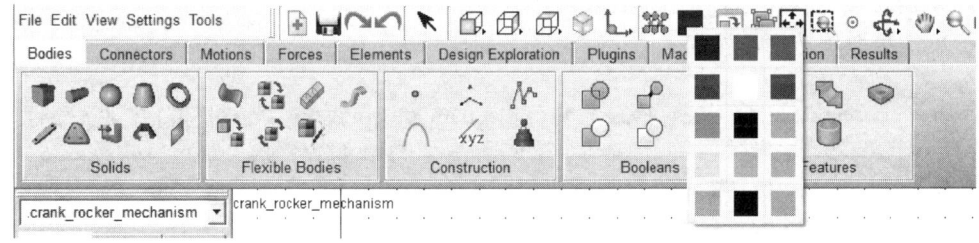

图 2-13 颜色库

2. 创建摇杆

（1）创建摇杆模型

如图 2-14 所示，创建摇杆模型的步骤如下：

a. 在功能区 Bodies 项的 Solids 中，单击 "RigidBody：Link" 图标，展开选项区；

b. 选中 **Length** 复选框，在其下的文本框中输入 260，然后选中 **Width** 复选框，在其下的文本框中输入 12，最后选中 **Depth** 复选框，在其下的文本框中输入 6；

c. 单击工作区域中的 (300,0,0) 位置（对应机架的长度 $l_4 = 300$ mm）；

d. 水平右移光标，当出现连杆的几何形体后，单击工作区域即完成摇杆的建模。

再将其重新命名为 **Rocker**。

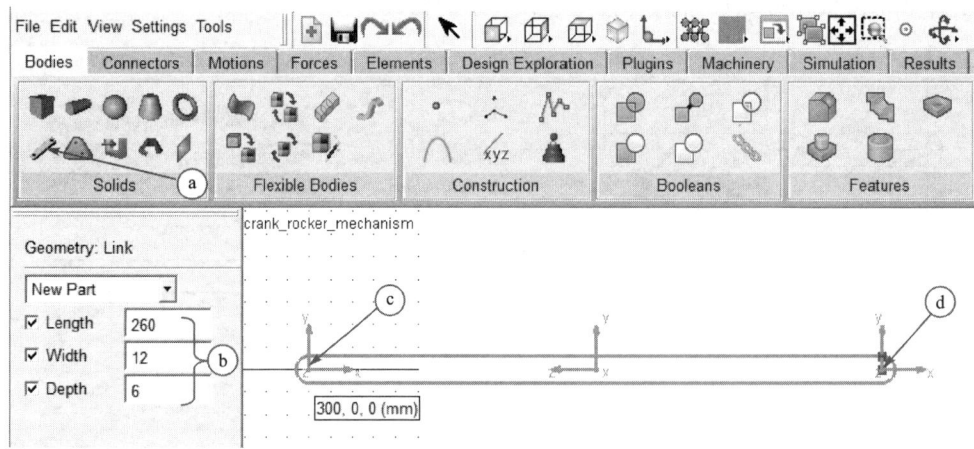

图 2-14 摇杆的创建

由机构的运动分析可知,对应所给定的曲柄摇杆机构的杆长 $l_1=120$ mm,$l_2=250$ mm,$l_3=260$ mm,$l_4=300$ mm,当曲柄处于水平位置(与 x 轴夹角为 0°)时,摇杆和 x 轴正向的夹角为 114°,如图 2-15 所示。为此,需要将图 2-14 所示的摇杆绕左端点逆时针方向转动 114°,具体操作如下。

(2) 调整摇杆的位姿

如图 2-16 所示,调整摇杆位姿的方法如下:

a. 单击(选中)Rocker;

b. 单击位姿变换图标,展开选项区;

c. 单击拾取旋转中心按钮;

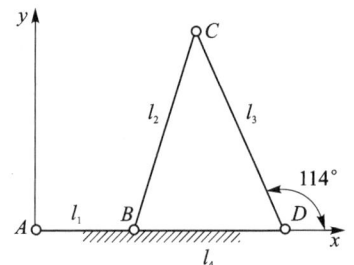

图 2-15 曲柄摇杆机构的初始位置

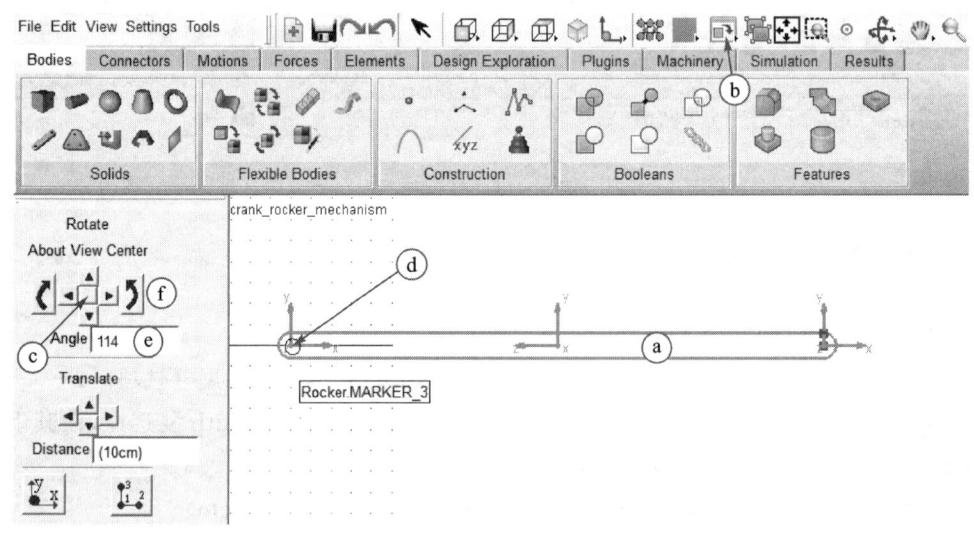

图 2-16 摇杆位姿的调整

d. 单击摇杆(Rocker)的左端**MARKER_3**;

e. 在 Angle 文本框中输入114;

f. 单击逆时针方向转动按钮,即完成摇杆绕其左端点逆时针方向旋转114°,如图 2-17 所示。

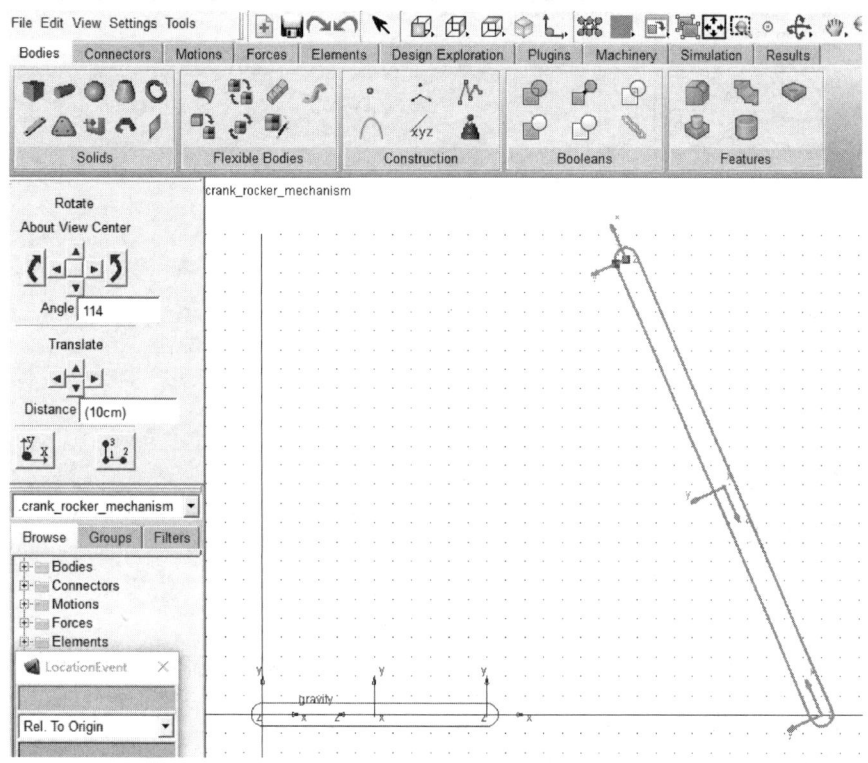

图 2-17 调整位姿后的摇杆

3. 创建连杆

如图 2-18 所示,创建连杆的步骤如下:

a. 在功能区 Bodies 项的 Solids 中,单击"RigidBody:Link"图标,展开选项区;

b. 不选 Length 复选框,选中**Width**复选框并输入12,选中**Depth**复选框并输入6;

c. 单击曲柄的右端点(**MARKER_2**);

d. 单击摇杆的上端点(**MARKER_4**)即完成连杆的创建。

将其重新命名为**Link**。

提示:在图 2-1 所示的机构运动简图中,机架 4 在图 2-18 中即为大地(ground)。

至此,曲柄摇杆机构的构件部分创建完毕。

4. 创建运动副

(1) 创建 JOINT_A 和 JOINT_D

如图 2-19 所示,创建转动副 JOINT_A 和 JOINT_D 的步骤如下:

a. 在功能区 Connectors 项的 Joints 中,单击 Create a Revolute Joint 图标,展开选项区;

b. 选择**1 Location** 和**Normal To Grid**;

c. 单击曲柄的左端点(**MARKER_1**),转动副 JOINT_1 被创建,将其更名为**JOINT_A**;

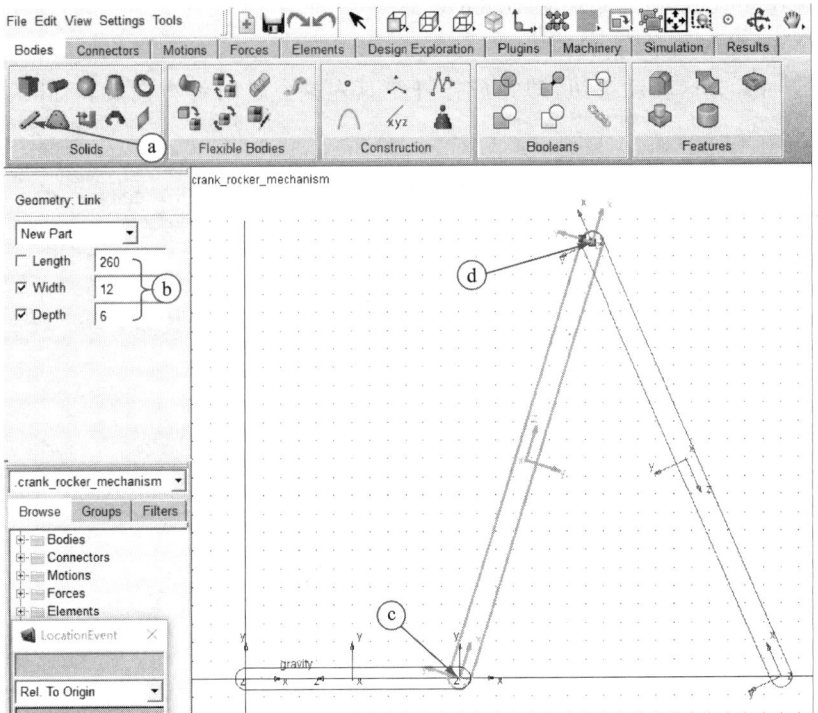

图 2-18 连杆的创建

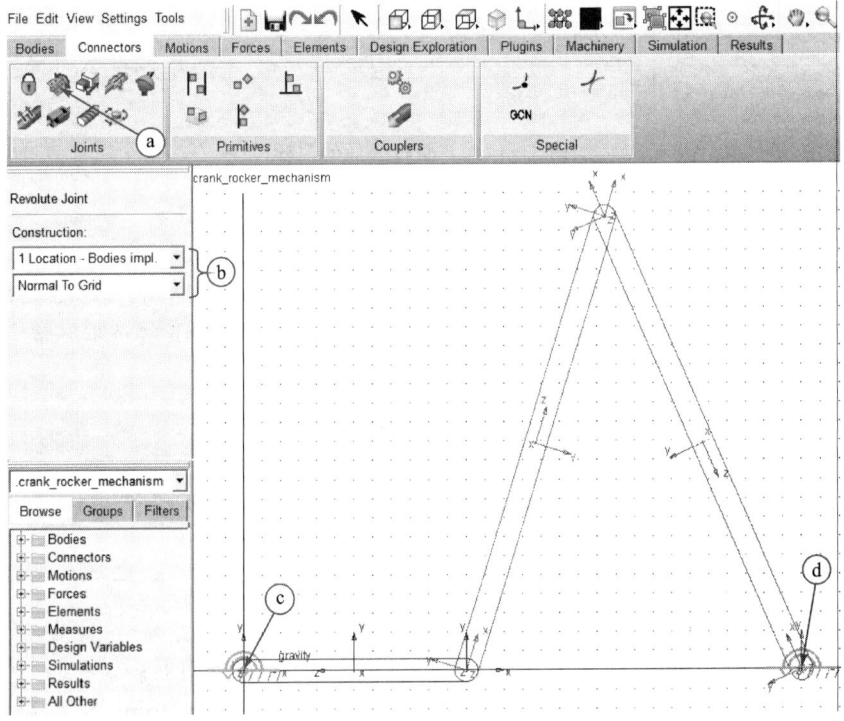

图 2-19 JOINT_A 和 JOINT_D 的创建

d. 再单击 Create a Revolute Joint 图标后,单击摇杆的下端点(**MARKER_3**)转动副 JOINT_2 被创建,将其更名为**JOINT_D**。

(2) 创建 JOINT_B 和 JOINT_C

如图 2-20 所示,创建转动副 JOINT_B 和 JOINT_C 的步骤如下:

a. 在功能区 Connectors 项的 Joints 中,单击 Create a Revolute Joint 图标,展开选项区;

b. 选择 **2 Bodies - 1 Location** 和 **Normal To Grid**;

c. 单击**Crank**;

d. 单击**Link**;

e. 单击曲柄和连杆的连接点(**MARKER_2**),转动副 JOINT_3 被创建,将其更名为 **JOINT_B**;

f. 按照类似的过程,可以创建转动副**JOINT_C**。

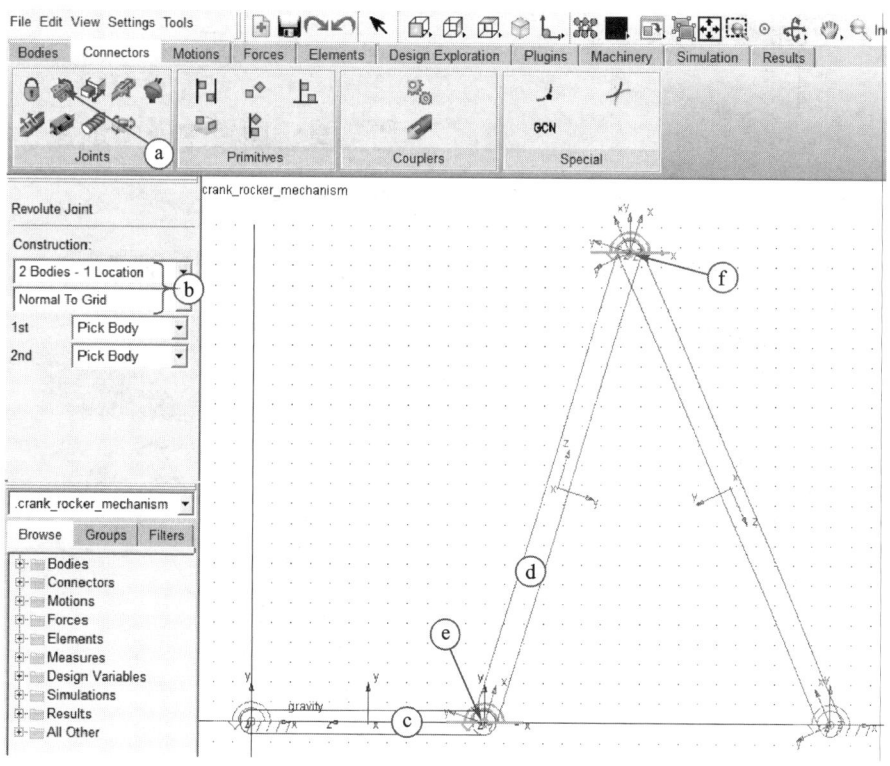

图 2-20 JOINT_B 和 JOINT_C 的创建

5. 渲染和观察模型

单击**Render**按钮,模型被渲染,如图 2-21 所示。

单击各种视图工具按钮从不同的方向观察模型,例如单击**Set the View Isometric**按钮,可以看到如图 2-22 所示的机构模型。

6. 施加运动

根据"曲柄1匀速转动的角速度为 $\omega_1=30$ (°)/s"的要求,下面给曲柄施加一个运动(MOTION_1)。

如图 2-23 所示,给曲柄施加运动的步骤如下:

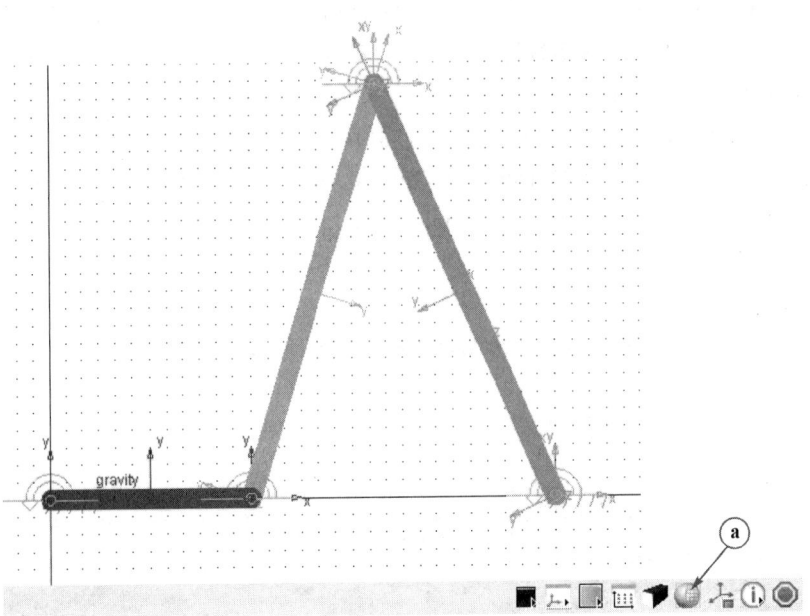

图 2-21 曲柄滑块机构的渲染模型

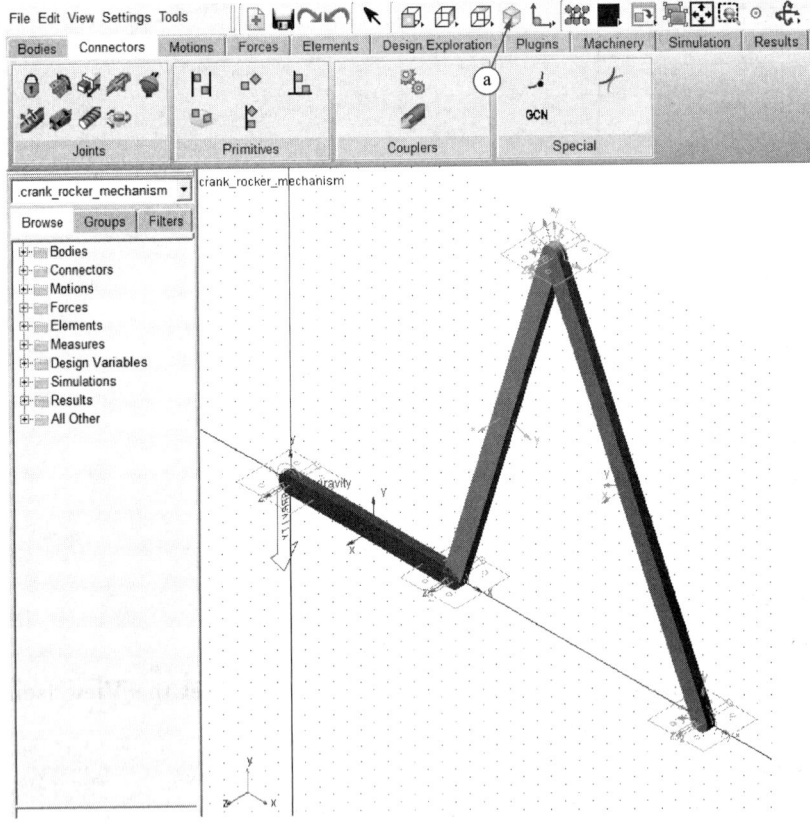

图 2-22 曲柄滑块机构的等距视图

a. 单击 **Set the View orientation to Front** 按钮；

b. 在功能区 Motions 项的 Joint Motions 中，单击 Rotational Joint Motions 图标，展开选项区；

c. 在 Speed 文本框中输入30，默认角速度单位为(°)/s；

d. 单击转动副 **JOINT_A**，运动被施加到曲柄的 JOINT_A 上。

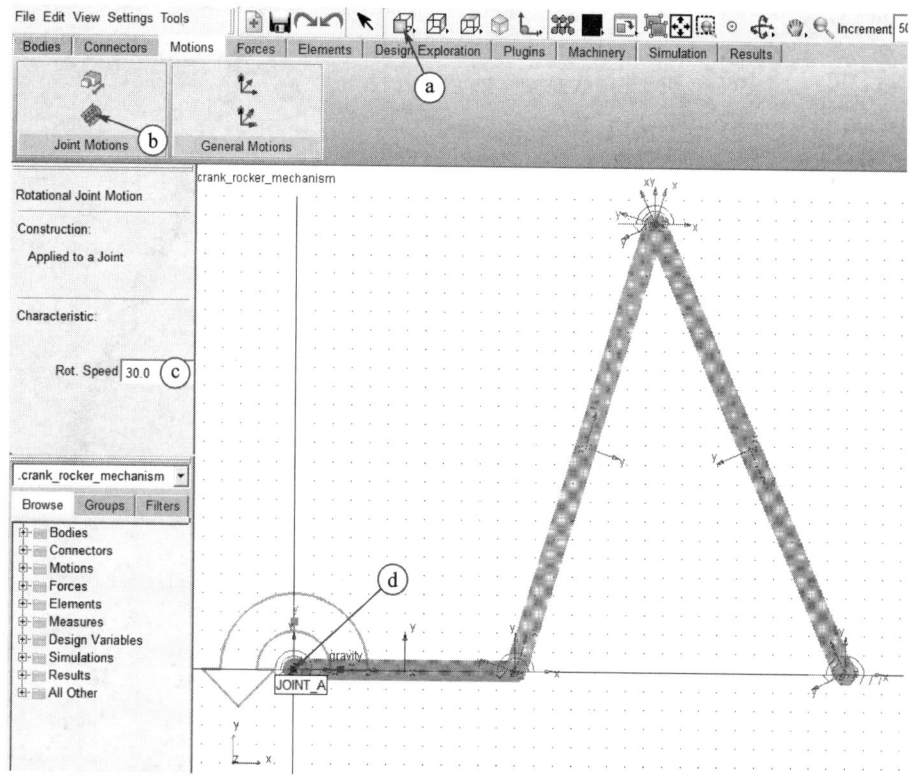

图 2-23　曲柄上施加运动

2.1.3　保存模型

如图 2-24 所示，保存模型的步骤如下：

a. 选择 **File|Save Database As**，展开 Save Database As 对话框；

b. 在 Save Database As 对话框中，文件自动名称为 **crank_rocker_mechanism.bin**；

c. 单击 **OK** 按钮即完成模型的保存。

建议：使用英文名称的路径和文件名称。

2.1.4　仿真与测试

1. 仿真模型

如图 2-25 所示，仿真模型的过程如下：

a. 在功能区 Simulation 项的 Simulate 中，单击 Simulation Control 图标，展开 Simulation Control 对话框；

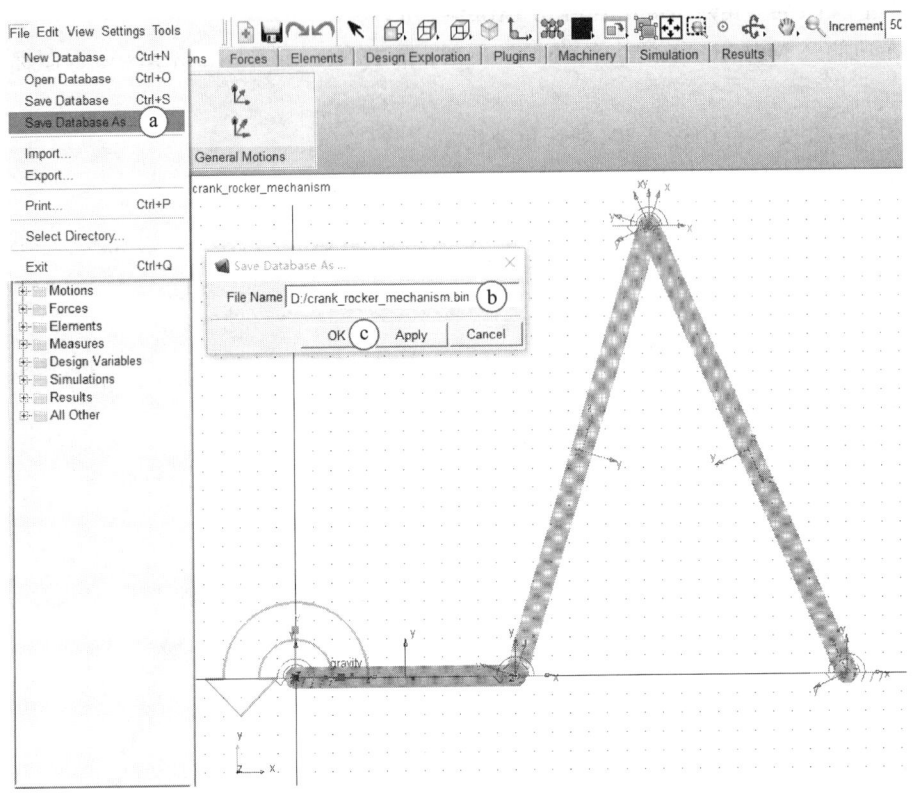

图 2-24 模型的保存

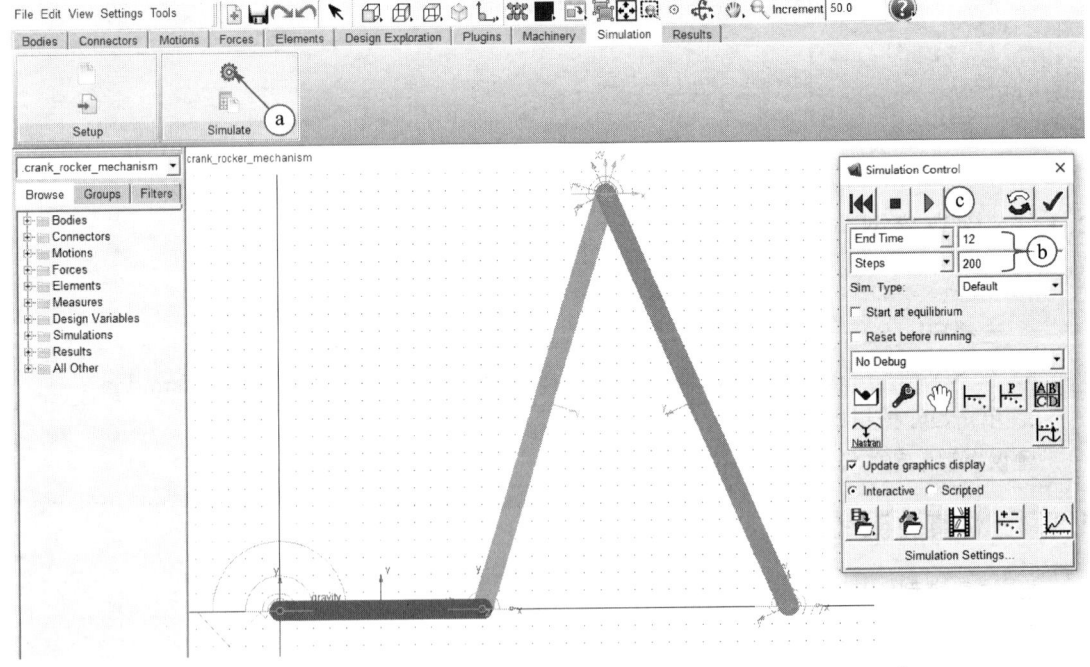

图 2-25 仿真模型

b. 在 Simulation Control 对话框中，设置 End Time 为12，Steps 为200；

c. 单击**Start simulation** 按钮，开始模型仿真。

2. 播放仿真过程

对模型进行仿真后，可以通过动画播放（Animation）来观看仿真过程，如图 2-26 所示。

a. 在功能区 Results 项的 Review 中，单击 Animation Controls 图标；

b. 通过单击"**Animation：Forward** ""**Animation：Reverse** ""**Animation：Reset to Start** ""**Step Forward** ""**Step Backward** "等按钮来控制动画的播放。

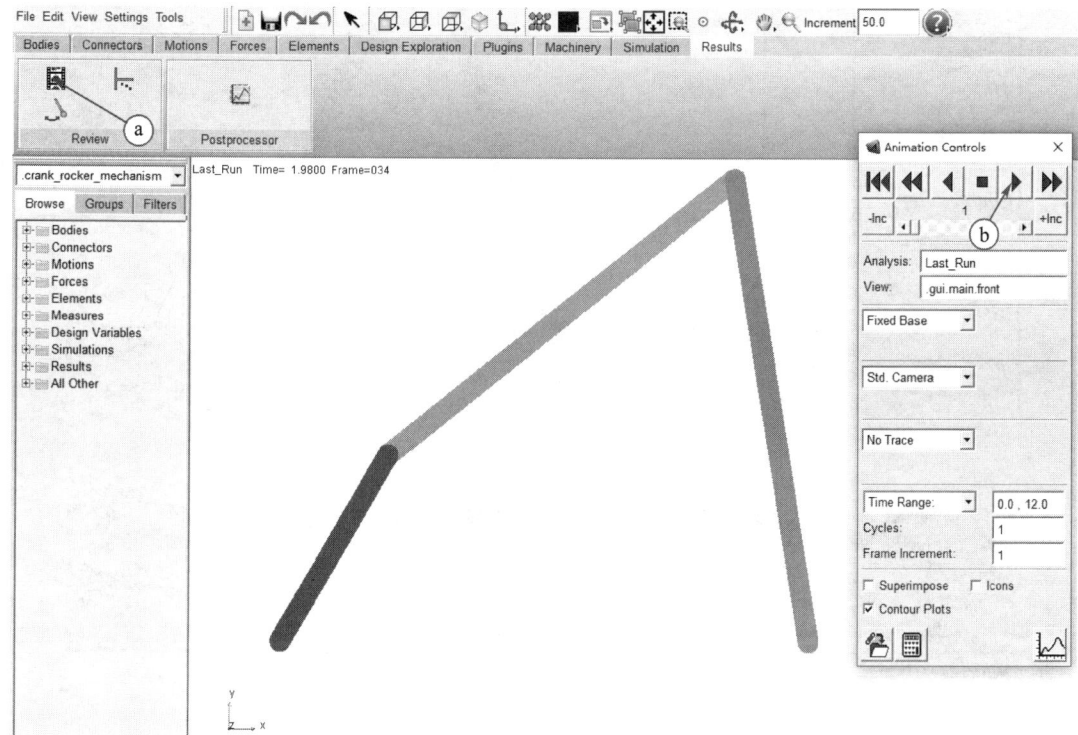

图 2-26　播放模型的仿真过程

3. 测试模型

在机构的运动过程中，通过测量可以得到构件的实时运动特征。这里给出摇杆（Rocker）的运动摆角和角速度、角加速度的测量方法。

（1）摇杆角位移测量

首先在 ground 的（350，0，0）位置处放置一个标记点（marker），作为所测量摇杆摆角的一个标记点，如图 2-27 所示。创建标记点的过程如下：

a. 在功能区 Bodies 项的 Construction 中，单击 Construction Geometry：Marker 图标；

b. 单击(**350,0,0**)处，MARKER_18 被创建。

接着创建角度的测量，如图 2-28 所示，创建的步骤如下：

a. 在功能区 Design Exploration 项的 Measure 中，单击 Create a new Angle Measure 图标，打开**Angle Measure** 对话框；

b. 在**Angle Measure** 对话框中，单击**Advanced**；

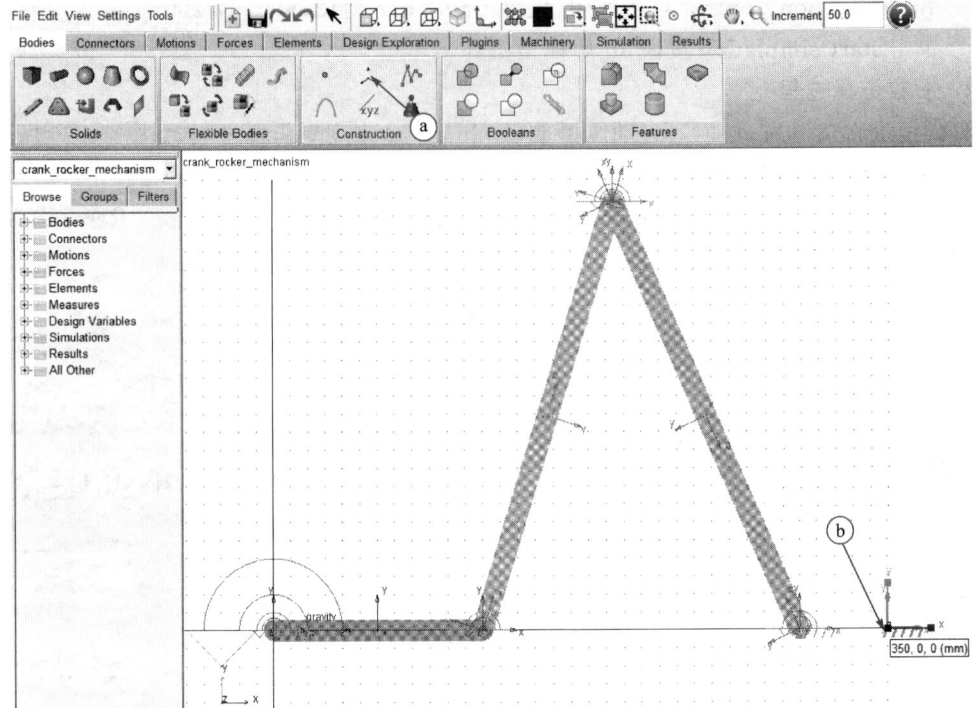

图 2-27 标记点(Marker)的创建

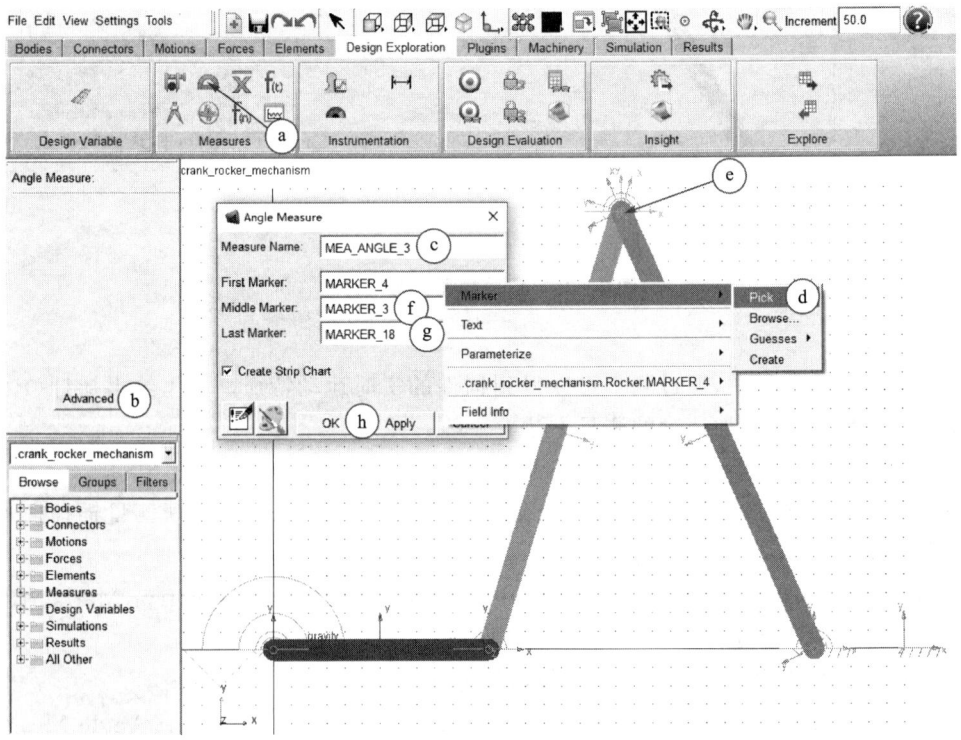

图 2-28 摇杆角位移的测量

c. 将Measure Name更改为MEA_ANGLE_3；

d. 右击First Marker文本框，在下拉式菜单中，选择Marker|Pick菜单项；

e. 单击摇杆与连杆的连接处（铰链C处），即可获取标记点MARKER_4；

提示：此处有多个标记点，可任选其一。

f. 同步骤d和e，在Middle Marker文本框中，拾取MARKER_3（摇杆和ground的连接点）；

g. 同步骤d和e，在Last Marker文本框中，拾取MARKER_18；

h. 单击OK按钮即完成摇杆角度的测量。

系统生成了按三个点测量摇杆角位置曲线，如图2-29所示。曲线的横坐标轴为时间轴（单位为sec，即秒），纵坐标轴为摇杆角位置轴（单位为(°)，即度）。

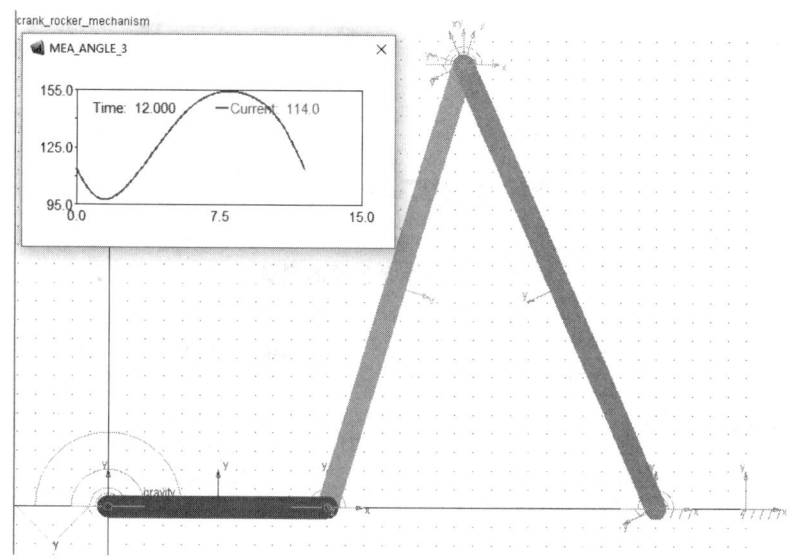

图2-29 摇杆的角位移测量结果

同样的方法，可以获取曲柄转角的测量结果，如图2-30所示。

提示：若图2-30中的曲柄转角的测量曲线是负值，可再对模型进行一次仿真，测量曲线即变为正值。

注意：若操作过程中关闭了测量曲线（假如关闭了MEA_ANGLE_3测量曲线），可以通过如下方法再将它显示出来（如图2-31所示）：

a. 选择菜单View|Measure，展开Database Navigator选择框；

b. 在Database Navigator选择框中选中MEA_ANGLE_3；

c. 单击OK即可显示出MEA_ANGLE_3的测量曲线。

（2）摇杆角速度和角加速度测量

如图2-32所示，按如下步骤测量摇杆的角速度：

a. 右击Rocker，在下拉式菜单中，选择Part：Rocker|Measure菜单项，打开Part Measure对话框；

b. 在Part Measure对话框中，更改Measure Name为MEA_ANGULAR_VELOCITY_3；

c. 在Characteristic下拉列表框中选择CM angular velocity；

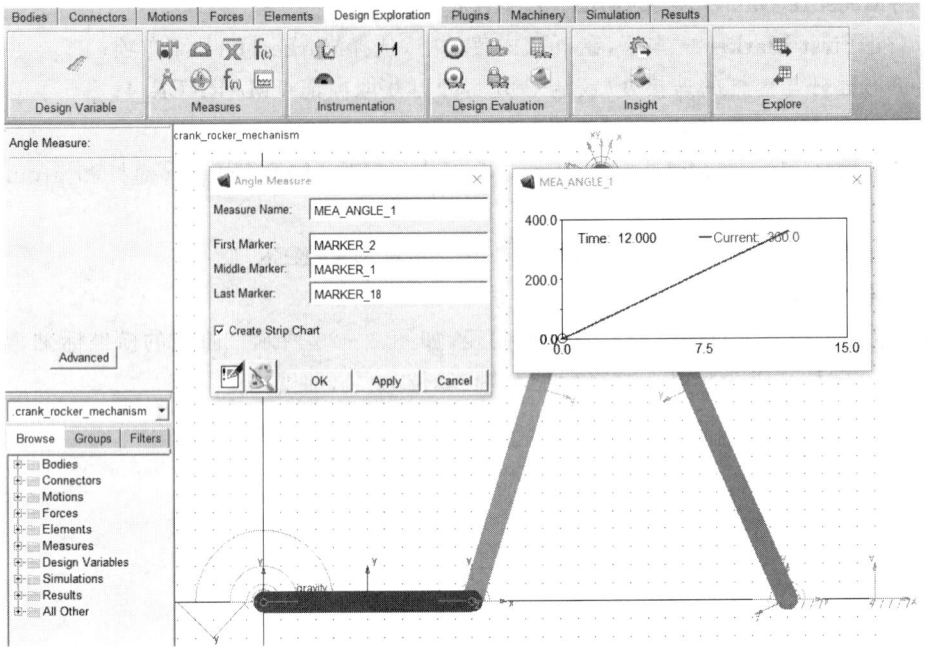

图 2-30　曲柄角位置的测量

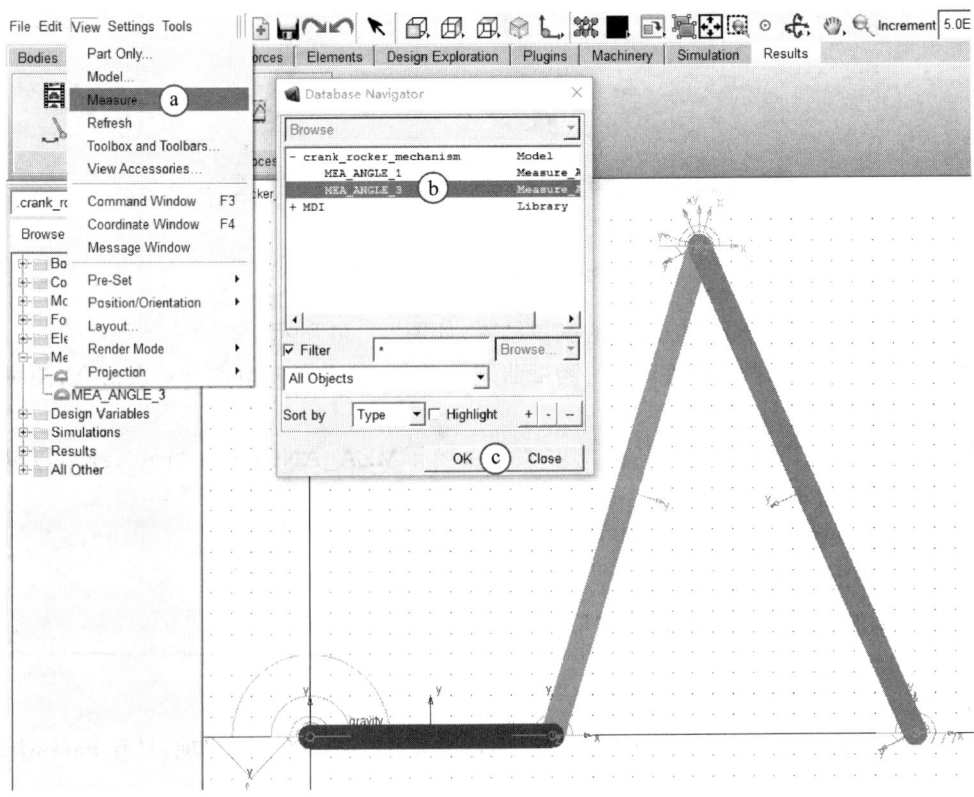

图 2-31　关闭的测量曲线再显示

d. 在 Component 选项组中选中 **Z**；

e. 单击 **OK** 按钮即完成摇杆角速度的测量。

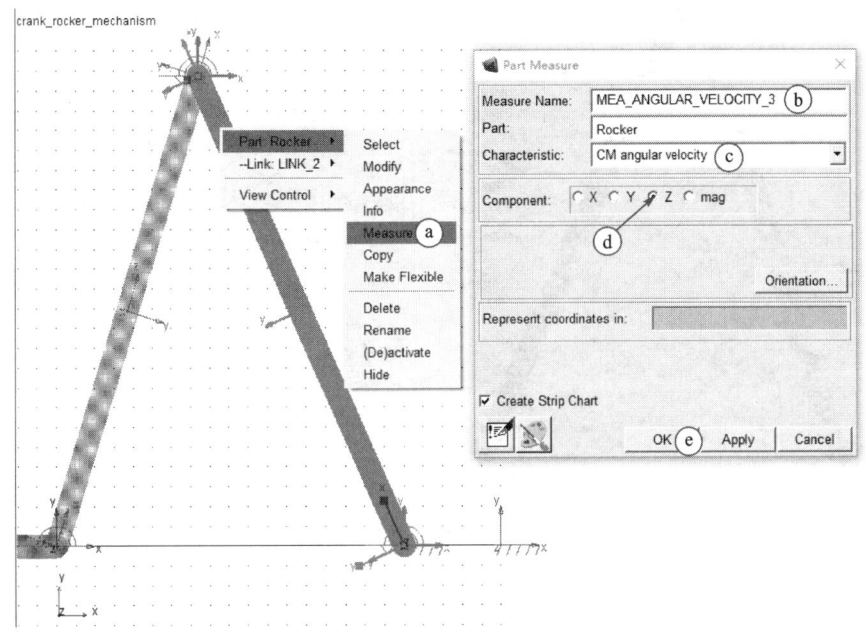

图 2-32 摇杆角速度测量

摇杆的角速度测量曲线如图 2-33 所示。

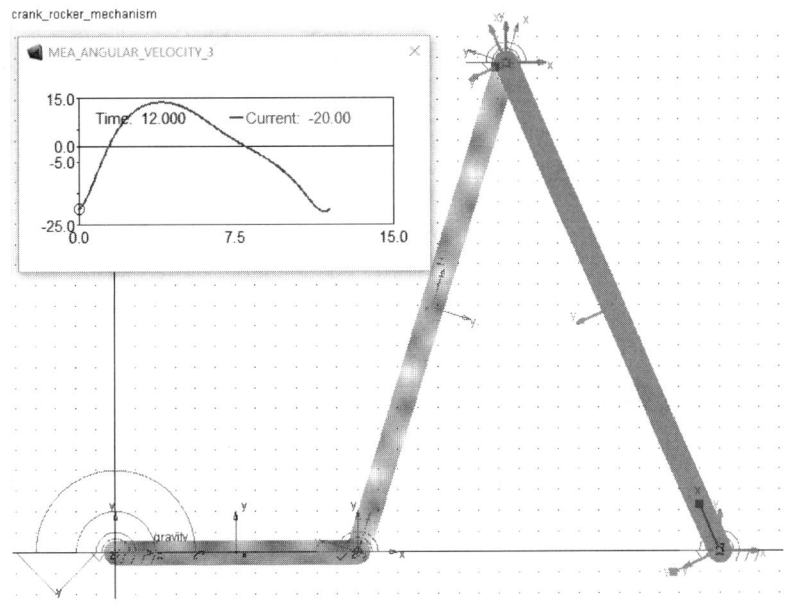

图 2-33 摇杆角速度的测量结果

采用相同的方法，可以进行摇杆角加速度的测量，如图 2-34 所示。

摇杆角加速度（**MEA_ANGULAR_ACCELERATION_3**）的测量结果如图 2-35 所示。

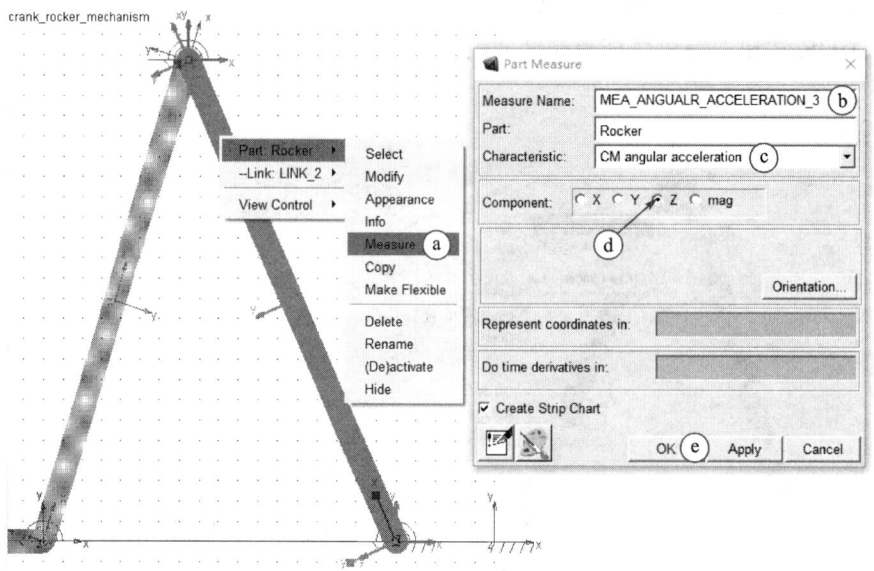

图 2-34 摇杆角加速度测量

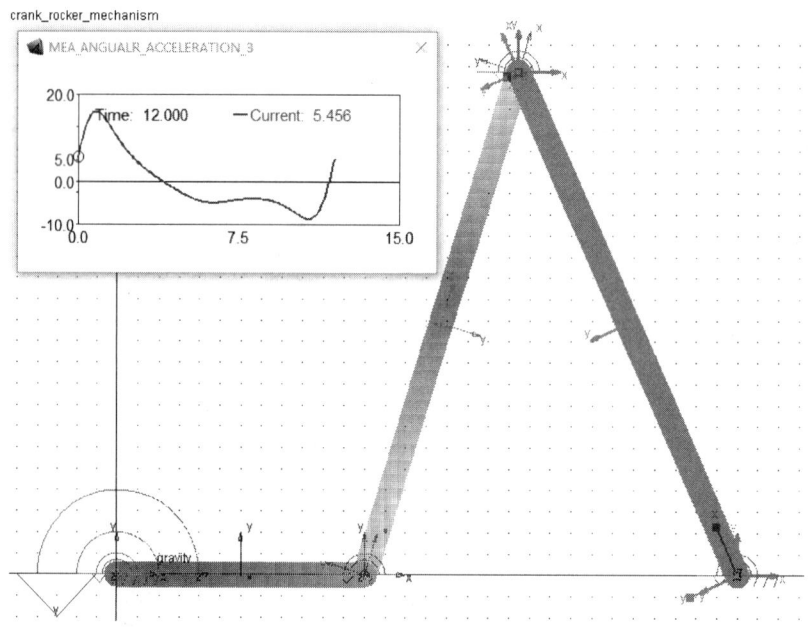

图 2-35 摇杆角加速度的测量结果

4. 测试结果的后处理

(1) 测量曲线的编辑

下面给出以曲柄转角为横坐标轴的摇杆角位置、角速度和角加速度的测量曲线。

以曲柄转角为横坐标轴的摇杆角位置的测量曲线生成过程是(见图 2-36 和图 2-37):

a. 在功能区 Results 项的 PostProcessor 中,单击 Opens Adams/PostProcessor 图标,打开 ADAMS/PostProcessor 模块窗口;

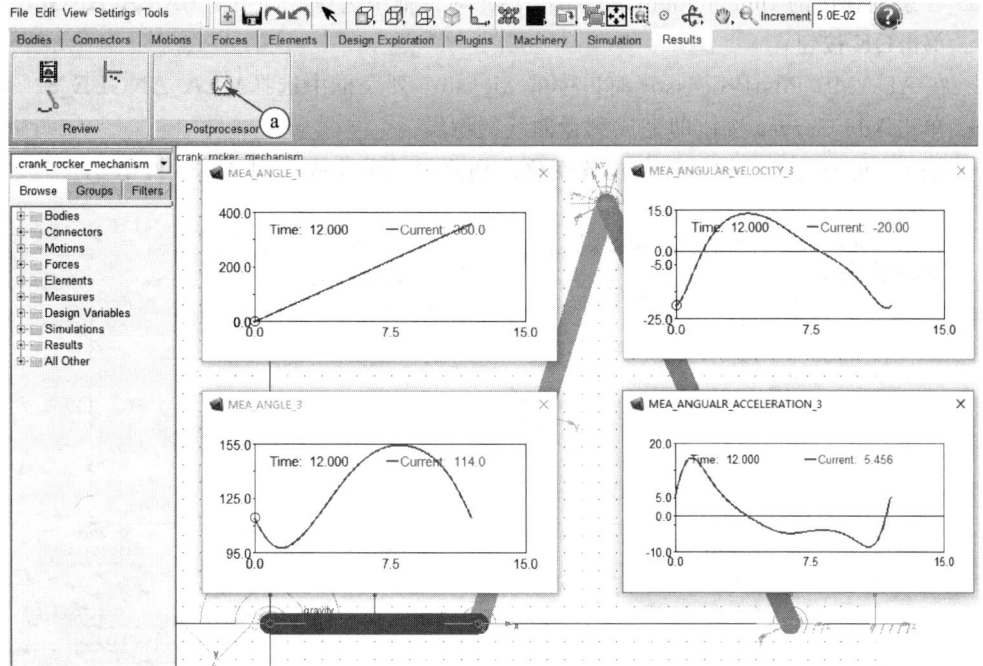

图 2-36　打开 ADAMS/PostProcessor 框模块窗口

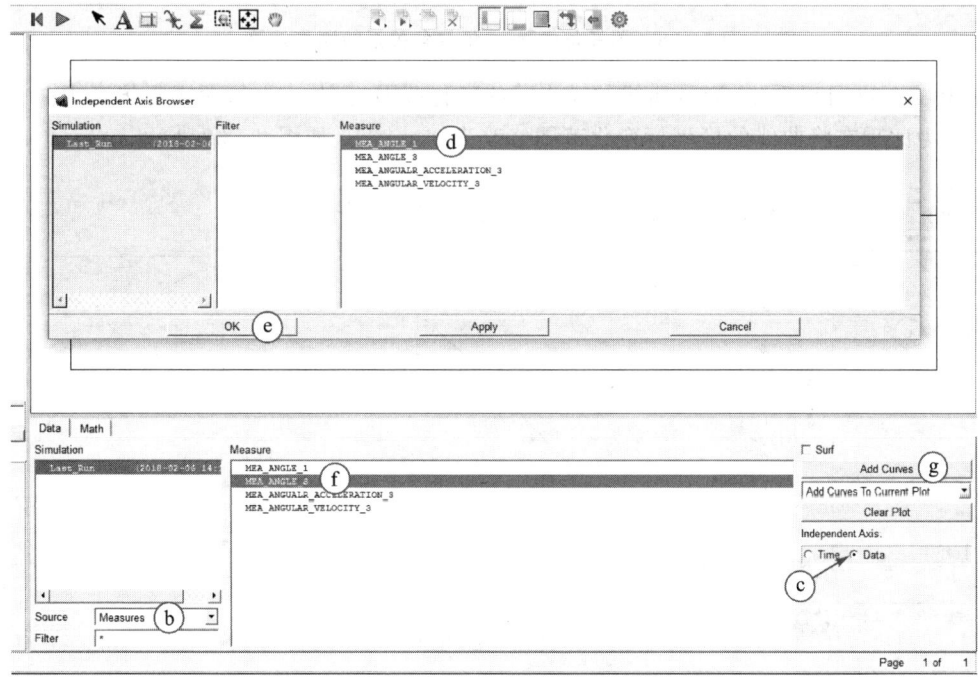

图 2-37　ADAMS/PostProcessor 对话框

b. 在 ADAMS/PostProcessor 窗口中，选择 Source 为 **Measures**；

c. 在 Independent Axis 栏中，选中 **Data**；

d. 在系统弹出的 Independent Axis Browser 对话框中选择 Measure 为 **MEA_ANGLE_1**；
e. 单击 **OK** 按钮；
f. 在 ADAMS/PostProcessor 窗口中的 Measure 列表框中选择 **MEA_ANGLE_3**；
g. 单击 **Add Curves** 按钮即完成测量曲线的编辑。

以曲柄转角为横坐标的摇杆角位置变化曲柄测量结果曲线如图 2-38 所示。

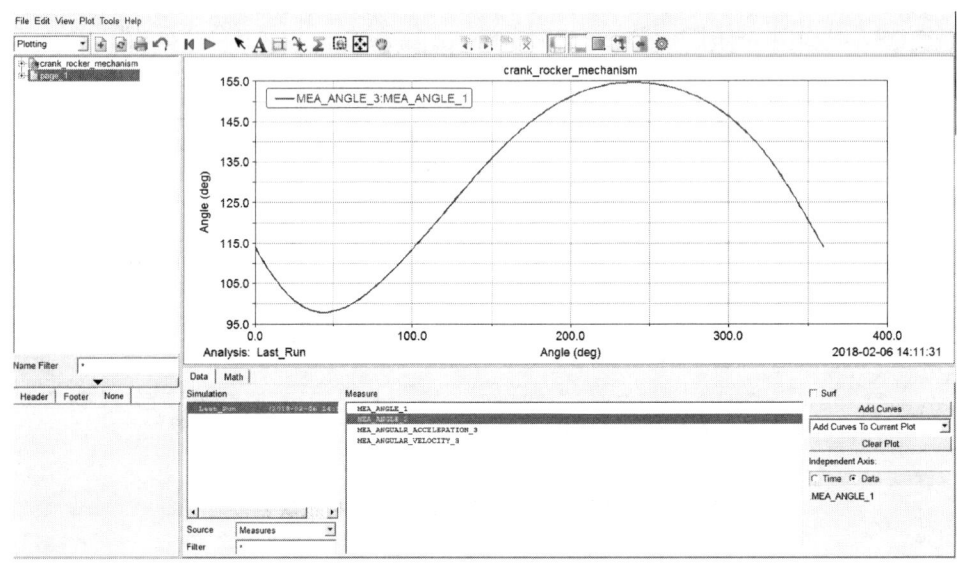

图 2-38 摇杆角位置-曲柄转角关系的测量结果

由图 2-38 可以看出，测量曲线的横坐标的变化范围是 0°～400°，而实际仿真中曲柄只转了 360°，为此现在将曲线的横坐标变化范围修改为 0°～360°，如图 2-39 所示。

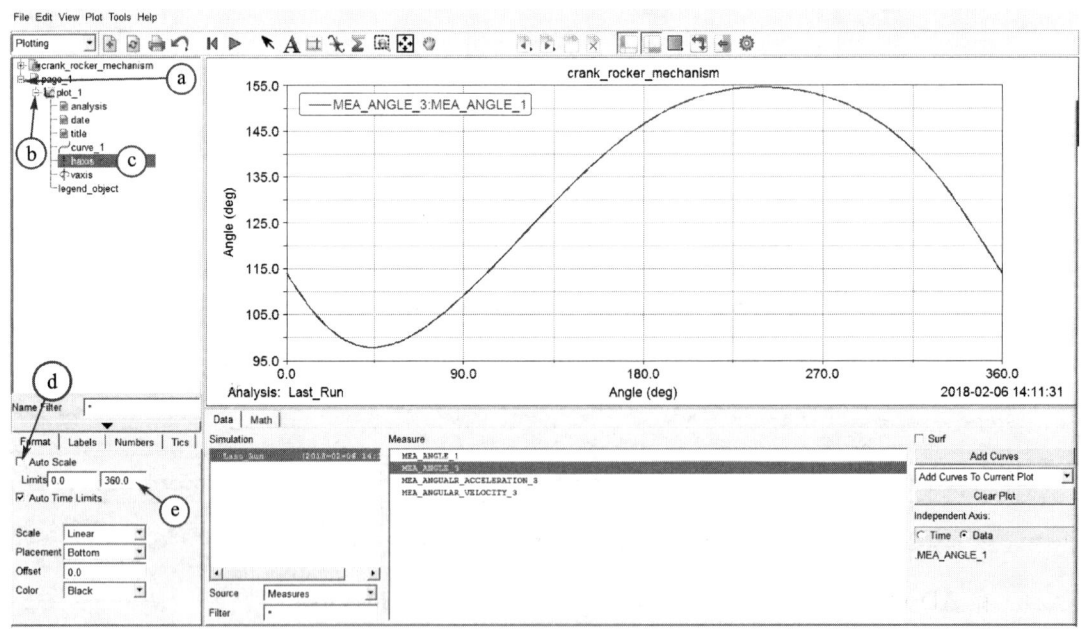

图 2-39 测量曲线横坐标范围的调整

a. 双击文件夹图标 **page_1**（或单击曲线图标前面的"＋"，使其变成"－"）；
b. 双击曲线图标 **plot_1**（或单击曲线图标前面的"＋"）；
c. 单击 **haxis**；
d. 不选 **Auto Scale**；
e. 更改 Limits 的范围为 **0.0～360.0**，系统给出调整横坐标变化范围后的测量曲线。

此外，还可以对生成曲线的 Analysis、date、title 以及 curve 的线宽、线型、颜色等进行设定和编辑，这里就不再赘述了。

还可以对曲线进行其他一些处理，例如提取测量曲线上各点的坐标值，如图 2-40 所示。

a. 单击 **Plot tracking** 按钮；
b. 在测量曲线图中横向移动光标；
c. 对应位置点的坐标值、斜率以及曲线的最大值、最小值、平均值等都可以实时显示出来。

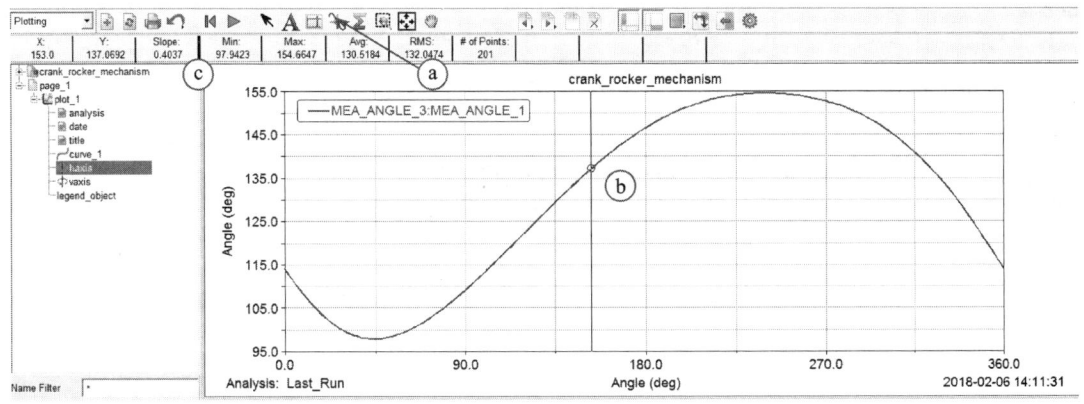

图 2-40　测量曲线上任意点坐标特性的显示

另外，还可以应用曲线编辑工具对曲线进行更进一步的编辑和处理。曲线编辑工具条调出，如图 2-41 所示。

a. 在 ADAMS/PostProcessor 窗口中单击 **Curve Edit Toolbar** 按钮；

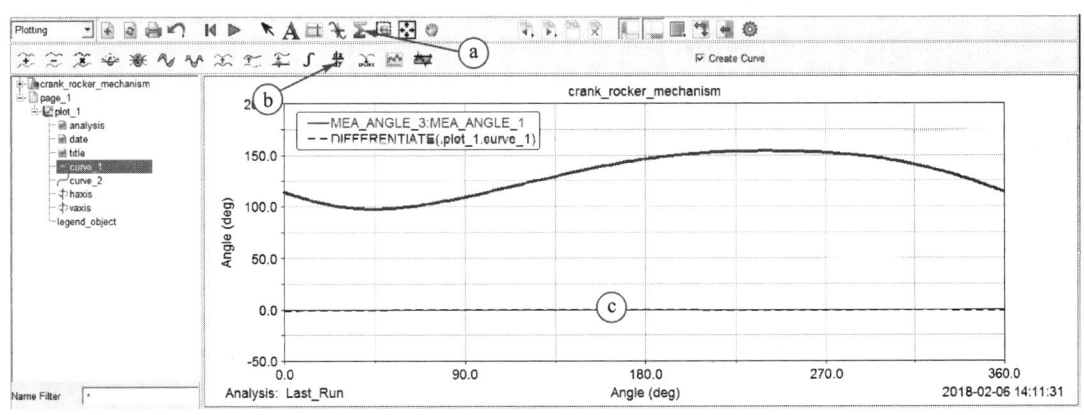

图 2-41　测量曲线的编辑

b. 系统弹出曲线编辑工具条,使用该工具条可以对曲线进行编辑处理,例如对曲线进行求导(Differentiate a curve);

c. 纵坐标对横坐标的求导结果(摇杆速度曲线)即可得到。

(2) 测量曲线的输出

将仿真测量曲线以数据文件形式输出的方法是(如图 2-42 所示):

a. 在 ADAMS/PostProcessor 窗口中选择**File|Export| Numeric Data** 菜单项,打开 Export 对话框;

b. 在 Export 对话框中,将 File Name 定义为**angle3_angle1**;

c. 右击**Results Data** 文本框中,在快捷菜单中选择**Result_Set_Component|Guesses| ***,表示输出全部数据,包括摇杆的角位置数据(曲线的 y 坐标值)和曲柄的角位移数据(曲线的 x 坐标值和仿真时间);

d. 单击**OK** 按钮,则测量曲线转化为测量数据,并以 angle3_angle1.dat 的名称被保存起来。

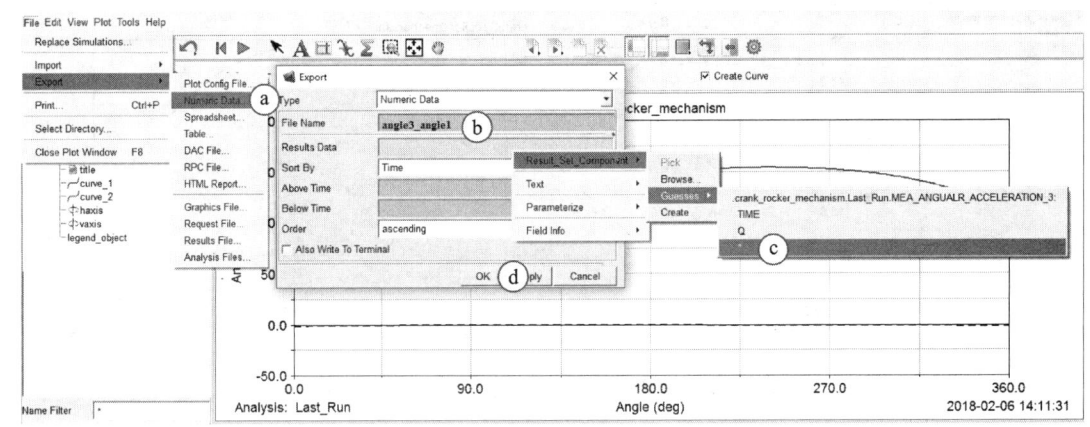

图 2-42 曲线的输出

图 2-43 所示为打开的刚保存的数据文件的部分内容。

下面将仿真过程中产生的动画以 AVI 的格式输出,这样该动画可以在脱离开 ADAMS/View 的环境下应用其他媒体播放软件进行播放,如图 2-44 所示。

a. 在 ADAMS/PostProcessor 窗口中选择页面布置方式为**Page Layout:2 Views,side by side**;

b. 单击**右边的视窗**(选中该视窗);

c. 选择**View|Load Animation** 菜单项,调入仿真动画模型;

d. 选择**ISO view** 视图工具按钮;

e. 通过**Dynamic Zoom** 工具按钮调整模型的大小;

f. 通过**Dynamic Translate (XY)** 工具按钮调整模型的位置;

g. 单击**Record** 标签(位于下部选项卡组中);

h. 在 File Name 文本框中输入所要保存动画的 AVI 文件的名称,这里取系统默认的与模型名相同的名称**crank_rocker_mechanism**;

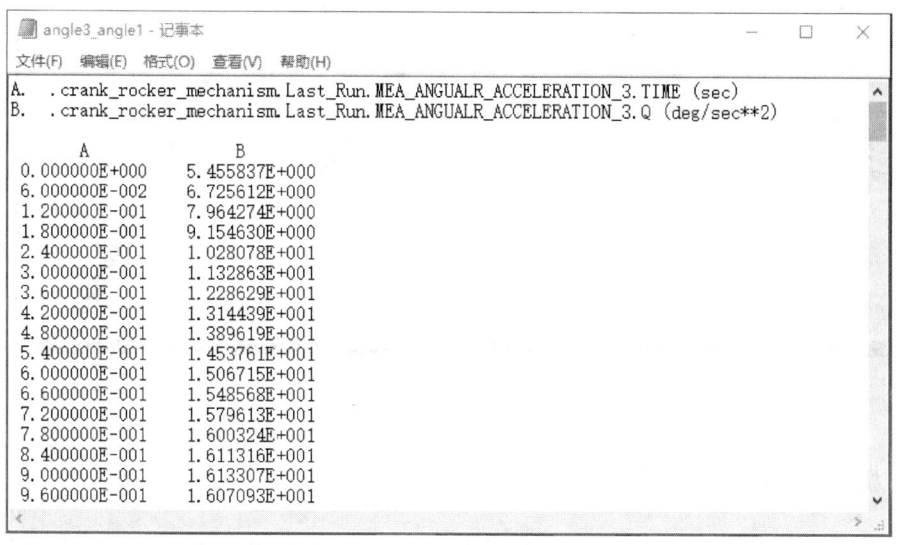

图 2-43 数据文件部分内容

i. 单击 Record ready. Click Play to begin recording 工具按钮；

j. 单击 Play Animation 按钮，动画开始被录制，当滑动条滑动到末端时即完成动画的录制。

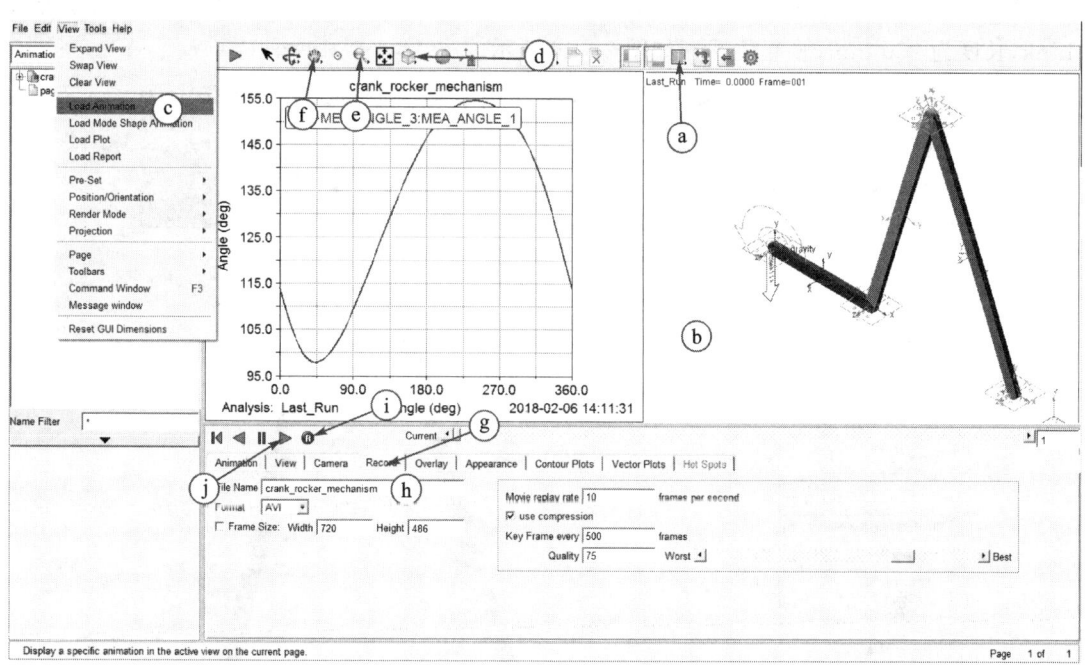

图 2-44 动画的录制

图 2-45 所示为播放 crank_rocker_mechanism.avi 的过程。

实例 2.1 的保存模型文件名为 **example21_crank_rocker_mechanism.bin**。

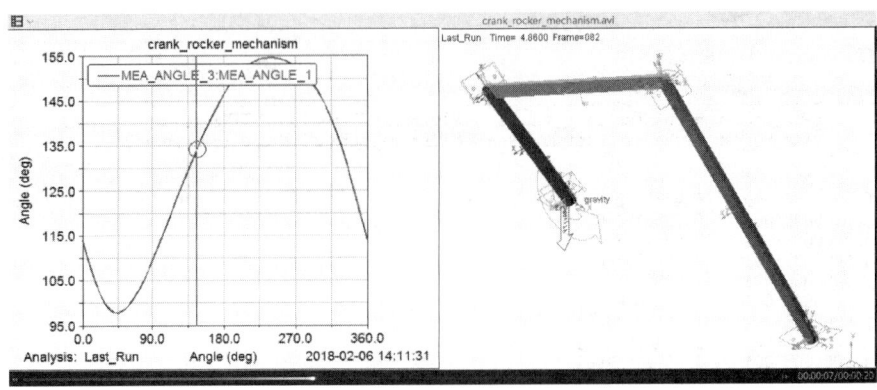

图 2-45 动画的播放

2.1.5 机构的装配法建模

在上述创建曲柄摇杆机构模型时,摇杆和 x 轴正向的夹角 114°是预先计算或作图得到的,比较麻烦。此外,这个 114°的夹角其实是个近似值,导致建模时连杆的实际长度不是真正的 250 mm,而是 248.856 mm,从而使得机构的仿真结果存在较大的误差。为了解决这个问题,下面介绍一种装配法的建模方法。

1. 创建构件

按照前述的方法创建曲柄(Crank,水平位置)、摇杆(Rocker,竖起位置),然后创建连杆(Link,长度为 250 mm,竖起位置),如图 2-46 所示。

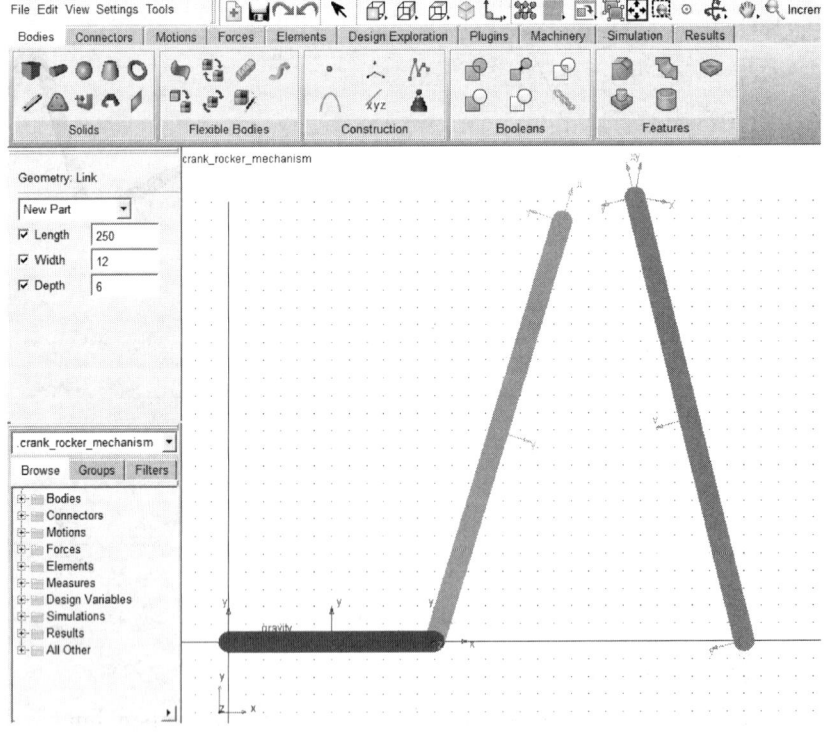

图 2-46 构件的创建

2. 创建运动副和施加运动

仿照前述的创建运动副和施加运动的方法,创建运动副 **JOINT_A**、**JOINT_B**、**JOINT_D** 和施加运动 **MOTION_1**,如图 2-47 所示。

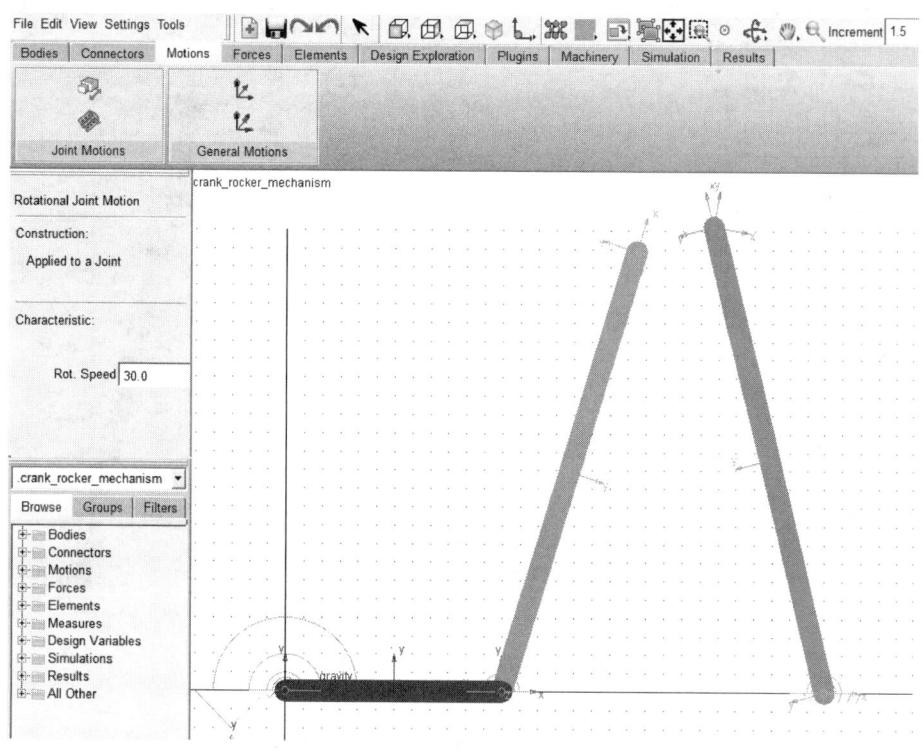

图 2-47 运动副和运动的创建

3. 创建转动副 JOINT_C

下面采用 2Bodies-2Locations 的方法来创建连杆和摇杆之间的转动副 JOINT_C,这是装配法建模的关键。转动副 JOINT_C 的创建(如图 2-48 所示)过程如下:

a. 在功能区 Connectors 项的 Joints 中,单击 Create a Revolute Joint 图标,展开选项区;

b. 选择 2 **Bodies-2 Locations** 和 **Normal To Grid**;

c. 单击连杆(**Link**);

d. 单击摇杆(**Rocker**);

e. 单击 **Link** 的上端点;

f. 单击 **Rocker** 的上端点,转动副 JOINT_4 被创建,将其更名为 **JOINT_C**。

4. 装配模型

如图 2-49 所示,装配模型的过程如下:

a. 在功能区 Simulation 项的 Simulate 中,单击 Simulation Control 图标,展开 Simulation Control 对话框;

b. 在展开 Simulation Control 对话框中,单击 **Perform initial conditions solution** 按钮,即可完成模型的装配;

c. 单击 **Close** 按钮关闭 Information 窗口,同时关闭 Message Window 窗口。

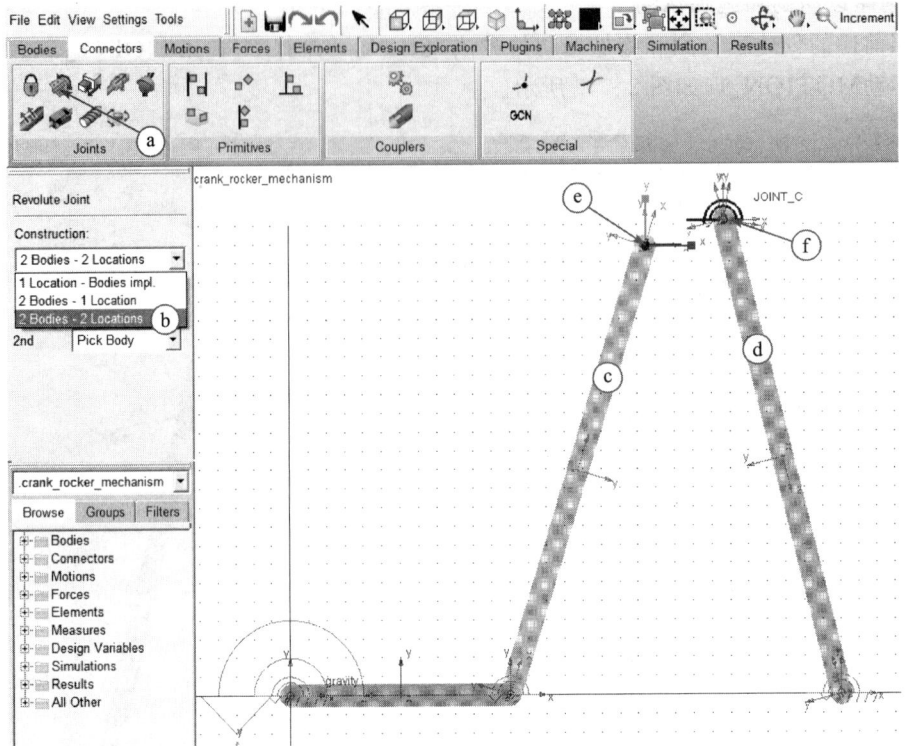

图 2-48 转动副 JOINT_C 的创建

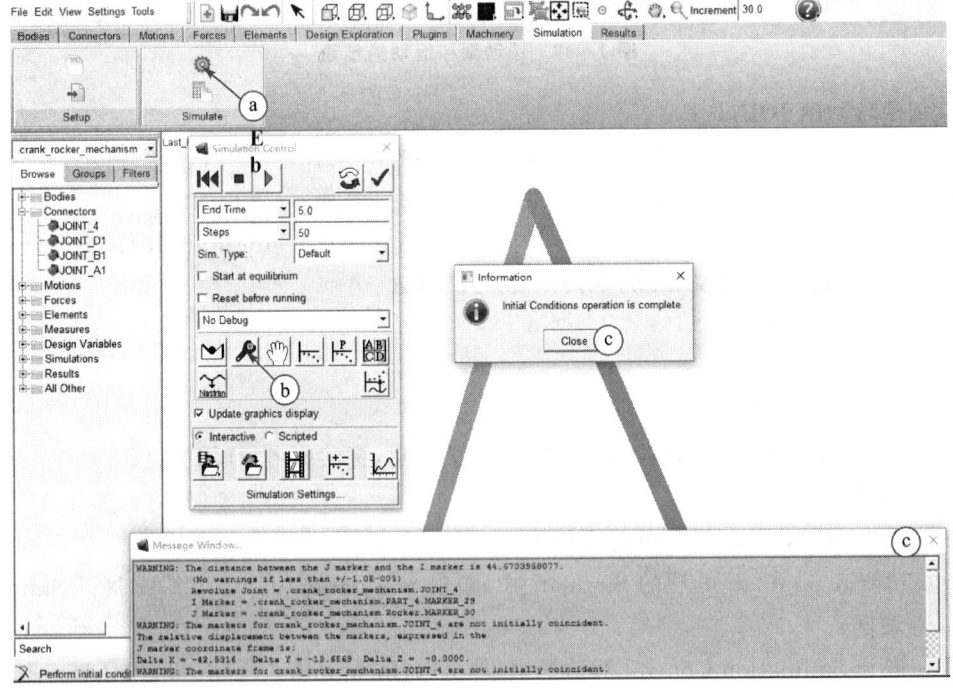

图 2-49 装配模型

5. 保存模型

如图 2-50 所示，保存模型的步骤如下：

a. 在展开 Simulation Control 对话框中，单击 **Save the Model** 按钮，展开 Save Model at Simulation Position 对话框；

b. 在 Save Model at Simulation Position 对话框中，更改 New Model 为 crank_rocker_mechanism_2；

c. 单击 **OK** 按钮将装配完成的机构模型保存起来。

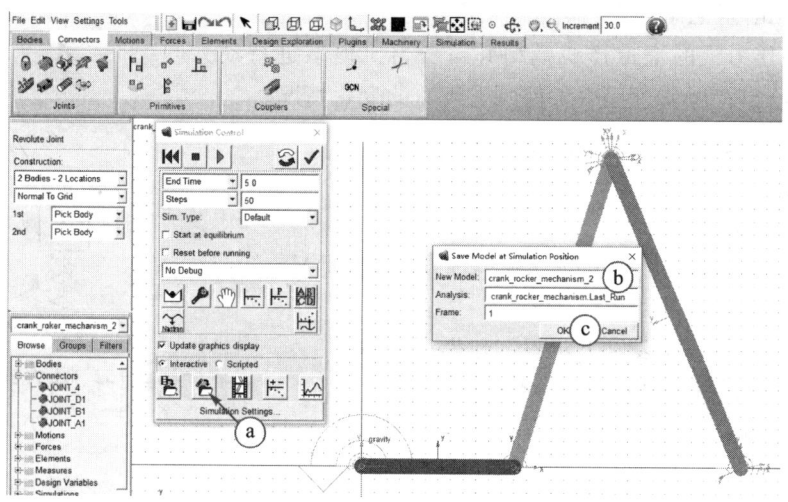

图 2-50　保存模型

说明：现在系统中保存有两个机构模型，一个是装配前的模型，另一个是装配完成的模型，如图 2-51 所示。

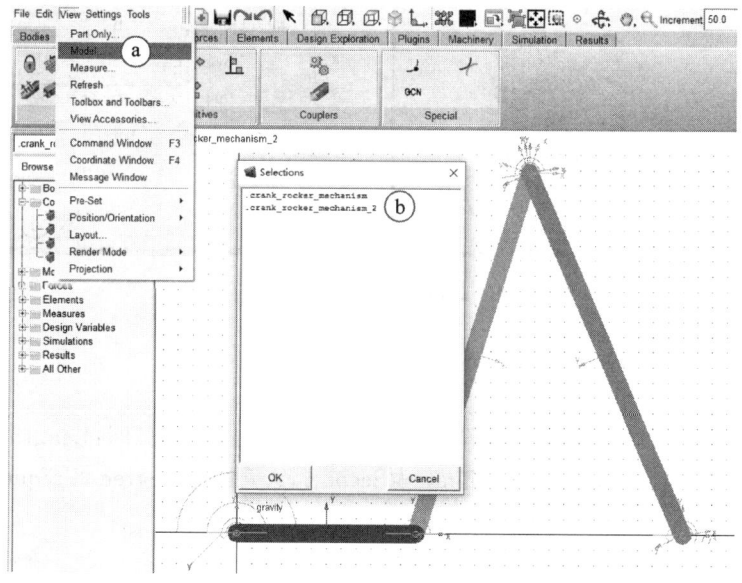

图 2-51　系统中保存的两个模型

2.2 机构的动力学仿真与分析

实例 2.2 图 2-52 所示为一小型压力机。已知各构件的长度为 $l_{AB}=100$ mm,$l_{BC}=200$ mm,$l_{AD}=200$ mm。驱动力 F 作用在构件 1 的 D 点,大小为 $F=140$ N,且始终与 AD 保持垂直。滑块 C 向下运动压紧工件,其压紧力用弹簧来模拟。弹簧的刚度 $K=5$ N/mm,阻尼系数 $C=0$。

试建立该压力机的虚拟样机模型并对压力机模型进行动力学仿真分析,给出在压紧过程中工件所受压力的变化情况。

2.2.1 启动 ADAMS 并设置工作环境

1. 启动 ADAMS

双击桌面上 ADAMS/View 的快捷图标,启动 ADAMS/View。

2. 创建模型名称

如图 2-53 所示,安装以下步骤创建模型名称:
a. 在欢迎对话框中选中 **New Model**;
b. 在 Model name 文本框中输入 **press**;
c. 设置 Working Directory 为 **D:**;
d. 单击 **OK** 按钮完成模型名称的创建。

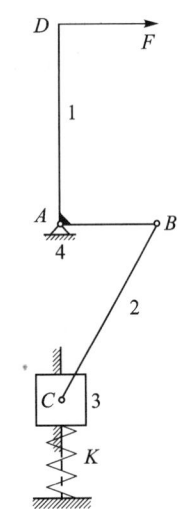

图 2-52 压力机机构运动简图

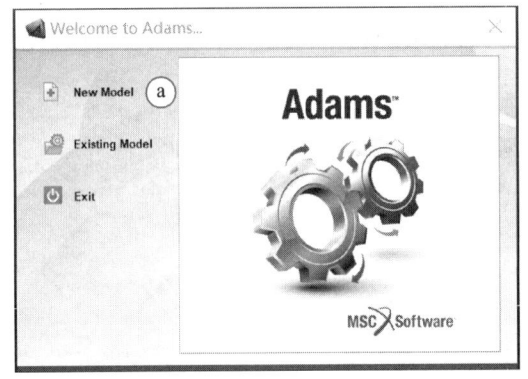
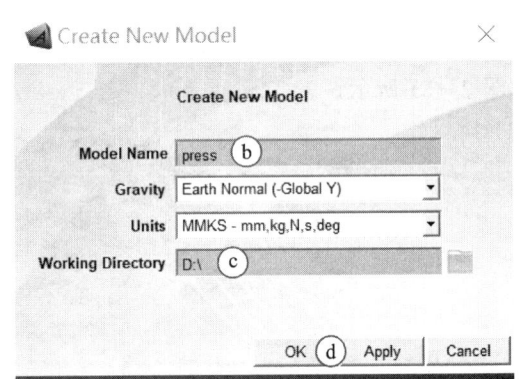

图 2-53 模型名称的创建

3. 设置工作环境

(1) 单位设置

参照 2.1 节中介绍的方法进行设置。此处保持系统的默认值,即:Length 为 **Millimeter**,Mass 为 **Kilogram**,Force 为 **Newton**,Time 为 **Second**,Angle 为 **Degree**,Frequency 为 **Hertz**。

(2) 工作网格设置

如图 2-54 所示,设置工作网格的步骤如下:
a. 在主菜单中,选择 **Settings|Working Grid** 菜单项,打开 Working Grid Settings 对话框;
b. 在 Working Grid Settings 对话框中,将 Size 的 X 值设置为 **500**,Y 值设置为 **400**;将

Spacing 的 X 和 Y 均设置为20；

　　c. 单击**OK**按钮即完成工作网格的设置。

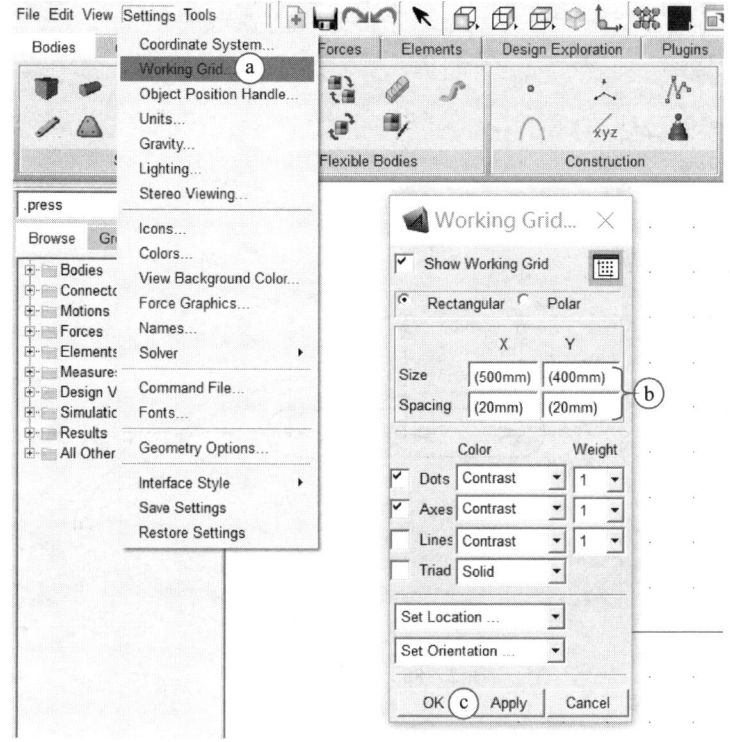

图 2-54　工作网格的设置

(3) 图标设置

参照 2.1 节中的方法，接受系统默认设置。

2.2.2　创建虚拟样机模型

1. 创建曲柄

如图 2-55 和图 2-56 所示，创建曲柄模型的过程如下：

　　a. 在功能区 Bodies 项的 Solids 中，单击"RigidBody：Link"图标，展开选项区；

　　b. 选中 Length 并输入100，选中 Width 并输入20，选中 Depth 并输入10；

　　c. 单击工作区中的(0,0,0)位置；

　　d. 水平右移光标，当出现连杆的几何形体时，单击工作区；

　　e. 在功能区 Bodies 项的 Solids 中，再一次单击"RigidBody：Link"图标，展开选项区；

　　f. 在下拉列表框中选择**Add to Part**；

　　g. 在 Length 文本框输入200；

　　h. 单击曲柄构件；

　　i. 单击工作区中的(0,0,0)位置；

　　j. 竖直上移光标，当出现连杆的几何形体时，单击工作区，曲柄即被创建。

将该构件更名为**Crank**。

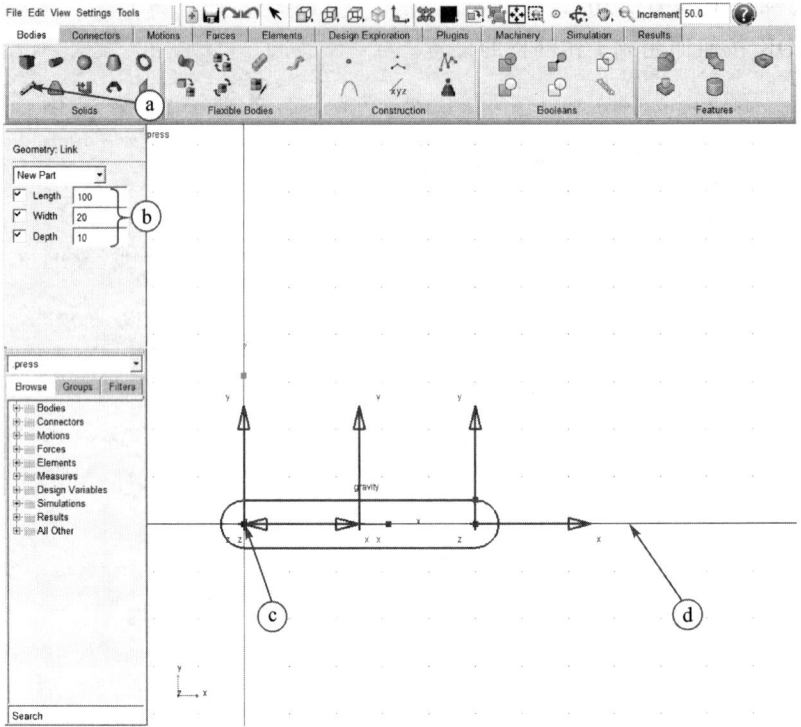

图 2-55 曲柄的创建 1

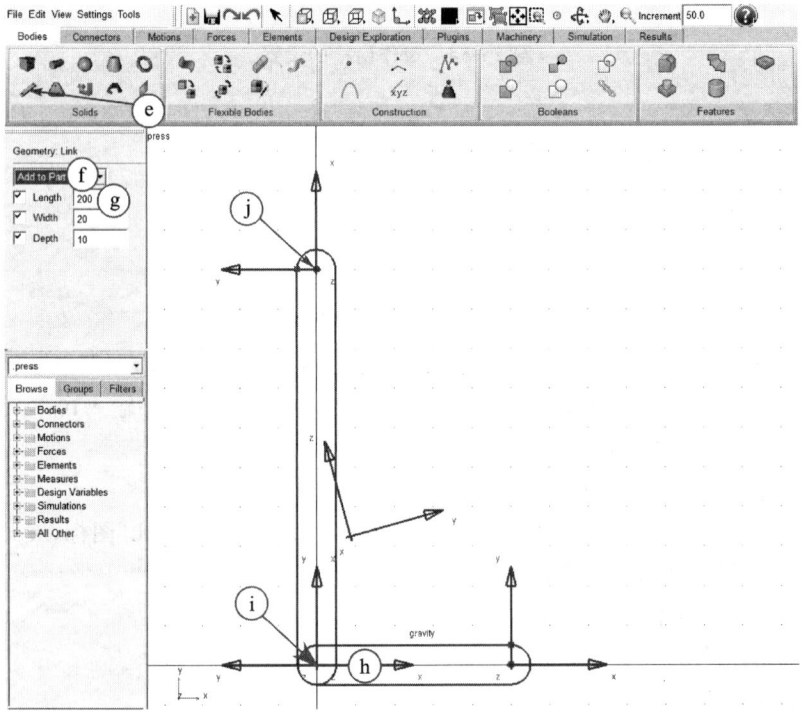

图 2-56 曲柄的创建 2

2. 创建连杆

(1) 创建连杆模型

如图 2-57 所示,创建连杆的步骤如下:

a. 在功能区 Bodies 项的 Solids 中,单击"RigidBody:Link"图标,展开选择区;

b. 选中 Length 并输入200,选中 Width 并输入20,选中 Depth 并输入10;

c. 单击工作区中的(100,0,0)位置;

d. 竖直下移光标,当出现连杆的几何形体时,单击工作区,连杆即被创建。

将该构件更名为**Link**。

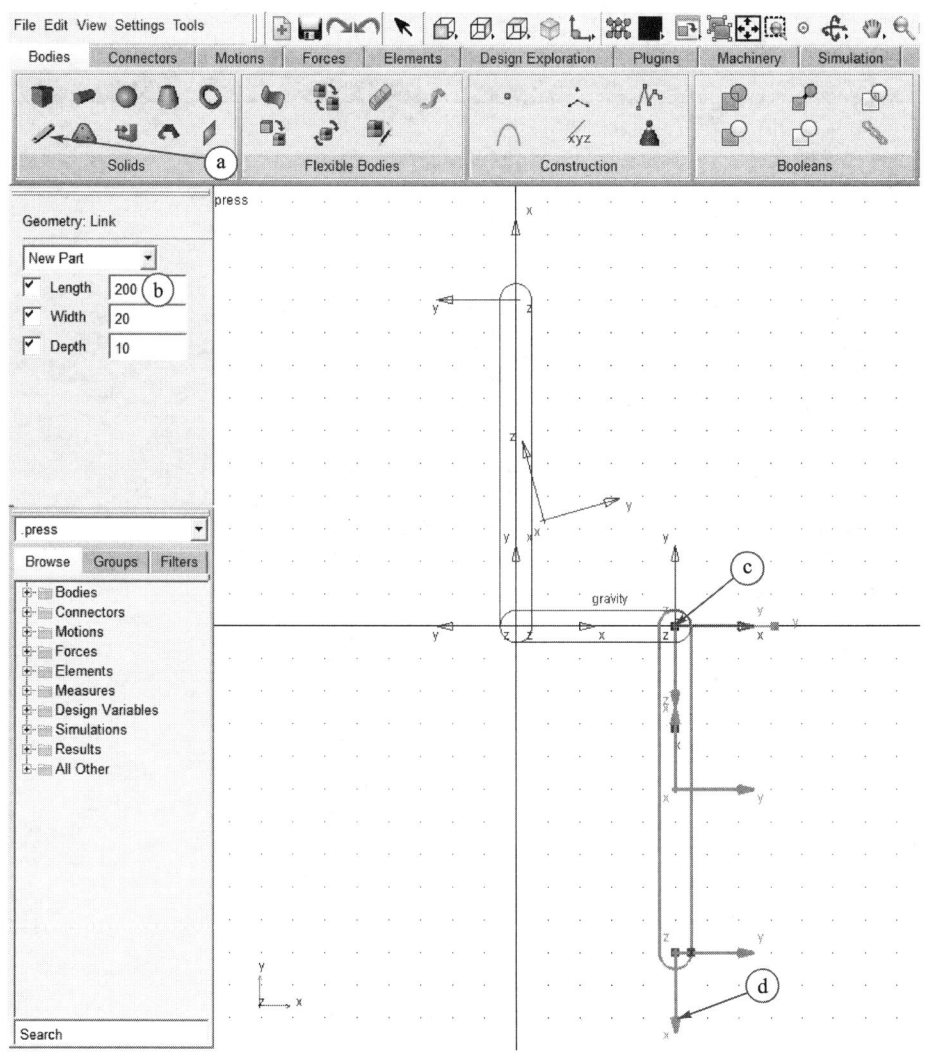

图 2-57 连杆的创建

(2) 调整连杆的位姿

如图 2-58 所示,按以下步骤调整连杆的位姿:

a. 单击(选中)**Link**;

b. 单击**位姿变换**工具按钮,展开选项区;

c. 单击**拾取旋转中心**按钮;

d. 单击工作区中的**(100,0,0)**点;

e. 在 Angle 文本框中输入**30**;

f. 单击**顺时针方向转动**按钮,连杆(Link)绕其上端点顺时针旋转 30°,即得到其初始位置。

连杆(Link)绕其上端点顺时针旋转 30°,得到其初始位置。

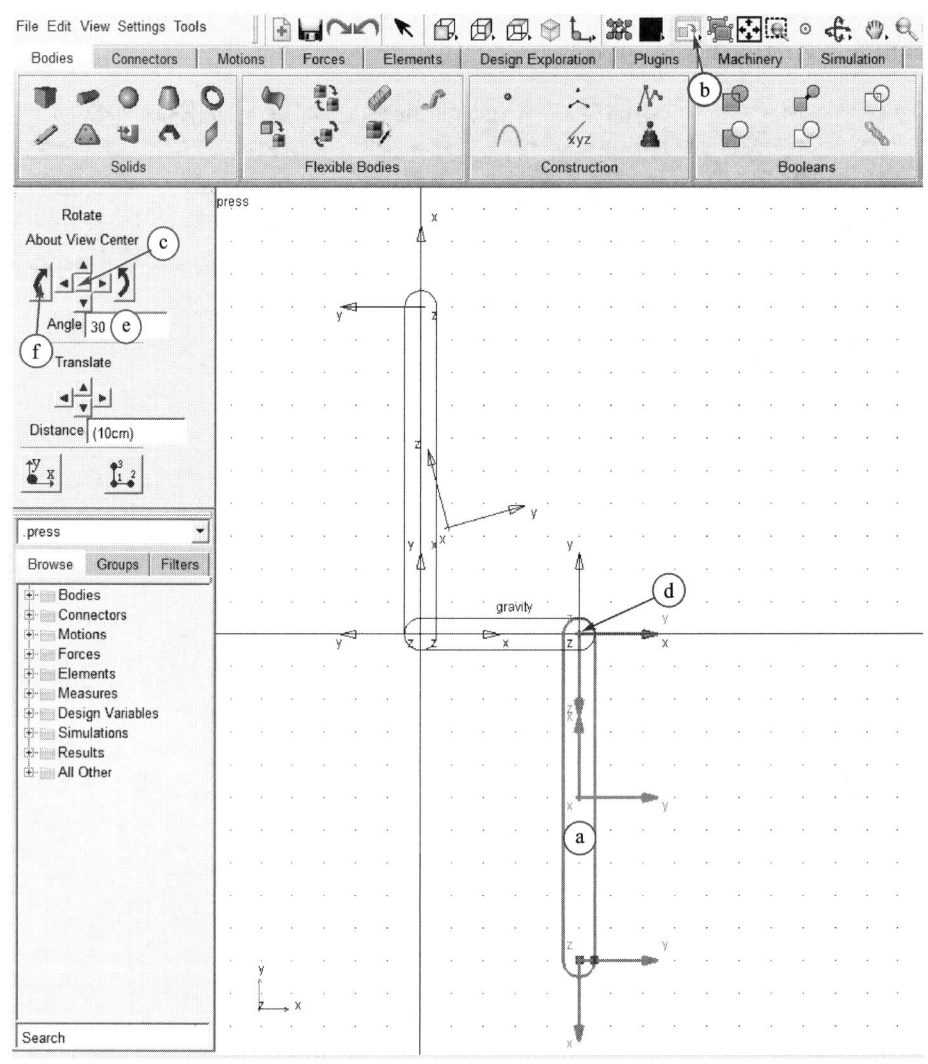

图 2-58 连杆的位姿调整

3. 创建滑块

(1) 创建标记点(Marker)

为了将滑块放置在合适的位置(滑块的中心重合于连杆的下端点),需要先创建一个标记点(Marker)作为滑块标识顶点的创建位置。

如图 2-59 所示,标识点的创建及位置调整过程如下:

a. 在功能区 Bodies 项的 Construction 中，单击"Construction Geometry：Marker"图标；
b. 单击连杆的下端点（MARKER_6），在机架（ground）上创建标记点 MARKER_7；
c. **右击 MARKER_7**，选择 **marker：MARKER_7|Modify** 菜单项，展开 Modify Marker 对话框；
d. 在 Modify Marker 对话框中，更改 Location 为 —40.0，—193.2050807569，—20.0；
e. **单击 OK 按钮**，即调整 MARKER_7 到新位置。

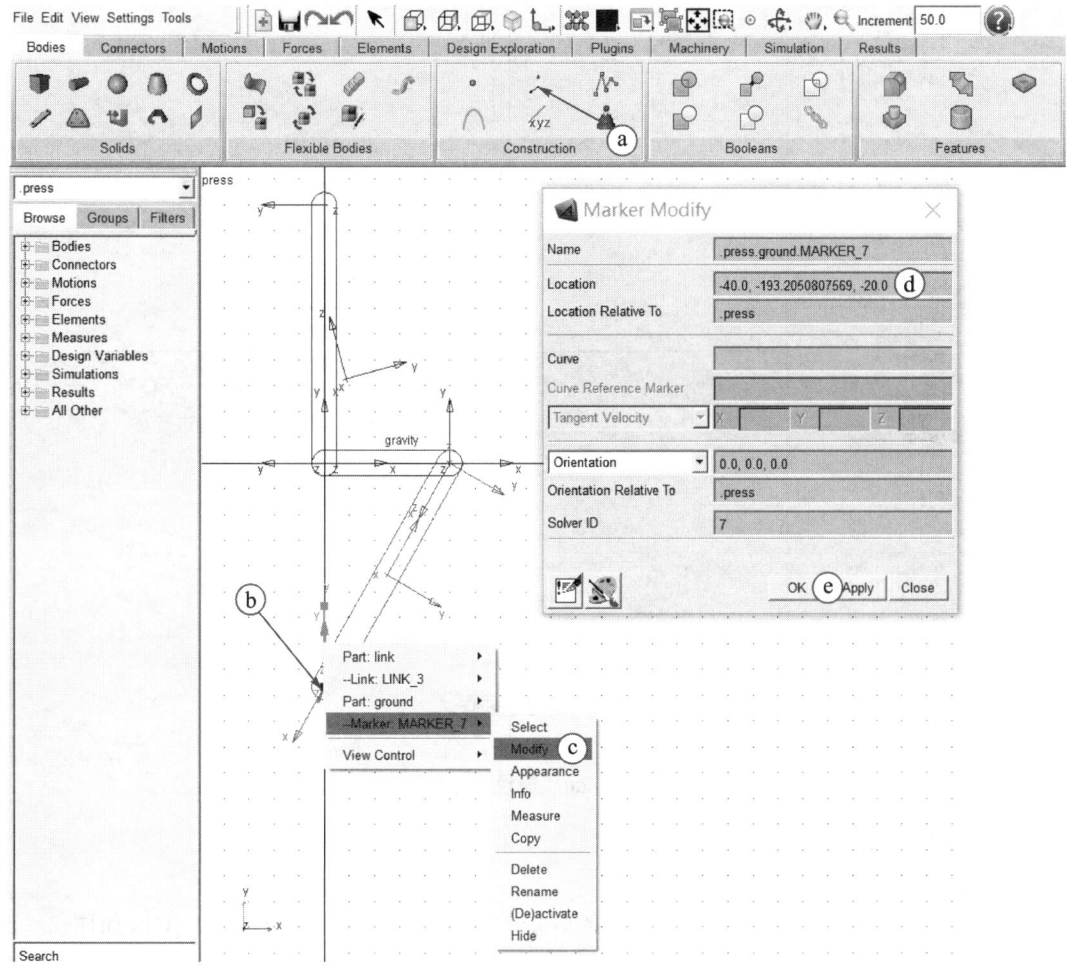

图 2-59 标记点（Marker）的创建

(2) 创建滑块模型

如图 2-60 所示，创建滑块的步骤如下：
a. 在功能区 Bodies 项的 Solids 中，单击"RigidBody：Box"图标，展开选项区；
b. 选中 Length 并输入 80，选中 Height 并输入 40，选中 Depth 并输入 40；
c. **单击 MARKER_7**，滑块即被创建。

将其更名为 **Slider**。

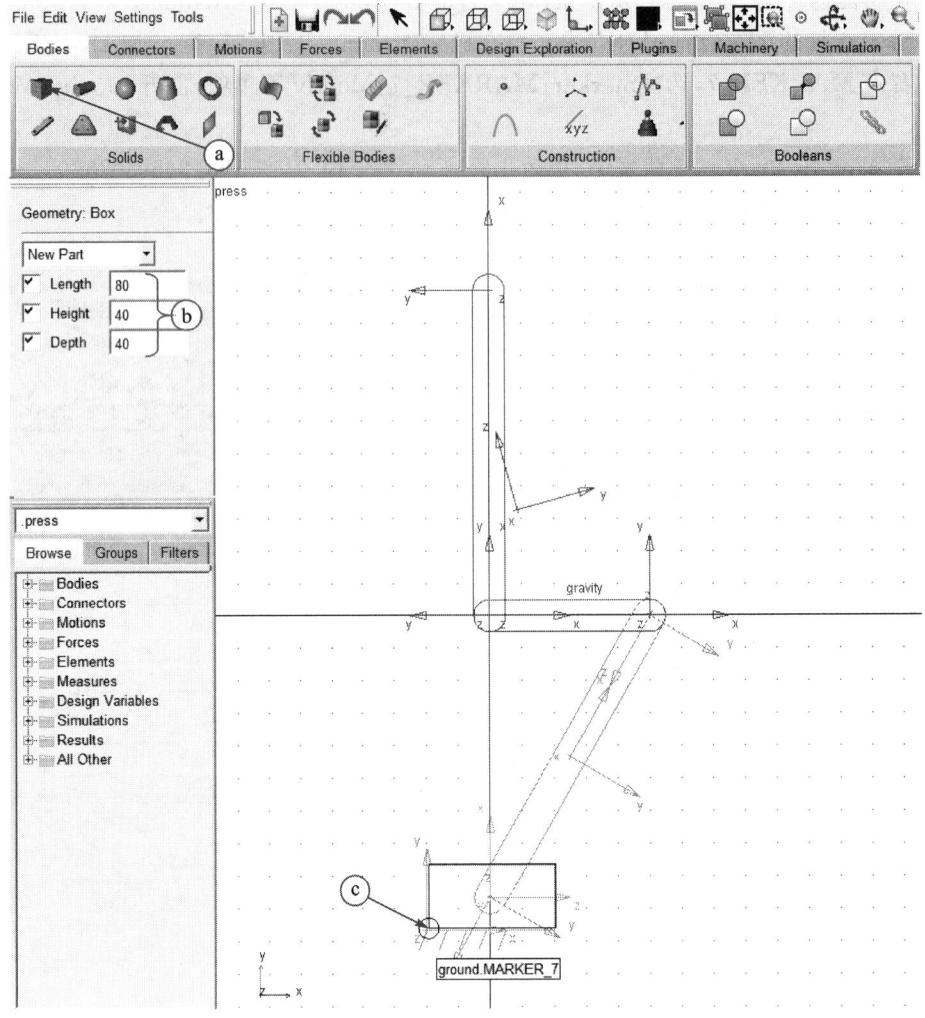

图 2-60 滑块的创建

4. 创建运动副

(1) 创建转动副

按照 2.1 节中的方法创建 3 个转动副 JOINT_A、JOINT_B 和 JOINT_C1,如图 2-61 所示。

- JOINT_A:Crank 和 ground 之间的转动副;
- JOINT_B:Crank 和 Link 之间的转动副;
- JOINT_C1:Link 与 Slider 之间的转动副。

(2) 创建移动副

如图 2-62 所示,创建移动副的步骤如下:

a. 在功能区 Connectors 项的 Joints 中,单击 Create a Translational Joint 图标;

b. 单击**Slider**;

c. 单击**ground**(机架);

d. 单击**滑块的中心**;

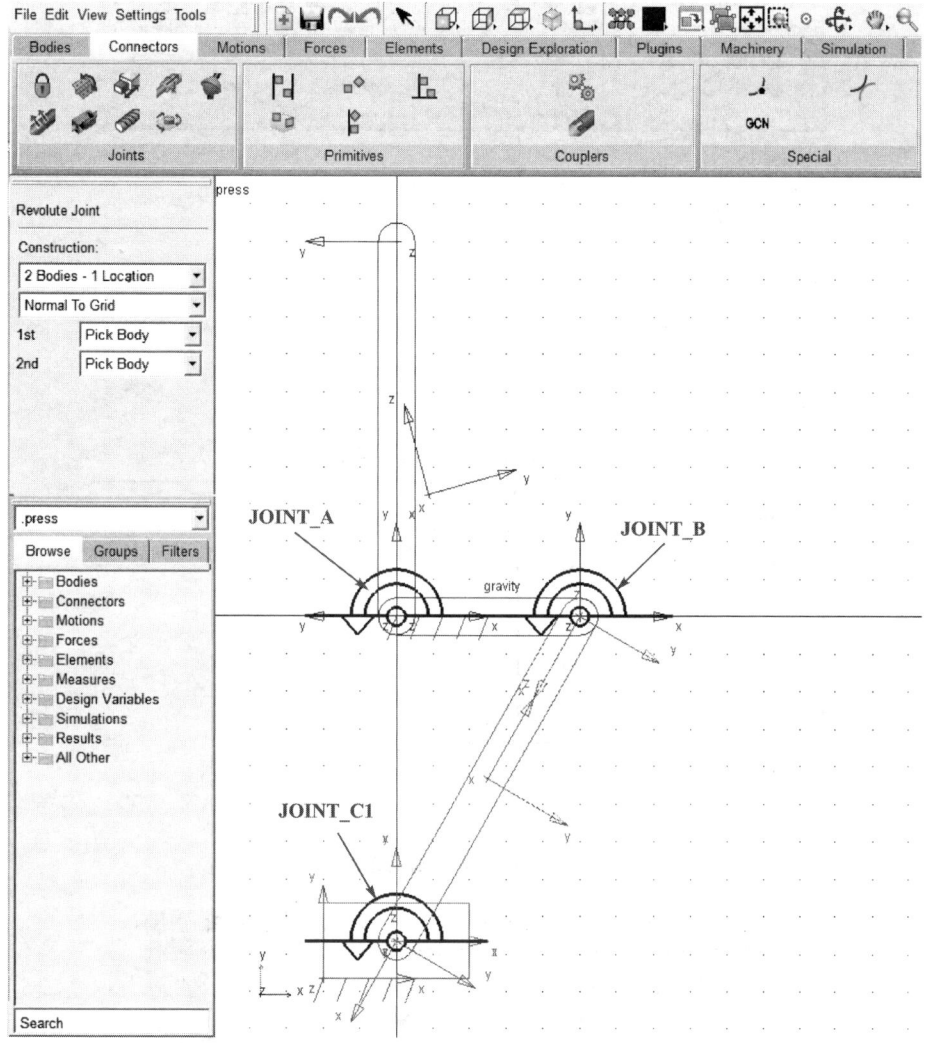

图 2-61 转动副的创建

e. 竖直下移光标,当出现向上的箭头时,单击工作区,移动副被创建。

将其更名为**JOINT_C2**。

5. 创建弹簧

这里采用弹簧力来模拟滑块与物体之间的作用力,如图 2-63 所示。

a. 在功能区 Forces 项的 Flexible Connections 中,单击 Create a Translational Spring - Damper 图标,展开选项区;

b. 选中**K**并输入5,选中**C**并输入0;

c. 右击**Slider 的中心**;弹出 Select 对话框;

d. 在 Select 对话框中,选择**slider.cm**;

e. 单击**OK** 按钮;

f. 单击工作区中的(0,-300,0)位置,弹簧即被创建。

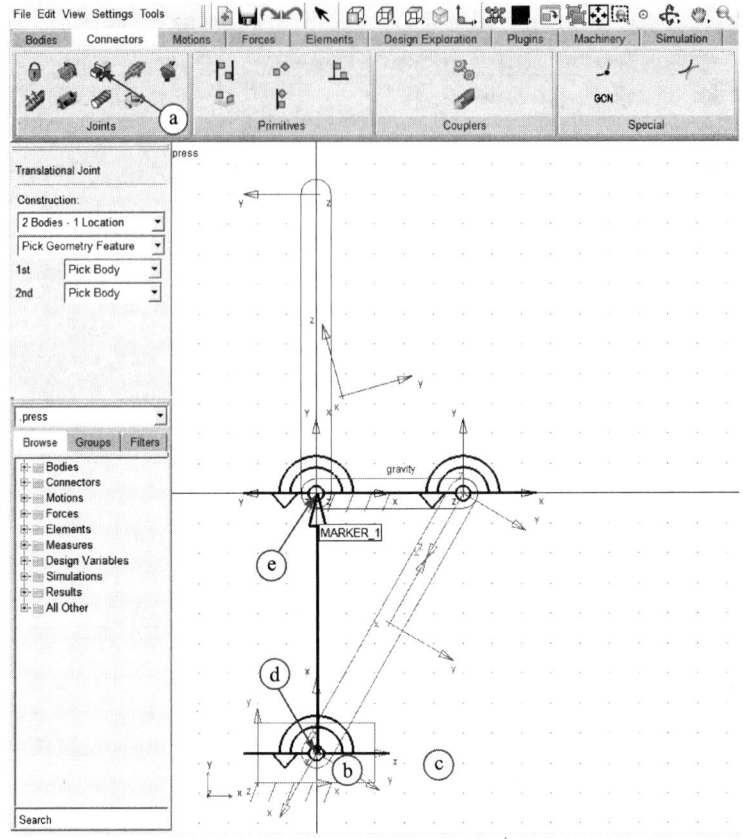

图 2-62 移动副的创建

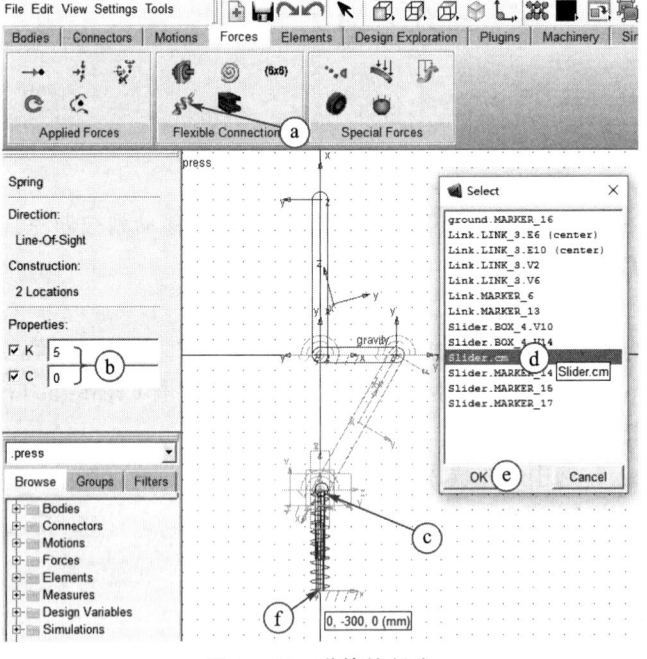

图 2-63 弹簧的创建

6. 创建驱动力

如图 2-64 所示,创建驱动力的步骤如下:

a. 在功能区 Forces 项的 Applied Forces 中,单击 Create a Force(Single - Component)Applied Forces 图标,展开选项区;

b. 选择 Run-time Direction 为 **Body Moving**;

c. 选中 **Force** 并输入 **140**;

d. 单击 **Crank**;

e. 单击曲柄的上端点 **MARKER_4**;

f. 水平右移光标直到光标后面出现一个箭头,单击工作区域,驱动力即被施加到原动件曲柄上。

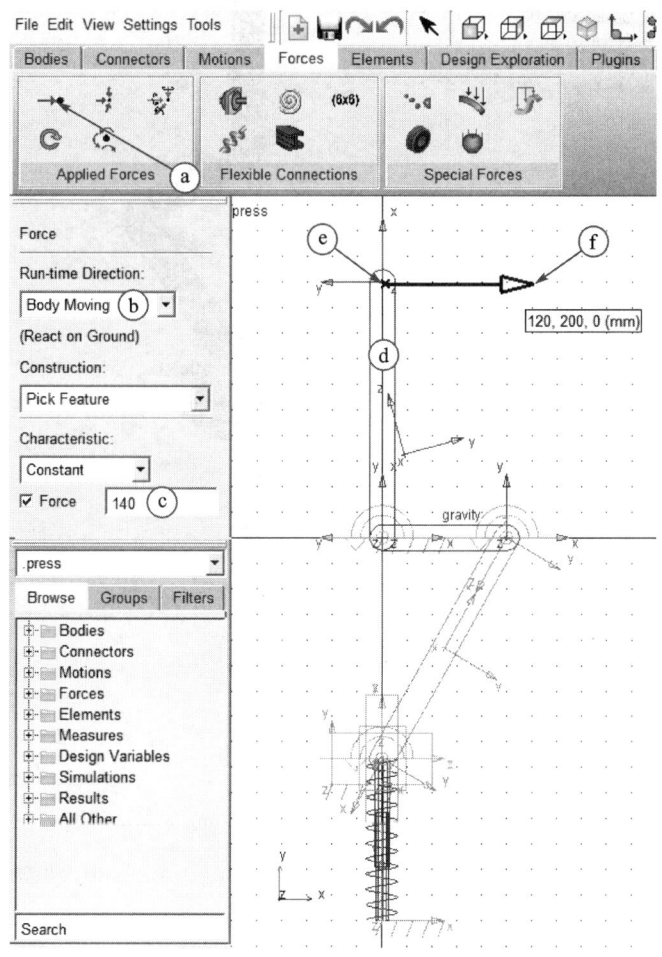

图 2-64 驱动力的创建

按照 2.1 节中的方法可以看到压力机虚拟样机的等距、渲染视图如图 2-65 所示。

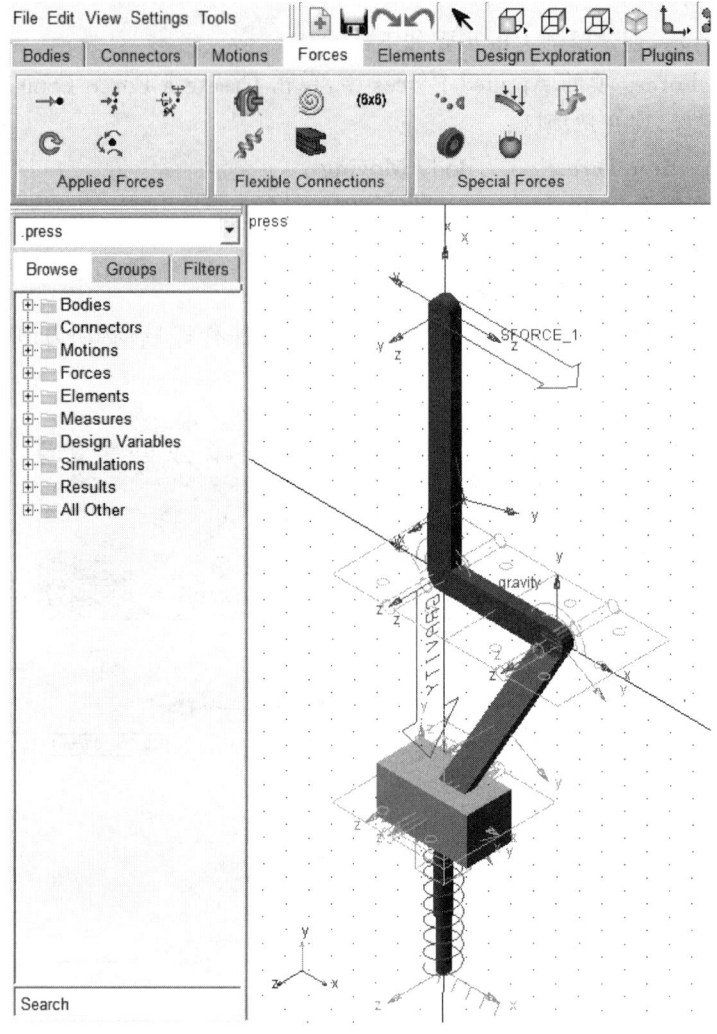

图 2-65 压力机的模型

2.2.3 仿真与测试

1. 仿真模型

如图 2-66 所示,仿真模型的步骤如下:

a. 在功能区 Simulation 项的 Simulate 中,单击 Simulation Control 图标,展开 Simulation Control 对话框;

b. 在 Simulation Control 对话框中,设置 End Time 为 0.1,Steps 为 1 000;

c. 单击 **Start simulation** 按钮,开始模型仿真。

2. 测试模型

(1) 曲柄转角的测量

如图 2-67 和图 2-68 所示,测量曲柄角度的步骤如下:

a. 在功能区 Bodies 项的 Construction 中,单击 Construction Geometry:Marker 图标;

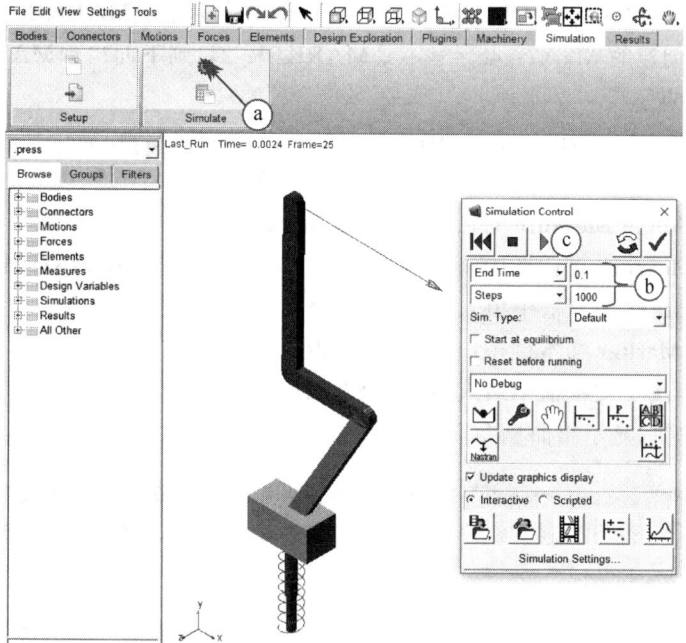

图 2-66 压力机的仿真

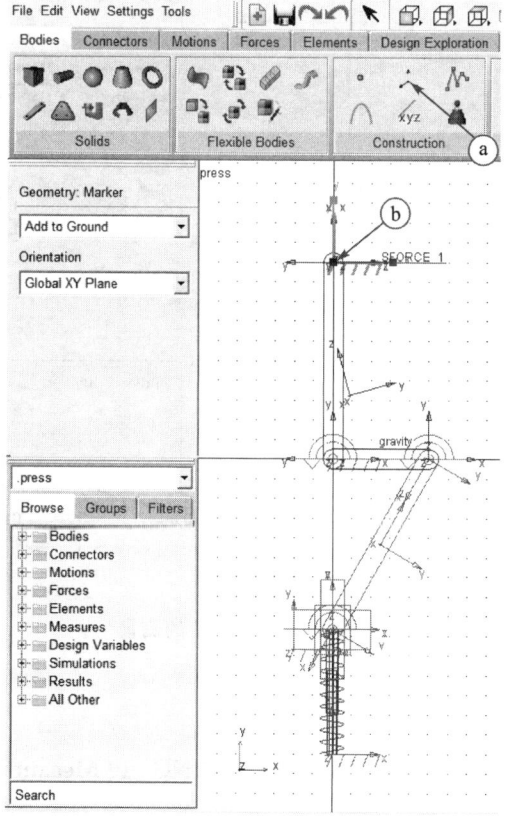

图 2-67 创建标记点

b. 在 ground 上的 MARKER_4 所在位置处创建一个标记点 **MARKER_24**；

提示：若刚才创建的 Marker 点标号不是 **MARKER_24**，则下面出现 **MARKER_24** 的地方用相应的 Marker 点替换。

c. 在功能区 Design Exploration 项的 Measure 中，单击 Create a new Angle Measure 图标，展开选择区；

d. 在左侧的 **Angle Measure** 对话框中，单击 **Advanced**；

e. 在 **Angle Measure** 对话框中，将 Measure Name 更改为 **MEA_ANGLE_1**；

f. 在 **First Marker** 文本框中填入 **MARKER_4**；

g. 在 **Middle Marker** 文本框中填入 **MARKER_1**；

h. 在 **Last Marker** 文本框中填入 **MARKER_24**；

i. 单击 **OK** 按钮，显示出曲柄角度的测量曲线。

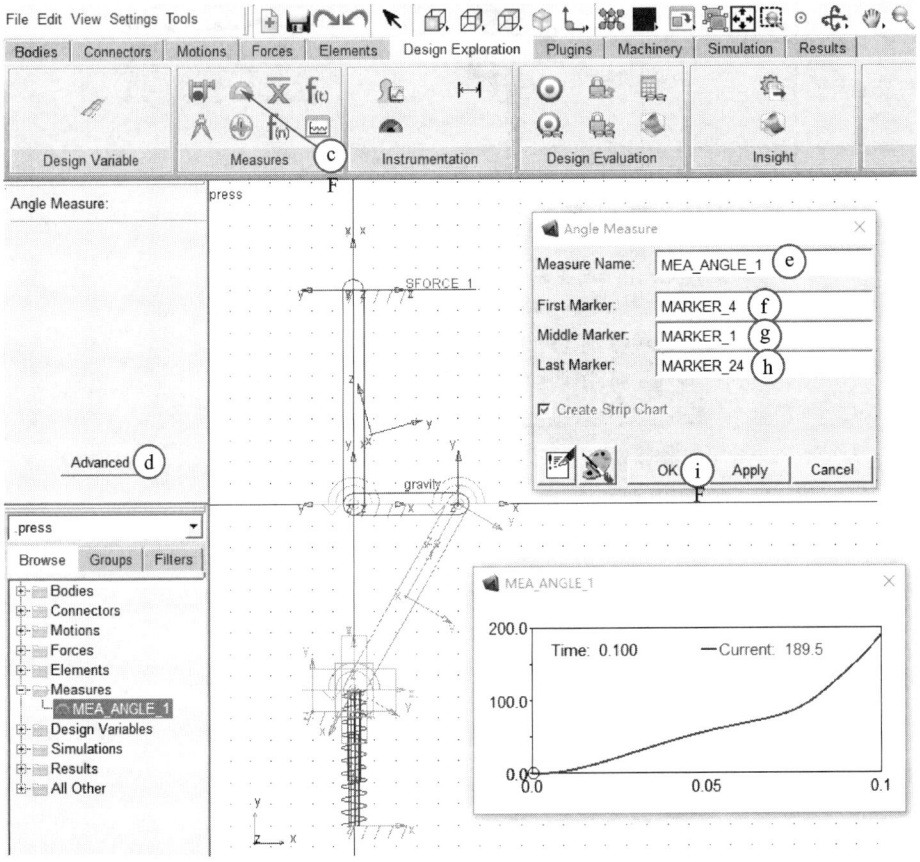

图 2-68 曲柄转角的测量

（2）弹簧力的测量

如图 2-69 所示，按如下方法测量弹簧力：

a. 右击**弹簧**弹出快捷菜单，选择 **Spring：SPRING_1 | Measure** 菜单项，弹出 Assembly Measure 对话框；

b. 在 Assembly Measure 对话框中，将 Measure Name 更改为 **SPRING_1_MEA_FORCE**；

c. 选择 Characteristic 下拉列表框为 **force**；

d. 单击 **OK** 按钮，显示出弹簧力的测量结果。

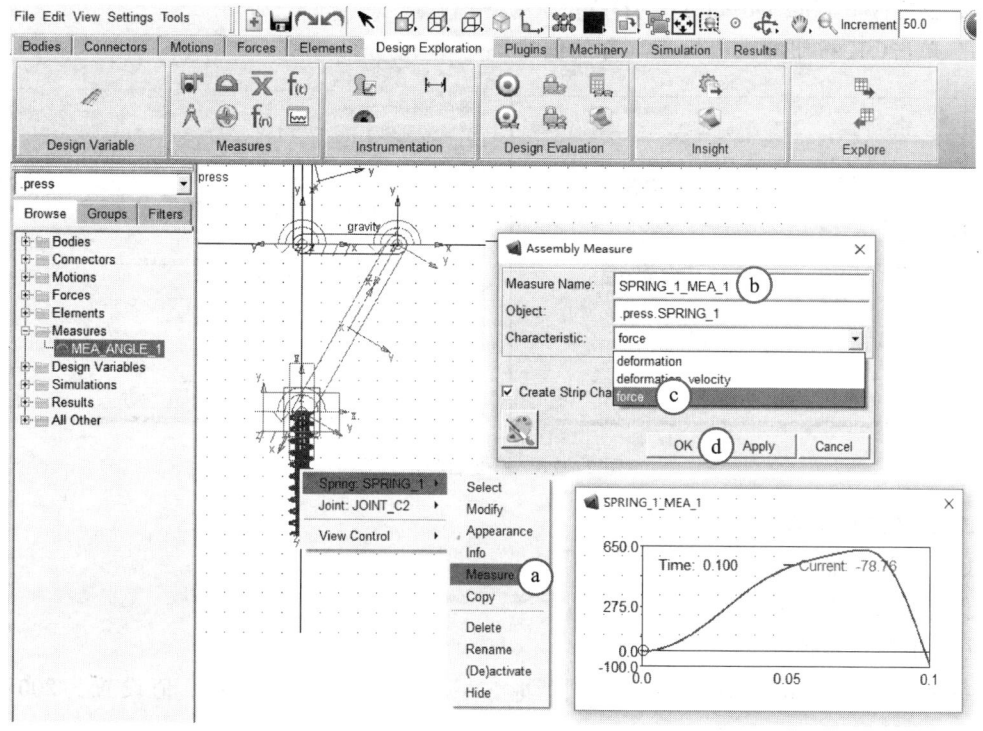

图 2-69 弹簧力的测量

实例 2.2 的保存模型文件名为 **example22_press.bin**。

2.3　行星轮系建模与仿真

实例 2.3　图 2-70 所示为一行星轮系。已知两个齿轮的齿数分别为 $z_1=40, z_2=20$，模数 $m=5$ mm。齿轮 2 与地面固连（为机架），行星架（系杆）H 为原动件，其角速度为 $\omega_H=30$ (°)/s。

试建立该行星轮系的虚拟样机模型，并分析行星轮 2 的相对系杆运动的角速度大小。

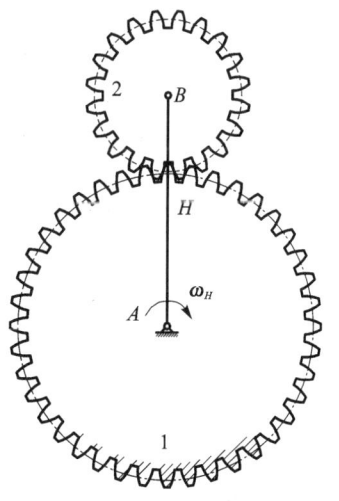

图 2-70 行星轮系机构

2.3.1　启动 ADAMS 并设置工作环境

1. 启动 ADAMS

双击桌面上 ADAMS/View 的快捷图标，启动 ADAMS/View。

2. 创建模型名称

如图 2-71 所示，创建模型名称的步骤如下：

a. 在欢迎对话框中选择 **New Model**；
b. 在 Model name 栏中输入：**gear_train**；
c. 设置 Working Directory 为 **D:**；
d. 单击 **OK** 按钮即完成模型名称的创建。

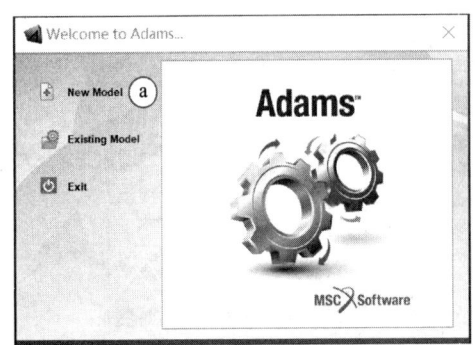
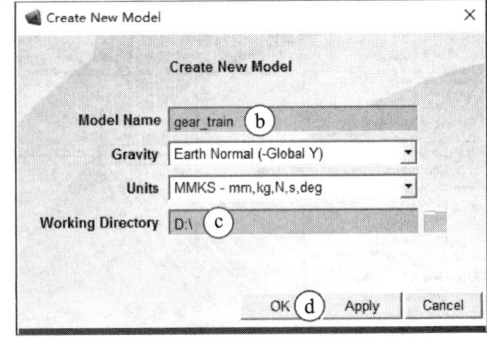

图 2-71　模型名称的创建

3. 设置工作环境

（1）单位设置

保持系统的默认值。

（2）工作网格设置

在 Working Grid Settings 对话框中，将 Size 的 X 值设置为 300，Y 值设置为 200，并将 Spacing 的 X 和 Y 均设置为 10，如图 2-72 所示。

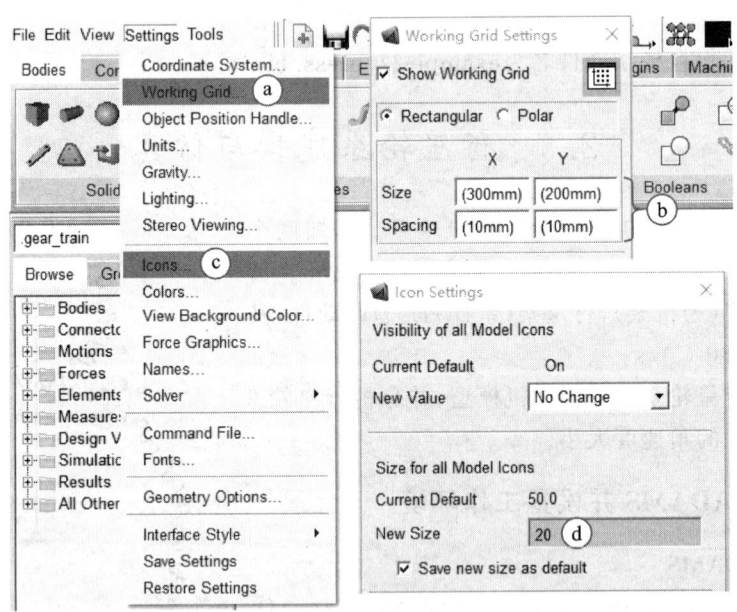

图 2-72　工作网格和图标的设置

（3）图标设置

在 Icons Settings 对话框中，将 New Size 设置为 20，如图 2-73 所示。

(4) 打开光标位置显示

在主菜单中，选择View|Coordinate Window F4，或单击工作区域后按F4键。

2.3.2 创建虚拟样机模型

1. 创建齿轮1

(1) 创建齿轮1

这里采用圆柱体来代替齿轮。齿轮的创建过程如下（如图2-73所示）：

a. 在功能区Bodies项的Solids中，单击Construction Geometry：Cylinder图标，展开选择区；

b. 选中**Length**并输入10，选中**Radius**并输入100（表示齿轮1的分度圆半径$r_1 = 100$ mm）；

c. 单击工作区中的(0,0,0)位置；

d. 水平右移光标一段距离后，单击工作区域，齿轮1被创建。

将圆柱体的名称更名为**gear_1**。

(2) 调整齿轮1的位姿

如图2-74所示，调整齿轮1位姿的步骤如下：

a. 单击选中**gear_1**；

b. 单击**位姿变换**工具；

c. 单击**拾取旋转中心**按钮；

d. 单击工作区中的(0,0,0)位置；

e. 在Angle文本框中输入90；

f. 单击**转动**按钮，gear_1绕y轴旋转90°。

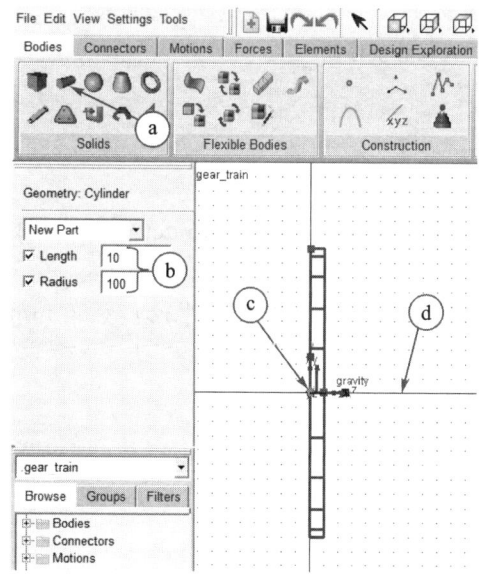

图2-73 齿轮1(gear_1)的创建

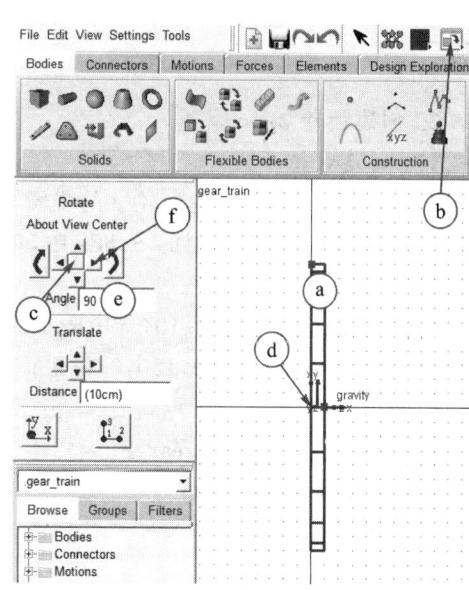

图2-74 调整齿轮1的位姿

(3) 齿轮 1 的几何特征修改

如图 2-75 所示,按如下方法修改齿轮 1 的几何特征:

a. 右击 **gear_1**,选择 **Cylinder:CYLINDER_1 | Modify** 菜单项,弹出 Geometry Modify Shape Cylinder 对话框;

b. 在 Geometry Modify Shape Cylinder 对话框中,将 Segment Count For Ends 和 Side Count For Body 都更改为 50;

c. 单击 **OK** 按钮即完成齿轮 1 的几何特征修改。

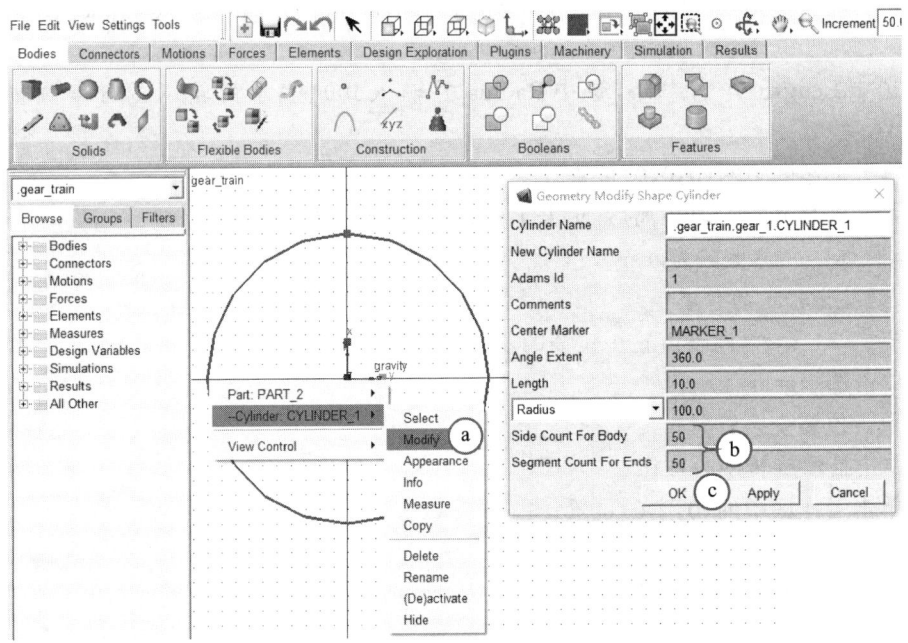

图 2-75 齿轮 1 的圆柱体几何特征修改

2. 创建齿轮 2

(1) 创建齿轮 2

如图 2-76 所示,创建齿轮 2 的步骤如下:

a. 在功能区 Bodies 项的 Solids 中,单击 Construction Geometry:Cylinder 图标,展开选择区;

b. 选中 **Length** 并输入 10,选中 **Radius** 并输入 50(表示齿轮 2 的分度圆半径 $r_2=50$ mm);

c. 单击工作区中的 (0,150,0) 位置;

d. 水平右移光标一段距离后,单击工作区域,齿轮 2 被创建。

将圆柱体名称更名为 **gear_2**。

(2) 调整齿轮 2 的位姿

如图 2-77 所示,调整齿轮 2 位姿的步骤如下:

a. 单击选中 **gear_2**;

b. 单击**位姿变换**工具;

c. 单击**拾取旋转中心**按钮;

d. 单击工作区中的 (0,150,0) 位置;

e. 在 Angle 文本框中输入90；

f. 单击**转动**按钮，gear_2 绕 y 轴旋转 90°。

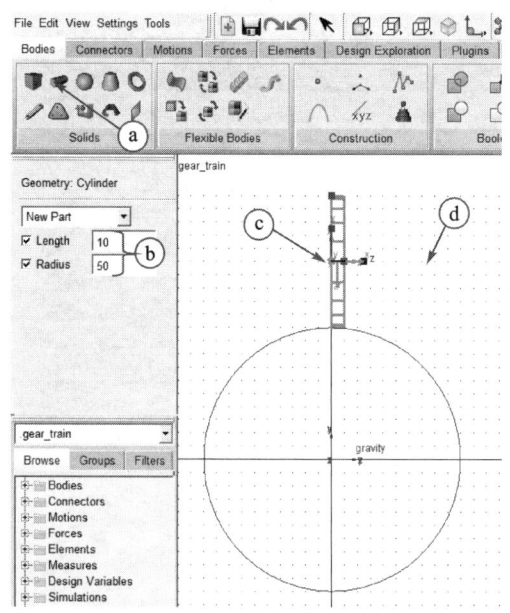

图 2-76 齿轮 2(gear_2)的创建

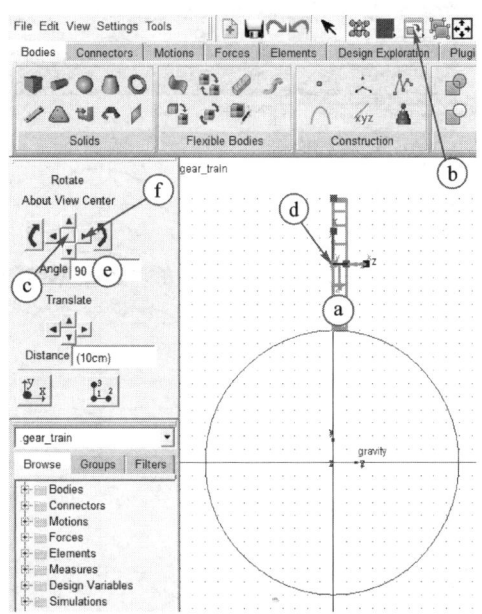

图 2-77 调整齿轮 2 的位姿

(3) 齿轮 2 的几何特征修改

如图 2-78 所示，按以下步骤修改齿轮 2 的几何特征：

a. 右击 **gear_2**，选择 **Cylinder：CYLINDER_2 | Modify** 菜单项，弹出 Geometry Modify Shape Cylinder 对话框；

b. 在 Geometry Modify Shape Cylinder 对话框中，将 Segment Count For Ends 和 Side Count For Body 都更改为**50**；

c. 单击 **OK** 按钮即完成齿轮 2 的几何特征修改。

(4) 创建标记孔

在仿真机构时，为了能清楚地看见齿轮 2 的运动，特在其上创建一个通孔，如图 2-79 所示，创建步骤如下：

a. 在功能区 Bodies 项的 Features 中，单击 Add a hole 图标，展开选项区；

b. 选中 **Depth**；

c. 选择 **gear_2**；

d. 单击 **(0,180,0)** 位置，一个半径为 10 mm(1.0 cm)的孔在 gear_2 上被创建。

3. 创建行星架 H

如图 2-80 所示，创建行星架的步骤如下：

a. 在功能区 Bodies 项的 Solids 中，单击 RigidBody：Link 图标，展开选项区；

b. 单击 gear_1 的中心；

c. 单击 gear_2 的中心(gear_2.MARKER_2)，行星架 H 创建完成。

将构件更名为 **H**。

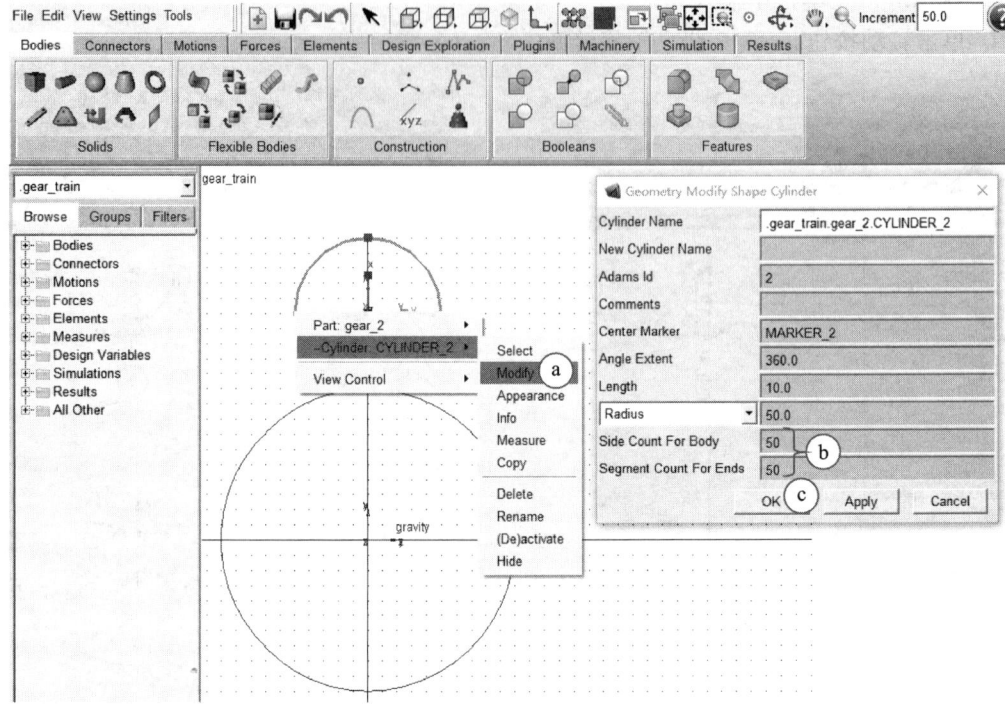

图 2-78 齿轮 2 的圆柱体几何特征修改

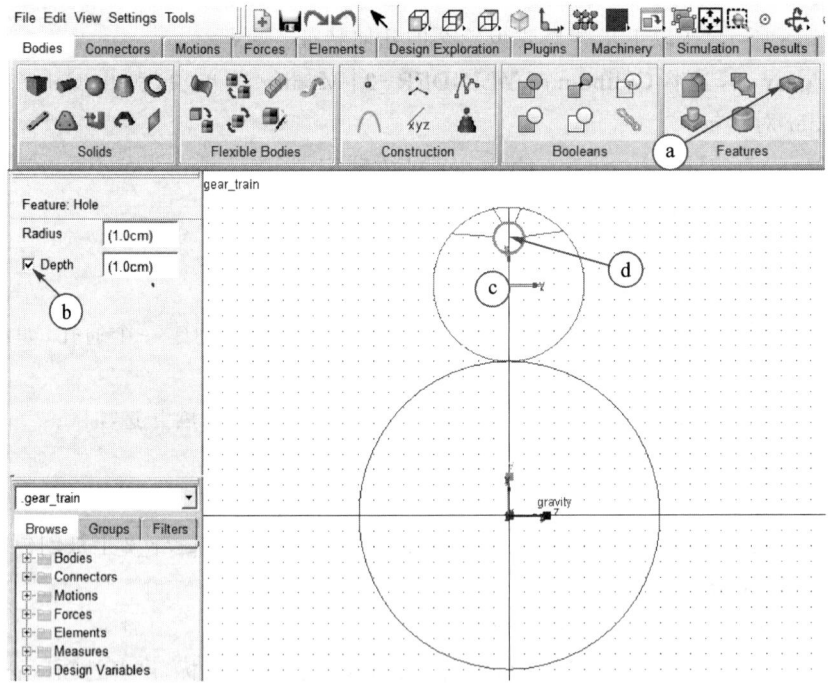

图 2-79 标记孔的创建

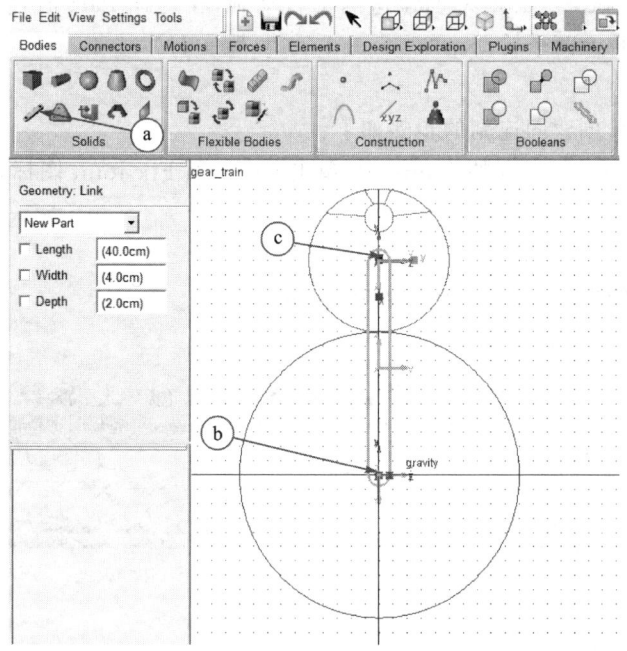

图 2-80 行星架 H 的创建

4. 创建运动副

创建 2 个转动副 JOINT_A 和 JOINT_B,如图 2-81 所示,其中:
- JOINT_A:gear_1 和 H 之间的转动副;
- JOINT_B:gear_2 和 H 之间的转动副。

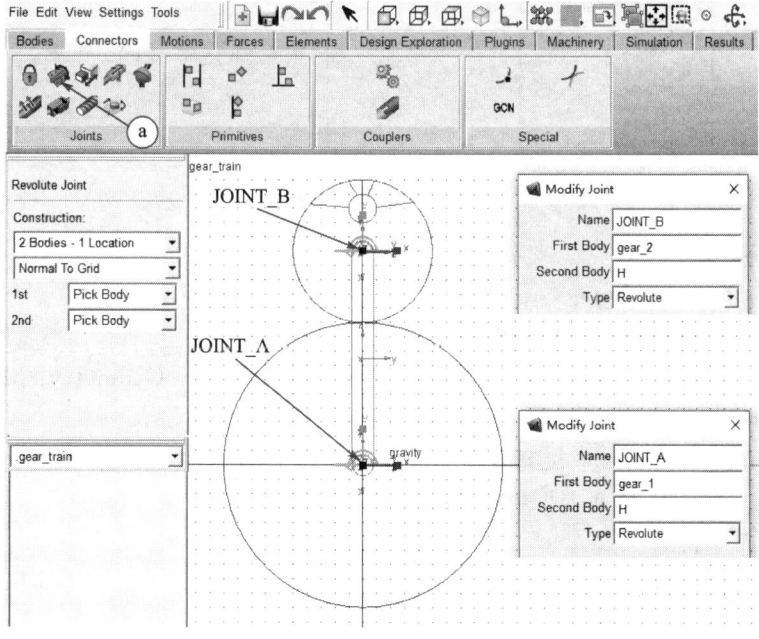

图 2-81 转动副的创建

重点提示：用 2 Bod‑1 Loc 来创建这两个转动副，在选择 Part 时，首先选择 gear_1（或 gear_2），然后选择 H，即两个转动副的 Second Body 都是 H。

5．创建固连副

如图 2‑82 所示，创建固连副的步骤如下：

a. 在功能区 Connectors 项的 Joints 中，单击 Create a Fix Joint 图标，展开选项区；

b. 单击 **gear_1**；

c. 单击 **ground**；

d. 单击 **gear_1 的中心**，gear_1 被固连在 ground 上。

将该固连副更名为 **JOINT_Fix**。

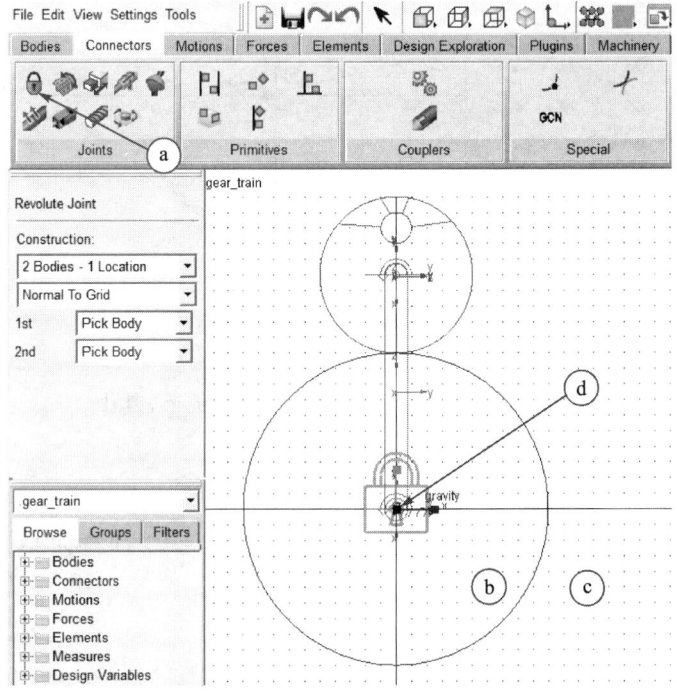

图 2‑82 固连副的创建

6．创建齿轮副

（1）创建标记点（Marker）

如图 2‑83 所示，按以下步骤创建标记点：

a. 在功能区 Bodies 项的 Construction 中，单击 Construction Geometry：Marker 图标，展开选项区；

b. 在 Geomety：Maker 下拉列表框中选择 **Add to Part**；

c. 在 Orientation 下拉列表框中选择 **Global YZ Plane**；

d. 单击行星架 **H**；

e. 单击 **gear_2 的中心**，MARKER_11 被创建。

（2）调整 MARKER_11 位置

如图 2‑84 所示，调整 MARKER_11 位置的步骤如下：

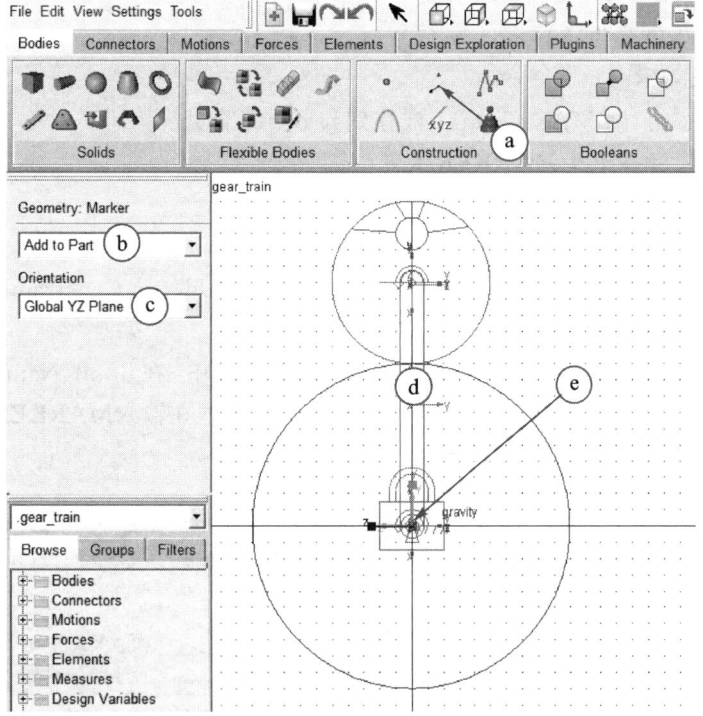

图 2-83　Marker 的创建

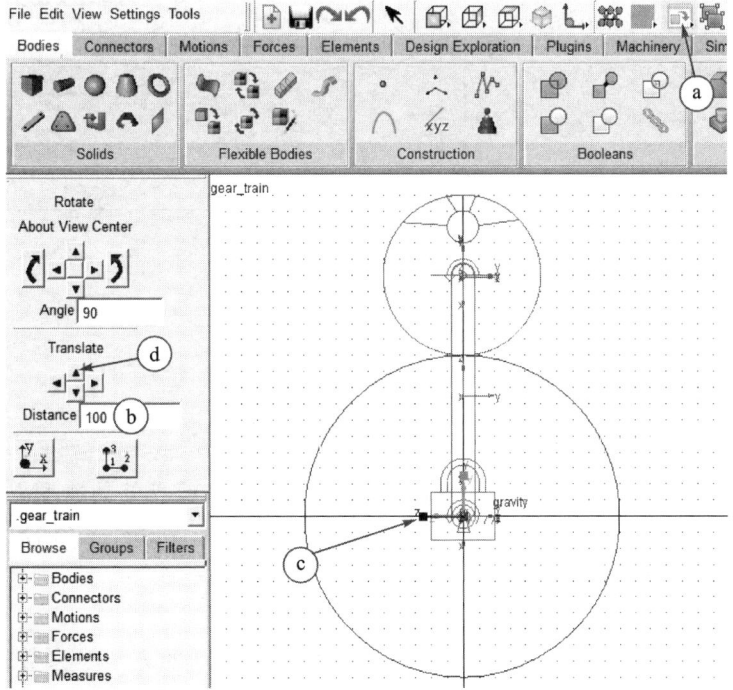

图 2-84　Marker 位置的调整

a. 选择**位姿调整**工具,展开选项区;

b. 将 Distance 更改为**150**;

c. 选中**MARKER_11**;

d. 单击**下移**按钮,则 MARKER_11 被移到与节点重合处。

将 MARKER_11 更名为**MARKER_CV**。

(3) 创建齿轮副

如图 2-85 所示,创建齿轮副的步骤如下:

a. 在功能区 Connectors 项 Couplers 中,单击 Joint(Add-on Constraint):Gear 图标,弹出 Constraint Create Complex Joint Gear 对话框;

b. 在 Constraint Create Complex Joint Gear 对话框中,在 Joint Name 文本框中输入 **JOINT_A,JOINT_B**,在 Common Velocity Marker 文本框在输入**MARKER_CV**;

c. 单击**OK**按钮即完成齿轮副的创建。

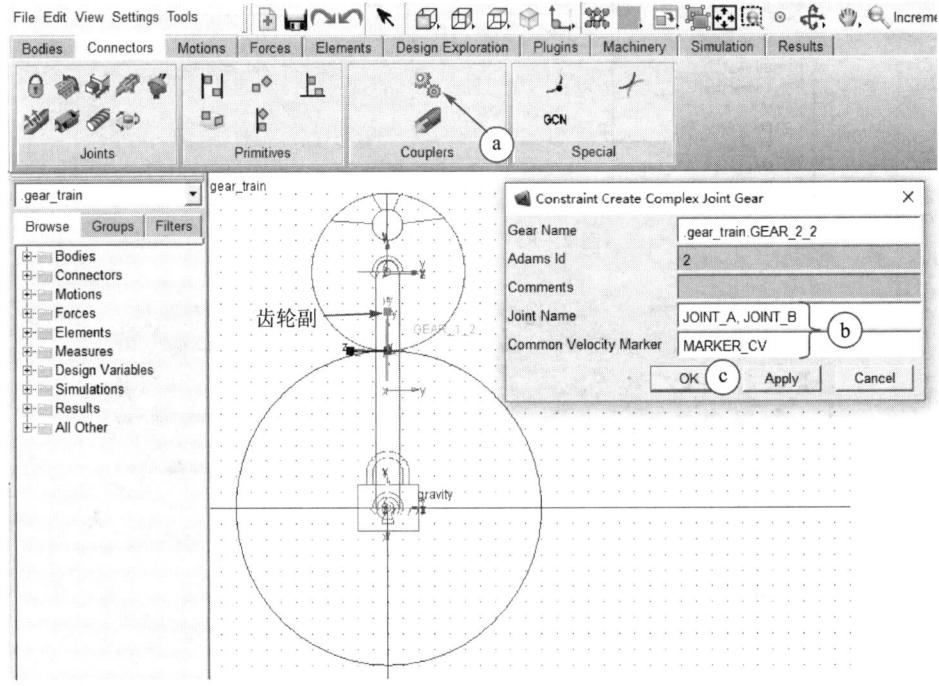

图 2-85 齿轮副的创建

提示:标记点 MARKER_CV 的 Z 轴方向必须与齿轮在节点处的速度方向相同或相反,这就是在创建标记点 MARKER_CV 时选择 Orientation 项为 Global YZ 的原因。

机构模型渲染后的轴测图如图 2-86 所示。

7. 添加运动

给 JOINT_A 施加一个大小为 30(°)/s 的转动,添加运动的方法及参数设置如图 2-87 所示。

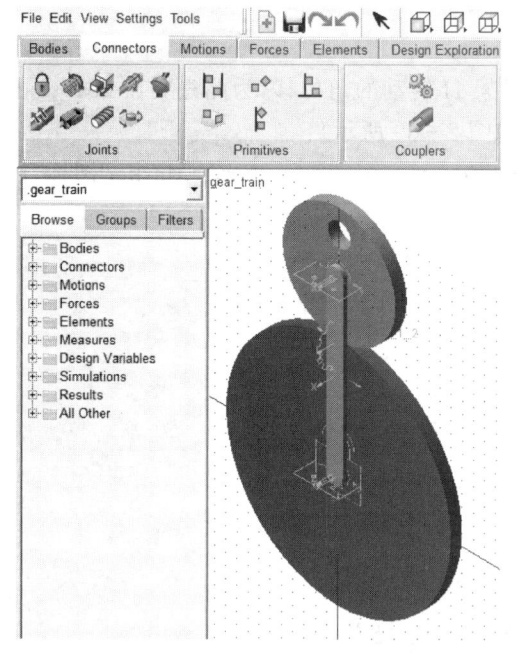
图 2-86 机构模型的轴侧渲染图

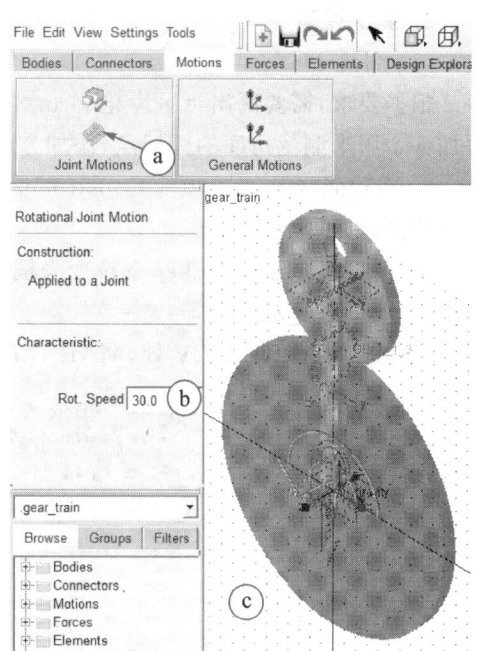
图 2-87 运动的创建

2.3.3 仿真与测试

1. 仿真模型

仿真模型的方法及参数设置如图 2-88 所示。

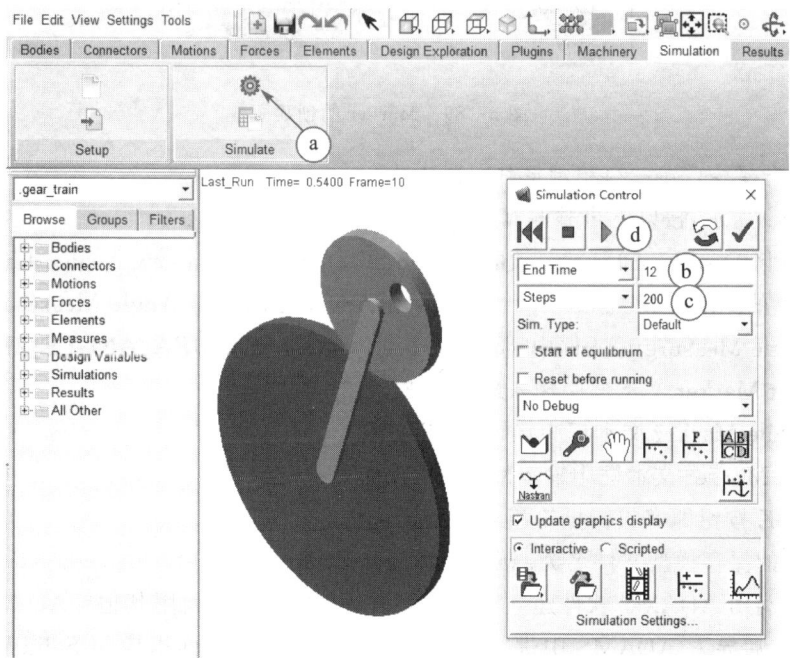
图 2-88 模型的仿真

2. 测试模型

(1) 创建 Marker

根据要求,需要测出行星齿轮 gear_2 相对行星架 H 转动的角位移,为此先要在 gear_2 上添加一个用来测量角度的标记点,添加方法如下(如图 2-89 所示):

a. 在功能区 Bodies 项的 Construction 中,单击 Construction Geometry：Marker 图标,展开选项区；

b. 在 Geometry：Maker 下拉列表框中选择 **Add to Part**；

c. 单击 **gear_2**；

d. 单击 **MARKER_CV** 处,MARKER_12 被创建。

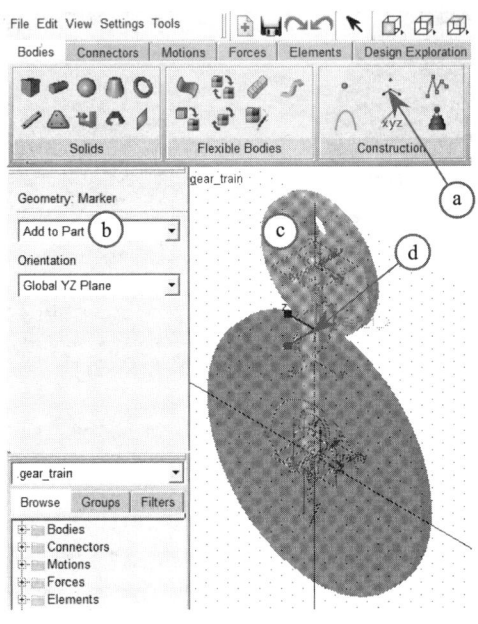

图 2-89 Marker 的创建

(2) 测试行星轮(gear_2)相对系杆(H)的转角

如图 2-90 所示,按以下步骤测量行星轮相对行星架的转角:

a. 在功能区 Desire Exploration 项的 Measure 中,单击 Create a new Angle Measure 图标；

b. 在左侧的 Angle Measure 对话框中,单击 **Advanced**,弹出 Angle Measure 对话框；

c. 在 Angle Measure 对话框中,将 Measure Name 更改为 **MEA_ANGLE_2H**；

d. 在 **First Marker** 文本框中输入 **MARKER_12**；

e. 在 **Middle Marker** 文本框中输入 **MARKER_2**；

f. 在 **Last Marker** 文本框中输入 **MARKER_CV**；

g. 单击 **OK** 按钮即完成行星轮相对行星架转角的测量。

实例 2.3 的保存模型文件名为 **example23_gear_train.bin**。

除了直接利用 ADAMS 软件建立实体模型外,还可以首先利用其他 CAD 软件建立齿轮的实体模型,然后导入 ADAMS 中进行模型的完善和仿真。下面以应用 SolidWorks 软件建立齿轮的实体模型为例,说明其操作过程。

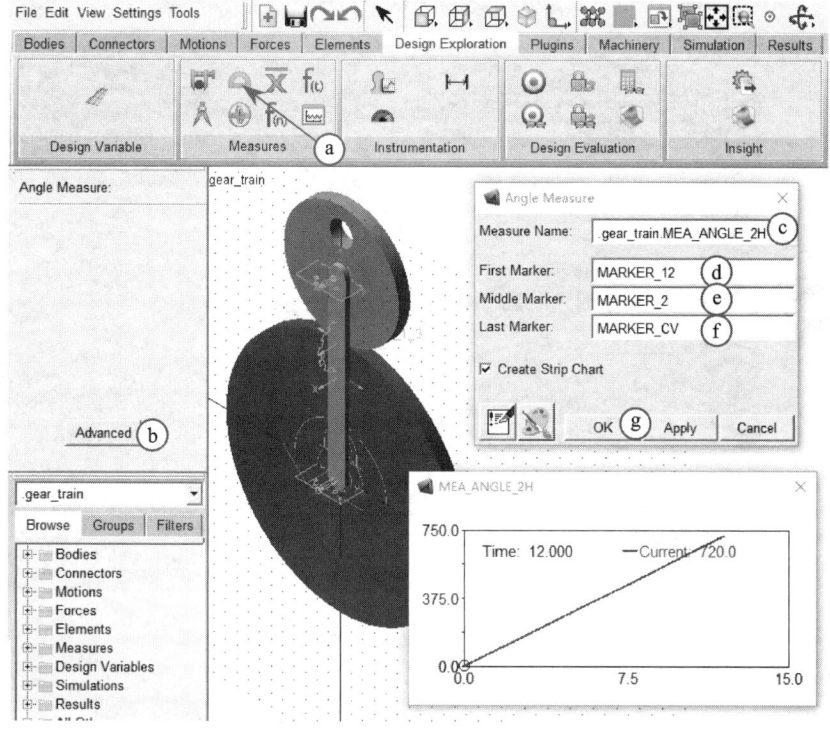

图 2-90 gear_2 相对 H 转角的测量

2.3.4 实体模型的导入

1. 应用 SolidWorks 创建齿轮

(1) 创建 Part 文件

如图 2-91 所示,创建齿轮的步骤如下:

a. 双击 **SolidWorks** 软件图标,启动 **SolidWorks**;

b. 单击"新建"工具按钮创建新文件,弹出 New SolidWorks Document 对话框;

c. 在 New SolidWorks Document 对话框中,单击 Part 按钮,选择建立构件文件;

d. 单击 **OK** 按钮,Part 文件创建完成。

(2) 创建齿轮 1(Sun Gear)

如图 2-92 所示,创建齿轮 1 的步骤如下:

a. 单击 **Design Library** 工具按钮,展开 Design Library 选项栏;

b. 在 Design Library 选项栏中选择 Toolbox|Ansi Metric|Power Transmissior|Gears,在选项栏下方显示 Gears 的列表;

c. 在列表中右击 Spur Gear 弹出快捷菜单,选择 Create Part 菜单项弹出 Spur Gear 对话框;

d. 在该对话框中输入齿轮的参数;

e. 单击 OK 按钮,齿轮 1(中心轮)创建完成。

(3) 保存齿轮 1

如图 2-93 所示,按以下步骤保存创建的齿轮 1:

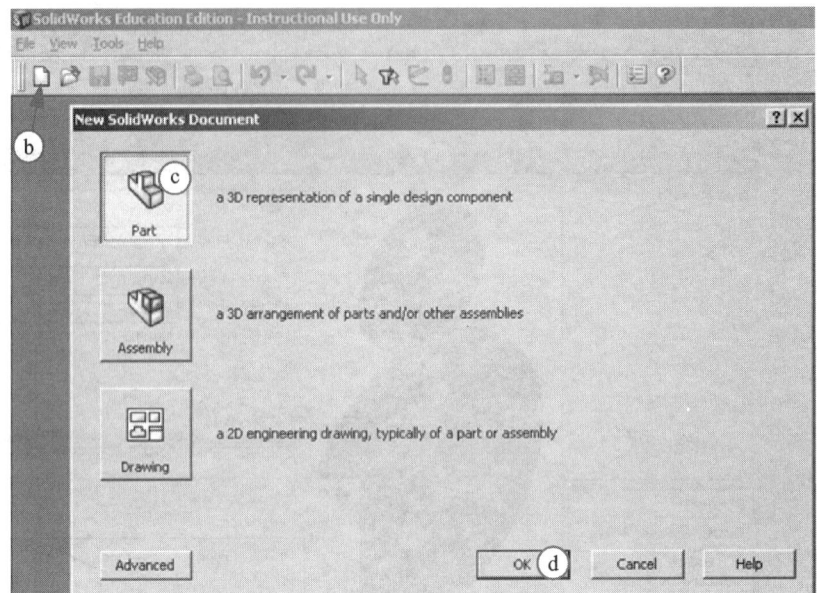

图 2-91　构件文件的创建

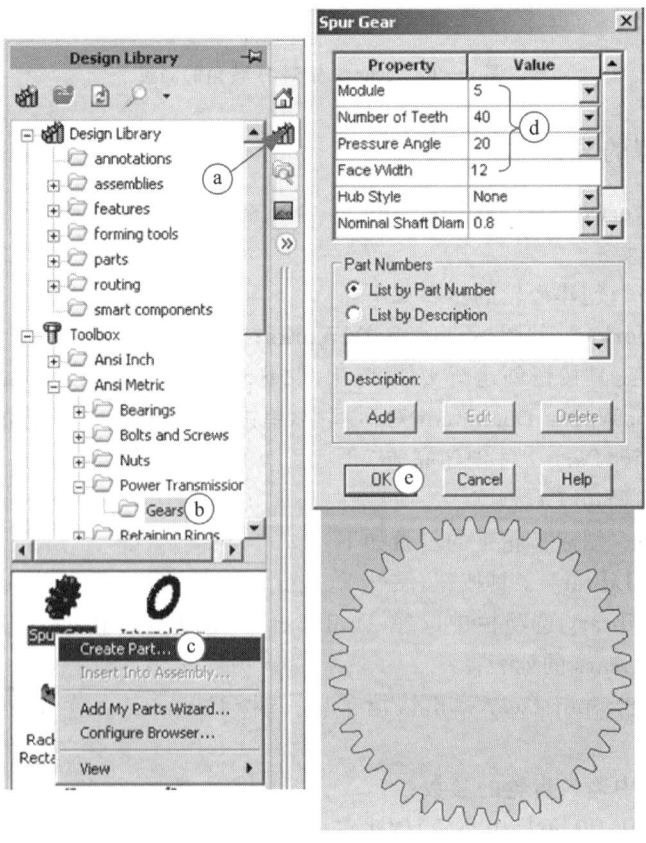

图 2-92　齿轮 1 的创建

a. 选择 File|Save As 菜单项,弹出 Save As 对话框;

b. 在该对话框中选择一个文件夹;

c. 选择 Save as type 为 Parasolid(*.x_t);

d. 在 File name 文本框中输入 **Sun Gear**;

e. 单击 Save 按钮即完成齿轮的保存。

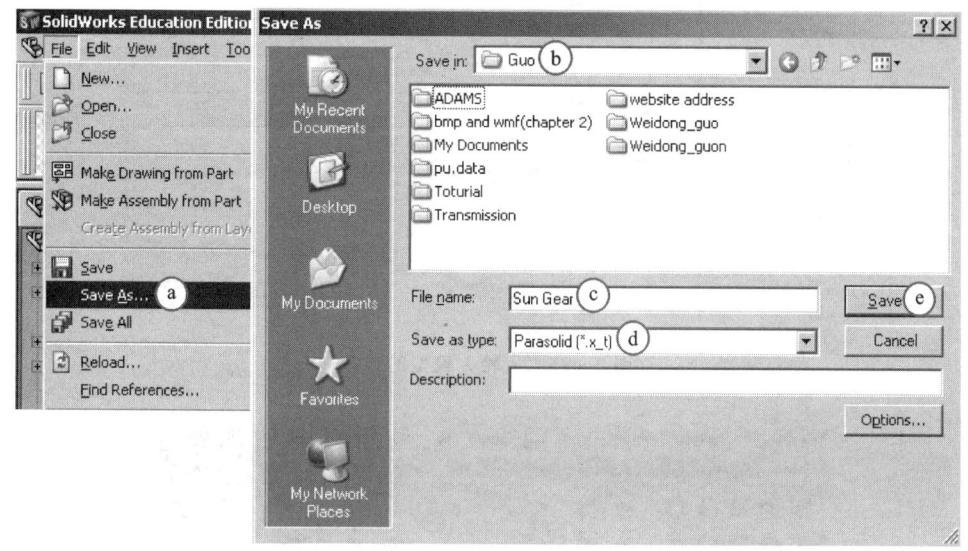

图 2-93 齿轮 1 的保存

同理,可以创建并保存齿轮 2 的实体模型。齿轮 2 的参数如图 2-94 所示。保存齿轮 2 的文件名为 **Planet Gear.x_t**。

2. 模型的导入

(1) 导入齿轮 2

启动 Adams,创建一个新的模型 **Gear_Train**。

导入齿轮 2,如图 2-95 所示,导入步骤如下:

a. 在主菜单中,选择 **File|Import**,弹出 File Import 对话框;

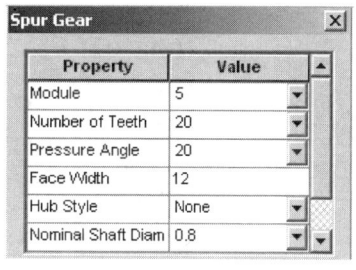

图 2-94 齿轮 2 的保存

b. 在 File Import 对话框的 File Type 下拉列表框中选择 **Parasolid**;

c. 在 File To Read 文本框中输入 **Planet Gear.x_t**;

d. 给 Model Name 拾取或输入 **Gear_Train**;

e. 单击 **OK** 按钮,齿轮 2 的模型被导入。

(2) 调整齿轮 2 的位置

如图 2-96 所示,按照以下方法调整齿轮 2 的位置:

a. 单击**齿轮 2**;

b. 单击**位姿变换**工具,展开选项区;

c. 在 Distance 文本框中输入 **150**;

d. 单击**上移**按钮,齿轮 2 被上移 150 mm。

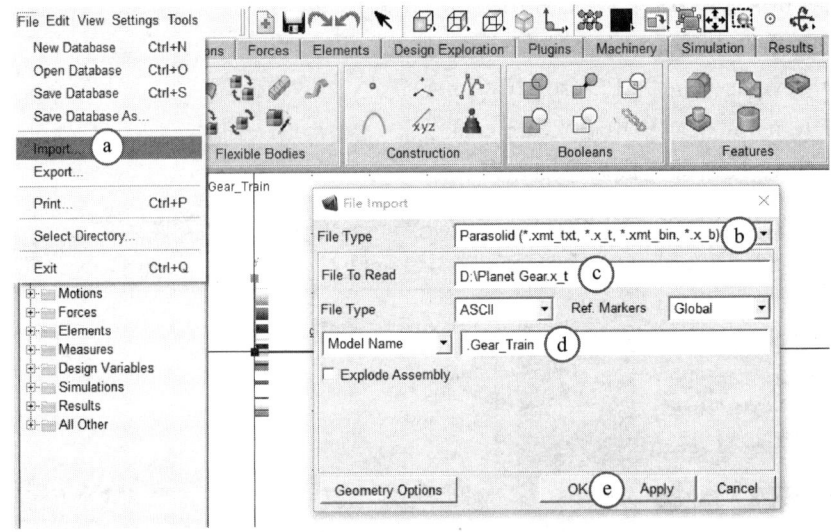

图 2-95 齿轮 2 模型的导入

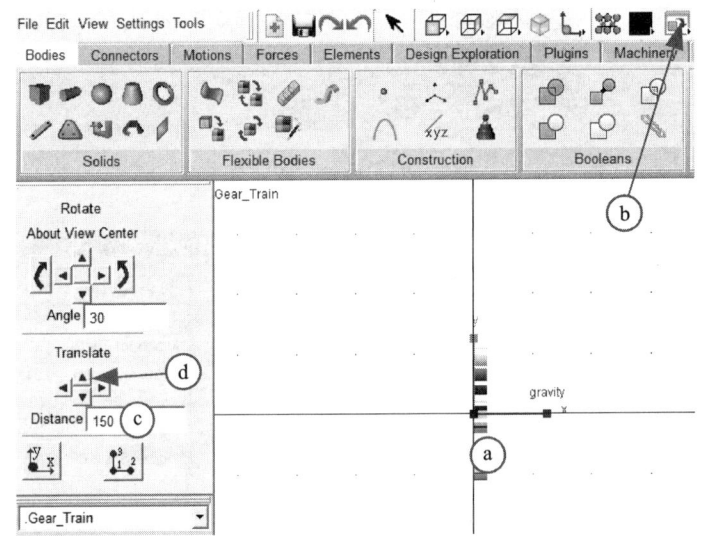

图 2-96 齿轮 2 位置的调整

同理,将齿轮 1(中心轮)导入到 Gear_Train 模型中。

(3) 调整两个齿轮的姿态

如图 2-97 所示,按照如下步骤调整齿轮的姿态:

a. 按住 Ctrl 键,依次单击选中**两个齿轮**;

b. 单击**位姿变换**工具;

c. 单击**旋转中心拾取**工具按钮;

d. 单击工作区中的**(0,0,0)**位置;

e. 在 Angle 文本框中输入**90**;

f. 单击**旋转**工具按钮,将两个齿轮旋转 90°。

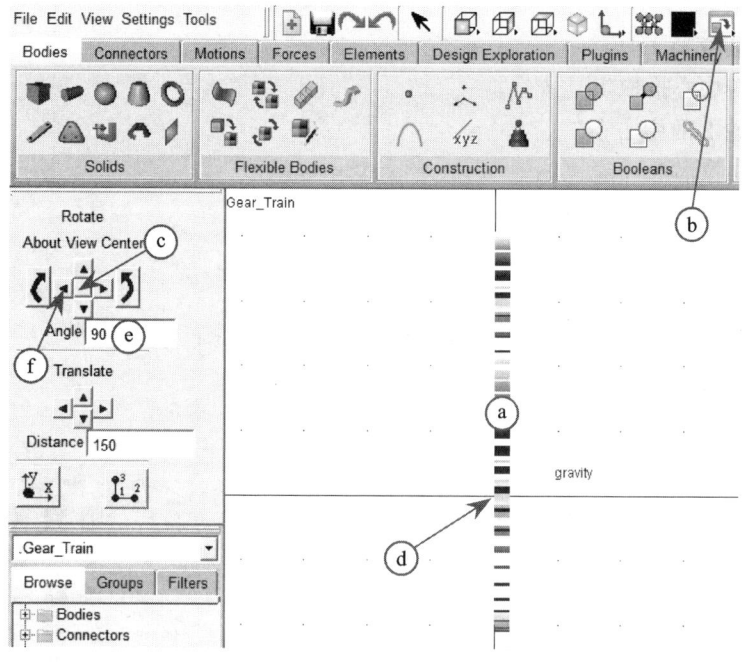

图 2-97 齿轮姿态的调整

(4) 调整齿轮 2 的转角

进一步调整齿轮 2 的转角,使其与齿轮 1 处于啮合位置。如图 2-98 所示,齿轮 2 转角的调整步骤如下:

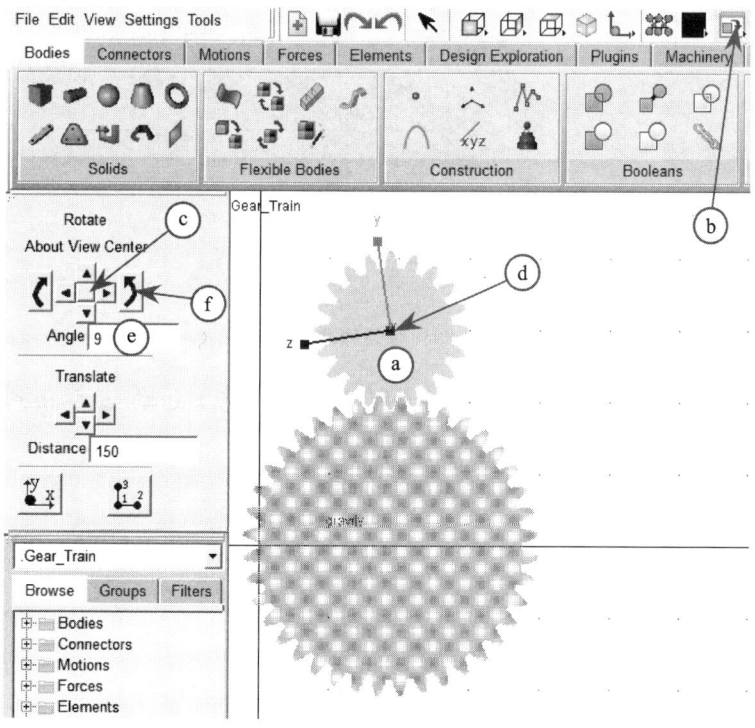

图 2-98 齿轮 2 转角的调整

a. 单击**齿轮**2；

b. 单击**位姿变换**工具；

c. 单击**旋转中心拾取**工具按钮；

d. 单击**齿轮**2**的中心**；

e. 在 Angle 文本框中输入**9**；

f. 单击**旋转**按钮，齿轮 2 刚好处在与齿轮 1 相互啮合位置。

（5）调整齿轮的颜色

如图 2-99 所示，按以下步骤调整齿轮的颜色：

a. 右击**齿轮**2 弹出快捷菜单，选择**Solid：SOLID1│Select**；

b. 右击**颜色库**图标，展开颜色库；

c. 选取颜色（例如红色），齿轮 2 即被染成红色。

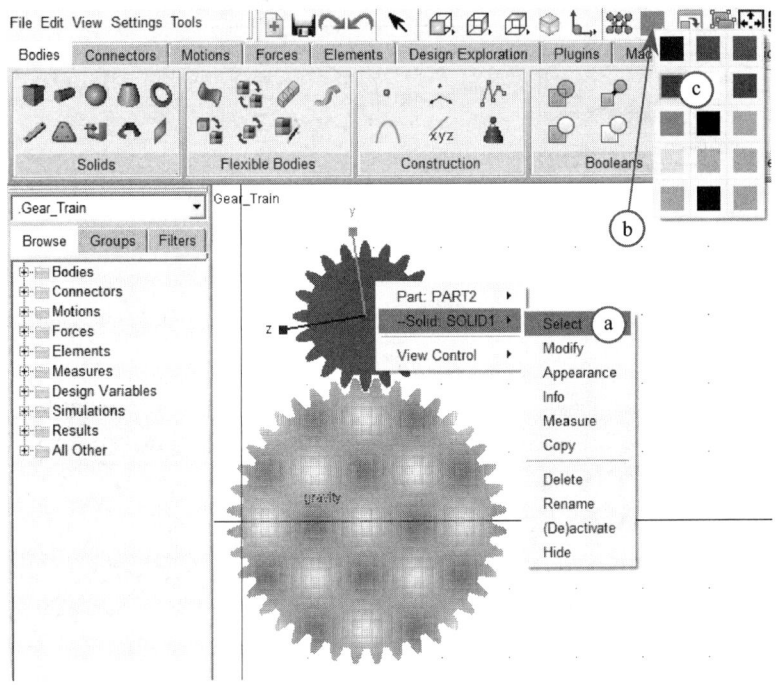

图 2-99 齿轮颜色的更改

进一步，同前所述，创建行星架 H 和运动副，给行星架施加运动，最后得到该轮系的虚拟样机模型，如图 2-100 所示。

保存模型文件名为**example23_gear_train_2.bin**。

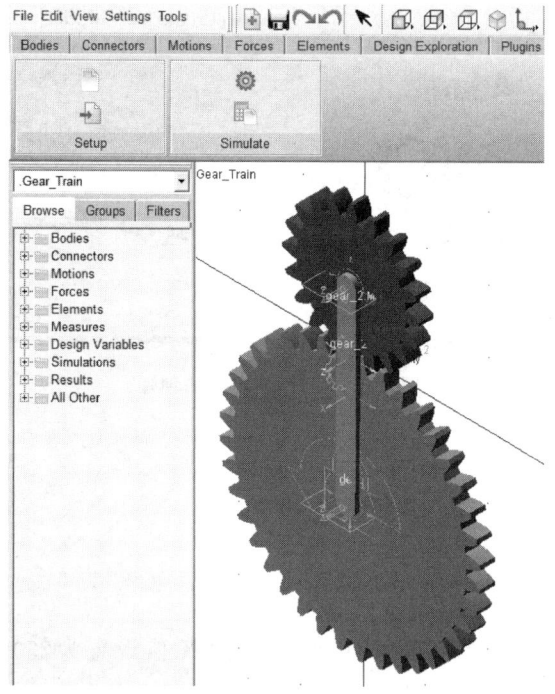

图 2-100 轮系的虚拟样机模型

2.4 凸轮机构建模与仿真

实例 2.4 图 2-101 所示为一尖端移动从动件盘型凸轮机构。凸轮 1 为一半径 $R=100$ mm 的偏心圆盘,凸轮的回转中心 A 到凸轮的几何中心 O 的距离 $H=30$ mm,凸轮匀速转动的角速度为 $\omega_1=30$ (°)/s。

试建立该凸轮机构的虚拟样机模型,并分析尖端从动件的运动规律。

2.4.1 启动 ADAMS 并设置工作环境

1. 启动 ADAMS

双击桌面上 ADAMS/View 的快捷图标,启动 ADAMS/view。

2. 创建模型名称

如图 2-102 所示,按以下步骤创建模型名称:

a. 在欢迎对话框中选中 **Create a new model**;

b. 在 Model name 文本框中输入 **cams**;

c. 设置 Working Directory 为 **D:**;

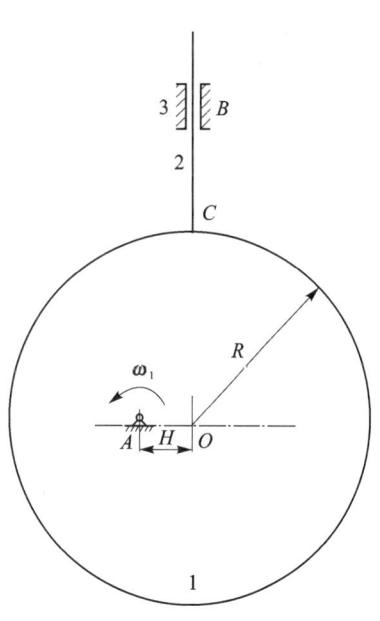

图 2-101 凸轮机构的运动简图

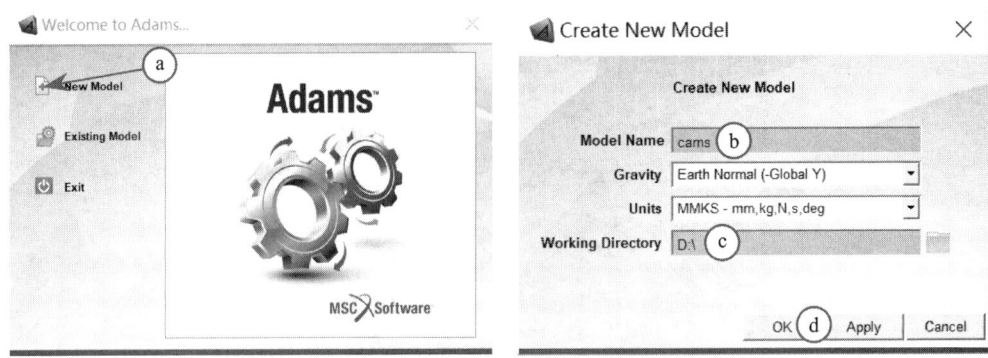

图 2 - 102　模型名称的创建

d. 单击 **OK** 按钮，模型名称被创建。

3. 设置工作环境

（1）单位设置

保持系统的默认值即可。

（2）工作网格设置

在 Working Grid Settings 对话框中，将 Size 的 X 值设置为250，Y 值设置为200，并将 Spacing 的 X 和 Y 均设置为10，如图 2 - 103 所示。

（3）图标设置

在 Icons Settings 对话框中，将 New Size 设置为20，如图 2 - 103 所示。

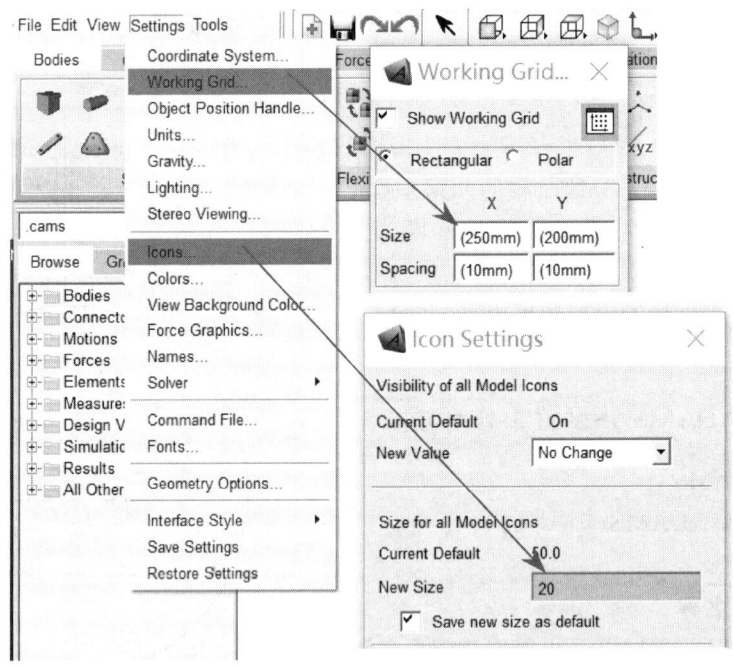

图 2 - 103　工作网格和图标的设置

（4）打开光标位置显示

在主菜单中选择 **View|Coordinate Window F4** 菜单项，或单击**工作区域**后按**F4** 快捷键。

2.4.2 创建虚拟样机模型

1. 创建凸轮

(1) 创建圆曲线

如图 2-104 所示,按如下步骤创建圆曲线:

a. 在功能区 Bodies 项的 Construction 中,单击 Construction Geometry:Arc/Circle 图标,展开选项区;

b. 选中 **Radius**;

c. 选中 **Circle**;

d. 单击工作区中的 **(0,0,0)** 位置,创建出一个半径为 100 mm 的圆曲线。

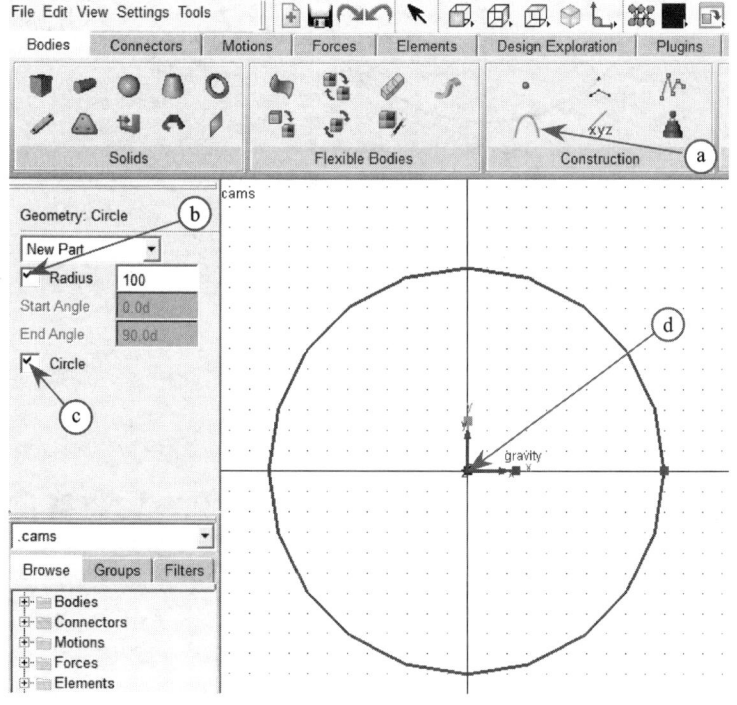

图 2-104 圆曲线的创建

(2) 圆曲线的几何特征修改

如图 2-105 所示,按照如下步骤修改圆曲线的几何特征:

a. 右击**圆曲线**弹出快捷菜单,选择 **Circle:CIRCLE_1 | Modify** 菜单项,弹出 Geometry Modify Curve Circle 对话框;

b. 在 Geometry Modify Curve Circle 对话框中,将 Segment Count 更改为 **50**;

c. 单击 **OK** 按钮即完成圆曲线几何特征的修改。

(3) 创建凸轮

如图 2-106 所示,创建凸轮的步骤如下:

在功能区 Bodies 项的 Solids 中,单击 RigidBody:Extrusion 图标,展开选项区;

选择 **Add to Part** 选项;

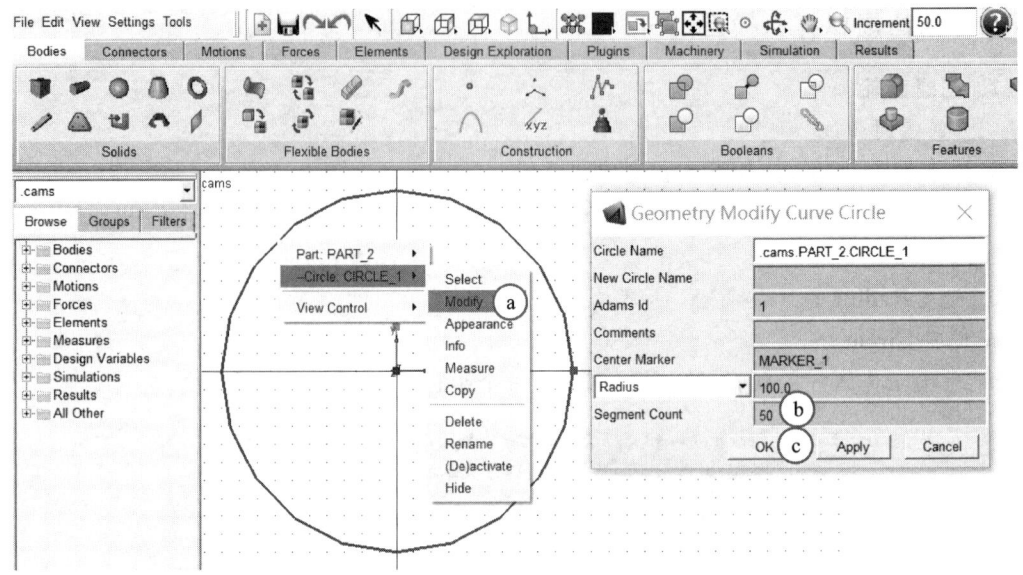

图 2 - 105　圆曲线几何特征的修改

选择 Create profile by 下拉列表框中的 **Curve**；

选择 Path 下拉列表框中的 **About Center**；

输入 Length 为**10**；

单击**PART_2**；

单击**PART_2. CIRCLE_1**，凸轮被创建。

将其更名为**cam**。

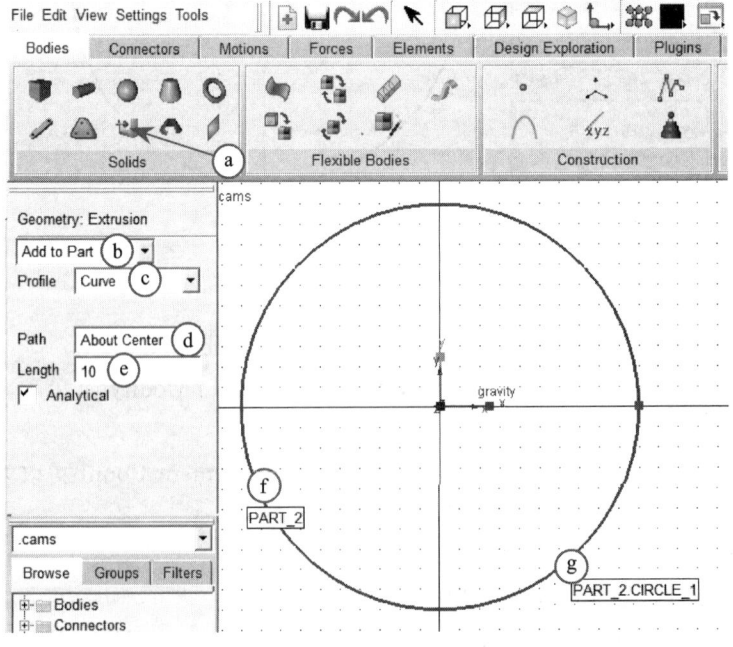

图 2 - 106　凸轮的创建

2. 创建移动从动件

如图 2-107 所示,创建从动件的步骤如下:

a. 在功能区 Bodies 项的 Solids 中,单击 Construction Geometry:Frustum 图标,展开选项区;

b. 选中 **Length** 并输入 20,选中 **Bottom Radius** 并输入 5,选中 **Top Radius** 并输入 0.01;

c. 单击工作区中的(0,120,0)位置;

d. 单击工作区中的(0,100,0)位置,则从动件的尖端被创建;

e. 在功能区 Bodies 项的 Solids 中,单击 Construction Geometry:Cylinder 图标,展开选项区;

f. 选择 **Add to Part** 选项;

g. 选中 **Length** 并输入 80,选中 **Radius** 并输入 5;

h. 单击从动件尖端 **PART_3**;

i. 单击(0,120,0)位置;

j. 上移光标,当出现圆柱体时单击工作区域,则从动件被创建完成。

将其更名为 **follower**。

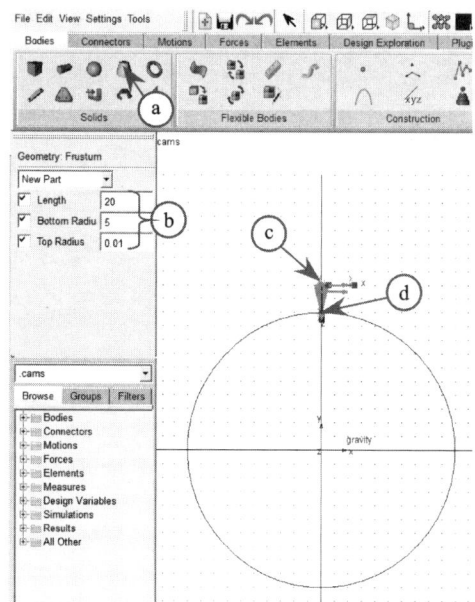 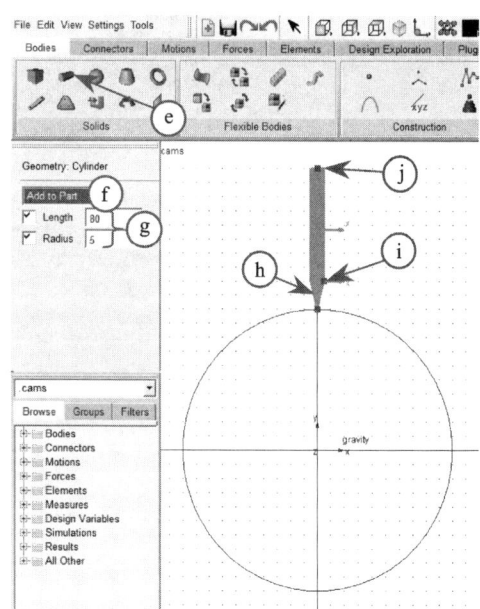

图 2-107 从动件的创建

3. 创建运动副

(1) 创建转动副

按图 2-108 所示的操作顺序创建 cam 和 ground 之间的转动副 **JOINT_A**。

(2) 创建移动副

按图 2-109 所示的操作顺序创建 follower 和 ground 之间的移动副 **JOINT_B**。

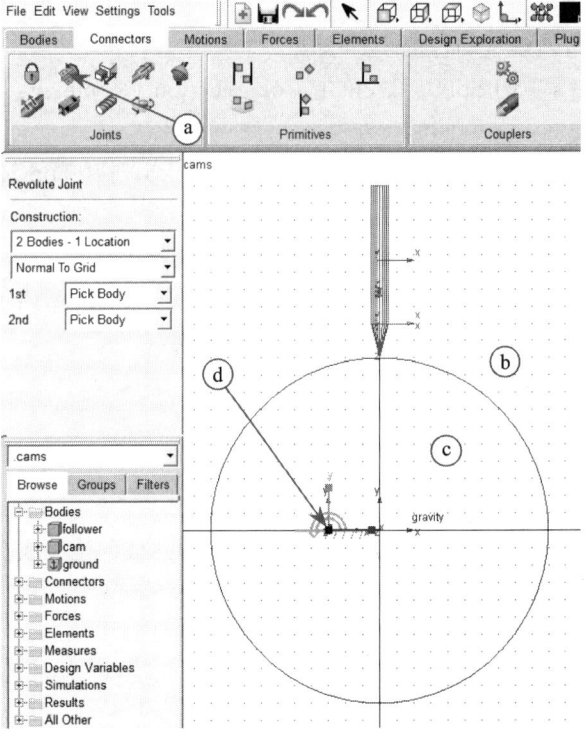

图 2-108 转动副的创建

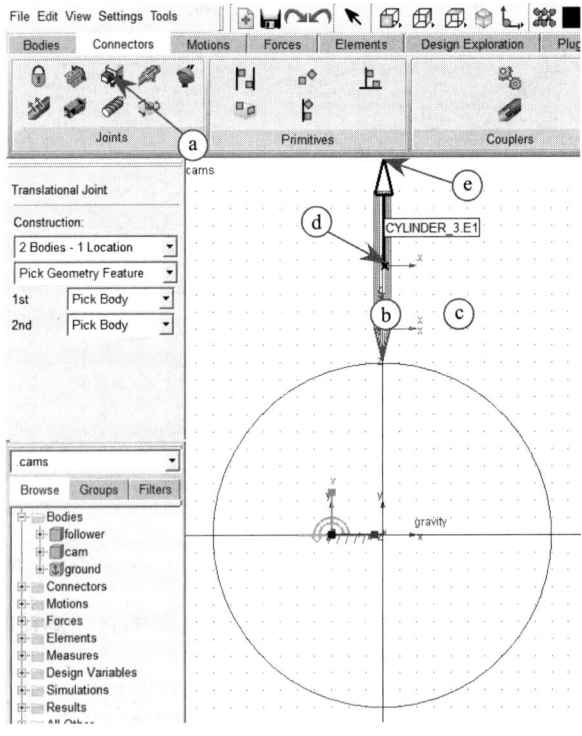

图 2-109 移动副的创建

4. 创建凸轮副

(1) 创建 Marker

按图 2-110 所示的操作顺序在从动件的尖端处创建一个 Marker,例如 **MARKER_8**。

提示:若无法直接在尖端添加 Marker,则首先将 Marker 添加到从动件的其他点处,然后再将新添加的 Marker 移动到尖端处。

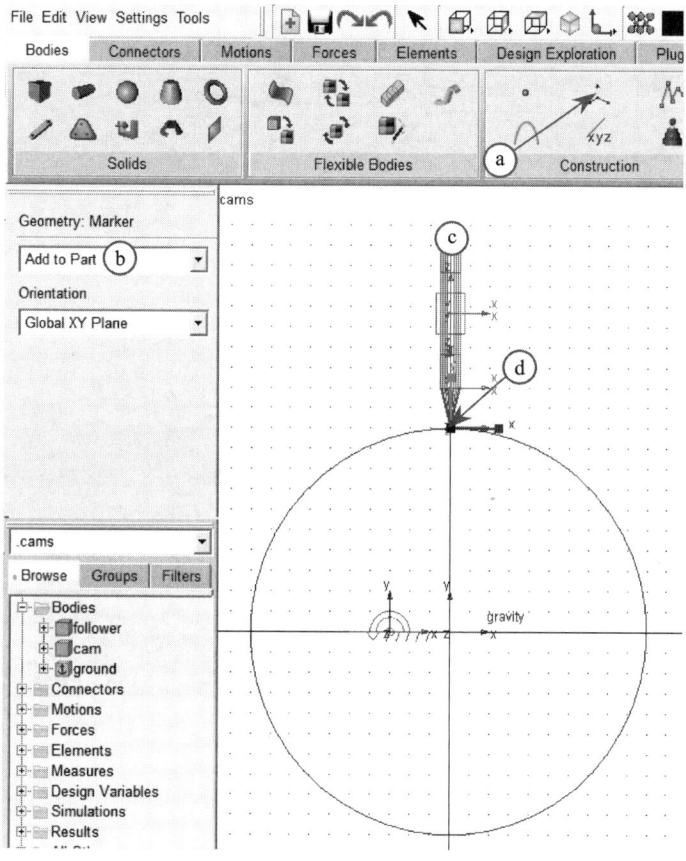

图 2-110 Marker 的创建

(2) 创建凸轮副

如图 2-111 所示,创建凸轮副的步骤如下:

a. 在功能区 Connectors 项的 Special 中,单击 Point-Curve Constraint 图标;

b. 单击从动件的尖端(**MARKER_8**)处;

c. 单击凸轮上的圆曲线(**cam.CIRCLE_1**),凸轮副创建完成。

将其更名为 **PTCV_C**。

5. 施加运动

根据题目要求,给凸轮施加一个大小为 30(°)/s 的绕转动副 A(JOINT_A)的匀速转动。按照图 2-112 所示的操作顺序和及参数设置进行操作。

创建完成的凸轮机构的模型如图 2-113 所示。

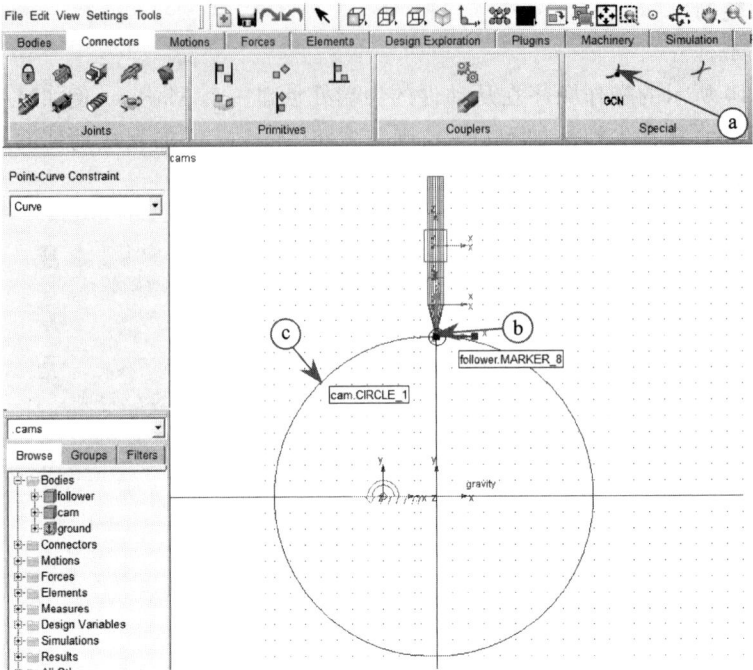

图 2-111 凸轮副的创建

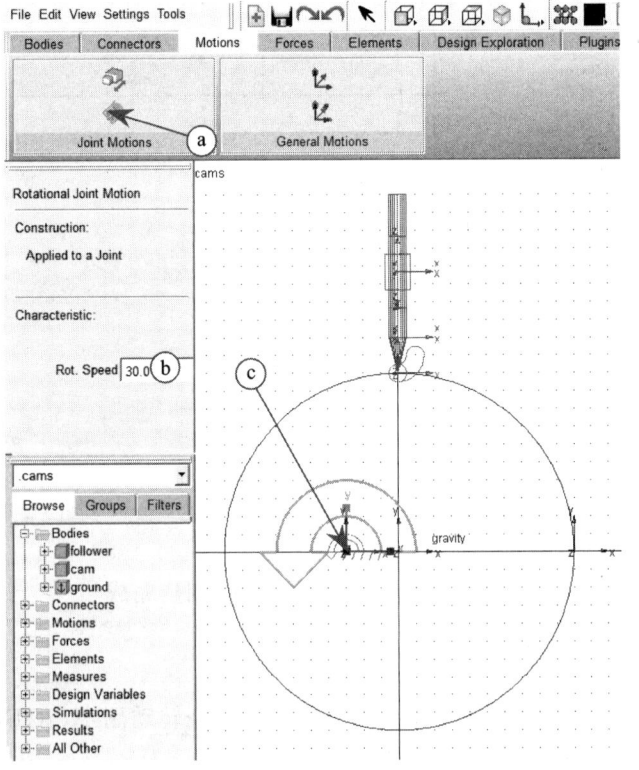

图 2-112 运动的创建

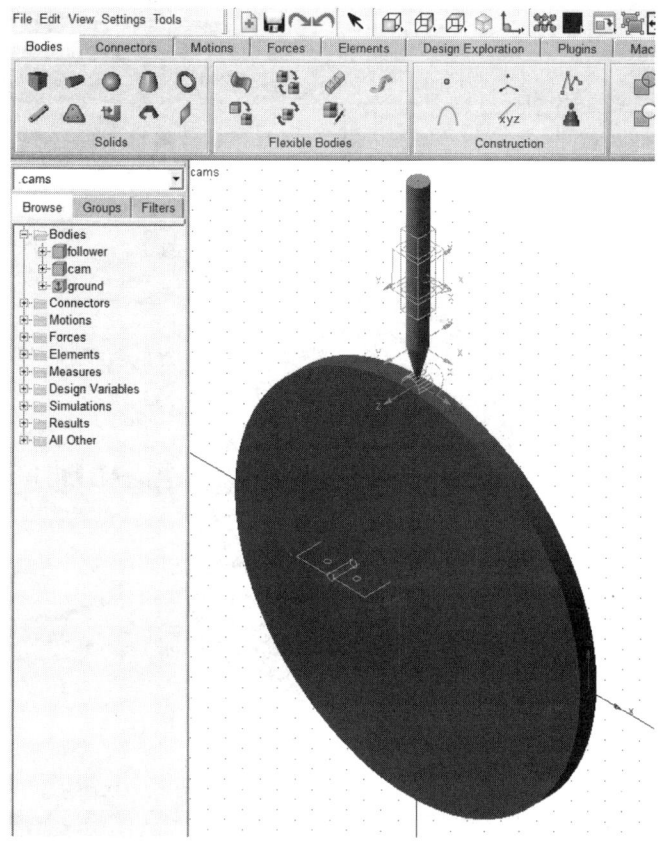

图 2-113 凸轮机构模型

2.4.3 仿真与测试

1. 仿真模型

按图 2-114 所示操作顺序进行仿真测试,并设置仿真终止时间(End Time)为**12**,仿真步数(Steps)为**500**。

2. 测试模型

(1) 凸轮转角的测量

首先,按图 2-115 所示的操作顺序在 ground 上创建一个 Marker。

然后,按图 2-116 所示操作顺序创建凸轮转角的测量。

(2) 从动件位置的测量

按照图 2-117 所示操作顺序,以从动件尖端点(这里是 MARKER_8,模型中这个标记点可能会不同)为参考点,测量从动件的位置。

按照图 2-118 所示操作顺序,将从动件的运动位置测量与凸轮转角的测量合成,并对合成的曲线进行适当的编辑,最终测量结果如图 2-118 所示。

再对合成的曲线进行适当的编辑,最终结果如图 2-119 所示。

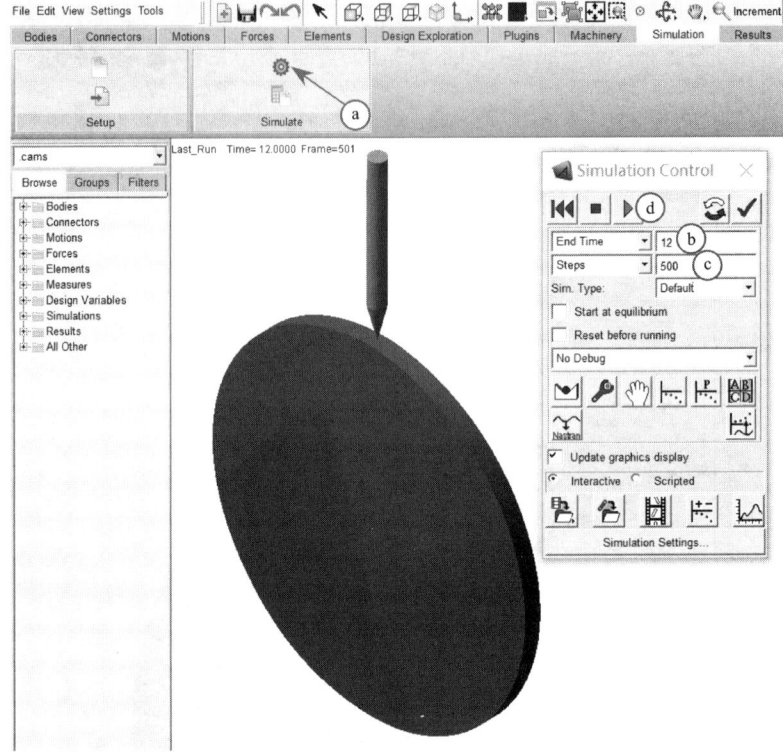

图 2-114　凸轮机构的仿真

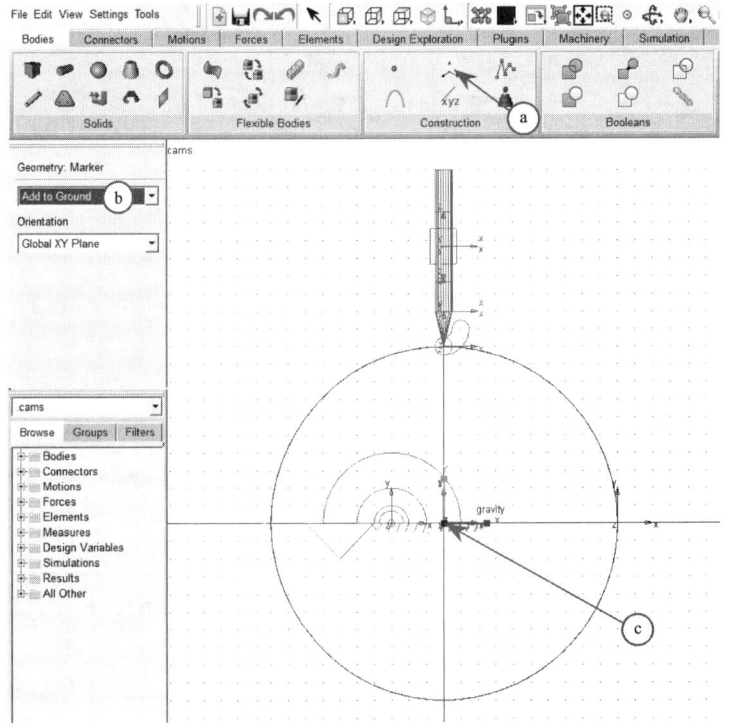

图 2-115　Marker 的创建

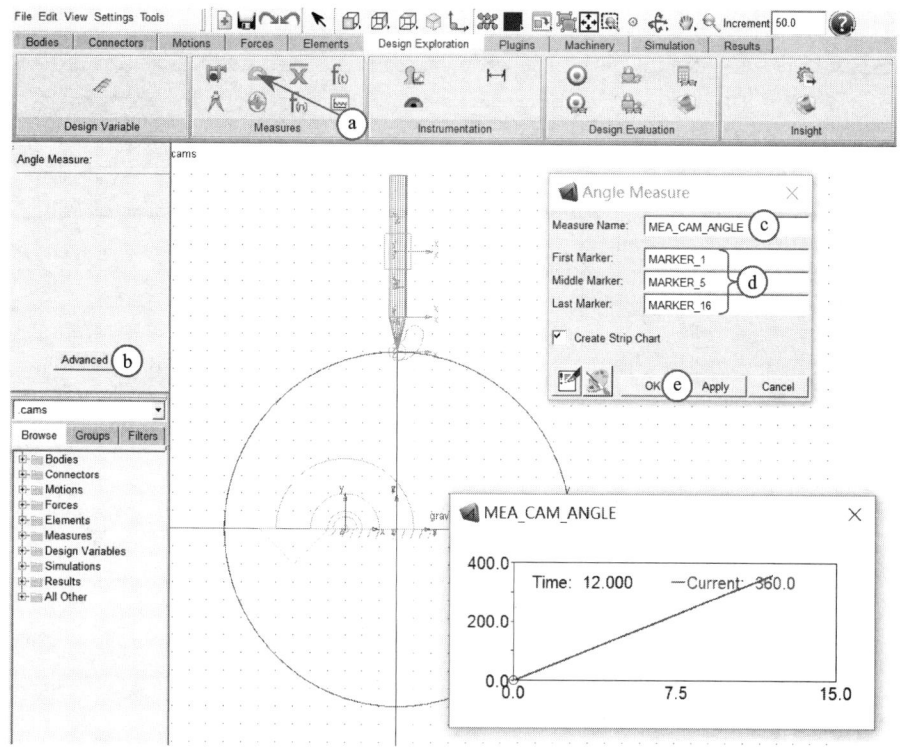

图 2-116　凸轮转角的测量

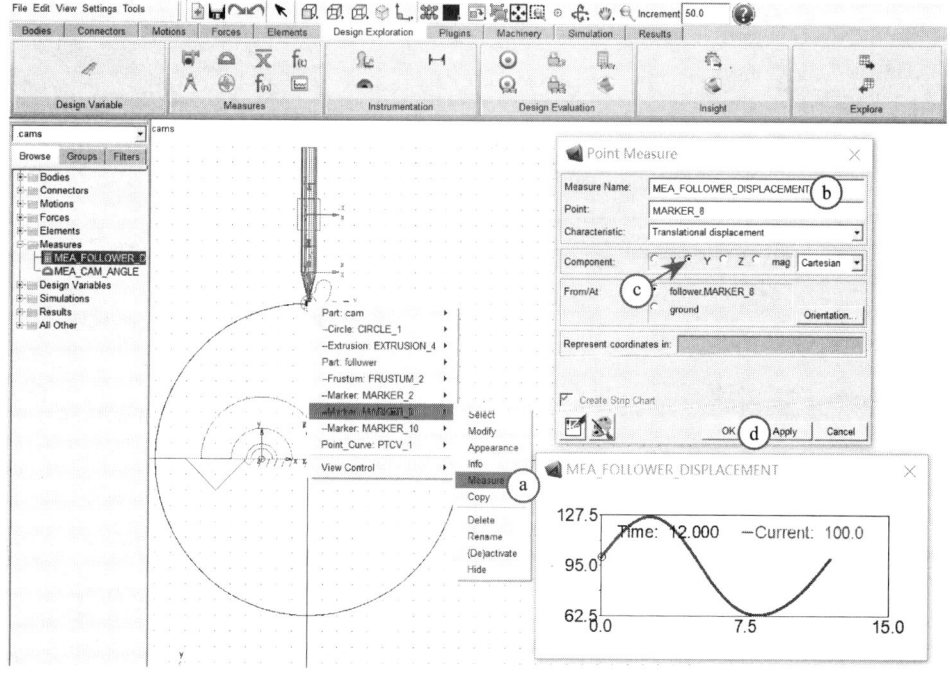

图 2-117　从动件尖端位置的测量

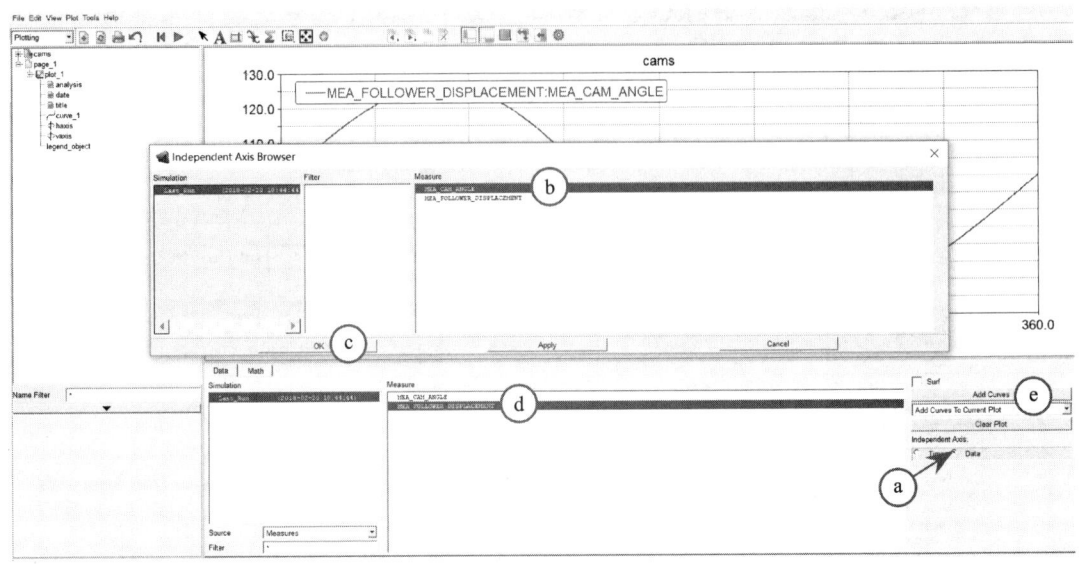

图 2-118 测量曲线的合成

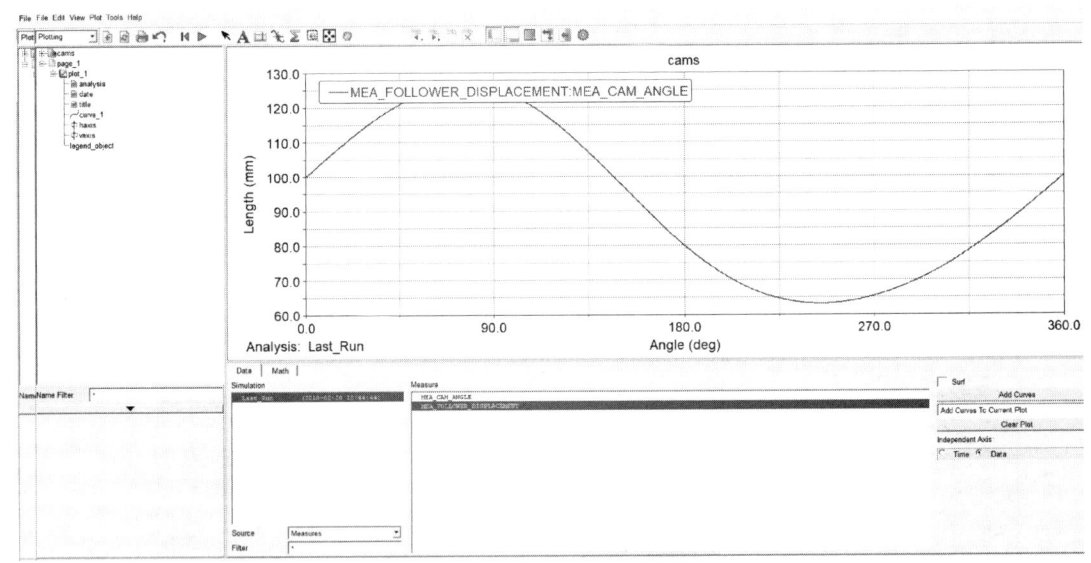

图 2-119 从动件位置的测量结果

(3) 从动件速度和加速度的测量

与测量从动件位置的方法相同,可得到从动件速度和加速度的测量结果,分别如图 2-120 和图 2-121 所示。

实例 2.4 的保存模型文件名为 **example24_cams.bin**。

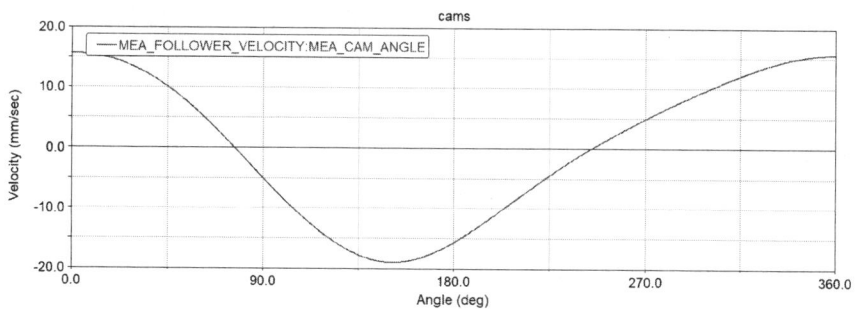

图 2-120　从动件速度的测量结果

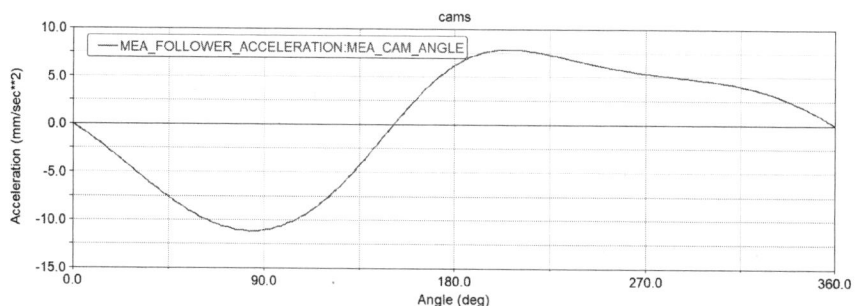

图 2-121　从动件加速度的测量结果

思考题与习题

1. 机构的运动学分析与动力学分析的区别是什么？
2. 在设置工作环境时，涉及 Working Grid。Working Grid 的作用是什么？
3. 被创建的构件上都有若干个 Marker，如图 2-122 所示。你知道这些 Marker 的作用是什么吗？

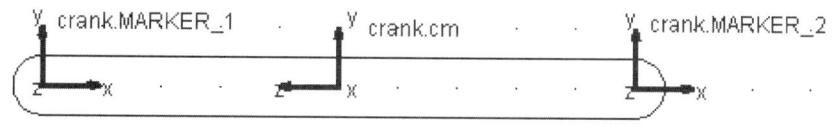

图 2-122　构件及其 Marker

4. 图 2-123 所示为曲柄导杆机构。已知曲柄长为 $a=100$ mm，曲柄回转中心 A 与导杆的摆动中心 C 的距离为 $b=200$ mm。曲柄以 $\omega_1=36$ (°)/s 的角速度匀速转动。
   (1) 试建立该曲柄导杆机构的虚拟样机模型；
   (2) 仿真机构的虚拟样机模型，测量获取导杆的角位移、角速度和角加速度的变化规律；
   (3) 根据仿真分析结果，计算求取机构的行程速比系数。

5. 在图 2-124 所示的对心曲柄滑块机构中，已知曲柄为 100 cm×10 cm×5 cm 的钢质杆，连杆为 200 cm×10 cm×5 cm 的钢质杆，滑块为 50 cm×50 cm×50 cm 的钢质正方体，作用在曲柄上的驱动力矩为 $M=20$ N·m。
   (1) 试建立该曲柄滑块机构的虚拟样机模型；

(2) 仿真机构的虚拟样机模型,测量获取滑块 3 在 0～20 s 运动时间内的位移、速度和加速度的变化规律。

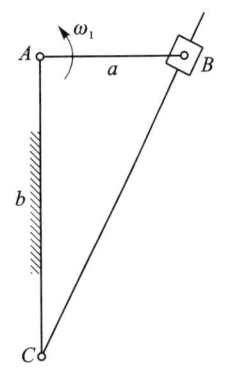
图 2-123 曲柄导杆机构

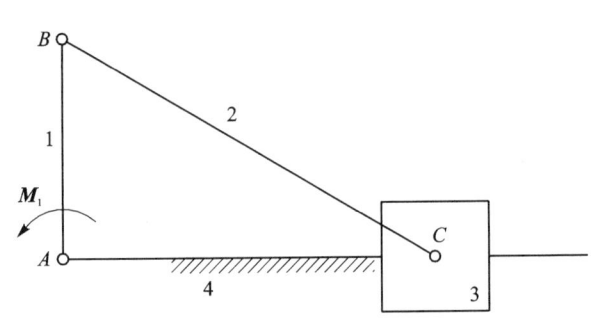
图 2-124 曲柄滑块机构

6. 在图 2-125 所示的行星轮系中,已知各齿轮的齿数为:$z_1 = z_{2'} = 100, z_2 = 101$, $z_3 = 99$。

原动件齿轮 1 的角速度为 $\omega_1 = 10\ 000$ r/mm。

(1) 计算输出系杆 H 的角速度;
(2) 建立该轮系的虚拟样机模型;
(3) 仿真模型,测量求得输出系杆 H 的角速度大小;
(4) 比较输出系杆 H 的角速度的计算值和测量值。

7. 图 2-126 所示为摆动从动件凸轮机构。凸轮 1 为一半径 $R = 100$ mm 的偏心圆盘,凸轮的回转中心 A 到凸轮的几何中心 O 的距离 $H = 30$ mm,凸轮回转中心 A 到摆杆摆动中心 C 的中心距为 $a = 240$ mm,摆杆的长度(B 和 C 两点之间的距离)$l = 200$ mm。凸轮匀速转动的角速度为 $\omega_1 = 30$ (°)/s。

(1) 试建立该凸轮机构的虚拟样机模型;
(2) 仿真模型,测量获取摆动从动件的角位移、角速度和角加速度随凸轮转角的变化规律。

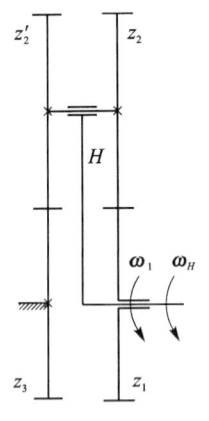
图 2-125 行星轮系

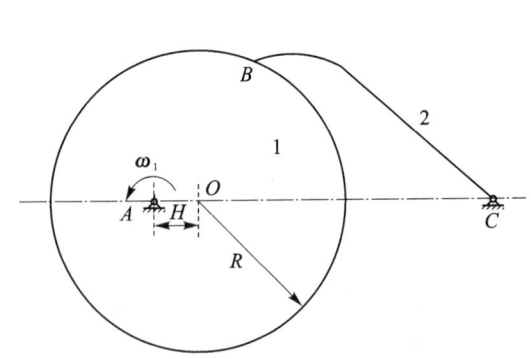
图 2-126 摆动从动件凸轮机构

第 3 章 函数的定义及其应用

本章介绍 ADAMS 中的函数的定义及其应用,重点介绍 IF 函数、STEP 函数、SPLINE 函数和 DIFF 函数的定义方法和应用。

3.1 基本函数的定义及其应用

实例 3.1 图 3-1 所示为质量球-弹簧系统。已知质量球的质量 $m=1$ kg,弹簧的刚度为 $k=(2\pi)^2$ N/m,在球上作用有一个铅垂向下的力 $F=\sin(\omega t)$。

① 建立该系统的虚拟样机模型;
② 仿真分析该系统的振动特性。

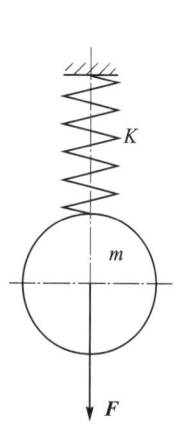

图 3-1 质量球-弹簧系统

3.1.1 启动 ADAMS 并设置工作环境

1. 启动 ADAMS

双击桌面上 ADAMS/View 的快捷图标,启动 ADAMS/View。

2. 创建模型名称

定义 Model name 为 mass_spring_system,如图 3-2 所示。

3. 设置工作环境

(1) 设置单位

按照图 3-2 所示的操作步骤原参数进行单位设置。

(2) 设置工作网格

选择系统默认设置即可。

(3) 设置图标

选择系统默认设置即可。

(4) 打开光标位置显示

单击工作区后,按 **F4** 快捷键。

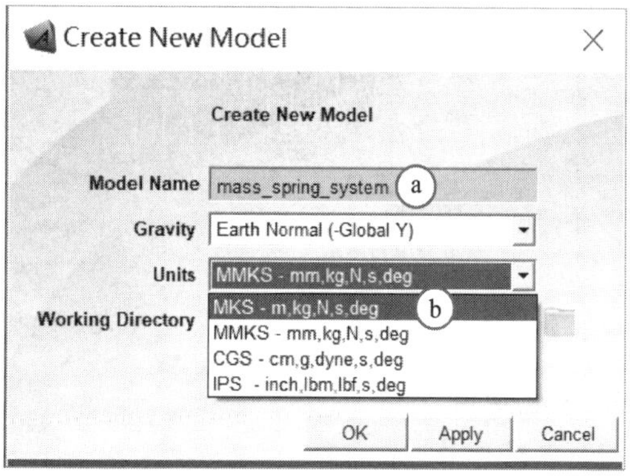

3.1.2 创建虚拟样机模型

1. 创建质量球

(1) 创建球体

按照如图 3-3 所示操作顺序及参数在大地坐标的(0,0,0)处创建半径为 10 cm 的球体。球体的名称取为默认名称 PART_2。

(2) 更改球体的质量

按照如图 3-4 所示操作顺序及参数将球体的质量更改为**1**。

图 3-2 定义模型名称和设置单位

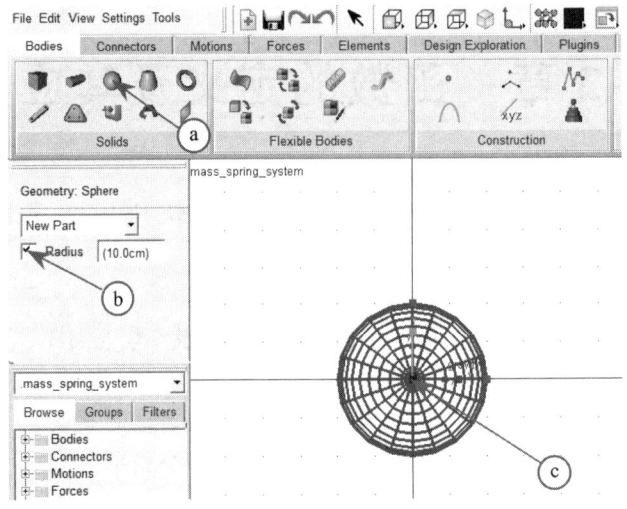

图 3-3 球体模型的创建

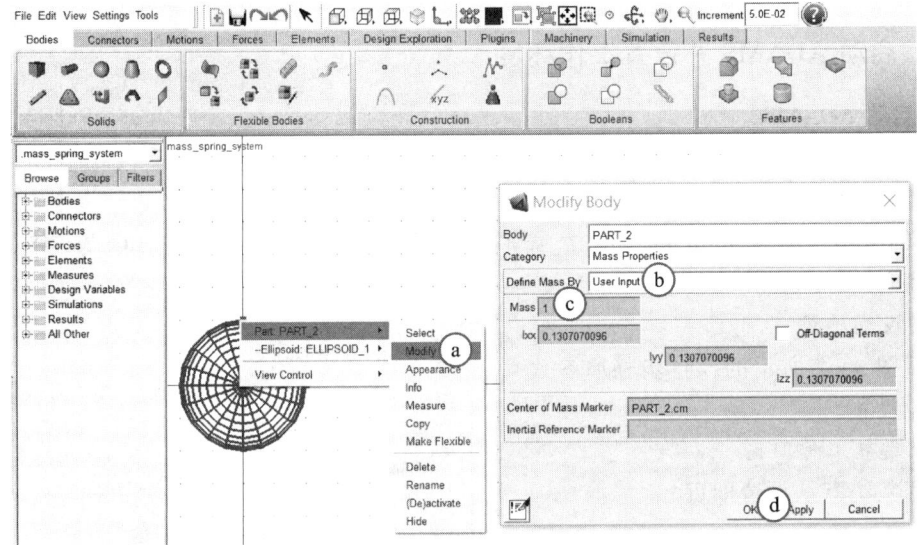

图 3-4 球体质量的更改

2. 创建弹簧

（1）创建弹簧

按照如图 3-5 所示操作顺序在球体上的(0,0,0)位置和大地的(0,0.3,0)位置之间创建一个连接球体和大地的弹簧,其名称取为默认名称**SPRING_1**。

（2）更改弹簧特性

如图 3-6 所示,更改弹簧特性的步骤如下：

a. 右击**弹簧**,选择**Spring：SPRING_1|Modify**；

b. 将 Stiffness Coefficient 改为**(2 * PI) * * 2**；

c. 将 Damping Coefficient 改为 0；

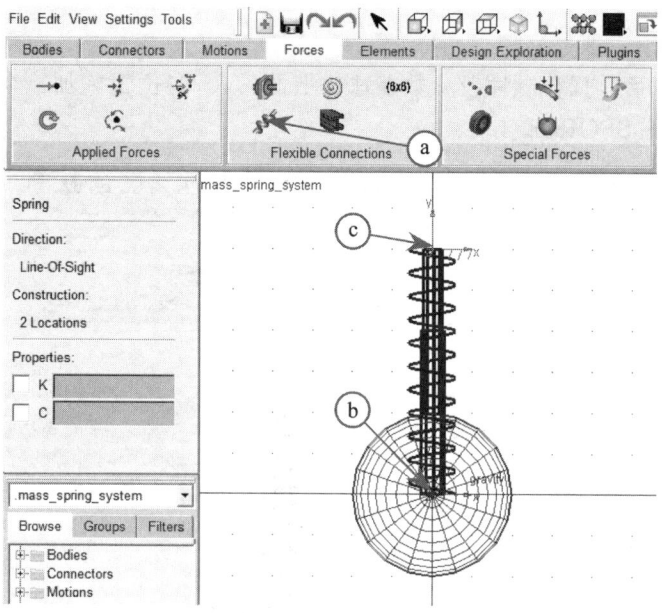

图 3-5 弹簧的创建

d. 将 Preload 改为 -9.80665；

e. 单击 **OK** 按钮完成更改。

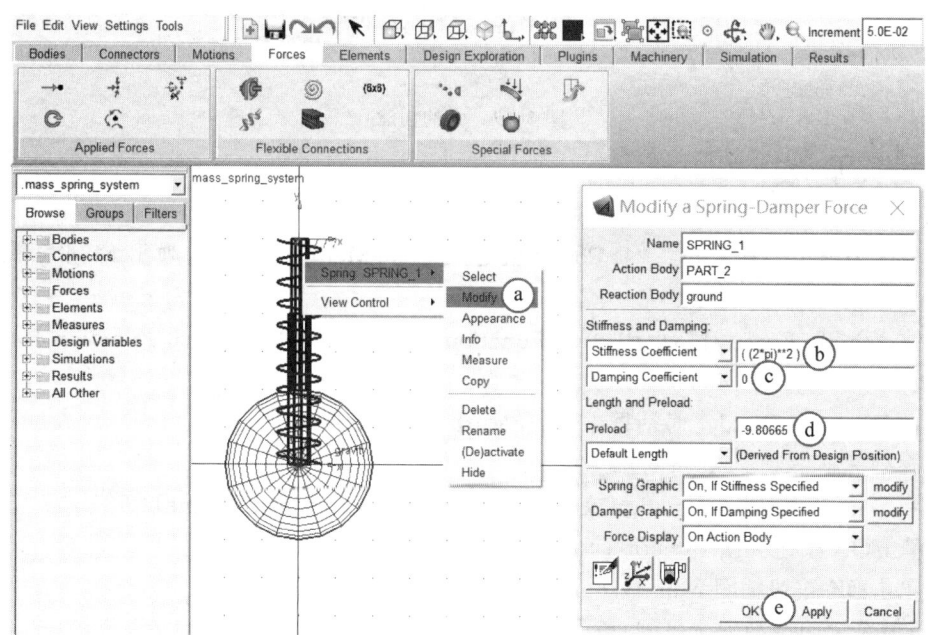

图 3-6 弹簧特性的更改

说明：预载荷 -9.80665 N 是为了平衡球体的重力而加在弹簧上的。因为弹簧伸长产生的力的值被定义为负值，而预载荷相当于拉伸弹簧使其产生与球体重力相等的拉力，所以取为负值。

3. 施加激振力

(1) 创建力

按照如图3-7所示操作顺序及参数在球体上的(0,0,0)位置施加一个向下的作用力,其名称保持为默认名称**SFORCE_1**。

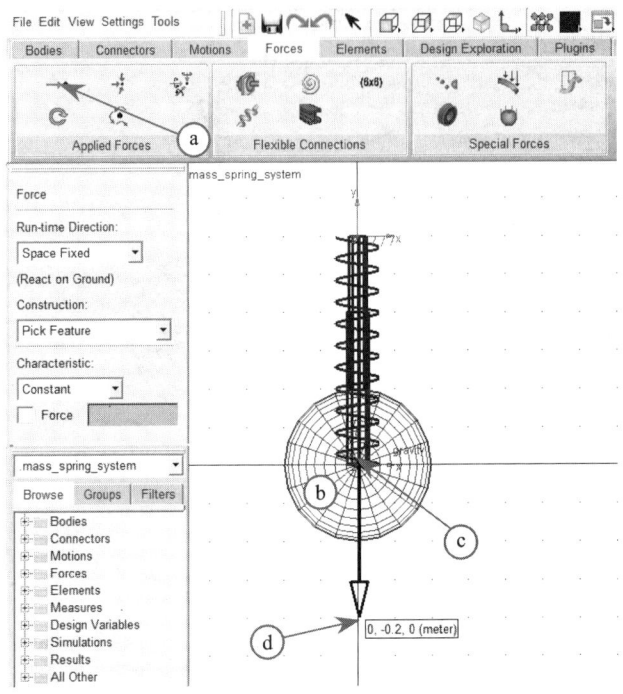

图3-7 力的创建

(2) 输入力函数

如图3-8和图3-9所示,按以下步骤输入力函数:

a. 右击**力**弹出快捷菜单,选择**Force:SFORCE_1|Modify**菜单项,弹出 Modify Force 对话框;

b. 在 Modify Force 对话框中,单击**Function Builder**工具按钮,弹出 Function Builder 对话框;

c. 在 Function Builder 对话框中,选择**Math Functions**选项;

d. 在列表框中双击**SIN**;

e. 在 Define runtime function 文本框中,将 SIN(x)更改为**SIN(time)**;

f. 单击**OK**按钮关闭 Function Builder 对话框;

g. 单击**OK**按钮关闭 Modify Force 对话框,完成力函数的输入。

由机械系统的振动理论可知,该质量球-弹簧系统的固有频率 ω_n 为

$$\omega_n = \sqrt{\frac{k}{m}} = \sqrt{\frac{(2\pi)^2}{1}} = 2\pi \text{ rad/s}$$

故该系统的自然频率 f 为

$$f = \frac{\omega_n}{2\pi} = 1 \text{ Hz}$$

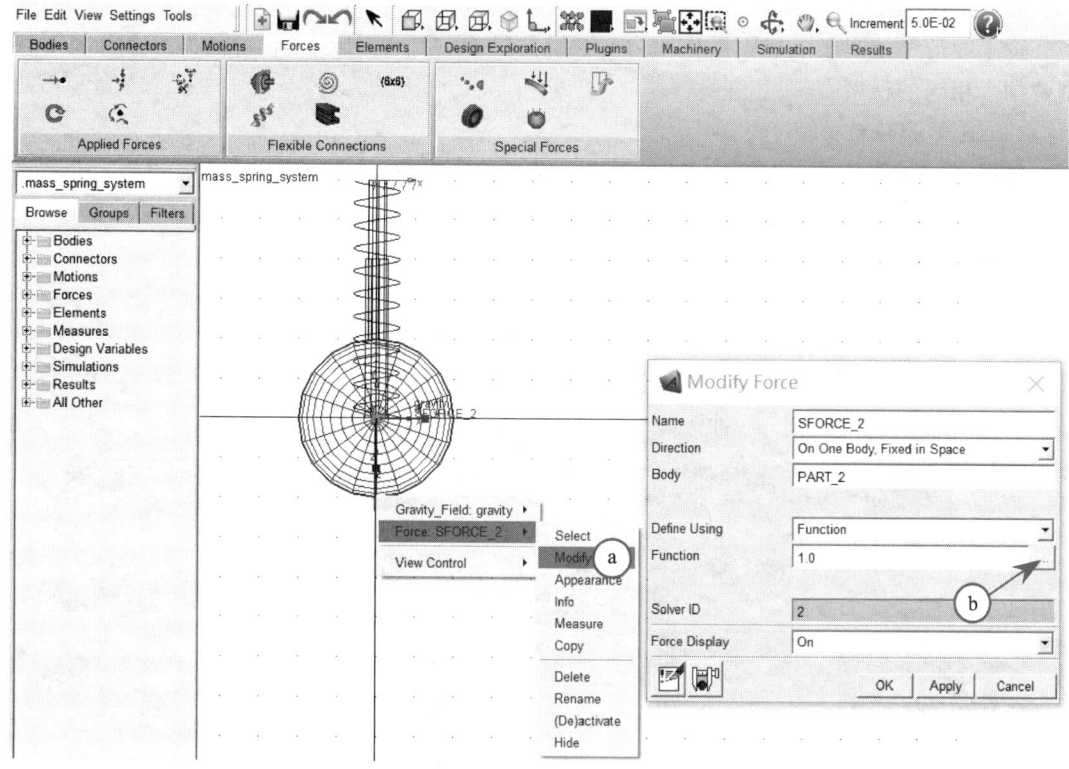

图 3-8 力的修改

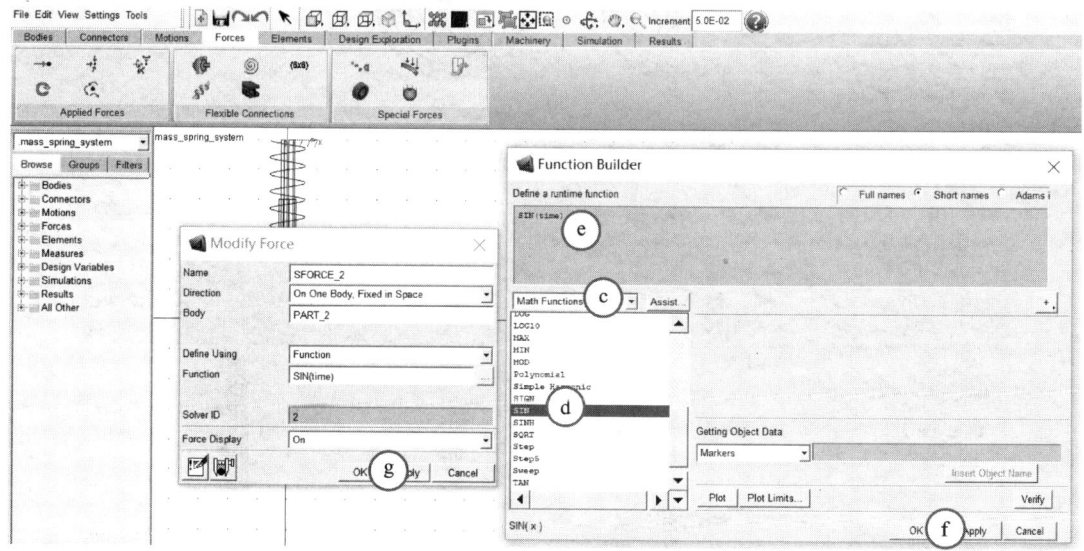

图 3-9 函数的输入

由此知道,当球体上的作用力 $F=\sin(\omega t)$ 中的 $\omega=\omega_n$ 时,系统就会发生共振。为此将力函数定义分别定义为 $\sin(t)$、$\sin(\pi t)$ 和 $\sin(2\pi t)$,以测量质量球的运动状况。

4. 复制模型

为了能清楚地观察上述不同作用力对系统的影响,在上面所创建模型的同一个环境下,再创建两个相同的模型。

(1) 复制和移动模型

如图 3-10 和图 3-11 所示,复制和移动模型的步骤如下:

a. 选中模型(按住鼠标左键拉出矩形,将模型框入其中),并按 **Ctrl+C** 键复制模型;

b. 单击**位姿变换**工具按钮,展开选项区;

c. 在 Distance 文本框中输入(30 cm);

d. 单击**右移**工具按钮,则刚复制的模型被右移了 30 cm;

e. 再一次按 **Ctrl+C** 键,又一个质量球-弹簧系统被复制;

f. 单击**右移**工具按钮,则刚复制的模型被右移了 30 cm。

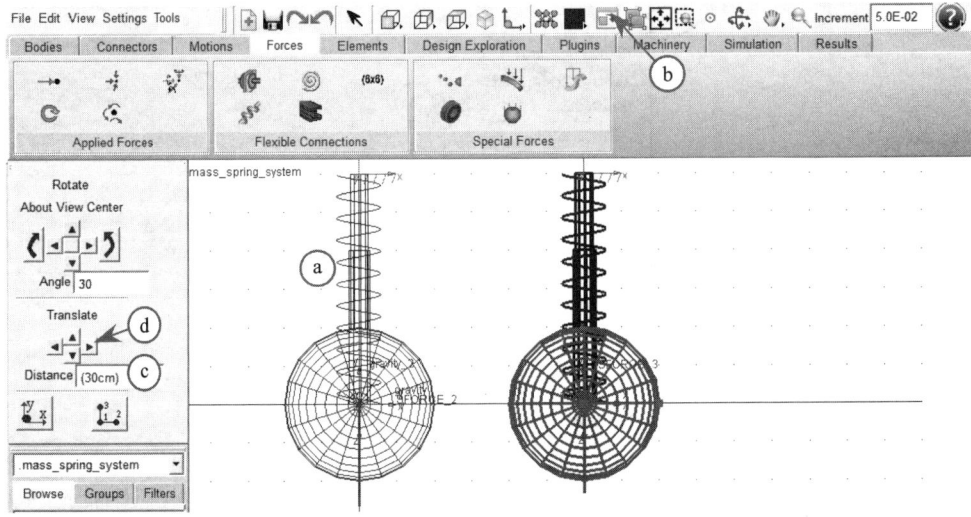

图 3-10 第一次模型的复制与移动

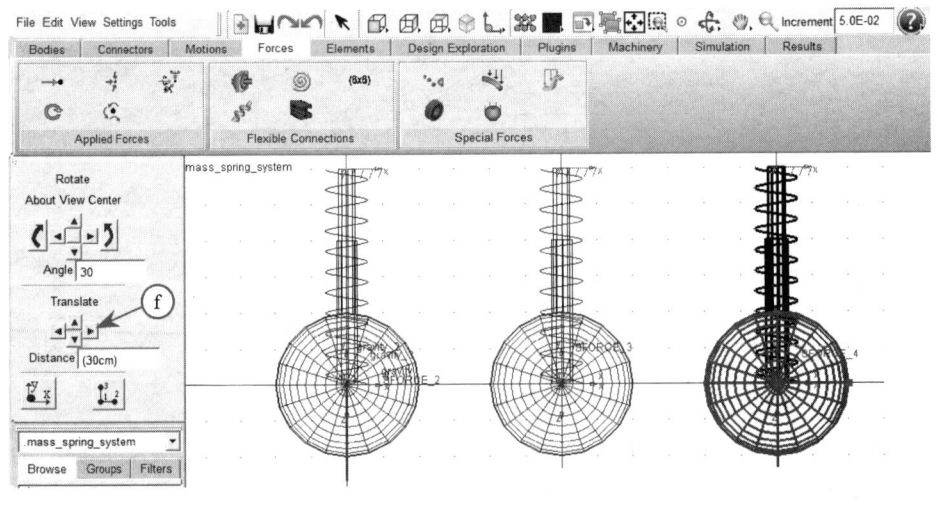

图 3-11 第二次模型的复制与移动

(2) 更改力函数

将刚复制得到的两个模型中的力函数分别更改为 SIN（pi * time）和 SIN（2 * pi * time），如图 3-12 所示。更改力函数的方法参见图 3-8 和图 3-9。也可直接更改图 3-8 所示的 Function 文本框中的内容为 SIN（pi * time）和 SIN（2 * pi * time）。

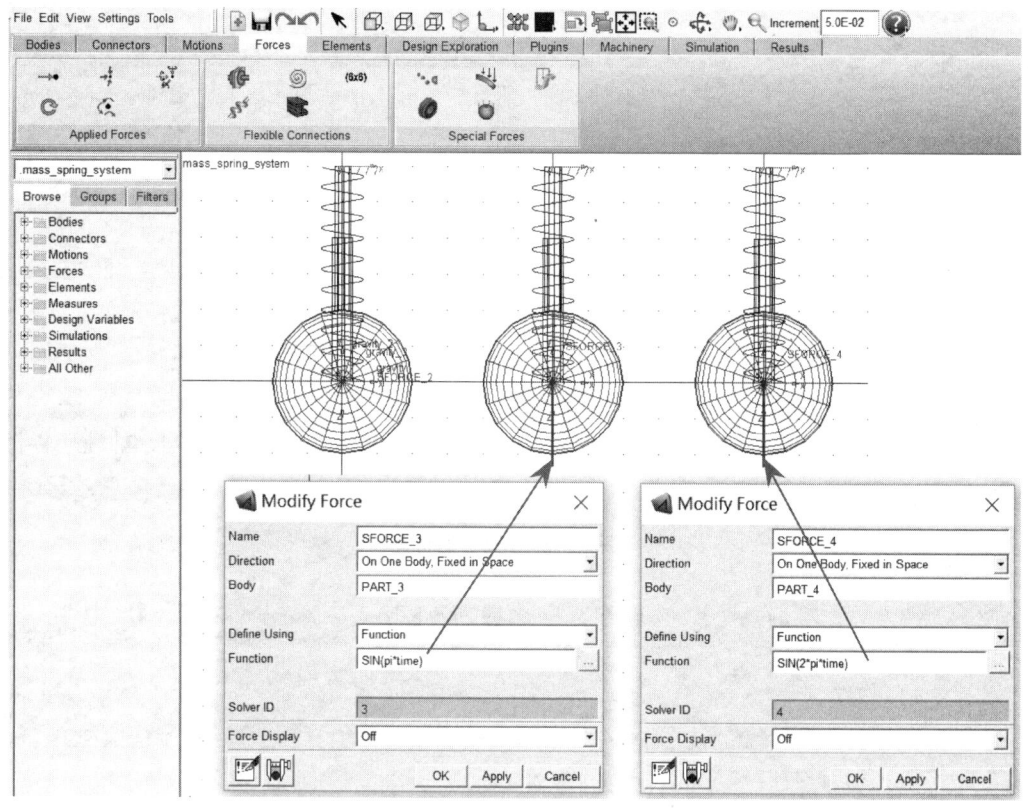

图 3-12 力函数的更改

3.1.3 仿真与测量模型

1. 仿真模型

按图 3-13 所示的操作顺序及参数设置对模型进行仿真。

2. 测量模型

按图 3 14 所示的操作顺序及参数选择测量 3 个质量球的球心位置。

从仿真过程的动画可以明显看到对于力函数 $F=\sin(2\pi t)$ 的模型（最右边模型）的共振现象。从测量结果曲线也可以明显看到这一现象。

3. 测量结果比较

如图 3-15 所示，按以下步骤对测量结果进行比较：

a. 在后处理（ADAMS\PostProcessor）窗口中，选择 Source 为 Measures；

b. 全选测量曲线；

c. 单击 **Add Curves** 按钮，将三条测量曲线叠加在一个坐标系中显示。

从图 3-15 可以看出，激振力为 $F=\sin(2\pi t)$ 的模型在共振时的质量球的振幅近 0.6 m，而其他两种作用力的情况其振幅都不超过 0.05 m。

保存模型为 **example31_mass_spring.bin**。

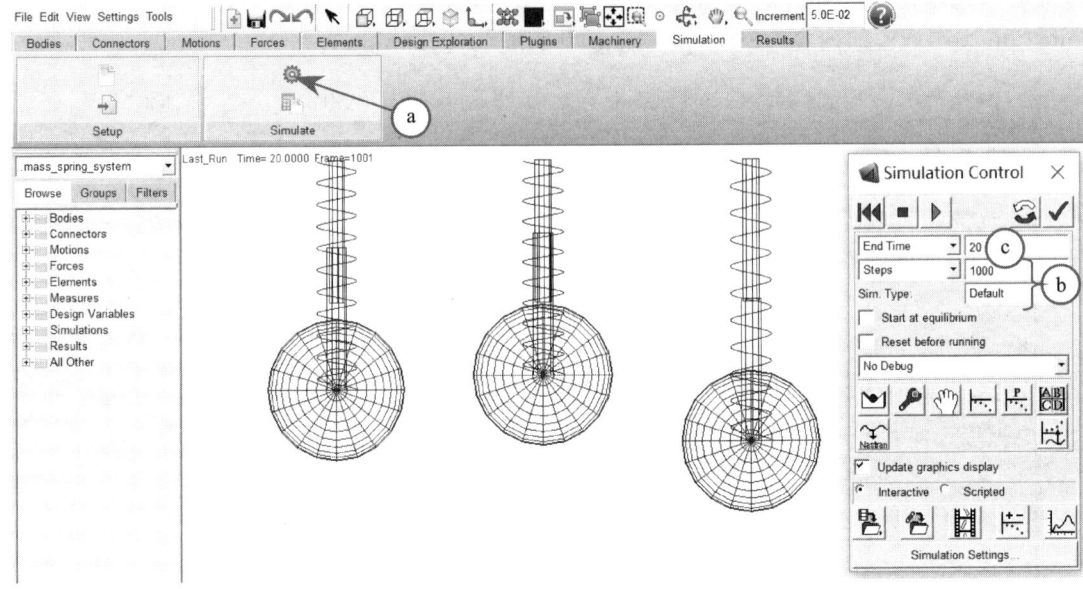

图 3-13 模型的仿真

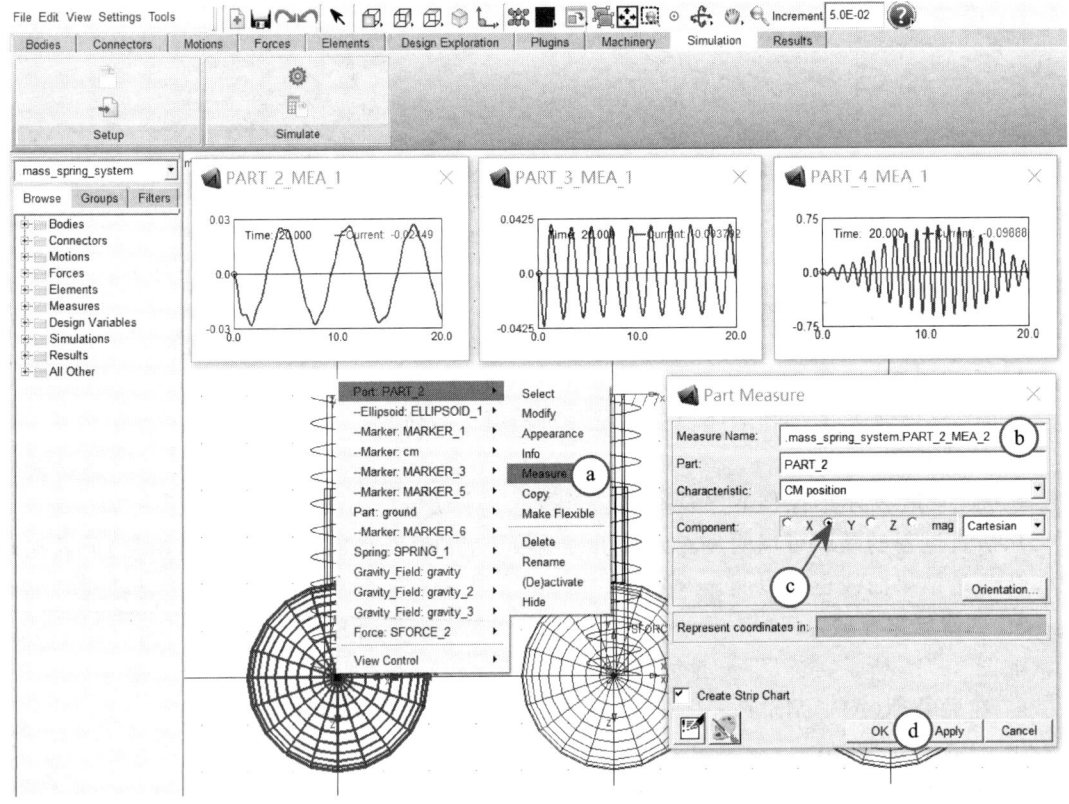

图 3-14 模型的测量

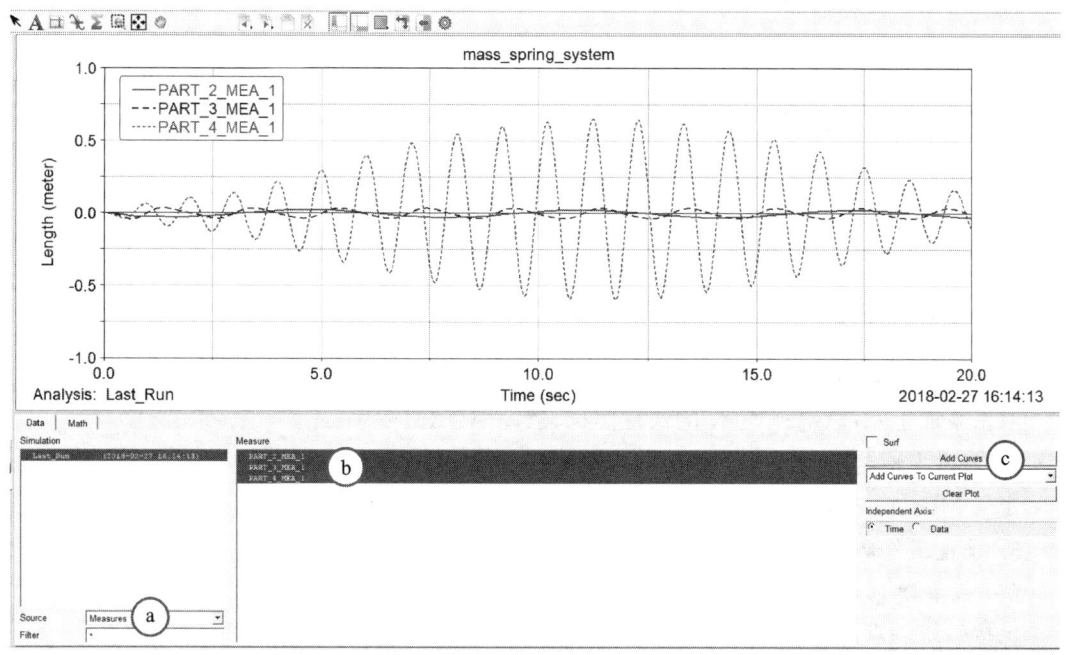

图 3-15 各质量球振幅的比较

3.2 IF 函数的定义及其应用

凸轮机构的设计一般采用"反转法",在选定从动件的运动规律和确定凸轮机构的基本尺寸(基圆半径、偏距等)前提下,采用反转法原理,设计出凸轮的轮廓曲线。这里采用 ADAMS/View 所提供的应用相对轨迹曲线生成实体的方法来设计凸轮。

实例 3.2 设计图 3-16(a)所示的尖端偏置移动从动件盘形凸轮机构。已知凸轮的基圆半径 $r_b = 100$ mm,偏距 $e = 20$ mm,从动件的位移运动规律如图 3-16(b)所示,其方程如下:

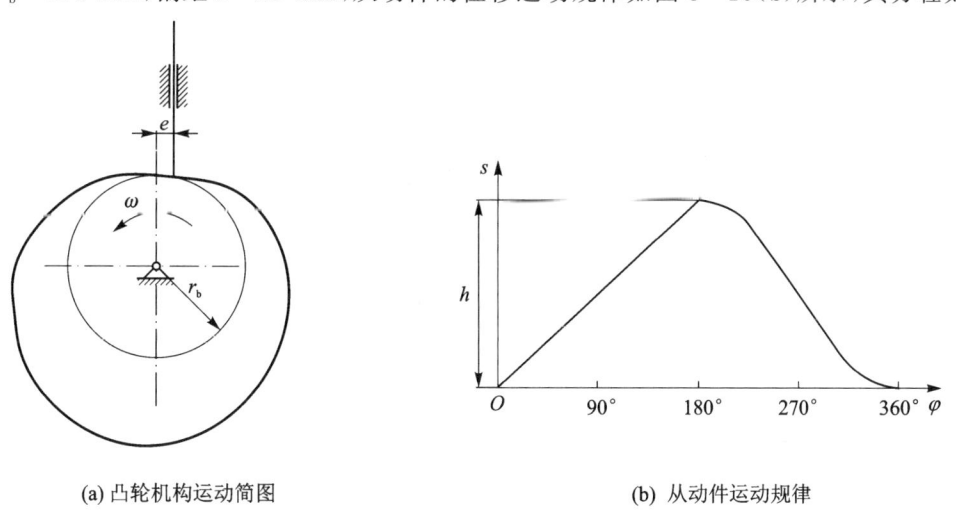

(a) 凸轮机构运动简图　　　　　　　　(b) 从动件运动规律

图 3-16 凸轮机构运动简图及从动件运动规律

推程按匀速规律运动

$$s = \frac{h}{\Phi}\varphi \qquad 0 \leqslant \varphi \leqslant 180°$$

回程按简谐规律运动

$$s = \frac{h}{2}\left\{1 + \cos\left[\frac{\pi}{\Phi}(\varphi - 180)\right]\right\} \qquad 180° \leqslant \varphi \leqslant 360°$$

式中，从动件的行程 $h = 100$ mm，推程和回程的运动角 $\Phi = 180°$，凸轮的转角 $\varphi = 30$ (°)/s×t。

3.2.1 启动 ADAMS 并设置工作环境

1. 启动 ADAMS

双击桌面上 ADAMS/View 的快捷图标，启动 ADAMS/View。

2. 创建模型名称

定义 Model name 为 **cams_design**。

3. 设置工作环境

（1）设置单位

保持系统的默认值即可。

（2）设置工作网格和图标

工作网格和图标的设置如图 3-17 所示。

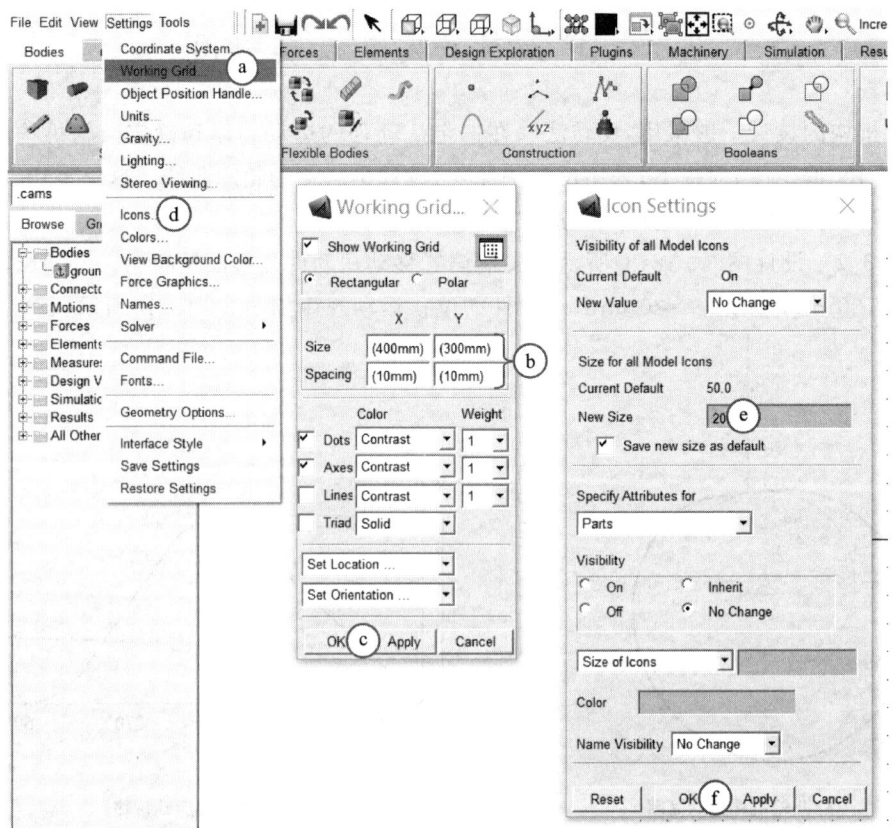

图 3-17 工作网格和图标的设置

3.2.2 创建虚拟样机模型

1. 创建尖端移动从动件

（1）创建从动件

按照图 3-18 所示操作顺序及参数创建从动件，并将其命名为**follower**。

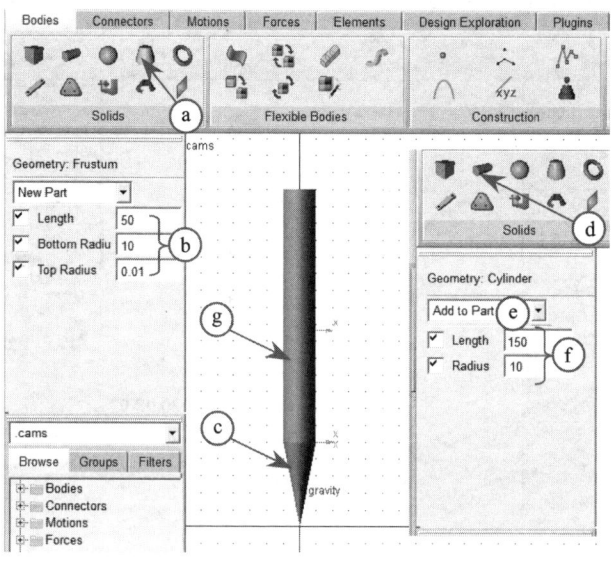

图 3-18 移动从动件的创建

（2）添加 Marker

按图 3-19 所示的操作，在从动件的尖端处添加一个 marker(**MARKER_3**)。

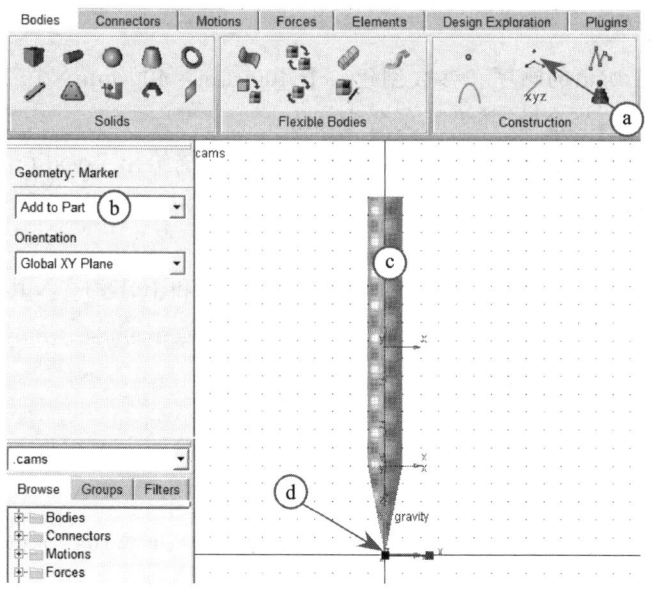

图 3-19 MARKER_3 的创建

(3) 调整从动件位置

按照图 3-20 所示操作顺序及参数调整从动件的位置,使其尖端到达(20,98,0)位置(也即将从动件右移 20 mm,再上移 98 mm,使尖端处于凸轮基圆上)。

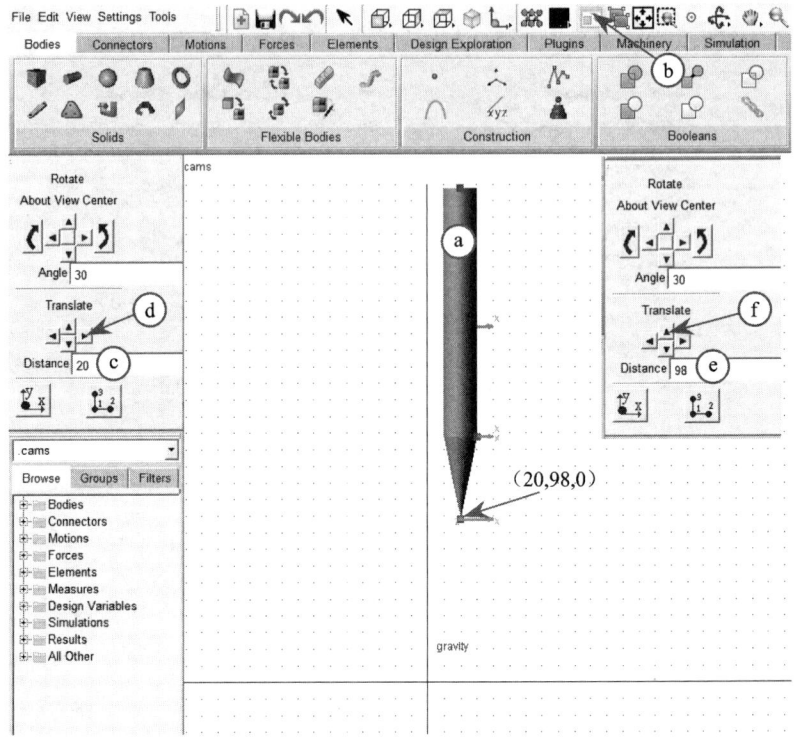

图 3-20 从动件位置的调整

2. 创建凸轮板

按照如图 3-21 所示的顺序和参数创建一个 400 mm×400 mm×10 mm 的长方体,作为在其上生成凸轮廓线的凸轮板,并将其更名为 **cam**。

提示:创建凸轮板时,右击(−50,−50)附近位置,系统给出 LocationEvent 窗口,更改坐标值为(−50.0,−50.0,−5.0),使得凸轮板中性面处于 oxy 平面中。

3. 创建运动副

按照图 3-22 所示的操作创建两个运动副 JOINT_R 和 JOINT_T,其中:
- JOINT_R 为 cam 和 ground 之间的转动副;
- JOINT_T 为 follower 和 ground 之间的移动副。

4. 施加运动

按照图 3-23 所示参数,在转动副 JOINT_R 上施加一个转动 MOTION_R,使其运动转角为 $\varphi = 30\,(°)/s$。

按照图 3-24 所示的顺序和参数在移动副 JOINT_T 上施加一个移动 MOTION_T,其移动速度为

$$\text{IF}(time-6:50/3, 50/3, -25/3 * \text{PI} * \sin(\text{PI}/180 * (30 * time - 180)))$$

具体操作过程如下:

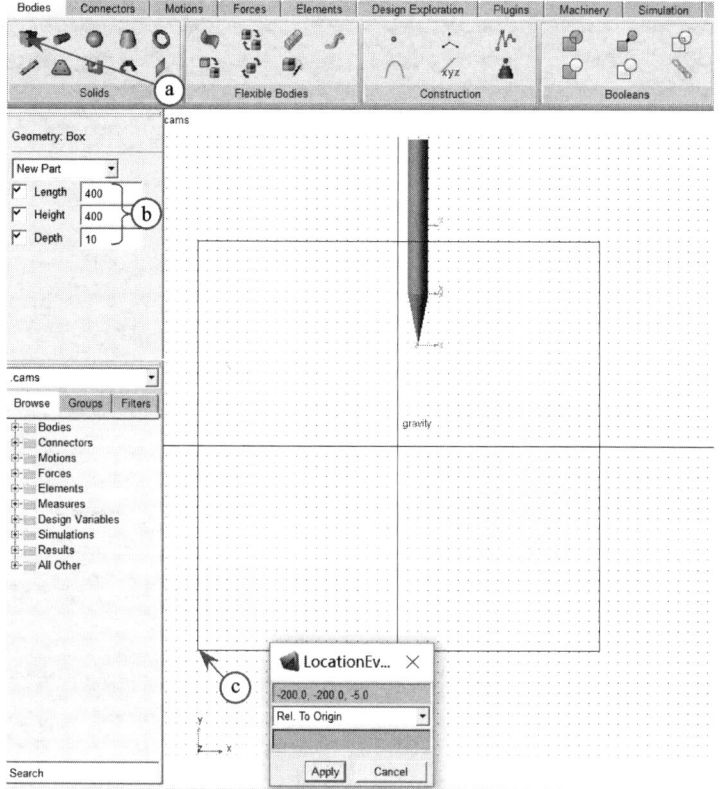

图 3 - 21　凸轮板的创建

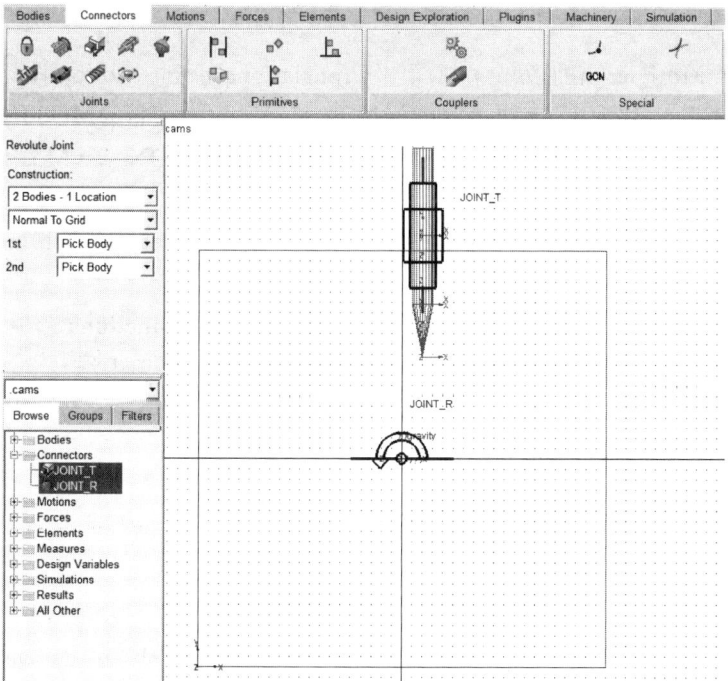

图 3 - 22　运动副的创建

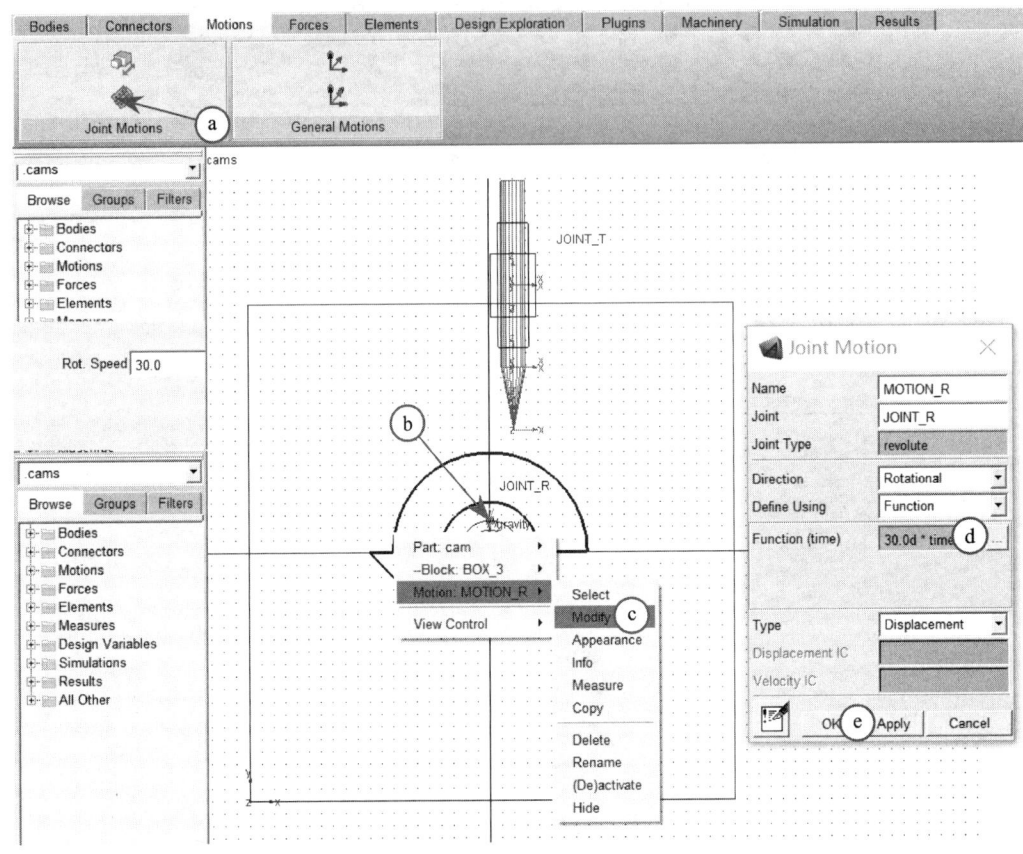

图 3-23 转动运动的施加

a. 在操作区 Motions 项的 Joints 中,单击 **Translational Joint Motion** 图标;

b. 单击 **JOINT_T** 移动副,完成运动的施加,并将运动重新命名为 **MOTION_T**;

c. 右击 **MOTION_T** 弹出快捷菜单,选择 **Motion:MOTION_T|Modify** 菜单项,弹出 Joint Motion 对话框;

d. 在 Joint Motion 对话框中单击 **Function Builder** 工具按钮,弹出 Function Builder 对话框;

e. 在 Function Builder 对话框中选择下拉列表框中的 **All Functions** 选项;

f. 双击列表中的 **IF** 选择,在 Define runtime function 文本框中出现

$$IF(expr1:expr2,expr3,expr4)$$

式中,expr1 为控制变量,expr2、expr3 和 expr4 均为表达式。

函数 $F=IF(expr1:expr2,expr3,expr4)$ 的含义为

$$F=\begin{cases} expr2 & (expr1<0) \\ expr3 & (expr1=0) \\ expr4 & (expr1>0) \end{cases}$$

由要求可知,机构运动 12 s 为一个运动周期。前 6 s 凸轮转动 180°,从动件以匀速运动规律上升 100 mm,后 6 s 凸轮又转动了 180°,从动件以简谐运动规律回到初始位置,即速度 v 的运动规律可表示为

$$v = \begin{cases} \dfrac{50}{3} & (\text{time}-6<0) \\ \dfrac{50}{3} & (\text{time}-6=0) \\ -\dfrac{25}{3} \times \text{PI} \times \sin\left[\dfrac{\text{PI}}{180} \times (30 \times \text{time}-180)\right] & (\text{time}-6>0) \end{cases}$$

g. 将 Function Builder 对话框的文本框中的内容替换为

IF(time−6:50/3,50/3,−25/3 * PI * sin(PI/180 * (30 * time−180)))

h. 单击 Function Builder 对话框中的 **OK** 按钮关闭 Function Builder 对话框；

i. 将 Function Builder 对话框中的 Type 选择更改为 **Velocity**；

j. 在 Joint Motion 对话框中单击 **OK** 按钮，运动特征被修改完成。

再次提醒：MOTION_T 的 Type 为 **Velocity**。

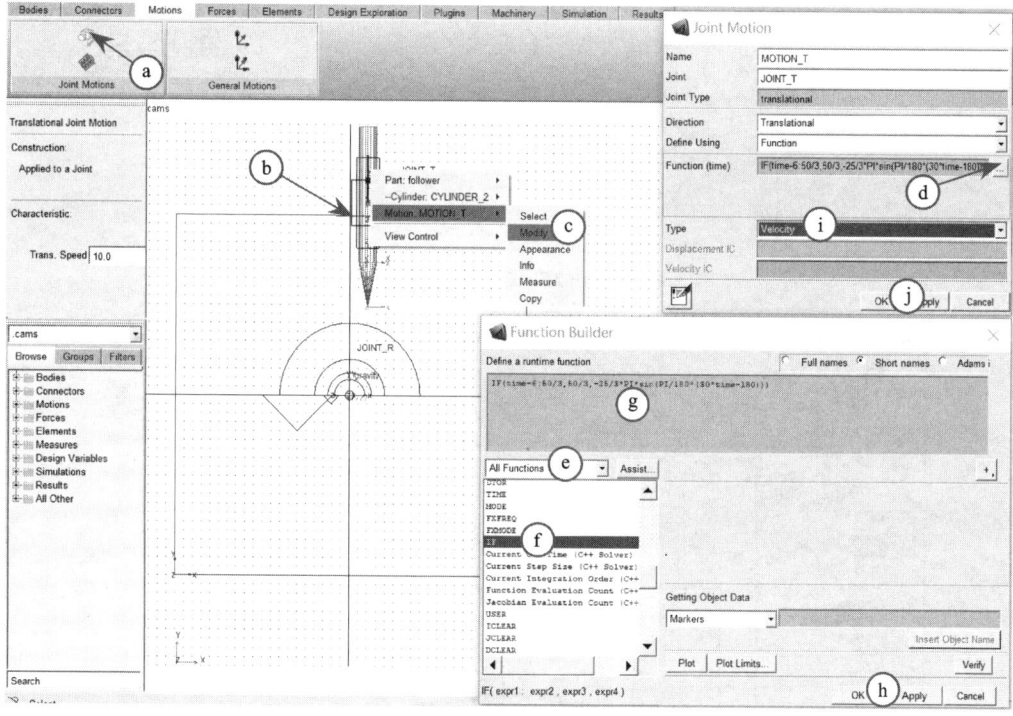

图 3-24　移动运动的施加及其修改

3.2.3　设计凸轮

1. 仿真模型

按图 3-25 所示操作顺序及参数对模型进行仿真。

2. 获取凸轮的轮廓曲线

如图 3-26 所示，按照以下方法获取凸轮的轮廓曲线：

a. 在功能区 Results 项的 Review 中，单击 **Trace a point's relative position from last simulation** 图标；

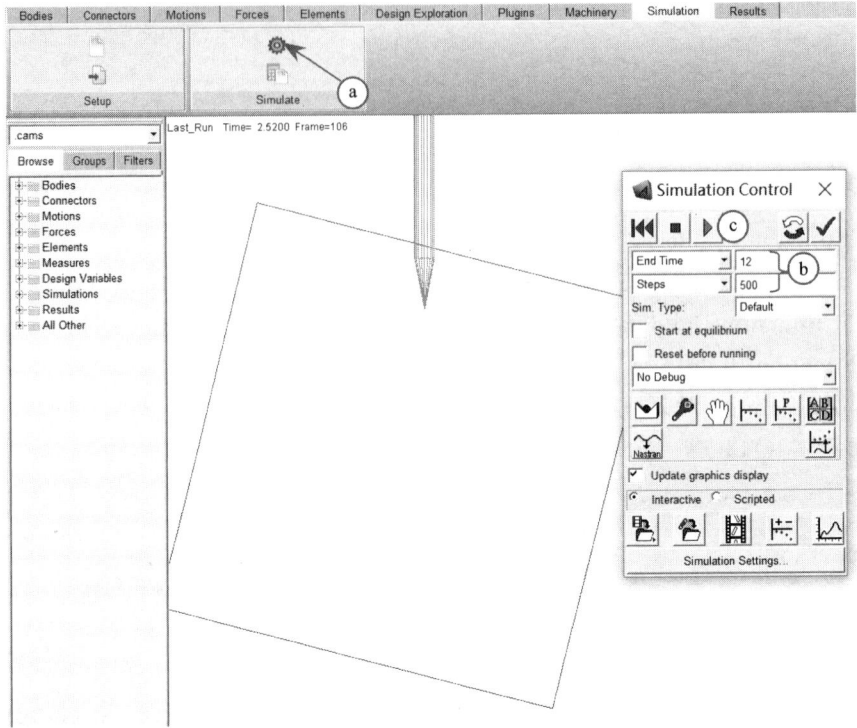

图 3-25 模型的仿真

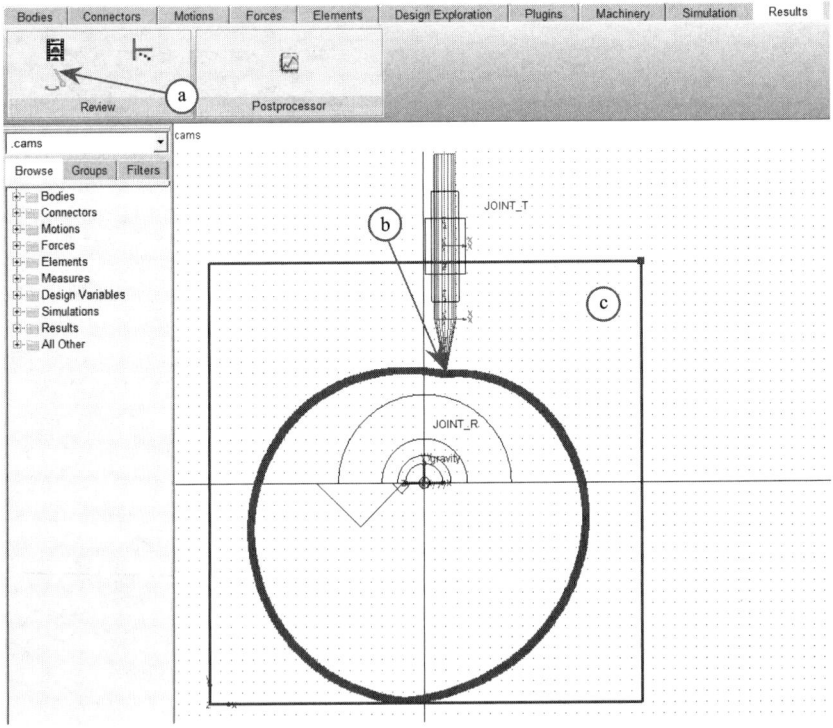

图 3-26 凸轮轮廓曲线的获取

b. 单击MARKER_3;

c. 单击cam,得到从动件尖端相对凸轮板的运动轨迹,也即凸轮的轮廓曲线 GCURVE_4。

3. 创建凸轮几何体

如图 3-27 所示,创建凸轮几何体的步骤如下:

a. 在功能区 Bodies 项的 Solids 中,单击 RigidBody:Extrusion 图标,展开 Geometry Extrusion 操作区;

b. 选择 Extrusion 下拉列表框为**Add to Part**;

c. 选择 Create profile by 下拉列表框为**Curve**;

d. 选择 Path 下拉列表框为**About Center**;

e. 在 Length 文本框中输入**10**;

f. 单击**cam**;

g. 单击**GCURVE_4**,得到厚度为 10 mm,以凸轮廓线为中心的凸轮几何体。

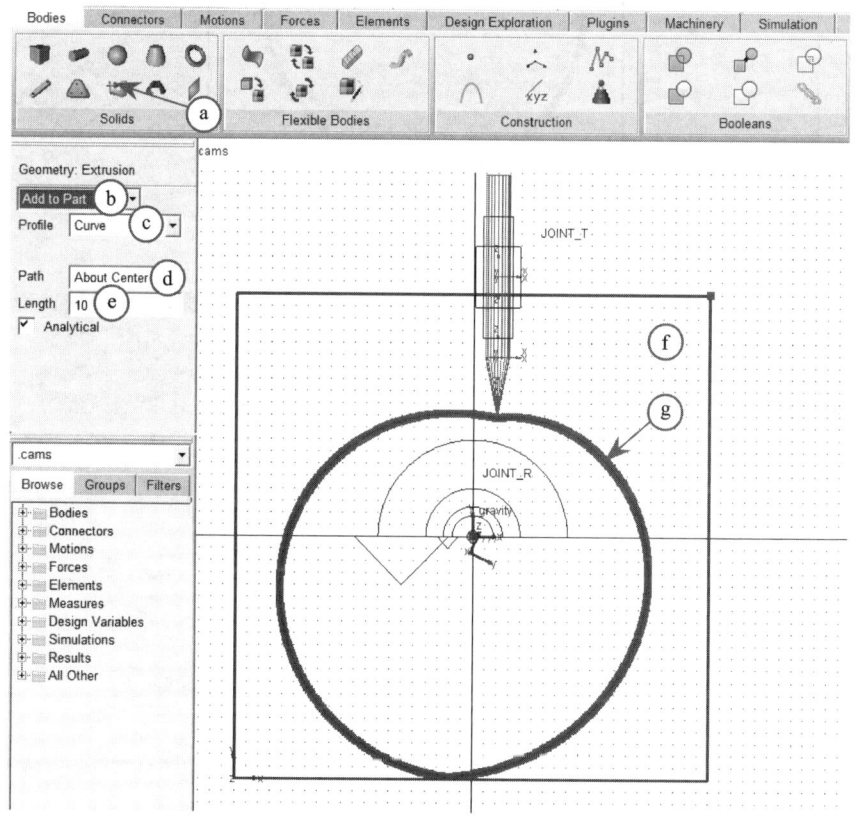

图 3-27 凸轮几何体的创建

4. 删除凸轮板

按照如图 3-28 所示的操作删除凸轮板(右击凸轮板)。

5. 删除运动 MOTION_T

按照如图 3-29 所示的操作删除 MOTION_T。

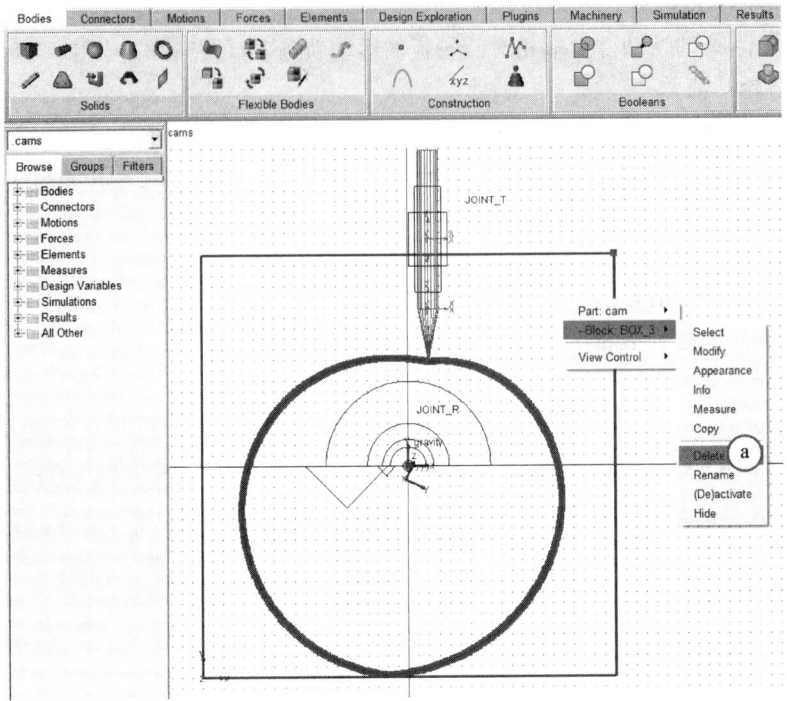

图 3-28 凸轮板的删除

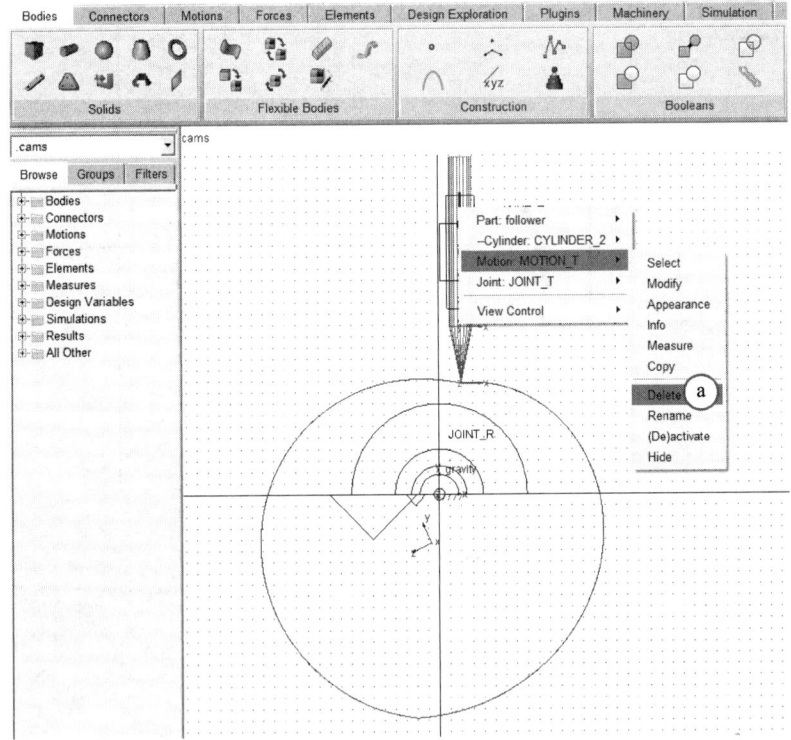

图 3-29 MOTION_T 的删除

6. 创建凸轮副

按图 3-30 所示操作顺序创建凸轮副,具体步骤如下:

a. 在功能区 Connectors 项的 Special 中,单击 Point-Curve Constraint 图标,展开 Point-Curve Constraint 操作区;

b. 选择 Point-Curve Constraint 下拉列表框为 **Curve**;

c. 单击 follower 尖端出的 **MARKER_3**;

d. 单击 cam 上的 **GCURVE_4**,凸轮副(Point-Curve Constraint)创建完成。

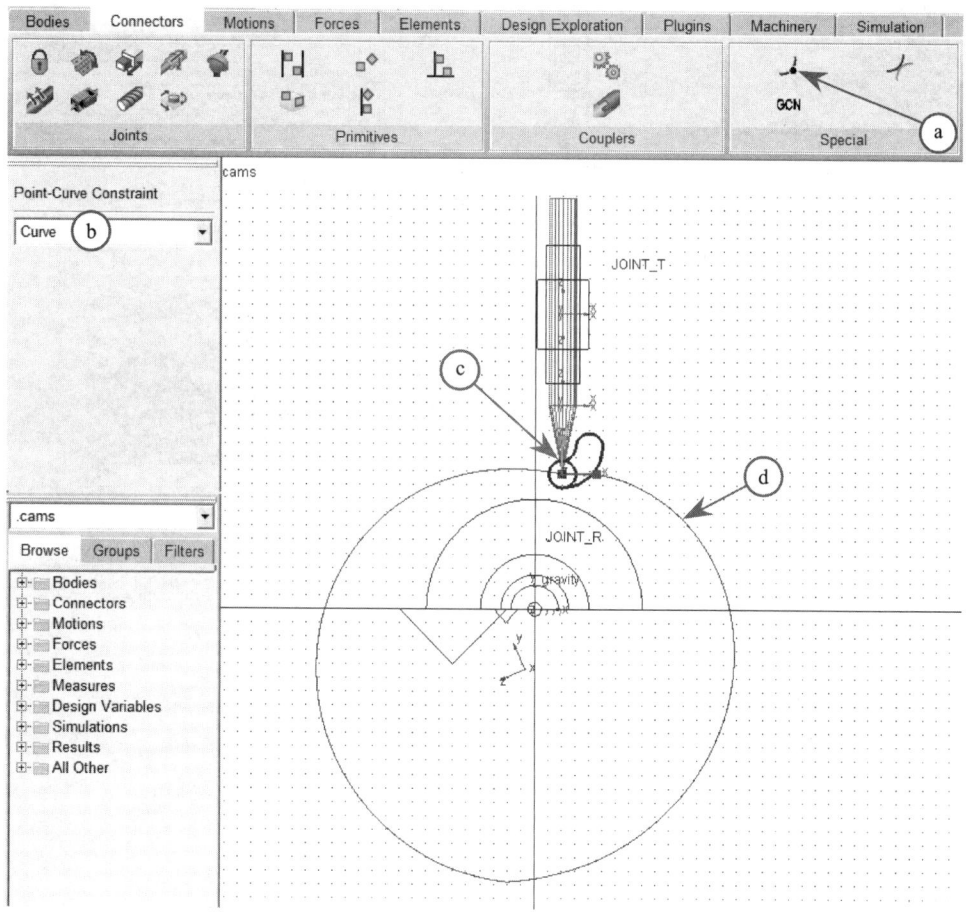

图 3-30 凸轮副的创建

3.2.4 凸轮曲线的数据

1. 凸轮廓线数据的查看

如图 3-31 所示,凸轮廓线数据查看的操作步骤如下:

a. 右击凸轮廓线 GCURVE_4 弹出快捷菜单,选择 **BSpline:GCURVE_4|Modify** 菜单项,弹出 Modify a Geometric Spline 对话框;

b. 在 Modify a Geometric Spline 对话框中单击 Location Table 按钮,弹出 Location Table 对话框;

c. 在 Location Table 对话框中，即可查看到凸轮廓线数据值。

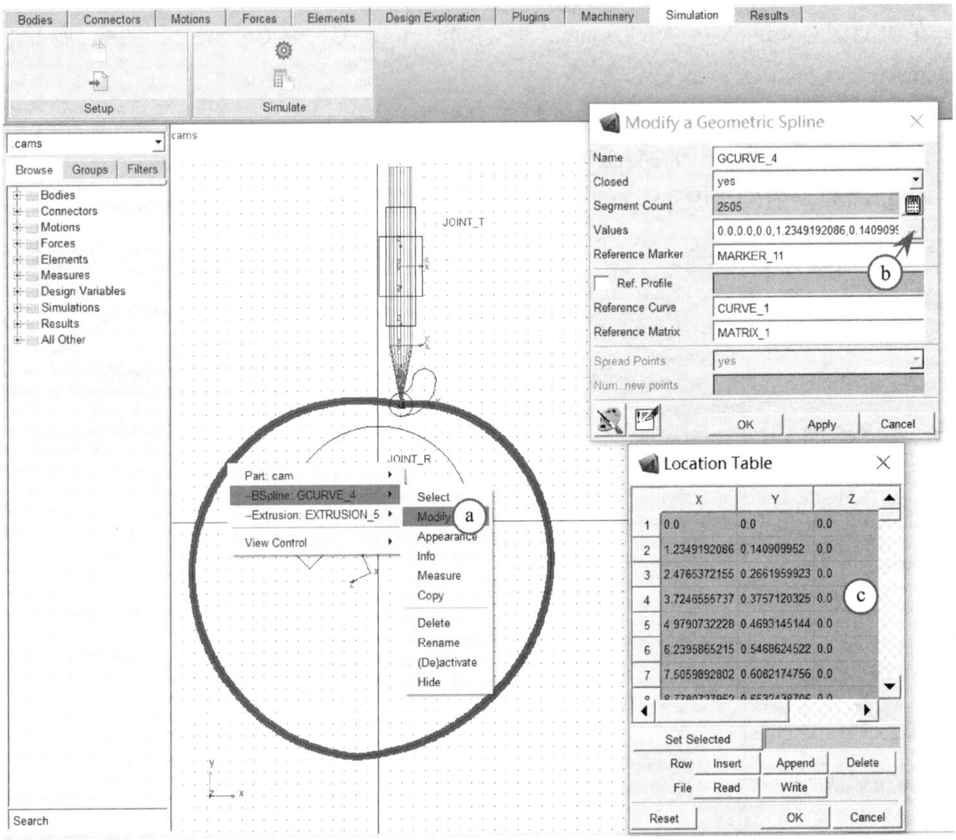

图 3-31 凸轮廓线数据的查看

2. 凸轮廓线数据的输出

如图 3-32 所示，凸轮廓线数据输出的操作步骤如下：

a. 在 Location Table 对话框中，单击 **Write** 按钮，弹出 Select File 窗口；

b. 命名输出凸轮廓线数据的文件名称，例如 **cam_profile.data**；

c. 单击**打开**按钮，即可输出凸轮廓线数据到 cam_profile.data 文件中。

3. 从数据文件查看凸轮廓线数据

打开凸轮数据文件 cam_profile.data，可以看到凸轮廓线的坐标值，如图 3-33 所示。

3.2.5 仿真与测量

1. 仿真模型

按图 3-34 所示的操作顺序及参数对模型进行仿真。

2. 测量模型

按如图 3-35 所示的操作顺序及参数测量移动从动件的质心位置的变化。

从图 3-35 的仿真结果可以看出，从动件在凸轮的带动下，是完全按照设计要求的运动规律在运动，说明所设计的凸轮的结果是正确的。

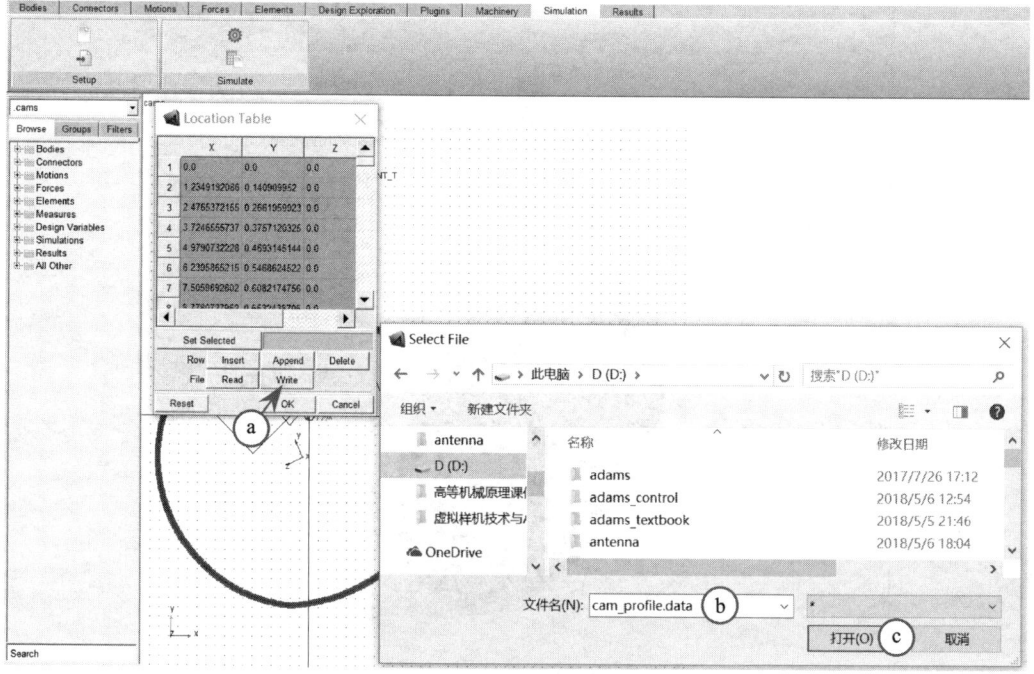

图 3-32 凸轮廓线数据的输出

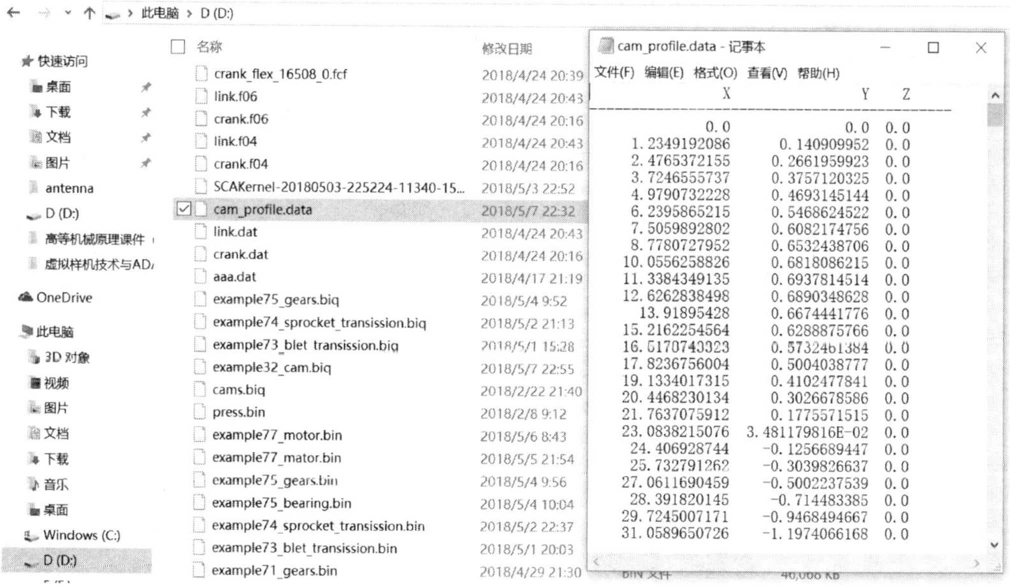

图 3-33 凸轮廓线数据文件中的廓线坐标值

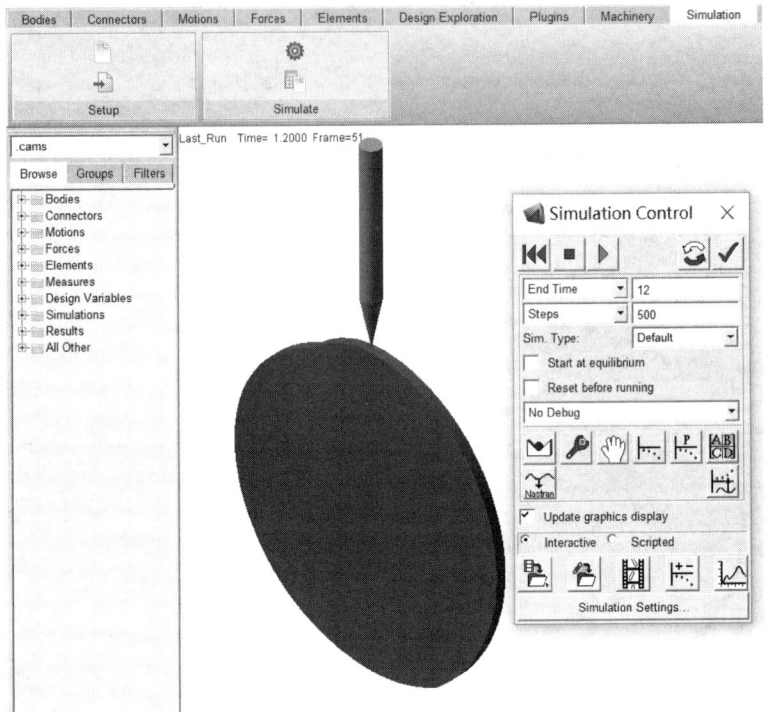

图 3-34　模型的仿真

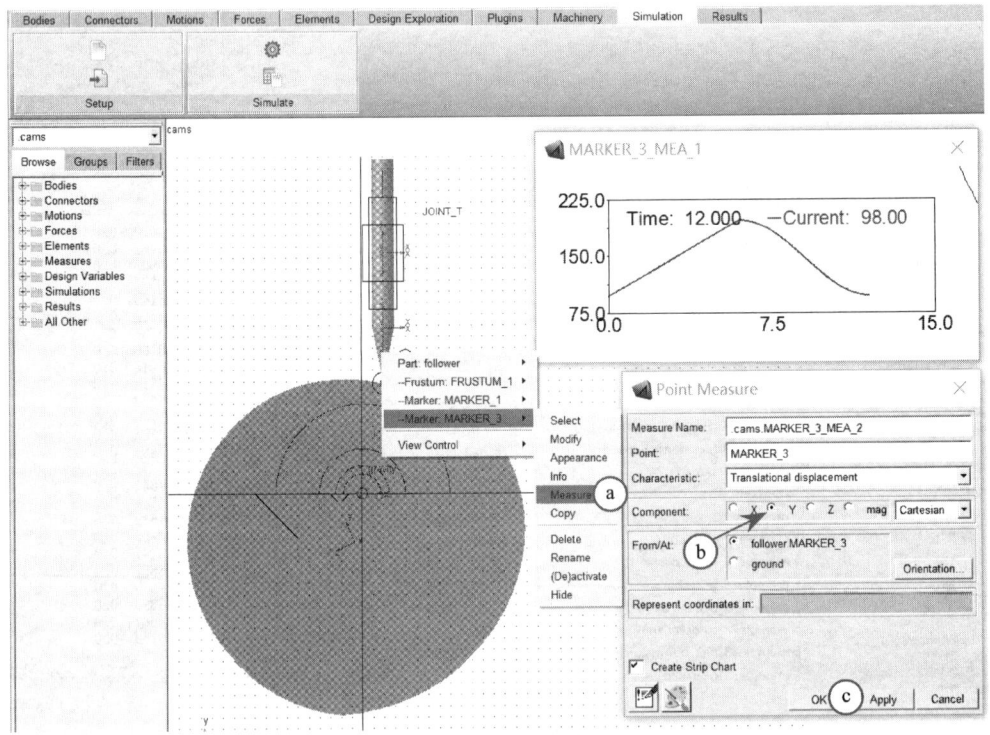

图 3-35　从动件尖端位置的测量结果

保存模型为 **example32_cams_design.bin**。

说明：对于分段更多的函数，可以通过 IF 函数的嵌套方式来实现。例如对于函数

$$F = \begin{cases} a & 0 < x < 1 \\ b & x = 1 \\ c & 1 < x < 2 \\ d & x = 2 \\ e & 2 < x \end{cases}$$

用 IF 函数来表达就是

$$\mathrm{IF}(x-1:a,b,\mathrm{IF}(x-2:c,d,e))$$

3.3 STEP 函数的定义及其应用

实例 3.3 在水平桌面上放置一个质量 $m=1\text{ kg}$ 的正方体，如图 3-36(a)所示。正方体与桌面的静摩擦系数为 $\mu_s=0.5$，动摩擦系数为 $\mu_m=0.3$。现给正方体施加一个水平方向的推力，推力的初始值为 2 N，然后每过 1 s 就增加 1 N，如图 3-36(b)所示。试通过虚拟样机技术分析正方体的运动状况。

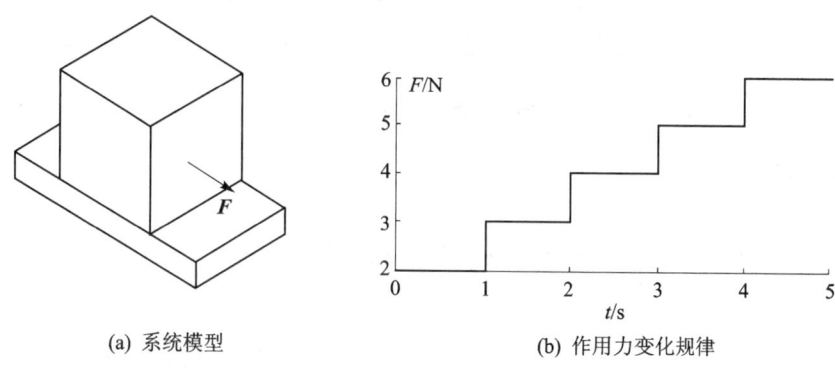

(a) 系统模型   (b) 作用力变化规律

图 3-36 系统模型及作用力变化规律

3.3.1 启动 ADAMS 并设置工作环境

1. 启动 ADAMS

双击桌面上 ADAMS/View 的快捷图标，启动 ADAMS/view。

2. 创建模型名称

定义 Model name 为 **slider**。

3. 设置工作环境

单位、工作网格和图标的设置均保持系统默认值。

单击工作区并按 **F4** 快捷键，打开光标位置显示。

3.3.2 创建虚拟样机模型

1. 创建桌面

按照图 3-37 所示操作顺序及参数，在大地上创建一个 400 mm×50 mm×200 mm 的长

方体,长方体的标志顶点位于(−200,−50,−100)处。

a. 在功能区 Bodies 项的 Solids 中,单击 RigidBody:Box 图标,展开选项区;

b. 在下拉式菜单中选择 **On Ground**;

c. 选中 Length 并输入400,选中 Height 并输入50,选中 Depth 并输入200;

d. 右击工作区中的(−200,−50,0)位置,弹出 LocationEvent 对话框;

e. 更改标志顶点(−200,−50,0)为(−200,−50,−100);

f. 单击 **Apply** 按钮,桌面创建完成。

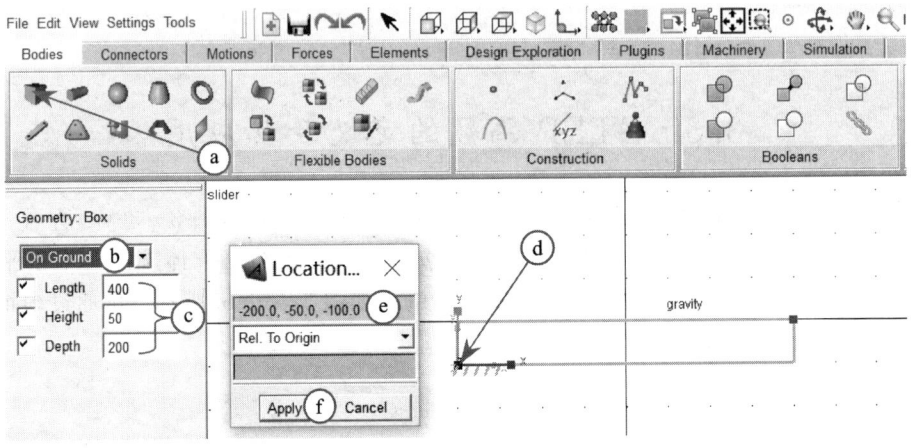

图 3-37 桌面的创建

2. 创建滑块

(1) 创建长方体

按照图 3-38 所示的顺序、参数和图形位置创建一个 Length、Height 和 Depth 均为 200 mm 的正方体。

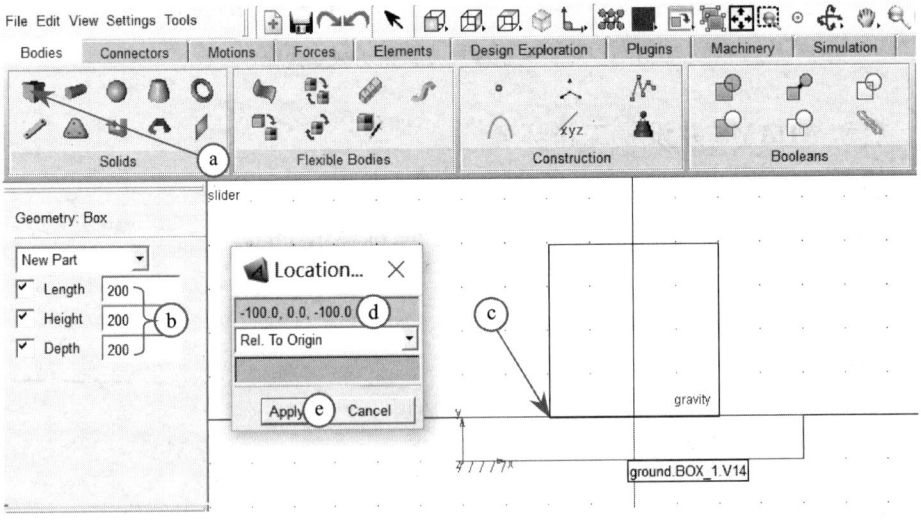

图 3-38 滑块的创建

(2) 更改滑块的质量

按图 3-39 所示操作顺序及参数将滑块的质量更改为 **1**。

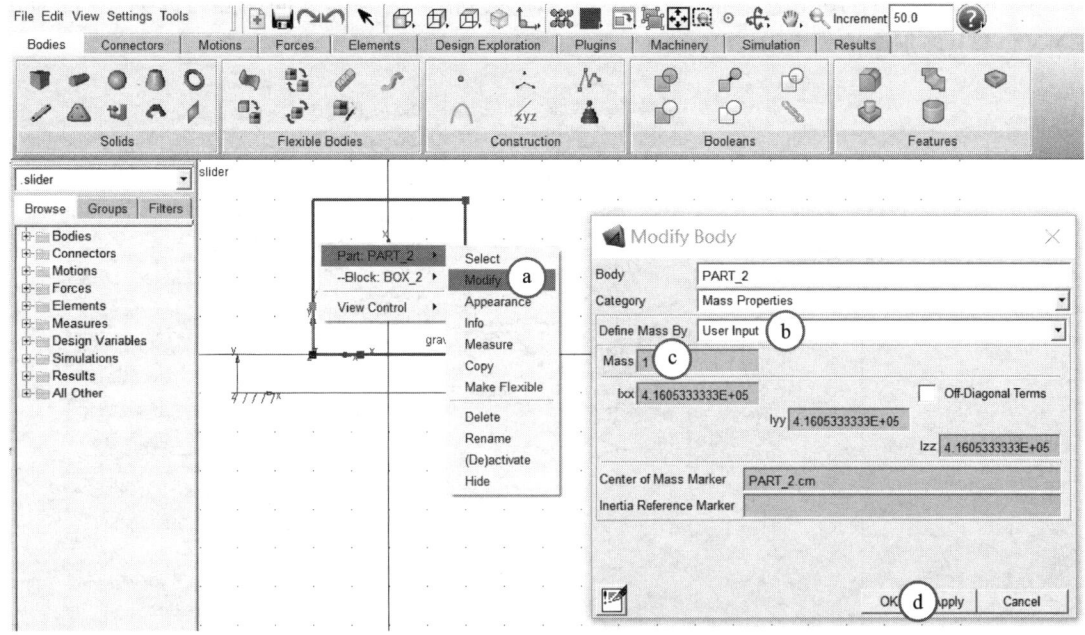

图 3-39 滑块的质量修改

3. 创建移动副

按图 3-40 所示操作顺序在大地和滑块之间创建一个沿着 x 轴方向运动的移动副,其名称为 JOINT_1。

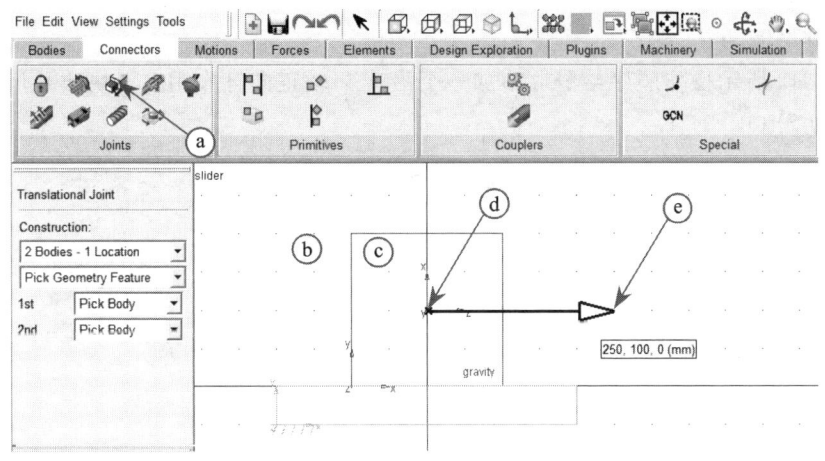

图 3-40 移动副的创建

按照以下步骤设定滑块和桌面之间的摩擦特性(见图 3-41):

a. 右击 **JOINT_1** 弹出快捷菜单,选择 **Joint:JOINT_1\Modify** 菜单项,弹出 Modify Joint 对话框;

b. 在 Modify Joint 对话框中单击 **Joint Friction** 工具按钮弹出 Create Friction 对话框;

c. 在 Create Friction 对话框中更改 Mu Static 为 **0.5**，更改 Mu Dynamic 为 **0.3**；

d. 单击 Create Friction 对话框中的 **OK** 按钮，关闭该对话框；

e. 单击 Modify Joint 对话框中的 **OK** 按钮即完成滑块与桌面之间摩擦力的创建（也即在 JOINT_1 上施加摩擦力 FRICTION_1）。

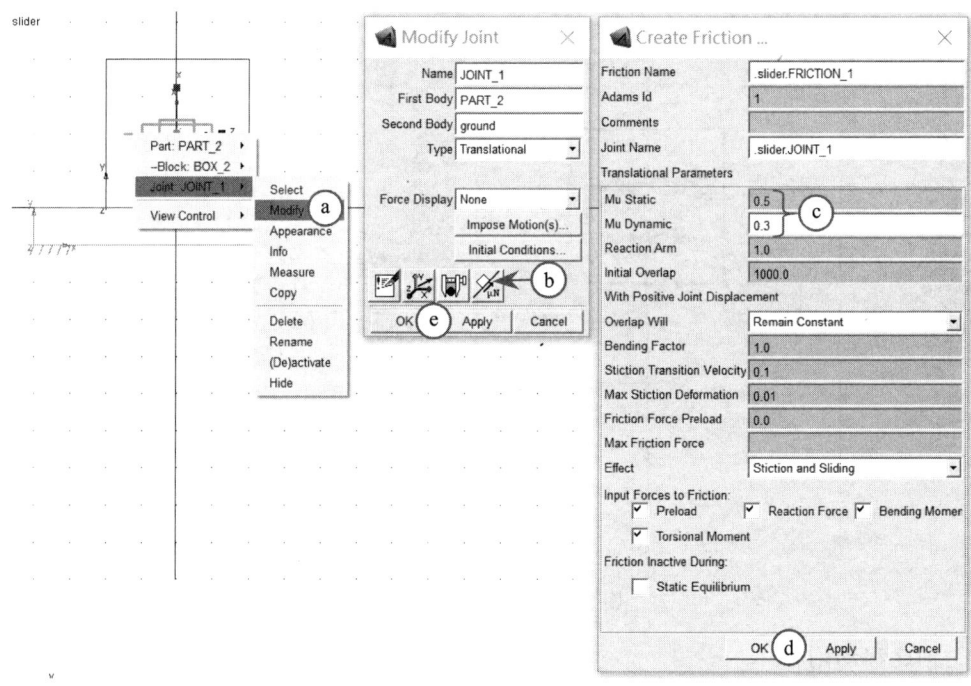

图 3-41 摩擦力的创建

4. 施加作用力

（1）创建作用力

按图 3-42 所示操作顺序给滑块施加一个沿着 x 轴正向且作用在滑块质心位置处的作用力，其名称为 SFORCE_1。

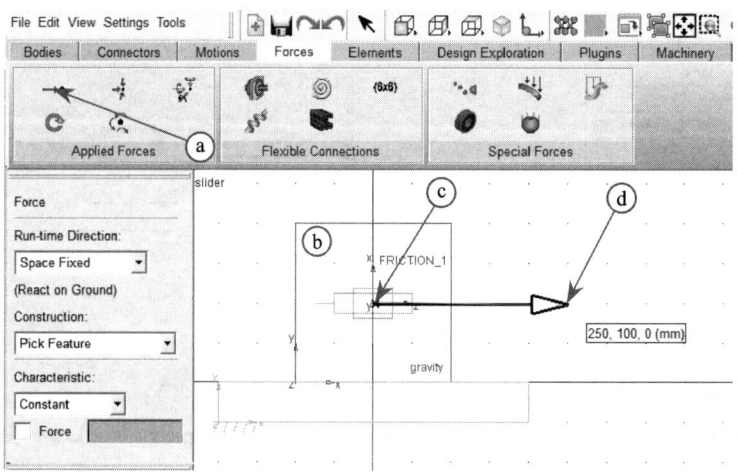

图 3-42 作用力的创建

这里用 STEP 函数来定义滑块上的作用力,以满足题目对作用力的要求。
STEP 函数的格式为
$$\text{STEP}(x, x_0, h_0, x_1, h_1)$$
式中,x 为变量,x_0 和 x_1 为变量 x 的初始值和终止值,h_0 和 h_1 分别为 x_0 和 x_1 的函数值。

对于函数 $F=\text{STEP}(x, x_0, h_0, x_1, h_1)$,其含义为

$$F=\begin{cases} h_0 & x \leqslant x_0 \\ h & x_0 < x < x_1 \\ h_1 & x \geqslant x_1 \end{cases}$$

式中,h 为由 STEP 函数自动拟合给出的值。

与上述函数表达式对应的曲线如图 3-43 所示。

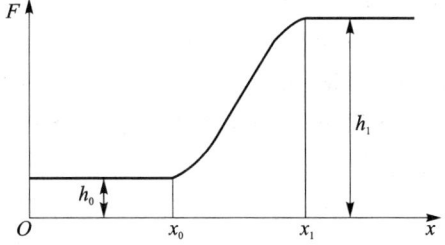

图 3-43 $F=\text{STEP}(x, x_0, h_0, x_1, h_1)$ 函数曲线

(2) 更改作用力

如图 3-44 所示,更改作用力表达式的步骤如下:

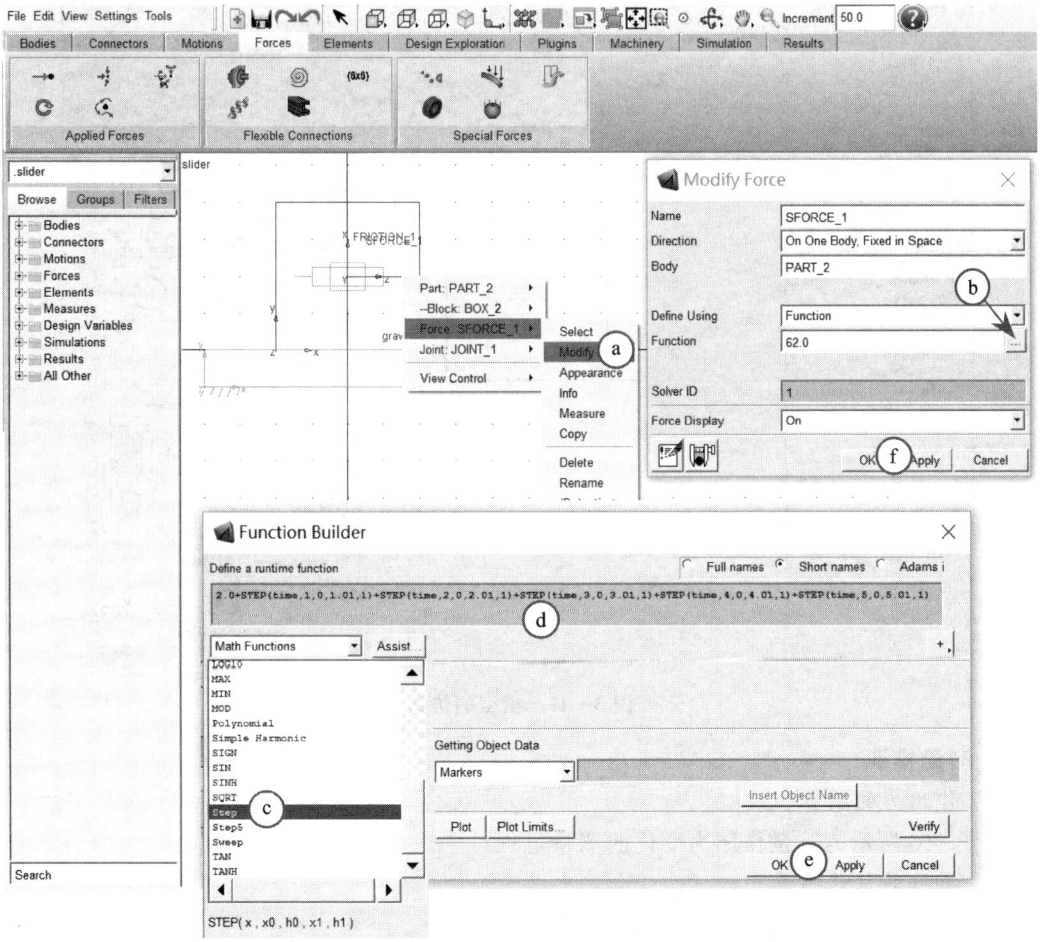

图 3-44 STEP 函数的输入

a. 右击 **SFORCE_1** 弹出快捷菜单,选择 **Force：SFORCE_1\Modify** 菜单项,弹出 Modify Force 对话框；

b. 在 Modify Force 对话框中单击 **Function Builder** 工具按钮,弹出 Function Builder 对话框；

c. 在 Function Builder 对话框的列表框中双击 **Step** 函数,查看 step 函数的书写格式；

d. 在 Define a runtime function 文本框中输入：

2.0＋STEP(time,1,0,1.01,1)＋STEP(time,2,0,2.01,1)＋STEP(time,3,0,3.01,1)
　＋STEP(time,4,0,4.01,1)＋STEP(time,5,0,5.01,1)

e. 单击 Function Builder 对话框的 **OK** 按钮,关闭该对话框；

f. 单击 Modify Force 对话框中的 **OK** 按钮,作用力函数表达式更改完毕。

3.3.3　仿真与测量模型

1. 仿真模型

按图 3-45 所示操作顺序及参数进行模型仿真。

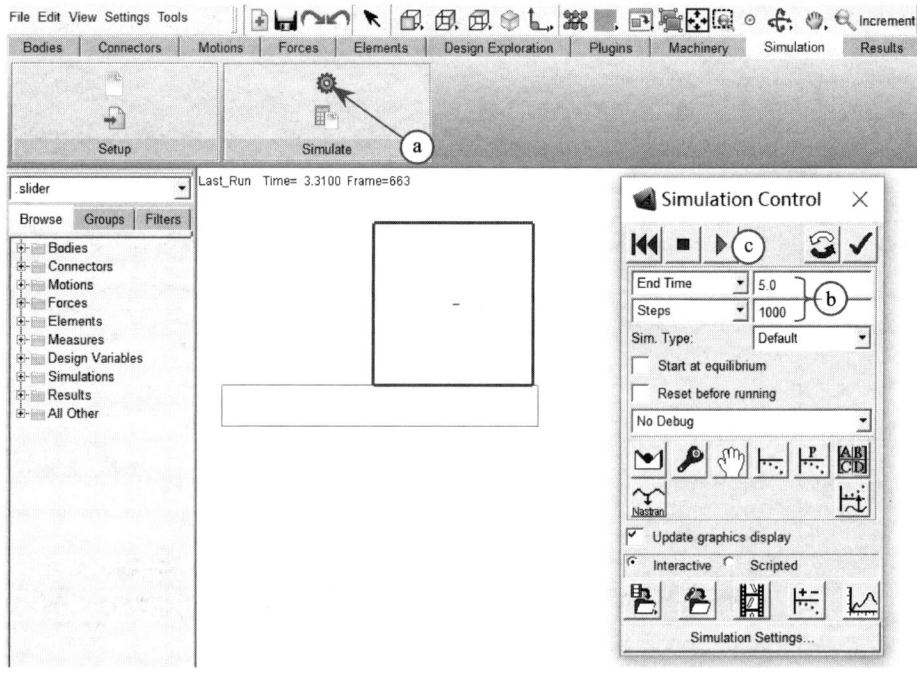

图 3-45　模型的仿真

2. 测量模型

(1) 作用力的测量

图 3-46 所示为测量作用力变化的测量过程。

(2) 滑块的位移测量

图 3-47 所示为测量滑块质心位置的测量过程。

(3) 测量结果分析

将如图 3-46 和图 3-47 中的测量曲线叠加显示在一起,其结果如图 3-48 所示。

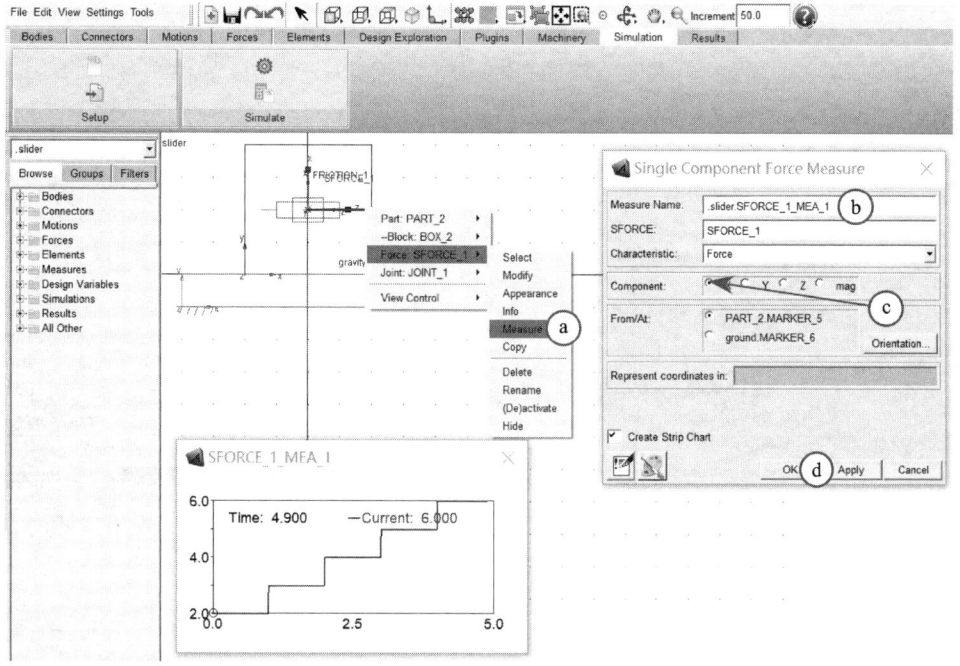

图 3-46 作用力的测量

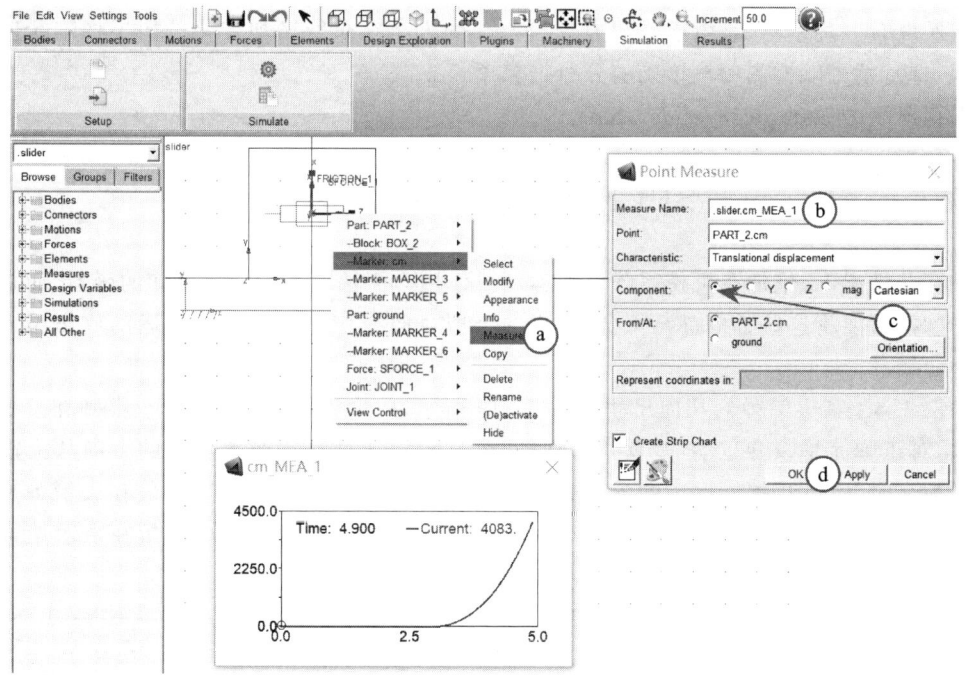

图 3-47 滑块位移的测量

从图 3-48 可以看出，当作用力等于 5 N 时，滑块才开始运动。滑块与桌面间的最大静摩擦力为

$$F_s = mg \cdot \mu_s = 1 \times 9.8 \times 0.5 = 4.9 \text{ N}$$

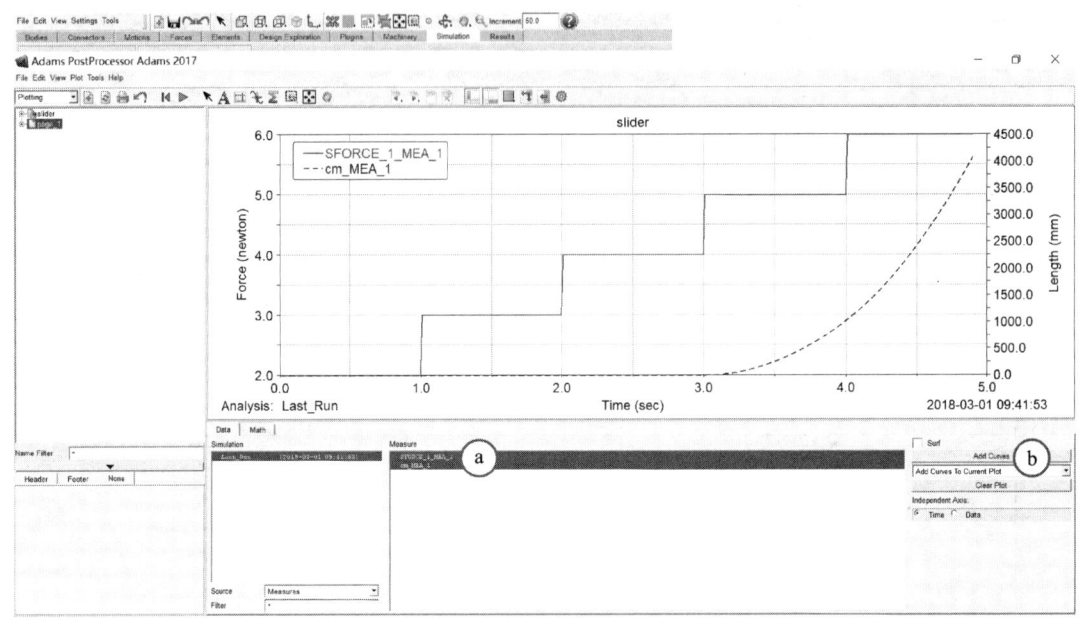

图 3-48 测量曲线的叠放

由此可见,只有当作用力大于 4.9 N 时,滑块才会运动起来,这与仿真分析结果是基本吻合的。之所以有一些差异,是由于作用力按照 1 N 的大小在阶跃增加变化。如果将阶跃值设定得更小一些,就可以得到比较精确的分析结果了。

保存模型为 **example33_slider.bin**。

3.4　SPLINE 函数的定义及其应用

在有些情况下,施加在机械系统上的运动或作用力无法表达为一个已知的函数,而是一组数值,这时,就要将这些数值进行拟合,得到一个拟合曲线作为机械系统的运动或作用力的变化规律曲线。

实例 3.4　某火箭弹的几何尺寸如图 3-49 所示,质量为 $m=820$ kg。火箭弹在发射开始阶段,相对于弹筒是螺旋运动(既有相对移动,还有相对转动),火箭弹旋转的方向从火箭弹的尾部看为逆时针方向,螺旋运动的导程为 $h=7\,600$ mm。通过实测得到安装在火箭弹尾部的推力发动机的推力与时间的关系如表 3-1 所列。试通过虚拟样机技术分析在发射俯仰角为 45°时,火箭弹在发射之初相对弹筒的运动情况。

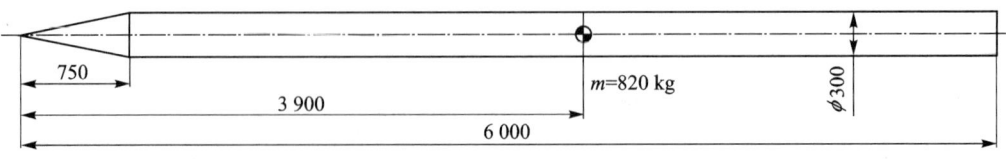

图 3-49　火箭弹结构模型

表 3-1 推力发动机的推力测量值

时间/s	推力/N	时间/s	推力/N
0	1 302.4	0.206	161 286.8
0.010	2 675.3	0.258	164 943.2
0.020	73 131.5	0.282	165 002.6
0.030	99 001.3	0.390	164 880.8
0.040	104 570.1	0.500	164 476.6
0.050	122 351.6	0.605	164 846.8
0.061	142 736.8	0.712	164 943.2
0.072	157 693.1	0.821	164 102.5
0.082	164 321.4	0.929	162 870.7
0.093	163 424.9	1.038	162 102.4
0.102	160 423.2	2.000	162 103.6
0.155	161 152.6		

3.4.1 启动 ADAMS 并设置工作环境

1. 启动 ADAMS

双击桌面上 ADAMS/View 的快捷图标,启动 ADAMS/View。

2. 创建模型名称

定义 Model name 为 **missile**。

3. 设置工作环境

(1) 设置工作网格

按图 3-50 所示参数设置工作网格。

(2) 设置图标

按图 3-50 所示参数设置图标。

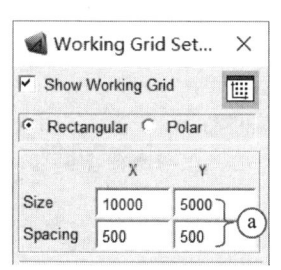
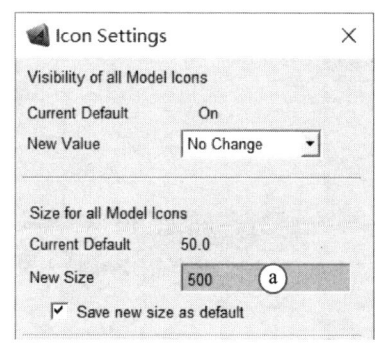

图 3-50 工作网格和图标的设置

3.4.2 创建虚拟样机模型

1. 创建火箭弹

(1) 创建火箭弹

按照图 3-48 所示的几何尺寸及图 3-51 所示的操作步骤和参数创建火箭弹模型,其名称为 PART_2。火箭弹的尾部位于大地坐标(6 000,0,0)位置处。

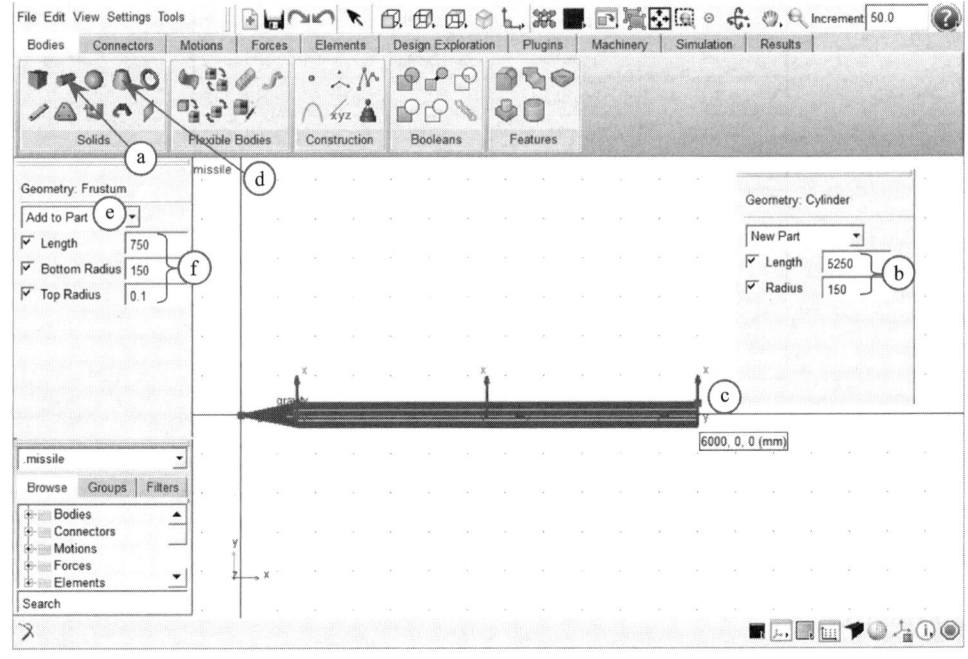

图 3-51　火箭弹的创建

(2) 更改火箭弹的参数

按图 3-52 所示的操作顺序将火箭弹的质量更改为 820 kg。

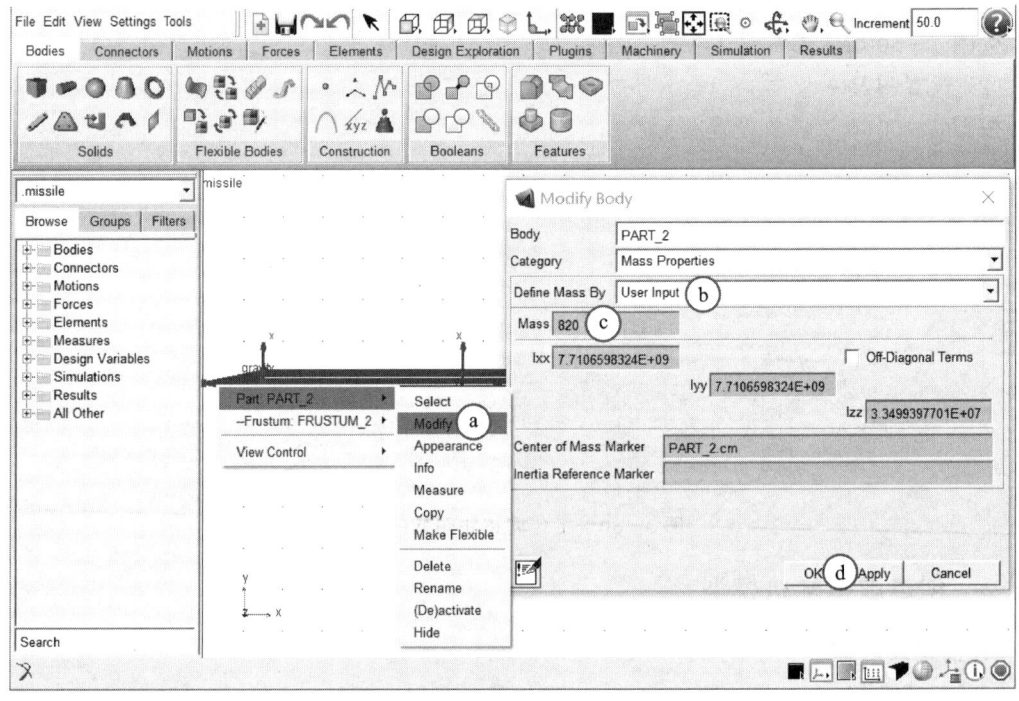

图 3-52　火箭弹质量的更改

按图 3-53 所示操作顺序将火箭弹的质心坐标位置(Location)更改为3 900，0.0，0.0。

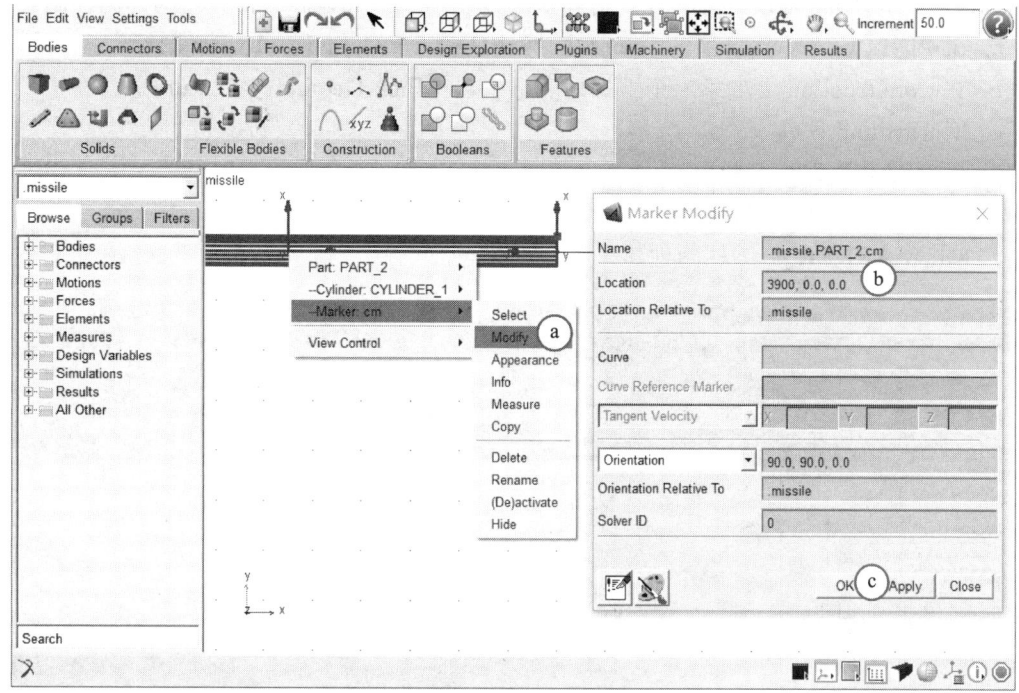

图 3-53　火箭弹质心位置的更改

按图 3-54 所示操作顺序和参数将火箭弹绕其底部端面中心点顺时针方向旋转45°。

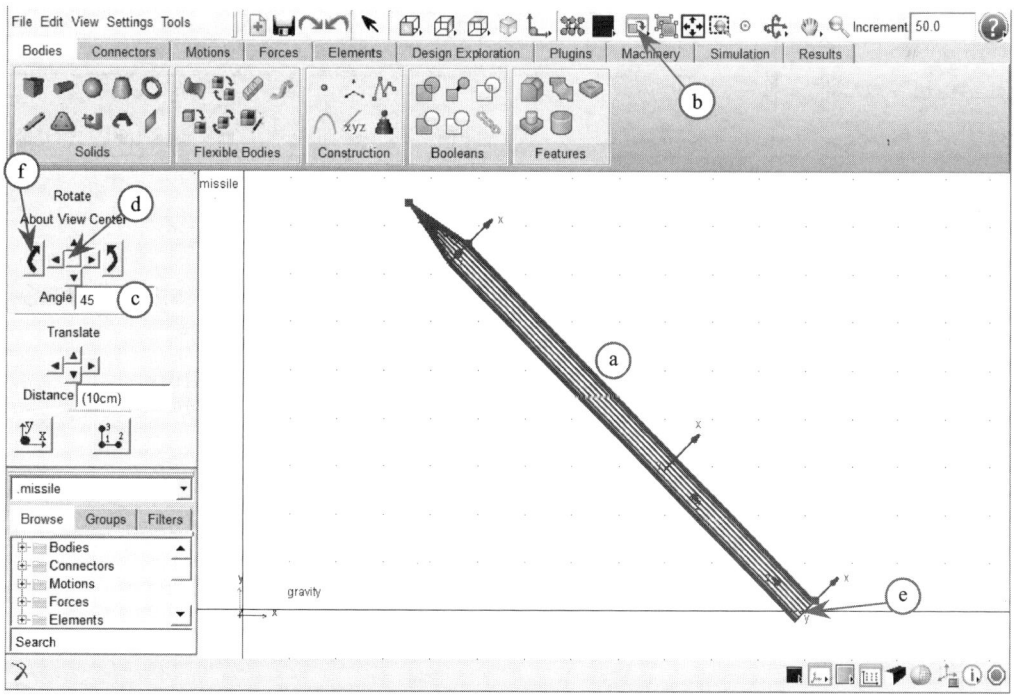

图 3-54　火箭弹姿态的调整

2. 创建圆柱副

如图 3-55 所示，按以下步骤在火箭弹质心处创建一个大地和火箭弹之间的圆柱副：

a. 在功能区 Connectors 项的 Joints 中，单击 **Create a Cylindrical Joint** 图标；

b. 在 Construction 下方第二个下拉列表框中选择 **Pick Geometry Feature**；

c. 单击 **ground**；

d. 单击 **PART_2**(火箭弹)；

e. 单击 PART_2 的**质心位置**处；

f. 单击 **MARKER_2**，圆柱副创建完成。

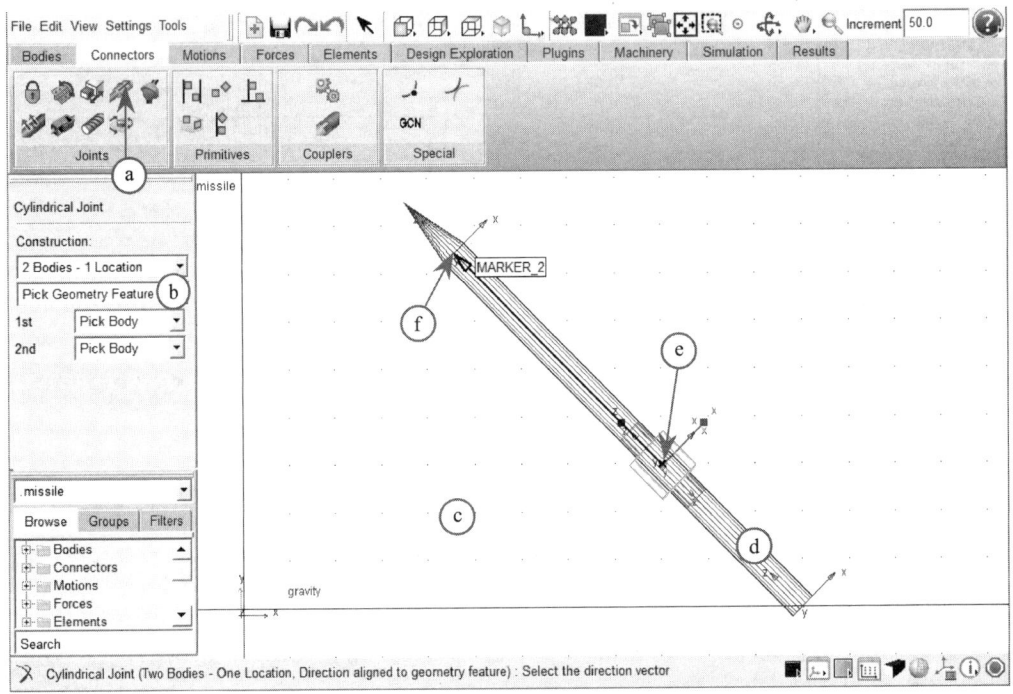

图 3-55 圆柱副的创建

3. 创建螺旋副

如图 3-56 所示，按以下步骤在火箭弹的质心处创建一个大地和火箭弹之间的螺旋副：

a. 在功能区 Connectors 项的 Joints 中，单击 **Create a Screw Joint** 图标；

b. 在 Construction 下方第二个下拉列表框中选择 **Pick Geometry Feature**；

c. 单击 **ground**；

d. 单击 **PART_2**(火箭弹)；

e. 单击 PART_2 的**质心位置**处；

f. 单击 **MARKER_2**，指定螺旋副的旋转轴线方向；

g. 再一次单击 **MARKER_2**，指定螺旋副的移动方向，螺旋副创建完成。

按图 3-57 所示操作顺序将螺旋副的导程更改为 7 600.0。

4. 创建 SPLINE 函数

(1) 手动录入数据创建 SPLINE 函数

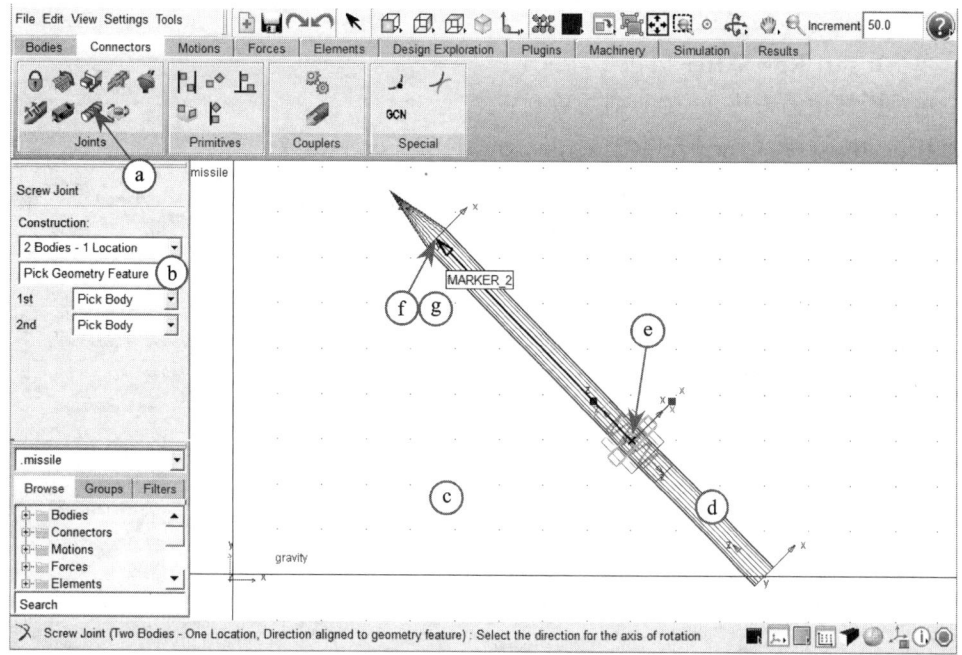

图 3-56 螺旋副的创建

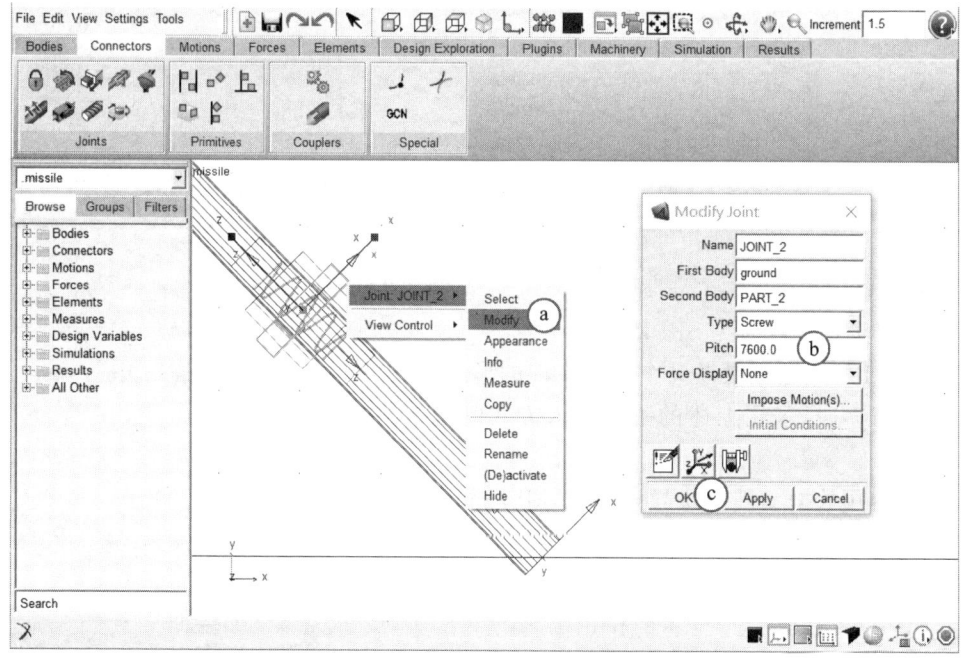

图 3-57 螺旋副导程的更改

如图 3-58 所示,按以下步骤采用手动录入数据方法创建 SPLINE 函数:

a. 在功能区 Elements 项的 Data Elements 中,单击 **Build a 2D or 3D data Spline** 图标,弹出 Create spline 对话框;

b. 在该对话框中,将 Name 更改为 **SPLINE_Force**;

c. 输入 Insert Row After 为 **5**；

d. 单击 **Insert Row After** 按钮 18 次；

e. 在对话框中输入表 3-1 所列的数据；

f. 单击 OK 按钮，则按所给数据创建了 SPLINE_Force 函数。

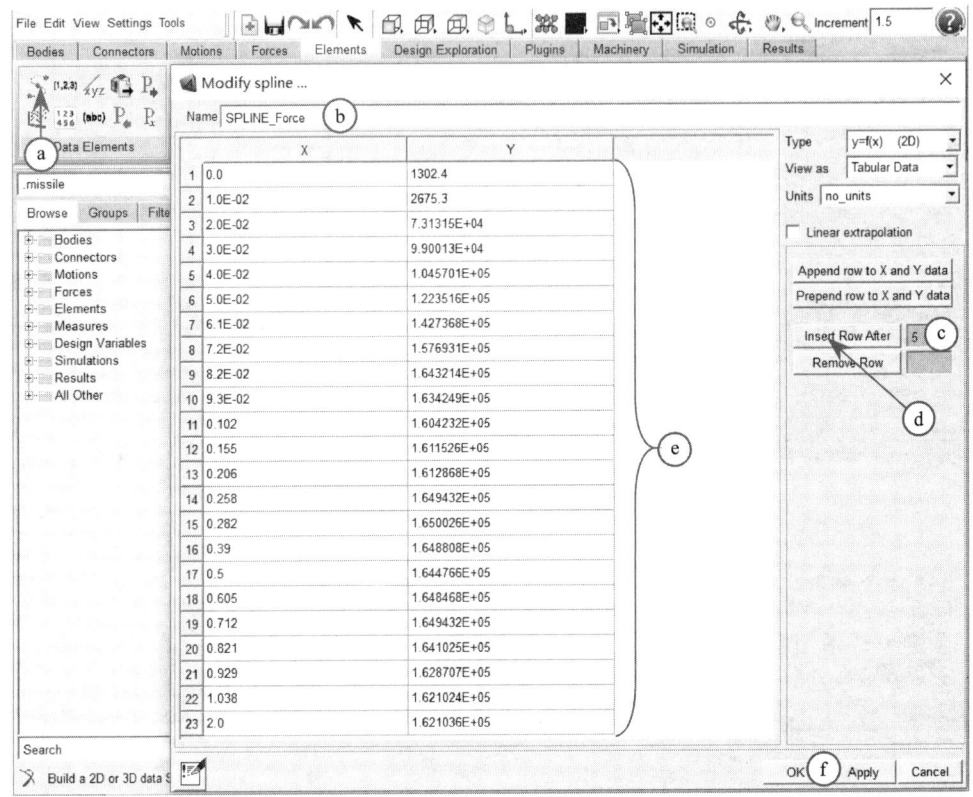

图 3-58　SPLINE 的创建

（2）数据文件导入创建 SPLINE

若表 3-1 所列数据是以一个数据文件的形式给出，那么当数据较多时，采用上述的手动输入方式既慢又容易出错。

下面介绍用数据文件直接导入 ADAMS/View 中创建 SPLINE 函数的方法。

图 3-59 所示是以数据文件（E:\adams_examples\chapter_3\Force.txt）形式表达的作用力与时间的关系测量数据。

如图 3-60 所示，按以下步骤导入数据文件：

a. 在主菜单中，选择 **File | Import** 命令，弹出 File Import 对话框；

b. 在 File Import 对话框中，选择 File Type 为 **Test Data**；

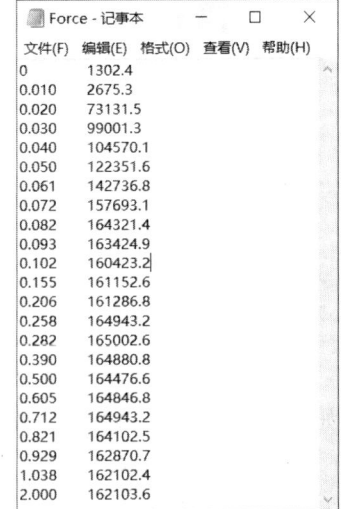

图 3-59　数据文件

c. 选中 **Create Splines**；

d. 在 File To Read 文本框中输入 **E：\adams_examples\chapter_3\Force.txt**，或者右击输入框找到相应数据文件；

e. 在 Independent Column Index 文本框中输入 **1**；

f. 单击 **OK** 按钮，完成数据文件的导入。

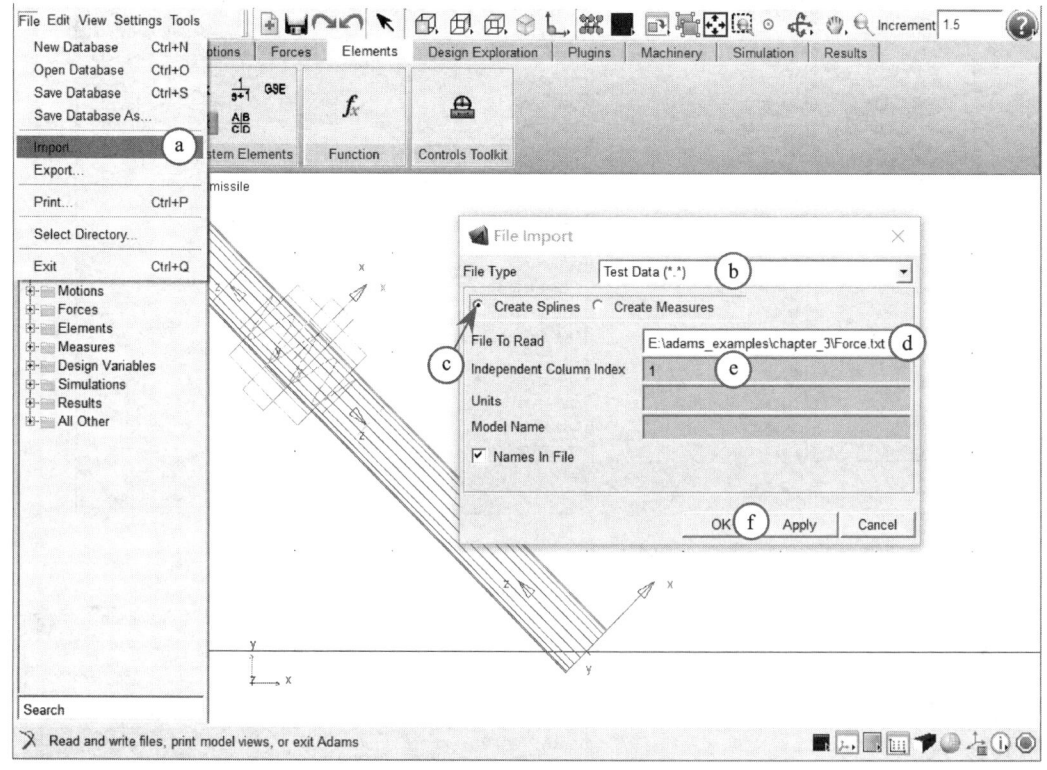

图 3-60 数据文件的输入

（3）查看 SPLINE

按图 3-61 所示操作顺序，在左侧浏览区中，找到 **Browse | Elements | Data Elements | SPLINE_1**。双击 SPLINE_1 可以看到，除了函数名称不同以外，其数值与图 3-58 所示的完全相同。

5．施加作用力

（1）创建作用力

按图 3-62 所示操作顺序，在火箭弹尾部沿火箭弹轴线向上方向施加一个作用于火箭弹的作用力，其名称为 SFORCE_1。

（2）更改作用力

如图 3-63 和图 3-64 所示，更改作用力的步骤如下：

a. 右击 **SFORCE_1** 弹出快捷菜单，选择 **Force：SFORCE_1 | Modify** 菜单项，弹出 Modify Force 对话框；

b. 在 Modify Force 对话框中，单击 **Function Builder** 工具按钮，弹出 Function Builder 对话框；

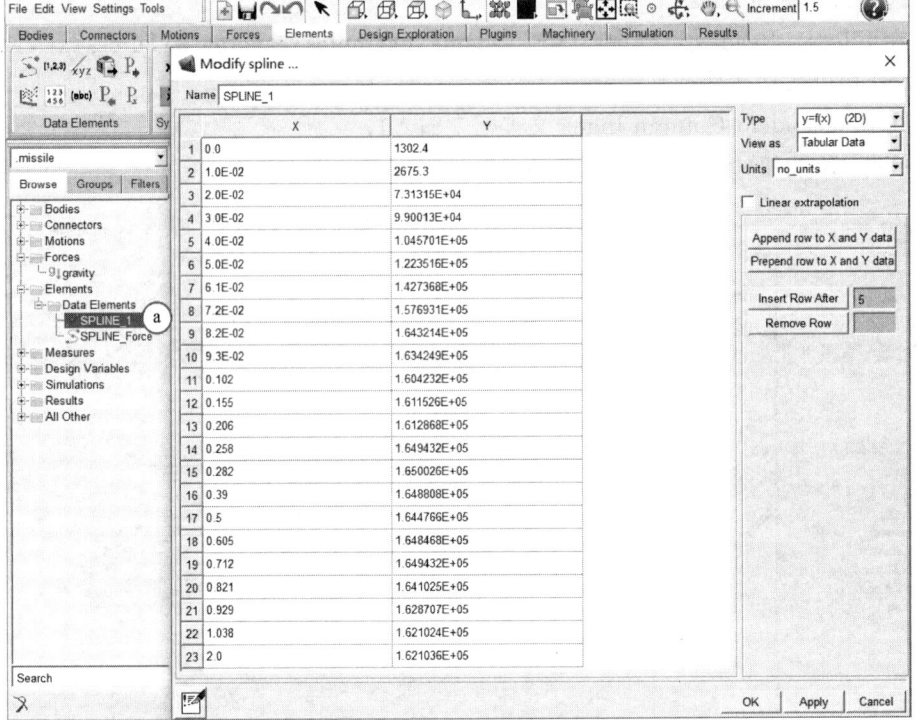

图 3-61 SPLINE 的查看

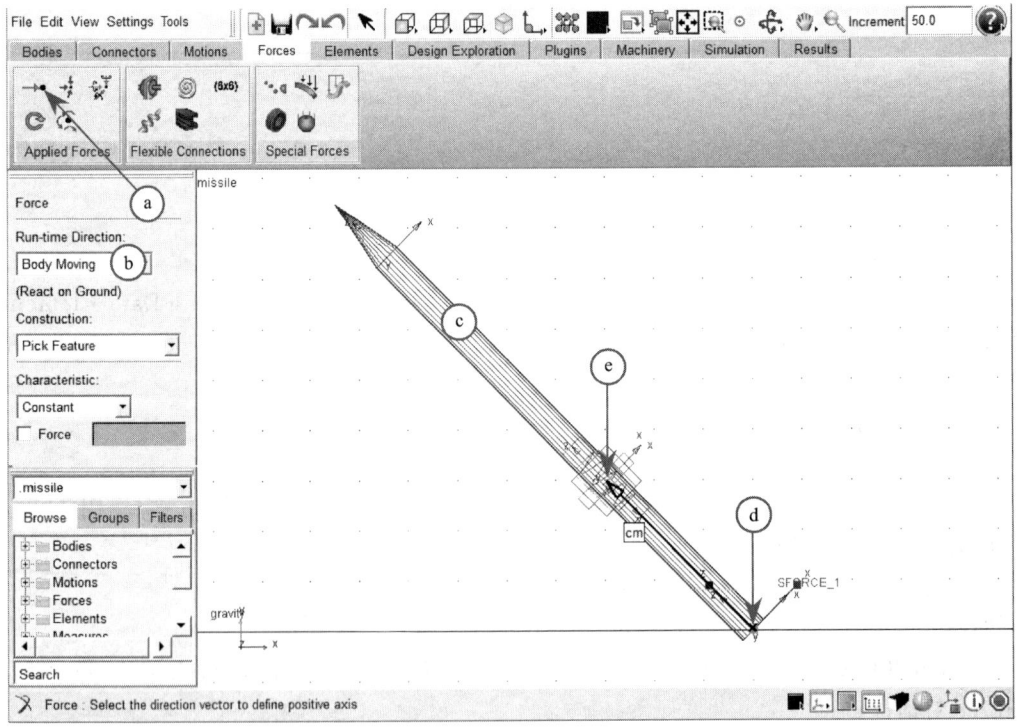

图 3-62 作用力的创建

c. 在 Function Builder 对话框的下拉列表框中选择**Spline**；
d. 双击**Cubic Fitting Method**；
e. 在文本框中输入**CUBSPL(time , 0 , SPLINE_Force , 0)**；
f. 单击 Function Builder 对话框中的**OK**按钮；
g. 单击 Modify Force 对话框中的**OK**按钮即完成作用力的更改。

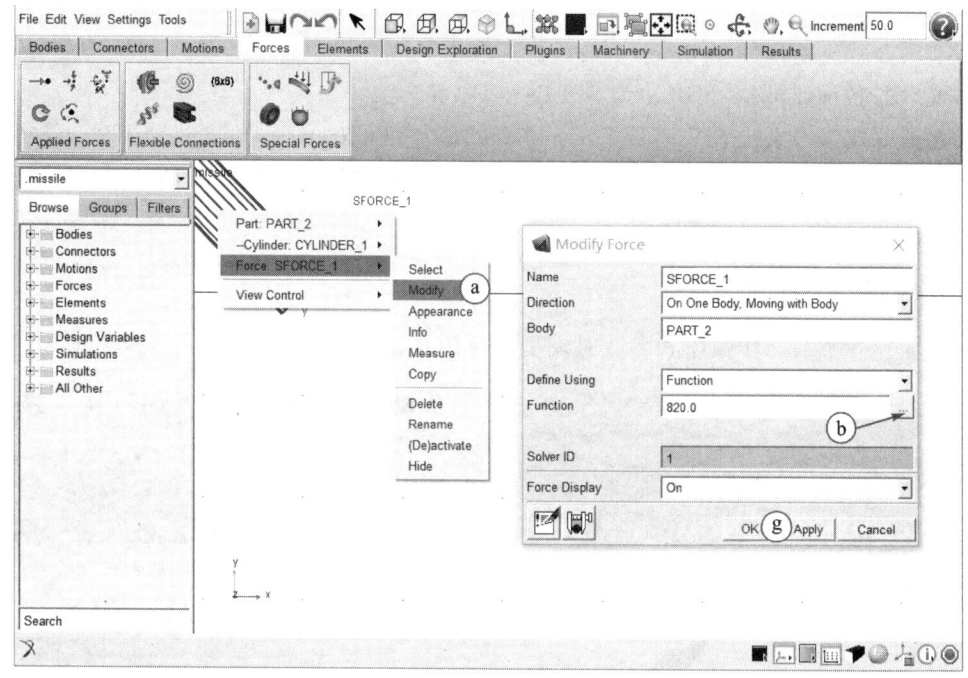

图 3-63　作用力的更改

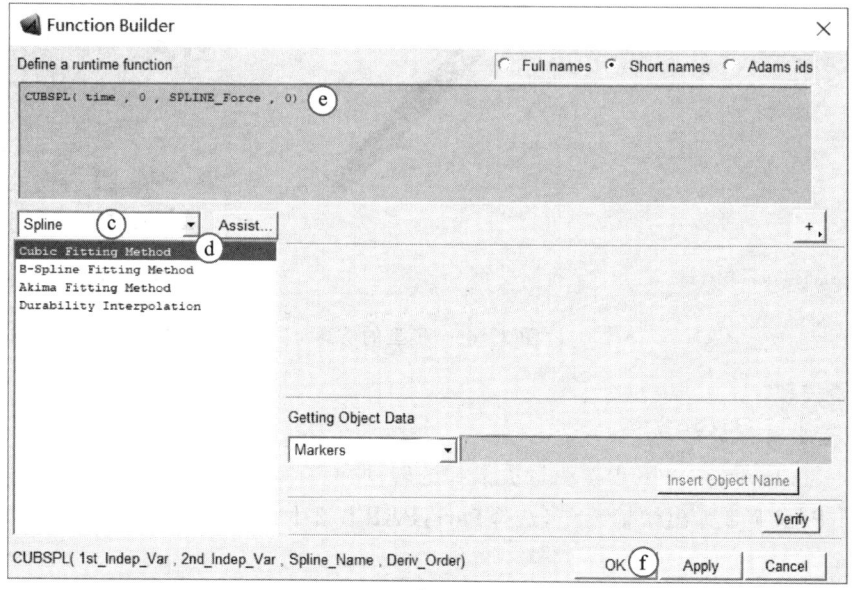

图 3-64　SPLINE 拟合方法的选择

说明 Cubic Fitting Method 拟合方法的格式为

CUBSPL(1st_Indep_Var，2nd_Indep_Var，Spline_Name，Deriv_Order)

式中:1st_Indep_Var 为第 1 独立变量,2st_Indep_Var 为第 2 独立变量,Spline_Name 为多义线的名称,Deriv_Order 为拟合曲线导数的阶数。

由于要求中给出的是推力随时间变化的测量数值,故第 1 独立变量(1st_Indep_Var)取为时间 time。

没有第 2 独立变量(2st_Indep_Var),将其取为 0。

多义线的名称(Spline_Name)为 SPLINE_Force。

力函数就取为多义线 SPLINE_Force 本身的值,所以取 Deriv_Order 为 0(若函数取为多义线的 1 阶导数,则 Deriv_Order 取为 1;若函数取为多义线的 2 阶导数,则 Deriv_Order 取为 2)。

3.4.3 仿真与测量模型

1. 仿真模型

按图 3-65 所示操作顺序和参数对模型进行仿真。

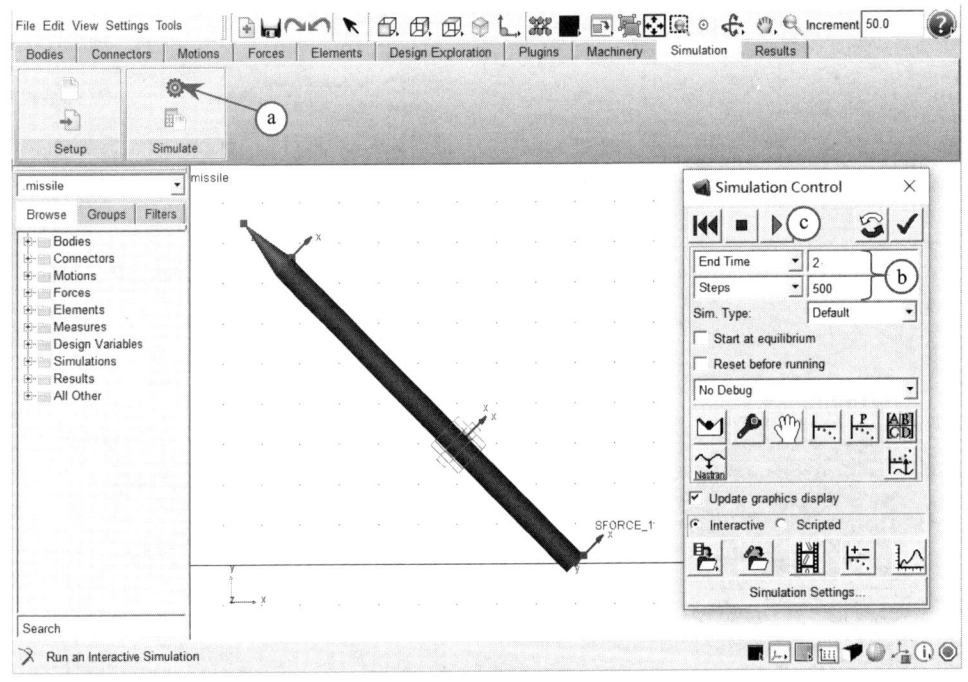

图 3-65 模型的仿真

2. 测量模型

(1) 测量火箭弹的转动

如图 3-66 所示,按以下步骤测量火箭弹的转动:

a. 右击 **PART_2** 弹出快捷菜单,选择 **Part：PART_2** | **Measure** 菜单项,弹出 Part Measure 对话框;

b. 在 Part Measure 对话框中单击 **Orientation** 按钮,弹出 Orientation Measure 对话框;

c. 在 Orientation Measure 对话框中,更改 Measure Name 为 **MEA_Rotation**;

d. 选择 Characteristic 为**Ax，Ay，Az Projection Angles**；

e. 选择 Component 为**Third rotation**；

f. 输入 From Marker 为**MARKER_3**(此点为与火箭弹质心重合的大地上的一点)；

g. 单击 Orientation Measure 对话框中的 **OK** 按钮即得到火箭弹质心(cm)绕大地上点 MARKER_3 的 z 轴转动的角度测量,其结果如图 3-67 所示。

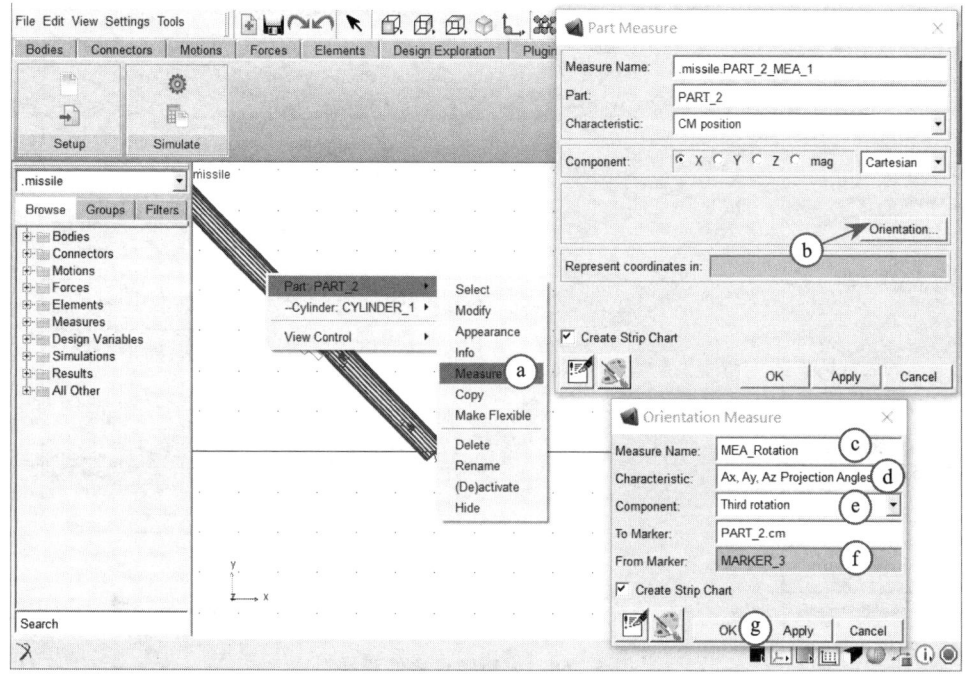

图 3-66　火箭弹的测量

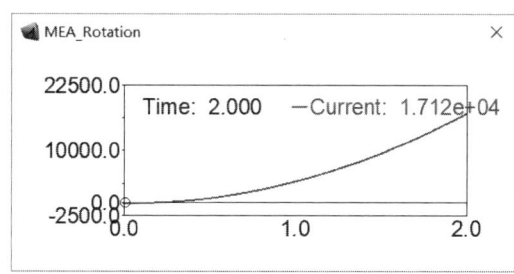

图 3-67　火箭弹绕质心转角的测量结果

(2) 测量火箭弹的移动

如图 3-68 所示,测量火箭弹移动的步骤如下：

a. 在功能区 Desire Exploration 项的 Measure 中,单击**Create a new Point-to-Point Measure** 图标；

b. 单击**Advanced**；

c. 在 Point-to-Point Measure 对话框中,更改 Measure Name 为**MEA_Distance**；

d. 在 To Point 文本框中输入**Part_2.cm**；

e. 在 From Point 文本框中输入 **MARKER_3**；

f. 在 Component 选项组中选中 **mag**；

g. 单击 **OK** 按钮即得到质心相对大地上的标记点 MARKER_3 的位移测量结果，如图 3-69 所示。

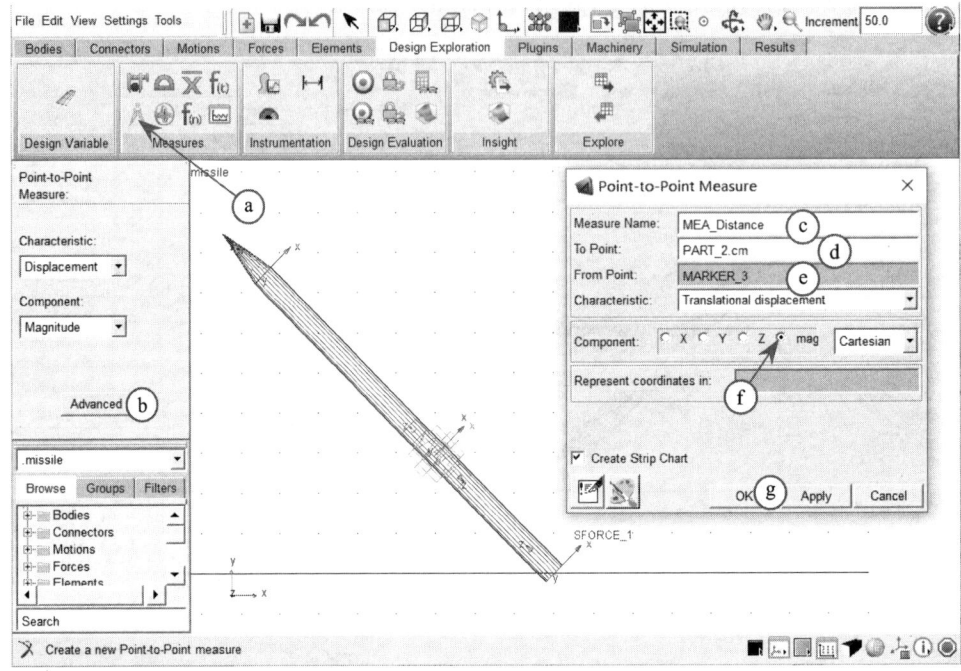

图 3-68　火箭弹位移的测量

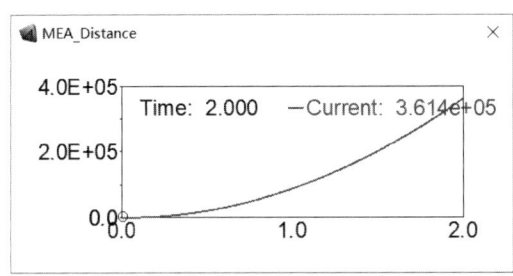

图 3-69　火箭弹位移的测量结果

（3）测量火箭弹上的作用力

如图 3-70 所示，按以下步骤测量火箭弹上的作用力：

a. 右击 **SFORCE_1** 弹出快捷菜单，选择 **Force:FORCE_1 | Measure** 菜单项，弹出 Single Component Force Measure 对话框；

b. 在 Single Component Force Measure 对话框中，更改 Measure Name 为 **MEA_Force**；

c. 在 Component 选项组中选中 **mag**；

d. 单击 **OK** 按钮即得到火箭弹上作用力的测量结果，如图 3-71 所示。

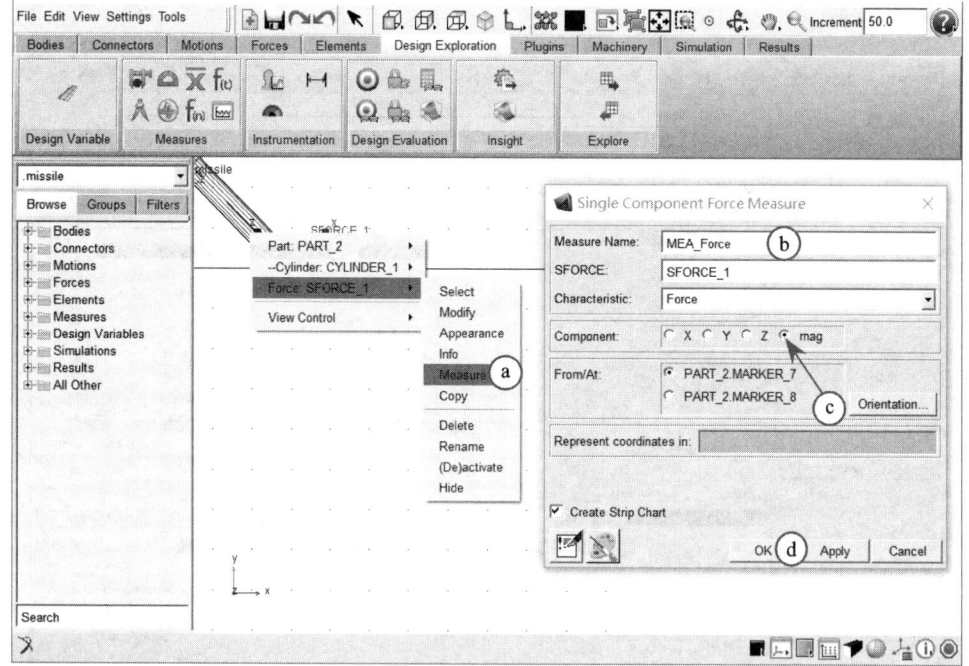

图 3-70 火箭弹上作用力的测量

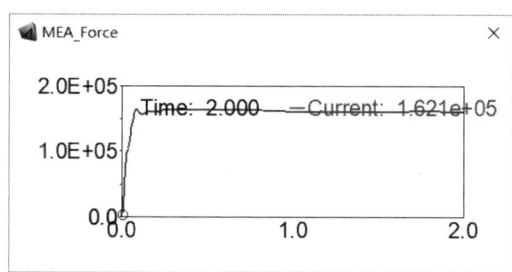

图 3-71 火箭弹上作用力的测量结果

(4) 位移与转角的关系

在 ADAMS/PostProcessor 环境下,按图 3-72 所示操作顺序还可以获得火箭弹的位移与转角的关系曲线。

如图 3-73 所示,按以下步骤操作还可以查看到火箭弹位移与转角关系曲线的斜率:

a. 在 ADAMS/PostProcessor 界面中,选择 **View | Toolbars | Curve Edit Toolbar**；

b. 单击 **Differentiate a curve** 工具按钮；

c. 单击火箭弹位移与转角关系曲线,则火箭弹位移与转角关系曲线的斜率被给出,如图 3-73 所示的水平虚线。

对于螺旋运动副,其位移 s 与转角 φ 的关系为 $s = \dfrac{h}{360}\varphi$,所以有

$$\frac{\mathrm{d}s}{\mathrm{d}\varphi} = \frac{h}{360}$$

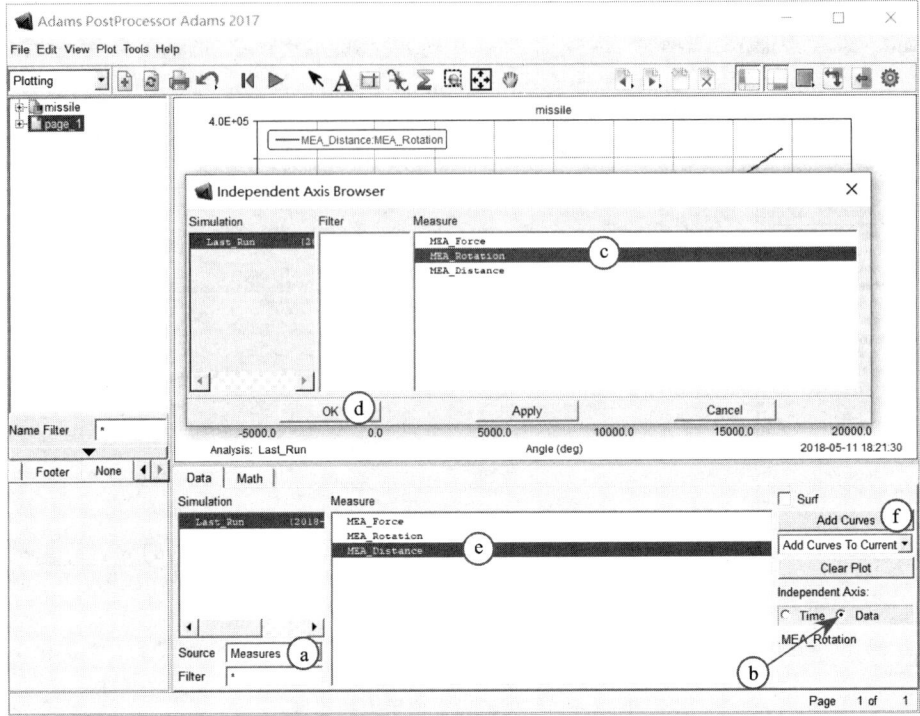

图 3-72 火箭弹位移与转角关系曲线的创建

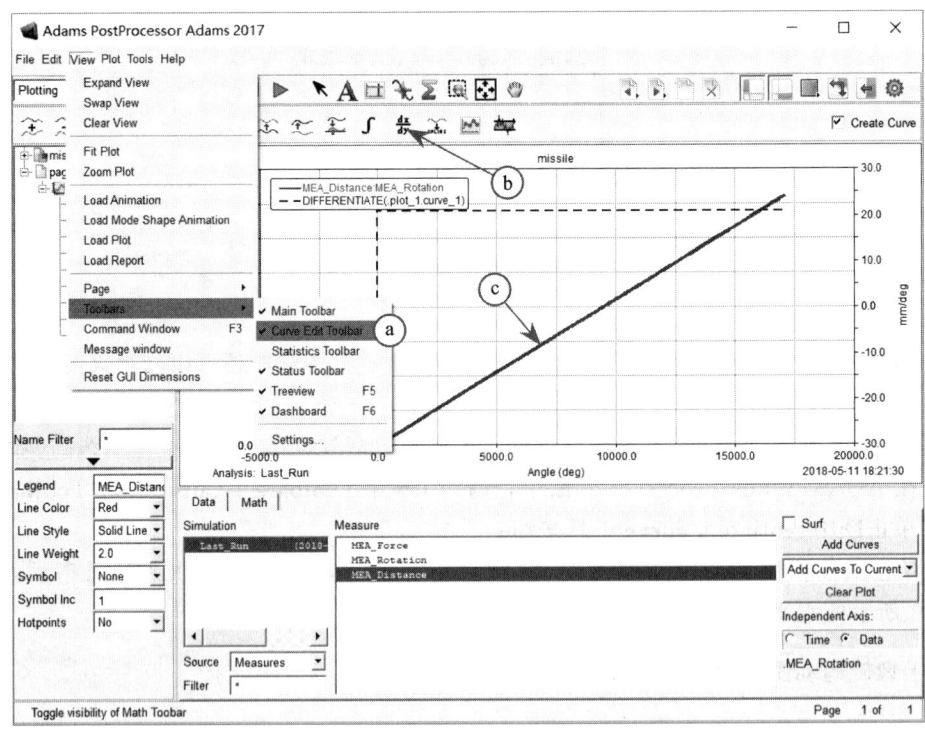

图 3-73 火箭弹位移与转角关系曲线的斜率

当 $h=7\,600$ 时,$\dfrac{\mathrm{d}s}{\mathrm{d}\varphi}=\dfrac{7\,600}{360}=21.111$,即为图 3-73 所示的虚线的数值。

实例 3.4 的保存模型文件名为 **example34_missle.bin**。

3.5 DIFF 函数的定义及其应用

实例 3.5 在某战术导弹弹射装置中,其驱动是由气压传动装置来完成的,气压传动装置为导弹弹射装置提供动力。由于气压传动装置的结构很复杂(结构图略),为了便于说明问题,将其简化为如图 3-74 所示的物理模型。该模型是由气瓶 A、气缸 B 和活塞 C 组成的一个差动式气缸。压力气体在三个腔体之间交换流动,在活塞的两侧形成压力差,推动活塞伸缩,为弹射机构提供动力。设等效负载为不变质量(活塞质量)$m=100$ kg。

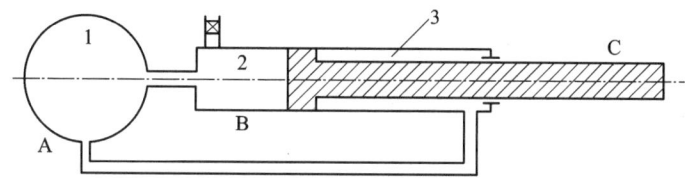

图 3-74 气压传动装置的物理模型简图

为简化问题,这里忽略温度变化对气压装置的影响,则气压传动装置的数学模型为

$$\begin{cases}\dot{V}_1=0\\ \dot{V}_2=S_2\dot{x}\\ \dot{V}_3=-S_3\dot{x}\end{cases}$$

$$\begin{cases}\dot{P}_1=\dfrac{RT_1}{V_1}(G_{31}+G_{21})\\ \dot{P}_2=-\dfrac{RT_2}{V_2}G_{21}-\dfrac{P_2}{V_2}\dot{V}_2\\ \dot{P}_3=-\dfrac{RT_3}{V_3}G_{31}-\dfrac{P_3}{V_3}\dot{V}_3\end{cases}$$

式中,V_i 和 $\dot{V}_i$ 分别为 i 室的体积和体积变化率,V_i 的初始值为

$V_{10}=1.018\,72\times10^{-3}$ m³, $V_{20}=5.026\,55\times10^{-5}$ m³, $V_{30}=5.244\,3\times10^{-4}$ m³;

T_i 为 i 室的温度,设备室的温度等于大气温度,即 $T_i=T_a=293$K;

$\dot{x}$ 为活塞的移动速度;

S_i 为活塞在 i 室的有效面积,$S_2=5.026\times10^{-3}$ m²,$S_3=1.176\times10^{-3}$ m²;

P_i 为 i 室内的气体压力,初始值为 $P_{i0}=2\times10^5$ Pa;

R 为气体常数,$R=231.97$;

G_{ij} 为气体从 i 室到 j 室的流量,设室腔之间气体的流量与室腔的气体压力差成正比,即

$$G_{21}=2.375\times10^{-9}(P_2-P_1),\quad G_{31}=1.4125\times10^{-7}(P_3-P_1)$$

作用在活塞上的动力为

$$F=S_2P_2-S_3P_3$$

将有关参数的数值代入各方程中，整理得到气动装置的数学模型为

$$\begin{cases} \dot{V}_1 = 0 \\ \dot{V}_2 = 5.026 \times 10^{-3} \dot{x} \\ \dot{V}_3 = -1.176 \times 10^{-3} \dot{x} \end{cases} \tag{3.5.1}$$

$$\begin{cases} \dot{P}_1 = \dfrac{67\,967.21}{V_1} \times [1.4125 \times 10^{-7}(P_3 - P_1) + 2.375 \times 10^{-9}(P_2 - P_1)] \\ \dot{P}_2 = -\dfrac{67\,967.21}{V_2} \times 2.375 \times 10^{-9}(P_2 - P_1) - \dfrac{P_2}{V_2}\dot{V}_2 \\ \dot{P}_3 = -\dfrac{67\,967.21}{V_3} \times 1.4125 \times 10^{-7}(P_3 - P_1) - \dfrac{P_3}{V_3}\dot{V}_3 \end{cases} \tag{3.5.2}$$

$$F = 5.026 \times 10^{-3} P_2 - 1.176 \times 10^{-3} P_3 \tag{3.5.3}$$

试建立此气压传动装置的虚拟样机模型，并仿真分析该气动传动装置的运动特性。

3.5.1 启动 ADAMS 并设置工作环境

1．启动 ADAMS

双击桌面上 ADAMS/View 的快捷图标，启动 ADAMS/View。

2．创建模型名称

定义 Model name 为 **air_pressure_device**。

3．设置工作环境

（1）设置单位

按图 3-75 所示操作顺序及参数对单位进行设置。

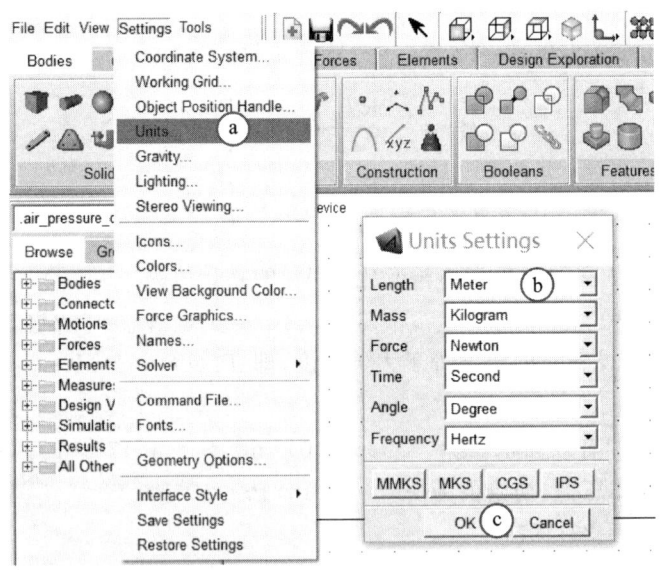

图 3-75　单位的设置

（2）设置工作网格

对工作网格的设置可选择系统默认参数。

(3) 设置图标

对图标的设置可选择系统默认参数。

(4) 设置重力加速度

按图 3-76 所示操作顺序去掉加速度。

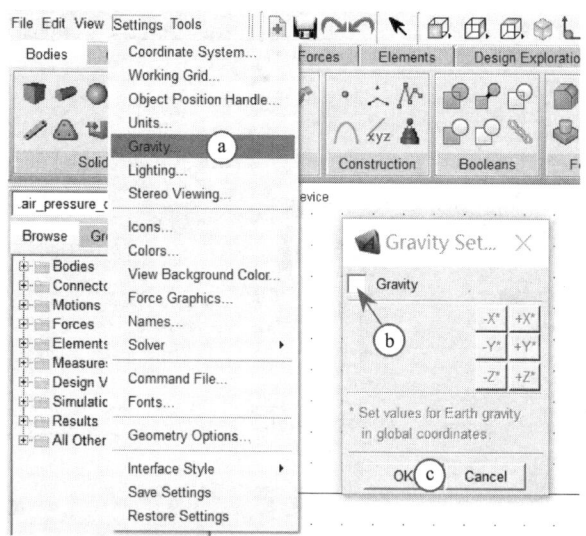

图 3-76 重力加速度的设置

3.5.2 创建虚拟样机模型

1. 创建活塞

活塞为两个圆柱体的组合,按图 3-77 所示操作顺序及参数创建活塞,其名称为 PART_2。

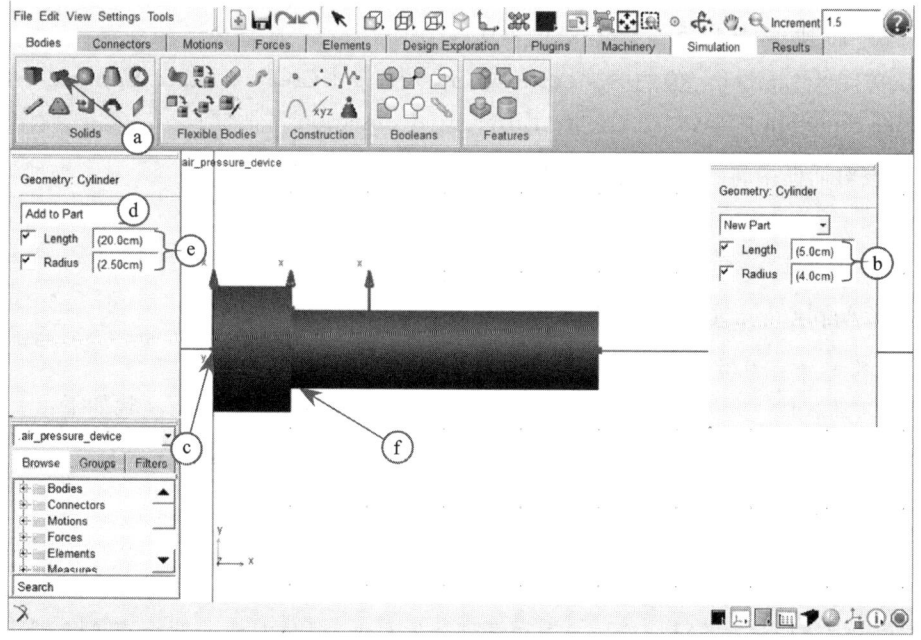

图 3-77 活塞的创建

按图 3-78 所示操作顺序将活塞(PART_2)的质量更改为 100 kg。

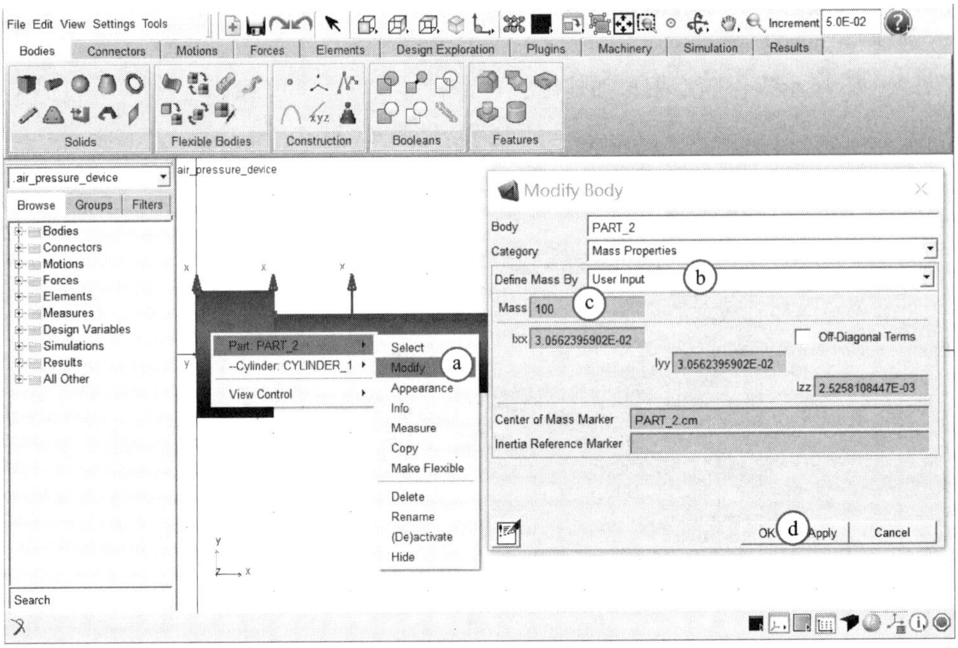

图 3-78 活塞质量的更改

2. 定义 DIFF 函数

定义 DIFF 函数的目的就是将公式(3.5.1)和公式(3.5.2)所表达的微分方程组用 DIFF 函数来表达。

(1) 定义 $\dot{V}_1=0$

如图 3-79 所示,按以下步骤定义 $\dot{V}_1=0$:

a. 在功能区 Elements 项的 System Elements 中,单击 **Create a State Variable defined by Differential Equation** 图标,弹出 Create Differential Equation 对话框;

b. 在该对话框中将 Name 更改为 **DIFF_V1**,也即 DIFF_V1=$\dot{V}_1$;

c. 在"y′="文本框中输入 **0**;

d. 在"y[t=0]="文本框中输入 **1.01872E−003**;

e. 单击 **Apply** 按钮完成对 $\dot{V}_1$ 的定义。

(2) 定义 $\dot{V}_2=5.026\times 10^{-3}\dot{x}$ 和 $\dot{V}_3=-1.176\times 10^{-3}\dot{x}$

$\dot{V}_2=5.026\times 10^{-3}\dot{x}$ 方程对应函数 DIFF_V2,如图 3-80 所示,定义步骤如下:

a. 在 Create Differential Equation 对话框中将 Name 更改为 **DIFF_V2**;

b. 在"y′="文本框中输入 **5.026E−3 * VX(cm,MARKER_3)**;

c. 在"y[t=0]="文本框中输入 **5.02655E−005**;

d. 单击 **Apply** 按钮完成对 $\dot{V}_2$ 的定义。

其中函数 VX(cm,MARKER_3)表示活塞质心(cm)相对大地上标记点 MARKER_3 的运动速度,即 $\dot{x}=$VX(cm, MARKER_3)。

第 3 章 函数的定义及其应用

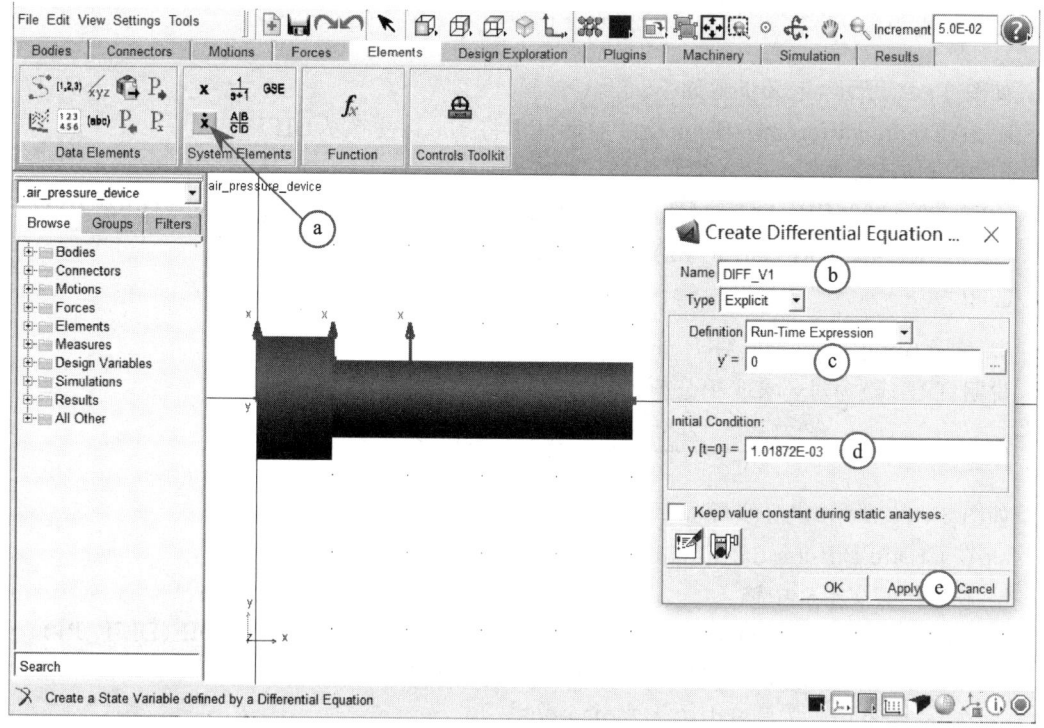

图 3-79 $\dot{V}_1$ 的创建

$\dot{V}_3 = -1.176 \times 10^{-3} \dot{x}$ 方程对应函数 DIFF_V3,如图 3-81 所示,定义步骤如下：

a. 在 Create Differential Equation 对话框中将 Name 更改为 **DIFF_V3**；

b. 在"y′="文本框中输入-1.176E-3 * VX(cm,MARKER_3)；

c. 在"y[t=0]="文本框中输入 5.2443E-004；

d. 单击 **Apply** 按钮完成对 $\dot{V}_3$ 的定义。

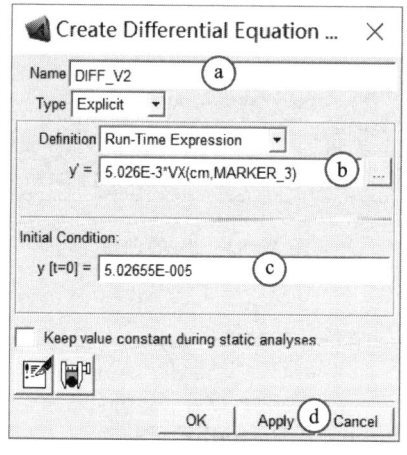

图 3-80 $\dot{V}_2$ 的创建

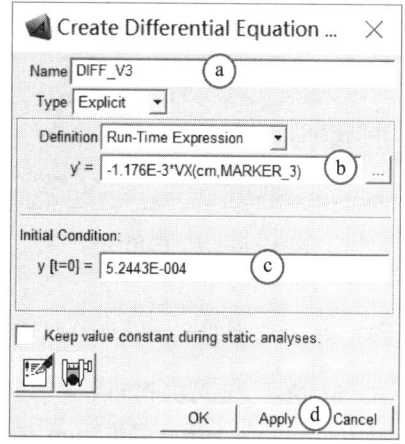

图 3-81 $\dot{V}_3$ 的创建

(3) 定义 $\dot{P}_1 = \dfrac{231.97 \times 293}{V_1}[1.4125 \times 10^{-7}(P_3 - P_1) + 2.375 \times 10^{-9}(P_2 - P_1)]$

如图 3-82 所示,定义步骤如下:

a. 在 Create Differential Equation 对话框中将 Name 更改为 **DIFF_P1**;

b. 在 "y′=" 文本框中输入

　231.97 * 293/DIF(DIFF_V1) * (1.4125E-7 * (DIF(DIFF_P3)-DIF(DIFF_P1))+
　2.375E-9 * (DIF(DIFF_P2)-DIF(DIFF_P1))

c. 在 "y[t=0]=" 文本框中输入 **2.0E+005**;

d. 单击 **Apply** 按钮完成对 $\dot{P}_1$ 的定义。

说明:DIF($\dot{\mathbf{y}}$) 为对 $\dot{\mathbf{y}}$ 求取积分值,即 DIF($\dot{\mathbf{y}}$) = $\mathbf{y}$。

(4) 定义 $\dot{P}_2 = -\dfrac{231.97 \times 293}{V_2} 2.375 \times 10^{-9}(P_2 - P_1) - \dfrac{P_2}{V_2}\dot{V}_2$

如图 3-83 所示,定义步骤如下:

a. 在 Create Differential Equation 对话框中将 Name 更改为 **DIFF_P2**;

b. 在 "y′=" 文本框中输入

　-231.97 * 293/DIF(DIFF_V2) * 2.375E-9 * (DIF(DIFF_P2)-DIF(DIFF_P1))-
　DIF(DIFF_P2)/DIF(DIFF_V2) * DIF1(DIFF_V2)

c. 在 "y[t=0]=" 文本框中输入 **2.0E+005**;

d. 单击 **Apply** 按钮即完成对 $\dot{P}_2$ 的定义。

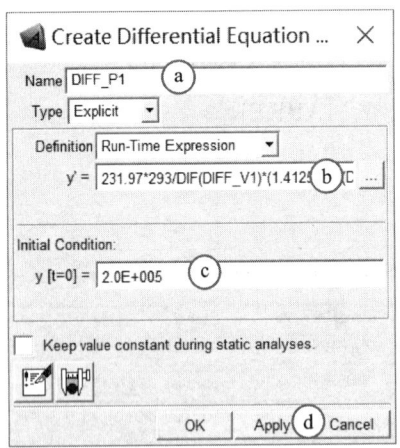
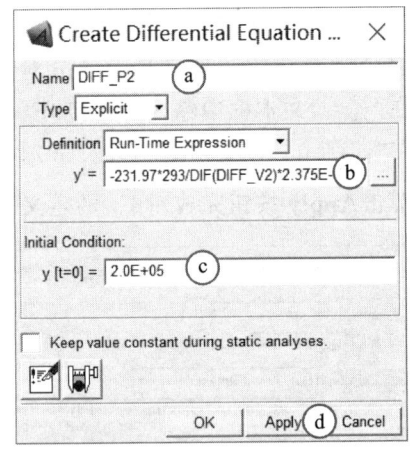

图 3-82　$\dot{P}_1$ 的创建　　　　　　图 3-83　$\dot{P}_2$ 的创建

(5) 定义 $\dot{P}_3 = -\dfrac{231.97 \times 293}{V_3} 1.4125 \times 10^{-7}(P_3 - P_1) - \dfrac{P_3}{V_3}\dot{V}_3$

如图 3-84 所示,定义步骤如下:

a. 在 Create Differential Equation 对话框中将 Name 更改为 **DIFF_P3**;

b. 在 "y′=" 文本框中输入

　-231.97 * 293/dif(DIFF_V3) * 1.4125E-7 * (DIF(DIFF_P3)-DIF(DIFF_P1))
　-DIF(DIFF_P3)/DIF(DIFF_V3) * DIF1(DIFF_V3)

c. 在"y[t=0]="文本框中输入 **2.0E+005**；

d. 单击 **OK** 按钮，即完成对 $\dot{P}_3$ 的定义。

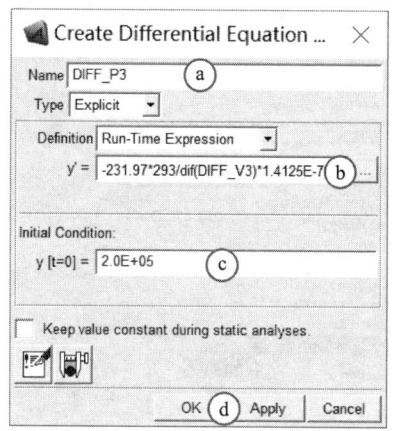

图 3-84 $\dot{P}_3$ 的创建

3. 施加作用力

（1）创建作用力

按图 3-85 所示操作顺序在活塞的质心处创建一个方向水平向右的作用力。

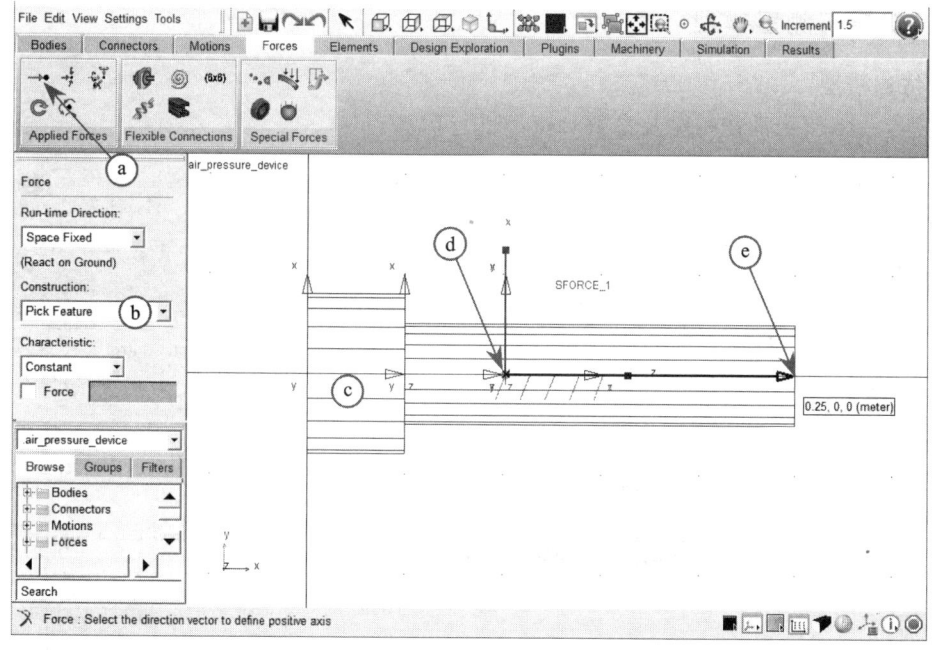

图 3-85 力的创建

（2）更改作用力

按图 3-86 所示操作顺序，在 Modify Force 对话框中将 Function 更改为公式（3.5.3）的表达式，即

$$5.026E-3 * DIF(DIFF\_P2) - 1.176E-3 * DIF(DIFF\_P3)$$

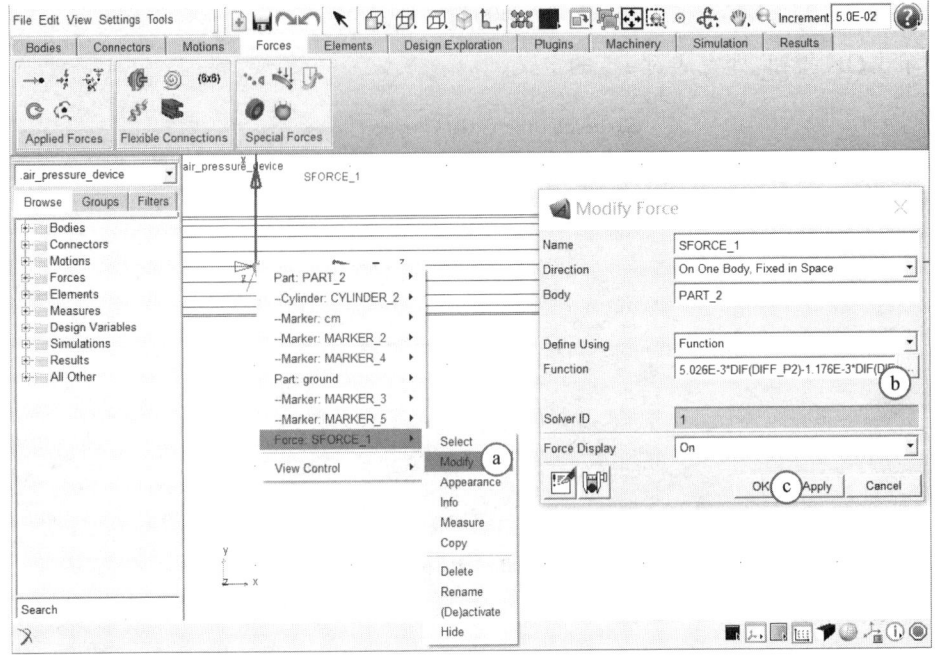

图 3-86 力的更改

3.5.3 仿真与测量模型

1. 仿真模型

按图 3-87 所示操作顺序及参数对模型进行仿真。

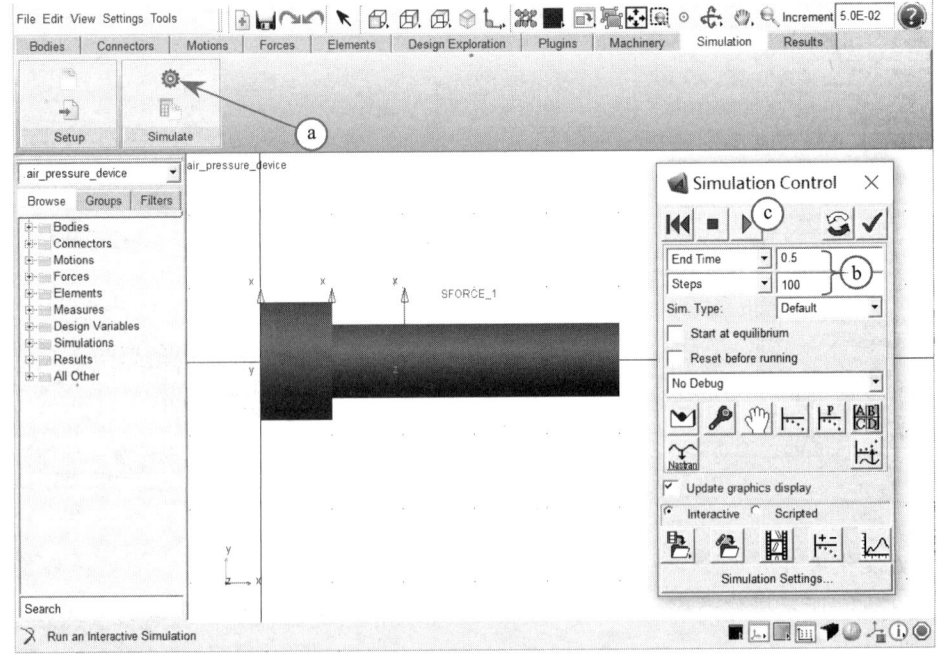

图 3-87 模型的仿真

2. 测量模型

测量活塞的位移(Displacement)、作用在活塞上作用力(Force)的大小以及三个室腔内压力(P_1、P_2和P_3)和体积(V_1、V_2和V_3)的变化规律。

(1) 测量P_1

如图3-88所示,按以下步骤测量P_1:

a. 在功能区Desire Exploration项的Measure中,单击**Create a new Function Measure**图标,弹出Function Builder对话框;

b. 在该对话框中将Measure Name更改为$\boldsymbol{P_1}$;

c. 在文本框中输入**DIF(DIFF_P1)**;

d. 单击**OK**按钮完成对P_1的测量。

测量结果为如图3-89所示的P_1曲线。

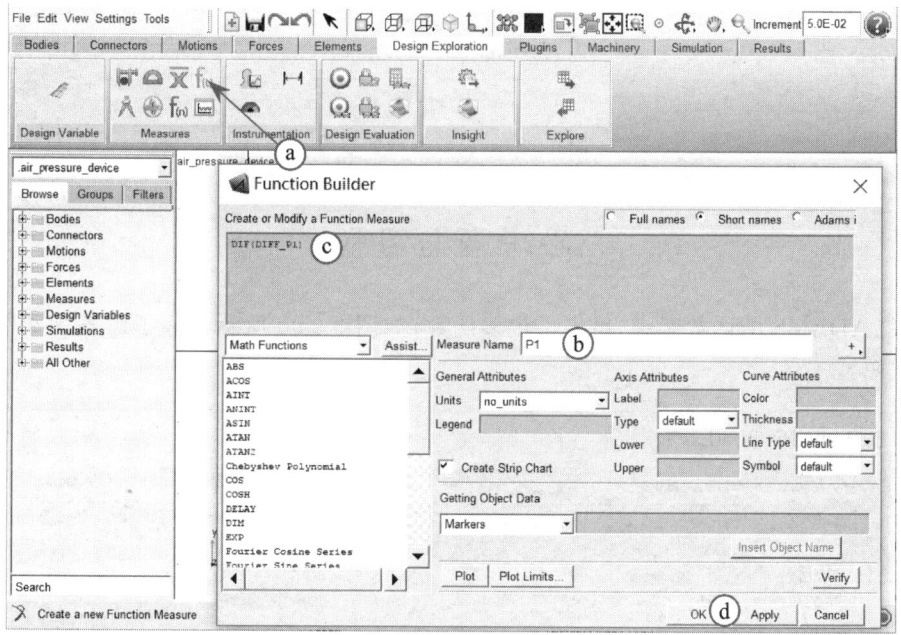

图3-88 P_1的测量

(2) 测量其他参数

活塞的位移(Displacement)、作用在活塞上的作用力(Force)和室腔内的压力(P_2和P_3)及体积(V_1、V_2和V_3)的测量结果如图3-89所示。

从仿真分析结果可以看出,初始时刻各室腔内的压力相同,活塞在室腔2和3内的有效作用端面积不同($S_2 > S_3$),使得活塞向右运动,从而使室腔2的体积V_2变大,室腔3的体积V_3变小。而从室腔1流入室腔2的气体流量G_{21}又小于从室腔3流入室腔1的气体流量G_{31},导致室腔2内的压力P_2下降,室腔1和3内的压力P_1和P_3上升,从而使作用在活塞上的作用力Force逐渐变小。

实例3.5的保存模型文件名为**example35_air_spressure_device.bin**。

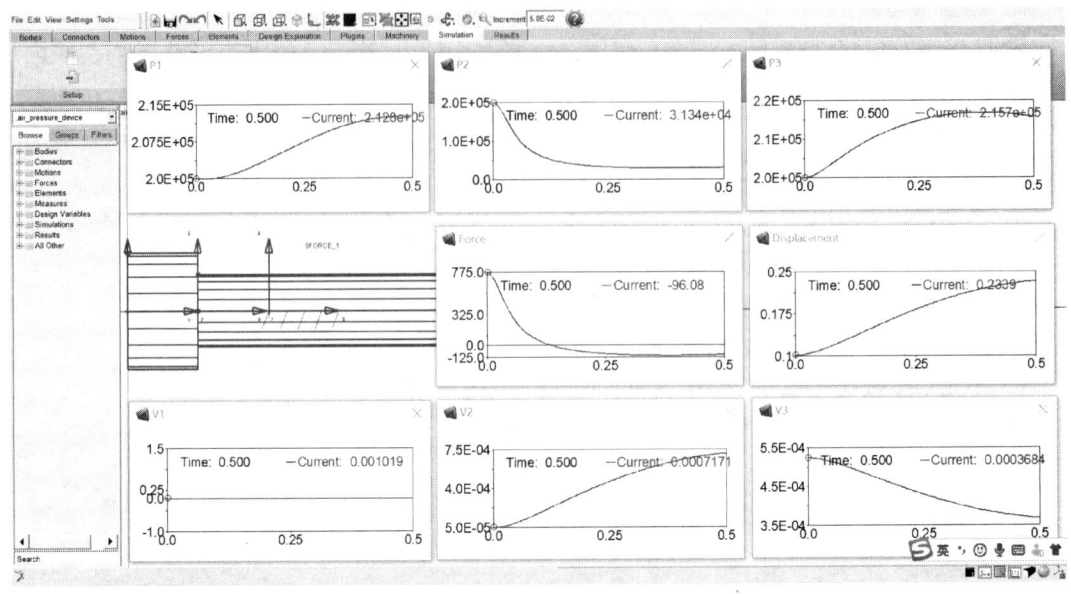

图 3-89 模型的测量结果

思考题与习题

1. 在 ADAMS 的函数库中,给出了很多函数,如图 3-90 所示。你了解各函数的功能和书写格式吗?

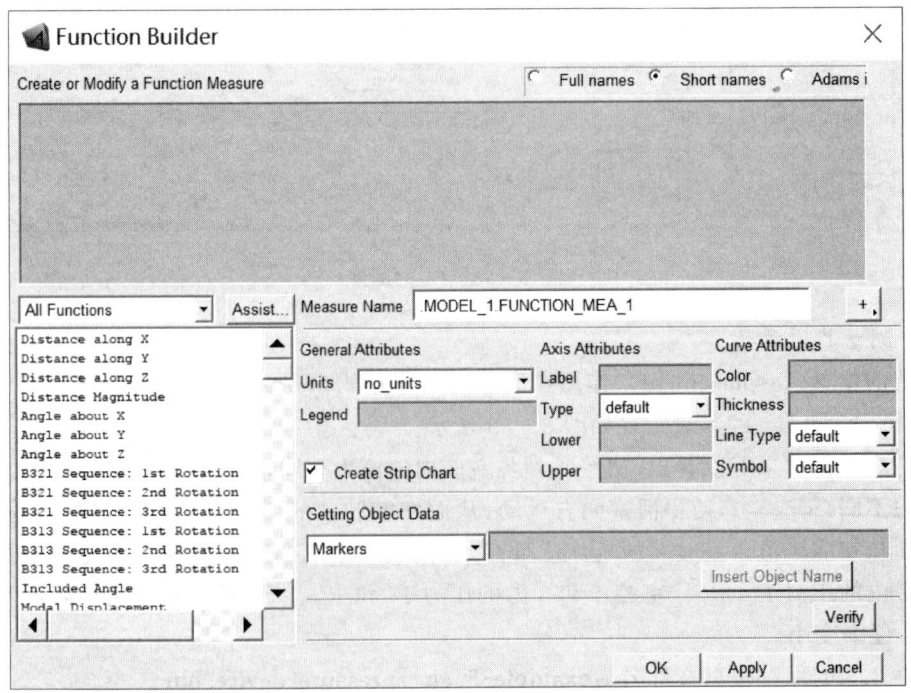

图 3-90 函数库

2. 函数IF(Dm(MARKER_1, MARKER_2)－100;100,100,200)的含义是什么?

3. 函数组合STEP(time,1,0,1.01,1)－STEP(time,2,0,2.01,1)描述的是怎样的一个函数?

4. Spline 函数的用途是什么?

5. 在摆动从动件凸轮机构中,已知凸轮以 $\omega=30$ (°)/s 的匀角速度转动。摆动从动件的初始位置为水平位置,如图 3-91 所示。当凸轮转过 180°时,从动件以摆线运动规律向上摆动 30°;当凸轮再转过 150°时,从动件又以摆线运动规律返回原来位置,当凸轮转过其余 30°时,从动件停歇不动。运动规律的函数表达式为

$$\psi = \begin{cases} \psi_{\max}\left(\dfrac{\varphi}{\Phi} - \dfrac{1}{2\pi}\sin\dfrac{2\pi}{\Phi}\varphi\right) & 0° \leqslant \varphi \leqslant 180° \\ \psi_{\max}\left[1 - \dfrac{\varphi-180°}{\Phi} + \dfrac{1}{2\pi}\sin\dfrac{2\pi}{\Phi}(\varphi-180°)\right] & 180° < \varphi \leqslant 330° \\ 0 & 330° < \varphi \leqslant 360° \end{cases}$$

式中,$\psi_{\max}=30°$,$\varphi=30$ (°)/s$\times t$,$\Phi=180°$,$\Phi'=150°$。

(1) 试建立此摆动从动件的虚拟样机;

(2) 用 IF 函数来描述从动件的运动规律;

(3) 仿真模型,验证 IF 函数表达的正确性。

6. 某导弹在发射过程中,其尾部喷射出的火焰气流会对发射架上的框架产生作用力。作用力的大小与导弹尾部距框架的距离有关,经实际测量得到该作用力的大小和变化如图 3-92 所示。

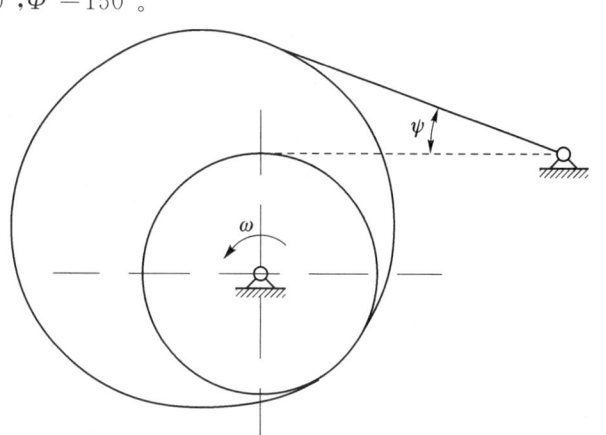

图 3-91 摆动从动件凸轮机构

(1) 试用圆柱体代表导弹,长方体代表框架来建立该模型;

(2) 用 Step 函数来描述框架所受的作用力;

(3) 仿真模型,验证框架所受力的正确性。

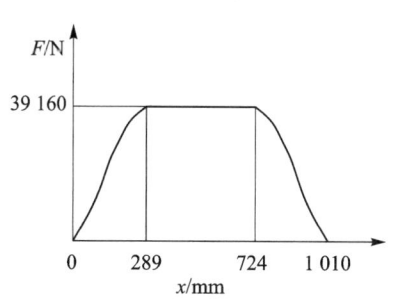

图 3-92 框架受力示意图

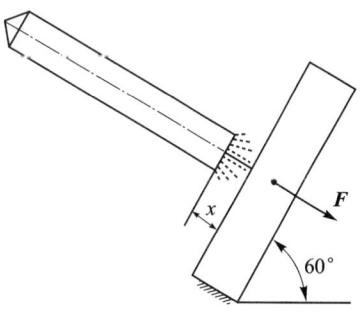

7. 在图 3-93 所示的对心曲柄滑块机构中,已知曲柄长 $a=100$ mm,连杆长为 $b=$

200 mm。作用在曲柄上的电动机的转动角度以数值列表的形式给出,如表 3-2 所列。

(1) 试建立该曲柄滑块机构的虚拟样机模型;

(2) 将表 3-2 所列的曲柄的运动施加到曲柄上;

(3) 仿真机构的虚拟样机模型,测量曲柄的运动的位移、速度和加速度的变化。

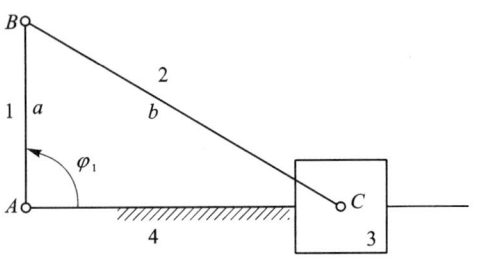

图 3-93 曲柄滑块机构

表 3-2 曲柄转动角度的测量值

时间/s	曲柄转角 $\varphi_1/(°)$	时间/s	曲柄转角 $\varphi_1/(°)$
0	0	6.5	195
0.5	15	7.0	210
1	30	7.5	225
1.5	45	8.0	240
2.0	60	8.5	255
2.5	75	9.0	270
3.0	90	9.5	285
3.5	105	10.0	300
4.0	120	10.5	315
4.5	135	11.0	330
5.0	150	11.5	345
5.5	165	12.0	360
6.0	180		

第4章 柔性体建模及系统振动特性分析

高速重载荷的机械中,构件的刚度将对机械的运动的影响是不可忽略的一个因素。本章介绍柔性体的建模方法和对机械系统的振动特性分析。

4.1 非连续柔性体建模

实例 4.1 图 4-1 所示为一曲柄摇杆机构。曲柄以匀速 $\omega_1 = 20\pi$ rad/s 驱动机构运动,在摇杆与地面之间安装有一个刚度系数为 $K = 1.0 \times 10^5$ N·mm/(°)的卷弹簧。曲柄长 $l_{AB} = 150$ mm,宽 $W_{AB} = 15$ mm,厚 $D_{AB} = 7.5$ mm;连杆长 $l_{BC} = 500$ mm,宽 $W_{BC} = 30$ mm,厚 $D_{BC} = 10$ mm;摇杆长 $l_{CD} = 255$ mm,宽 $W_{CD} = 30$ mm,厚 $D_{CD} = 10$ mm。

试分析当连杆为柔性杆时,执行从动件摇杆的运动会发生怎样的改变。

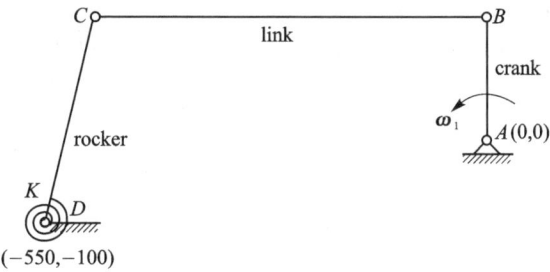

图 4-1 曲柄摇杆机构运动简图

4.1.1 创建虚拟样机模型

1. 创建机构模型

根据给定的各构件的几何尺寸,创建铰链四杆机构的虚拟样机,如图 4-2 所示。曲柄为 crank,连杆为 link,摇杆为 rocker。4 个转动副分别为 JOINT_A、JOINT_B、JOINT_C 和 JOINT_D。输入运动为 MOTION_1,卷弹簧为 TORSION_SPRING_1。

2. 创建柔性连杆

为比较柔性连杆机构和刚性连杆机构的运动差异,首先要复制一个刚创建完成的铰链四杆机构,并将复制的机构向下移动 400 mm,如图 4-3 所示。

然后将复制机构的连杆删除,如图 4-4 所示。

再按以下步骤创建一个柔性连杆来替代被删除的刚性连杆,如图 4-5 所示。

a. 在功能区 Bodies 项的 Flexible Bodies 中,单击 **Discrete Flexible Link** 图标,弹出 Discrete Flexible Link 对话框;

b. 在 Discrete Flexible Link 对话框中,输入 Name 为 **flex_link**;

c. 输入 Segment 为 18;

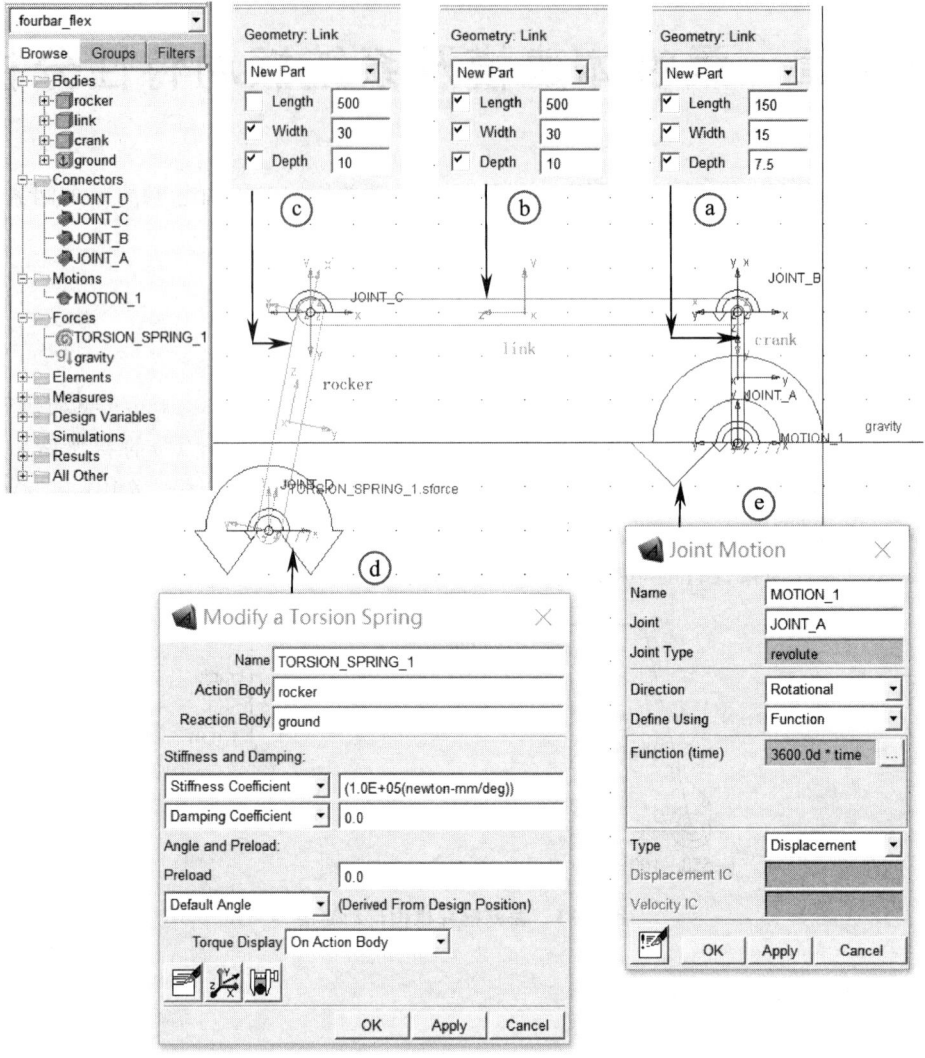

图 4-2 机构模型的创建

d. 拾取(pick)rocker_2 的上端点 **MARKER_6** 到 Marker 1 栏中；

e. 拾取 crank_2 的上端点 **MARKER_2** 到 Marker 2 栏中；

f. 在 Cross Section 栏中，选择 **Solid Renctangular**；

g. 拾取 **MARKER_2** 到 Orient Marker 栏中；

h. 在 Base 中输入 **30**，在 Heigh 中输入 **10**；

i. 单击 **OK** 按钮，柔性连杆创建完毕。

3. 完成柔性连杆机构模型

在曲柄(crank_2)与柔性连杆第 18 单元(flex_link_elem18)之间创建转动副 JOINT_B2，在摇杆(rocker_2)与柔性连杆第 1 单元(flex_link_elem1)之间创建转动副 JOINT_C2，如图 4-6 所示。

第 4 章 柔性体建模及系统振动特性分析

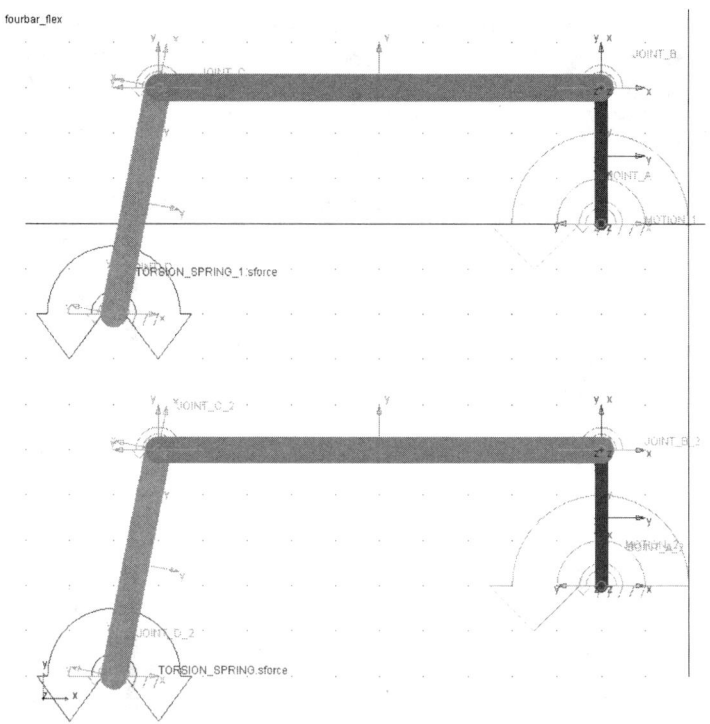

图 4-3 模型的复制

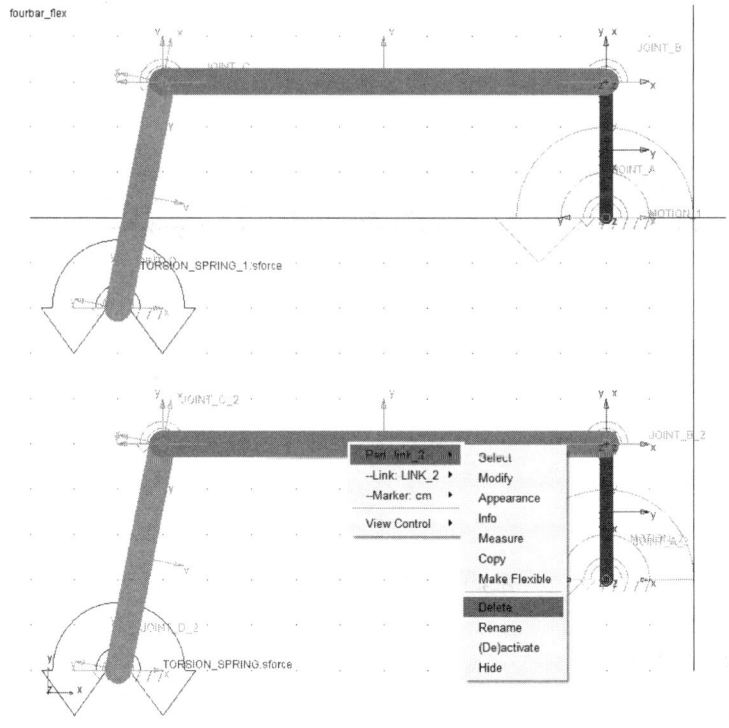

图 4-4 连杆的删除

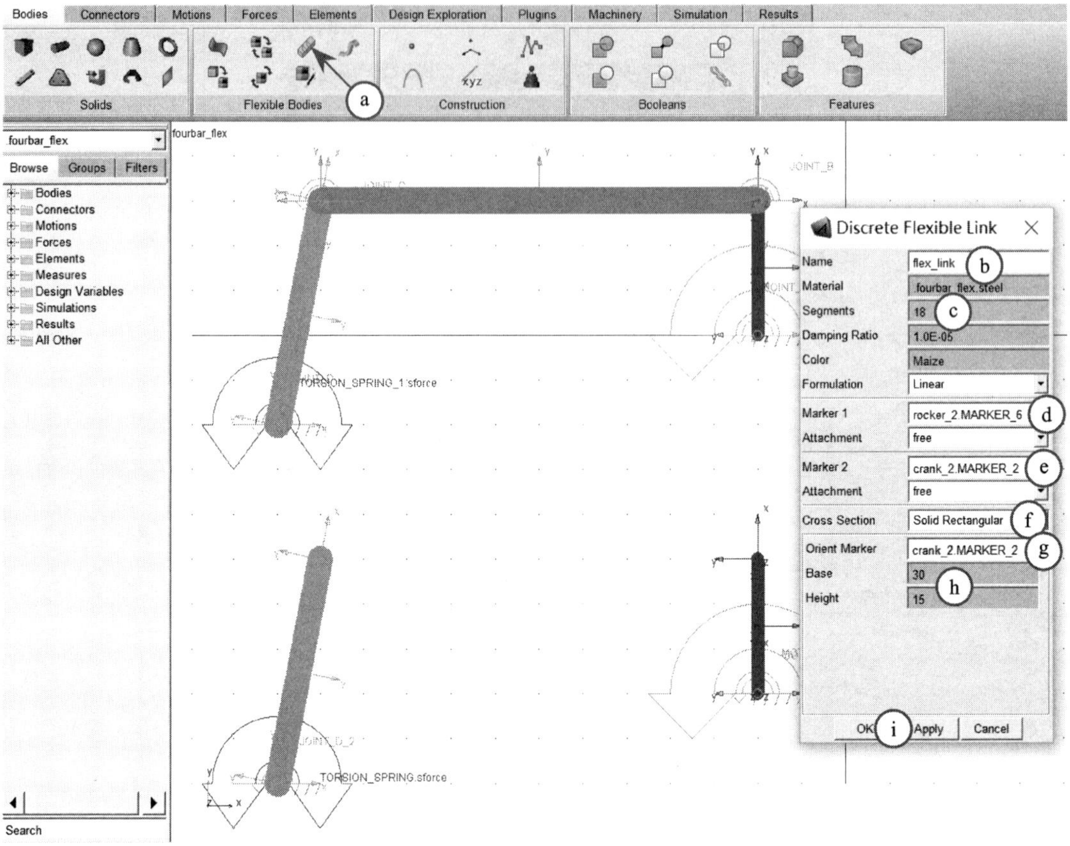

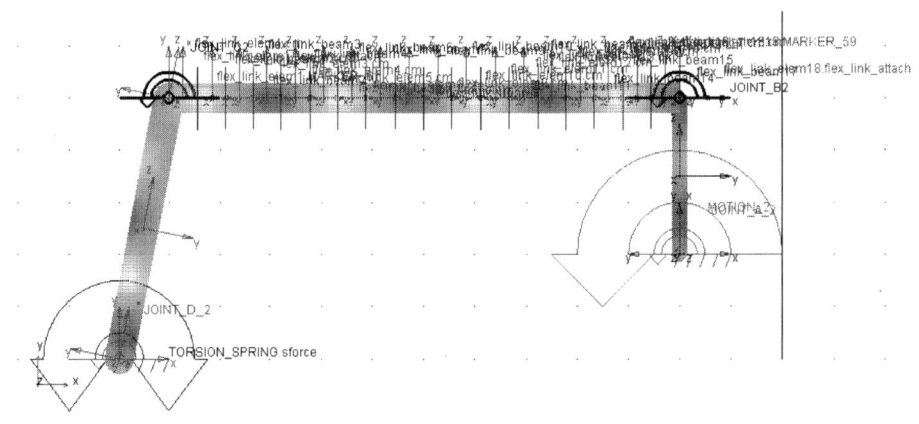

图 4-5 柔性连杆的创建

图 4-6 柔性连杆机构的创建

4.1.2 仿真与测试模型

1. 仿真模型

按图 4-7 所示操作顺序及参数(End Time=0.1,Steps=500)对模型进行仿真。

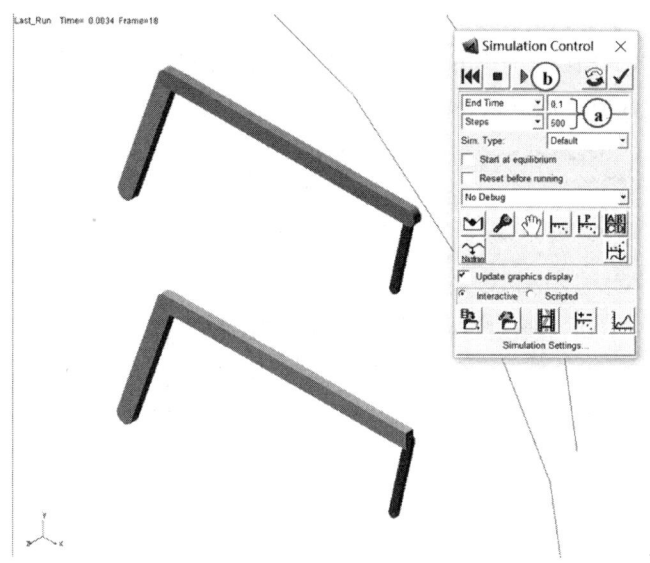

图 4-7 机构的仿真

2. 测试模型

下面给出刚性机构和柔性机构中摇杆的角位置运动测量结果,用来比较柔性连杆对机构运动的影响。

首先,在大地(ground)上添加两个标记点 Marker_120 和 Marker_121(也可能是其他编号),如图 4-8 所示。

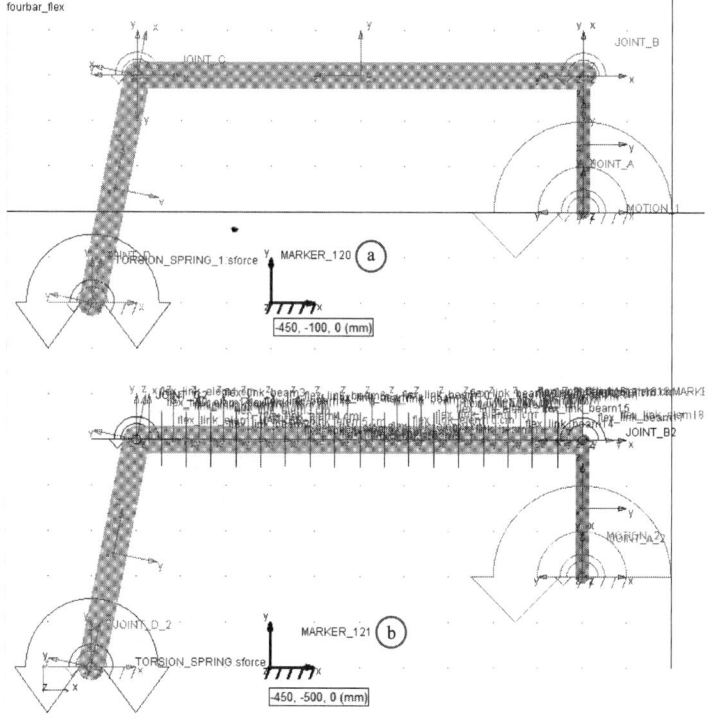

图 4-8 创建标记点

然后，按照图 4-9 所示的操作顺序及参数分别测量刚性连杆机构的摇杆（rocker）与水平轴的夹角 MEA_ROCKER_ANGLE，以及柔性连杆机构的摇杆（rocker_2）与水平轴的夹角 MEA_ROCKER_2_ANGLE。

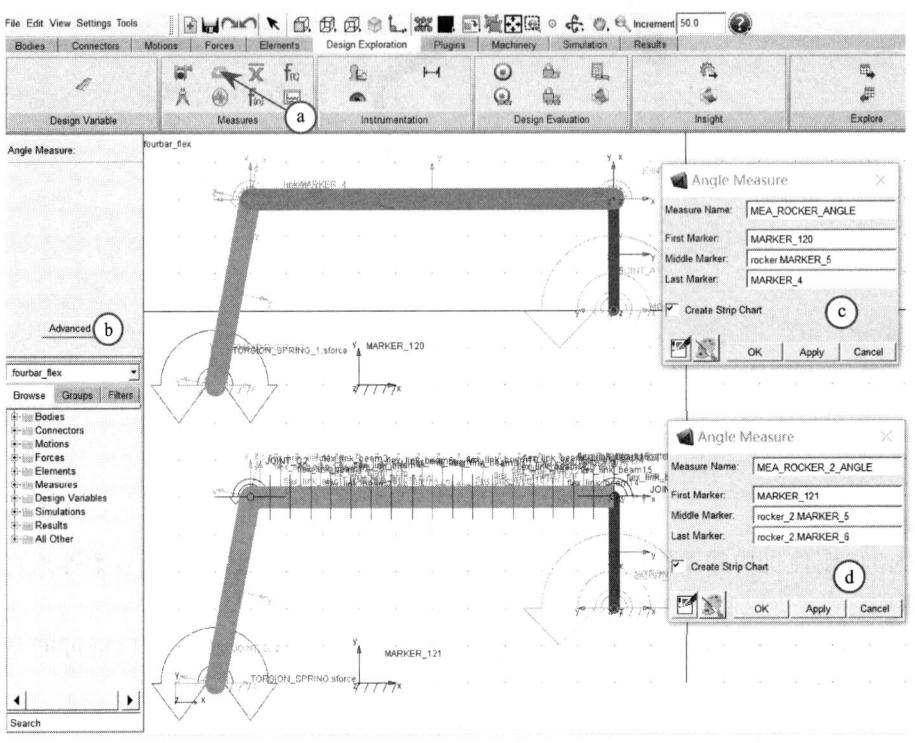

图 4-9　摇杆角度的测量

测量结果如图 4-10 所示。

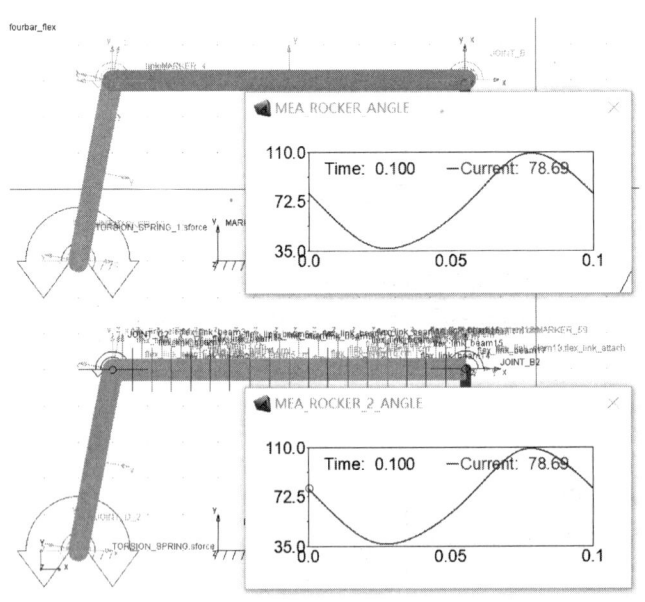

图 4-10　摇杆角位置的测量结果

在 ADAMS/PostProcessor 环境下，将图 4-10 所示的两条测量曲线叠加在一起，如图 4-11 所示。从图 4-11 可以看出，两条曲线吻合在一起，说明柔性连杆对机构的运动影响很小。

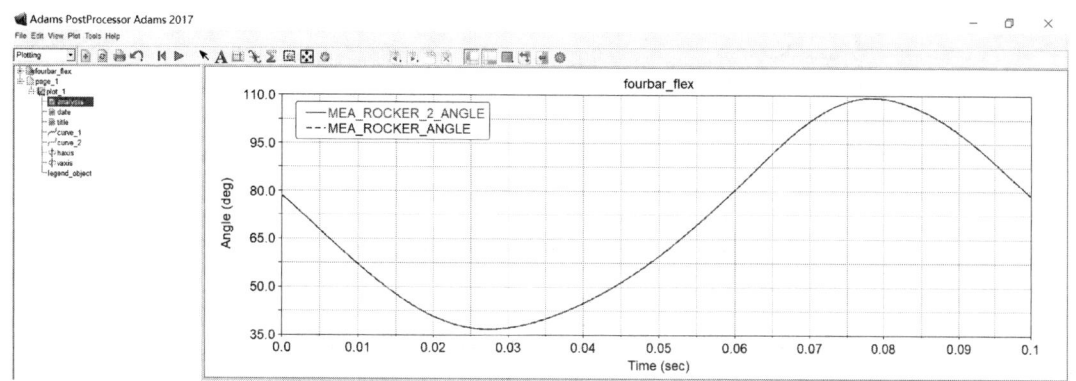

图 4-11　摇杆角位置的测量结果比较

当原动件曲柄的运动速度提高到 $\omega_1=200\pi$ rad/s$=36\,000$ (°)/s 时(见图 4-12)，所测得的两个摇杆的角位置变化曲线如图 4-13 所示。

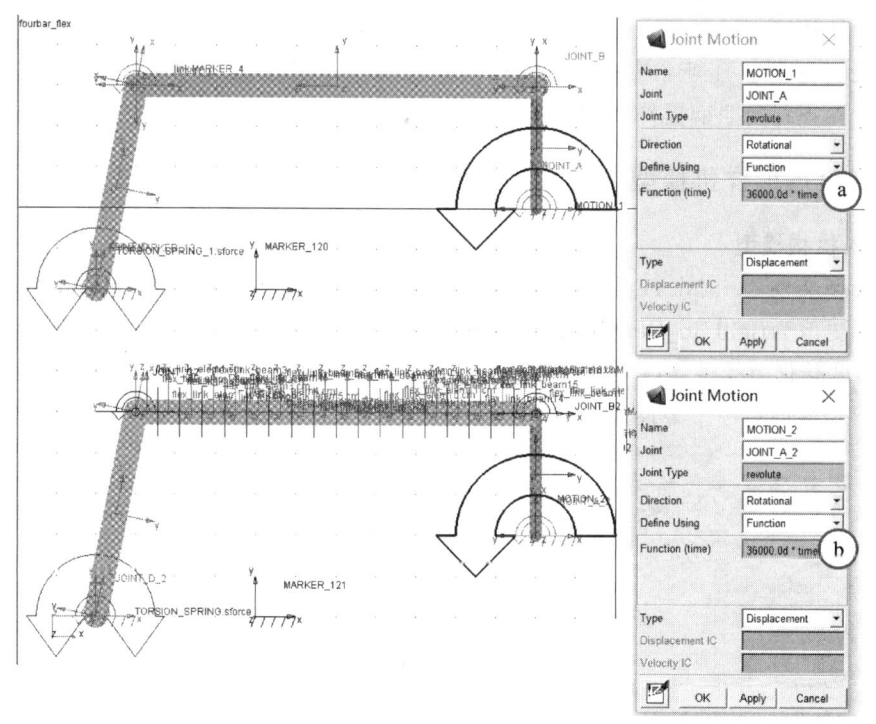

图 4-12　曲柄速度的更改

从图 4-13 所示的分析结果可以明显看到连杆的柔性对机构运动的影响。
保存模型为：**example41_fourbar_flex.bin**。

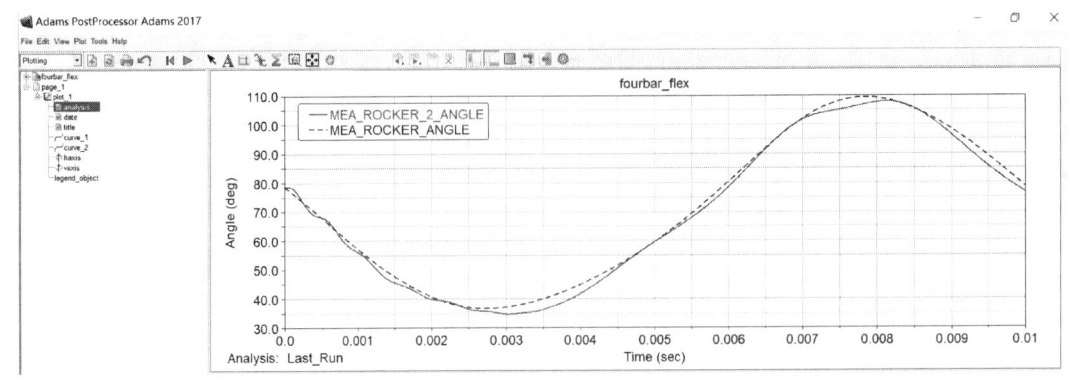

图 4-13 摇杆角位置的测量结果比较

4.2 刚体转换成柔性体方式建模

实验 4.2 前面采用非连续柔性体来创建柔性连杆,虽然初步解决了柔性体建模问题,但进一步应用会发现,这种方法建模获得的机构在仿真分析时有时误差相对较大,例如在图 4-13 中所看到的情形。再有不能采用非连续柔性体创建方法来创建复杂形状的柔性体,从而使得柔性体建模的应用受到限制。为此,ADAMS 又提供了另外一种柔性体的建模方法,即将"刚体转换为柔性体(Rigid to Flex)"的方法来创建柔性体。

下面采用与图 4-1 所示完全相同的机构来以"刚体转换为柔性体(Rigid to Flex)"的方法创建具有柔性连杆的曲柄摇杆机构。

4.2.1 创建虚拟样机模型

1. 输入机构模型

打开模型文件 example41_fourbar_flex.bin,将其另存为 **example42_fourbar_flex.bin**,并将模型名称更改为 **rigid_to_flex_link_mechanism**。

2. "刚体转化为柔性体(Rigid to Flex)"法创建柔性连杆

按以下步骤创建一个柔性连杆,如图 4-14 所示。

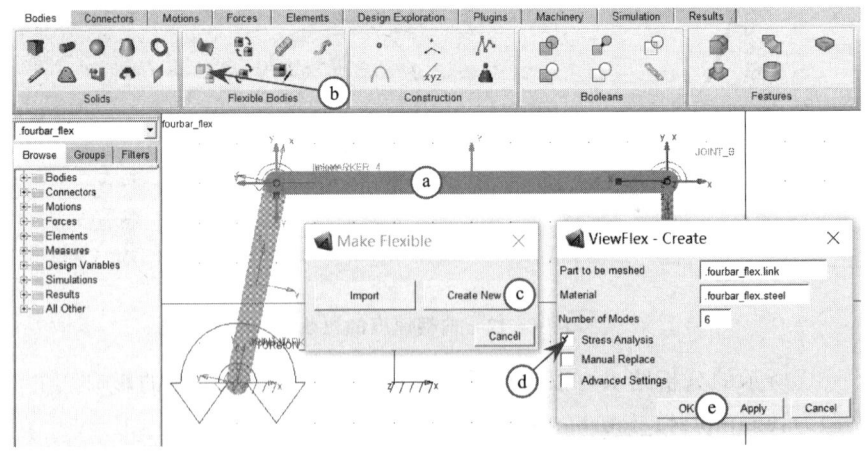

图 4-14 柔性连杆的创建

a. 单击模型中第 1 个机构中的连杆(link),以选中它;

b. 在操作区 **Bodies** 项的 Flexible Bodies 中,单击 **Rigid to Flex** 图标,打开 Make Flexible 对话框;

c. 在 Make Flexible 对话框中,单击 **Create New** 按钮;

d. 在 View Flex – Create 对话框中,选择复选框 **Stress Analysis** ;

e. 单击 **OK** 按钮,完成柔性连杆的创建。

刚被创建的柔性连杆具有与刚性连杆相同质量特征和几何特征,如图 4 – 15 所示。

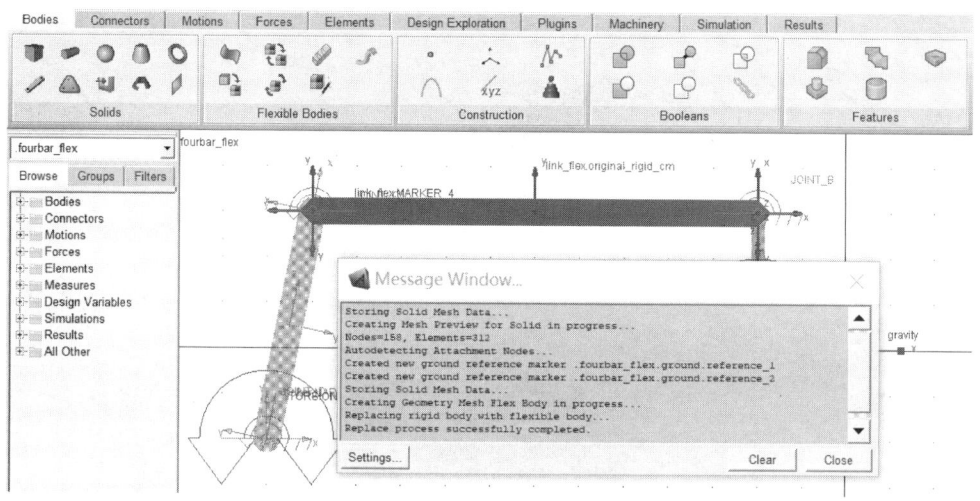

图 4 – 15　具有柔性连杆的曲柄摇杆机构模型

另外,还可以根据具体需要,进行创建柔性体的高级设置(Advanced Settings),如图 4 – 16

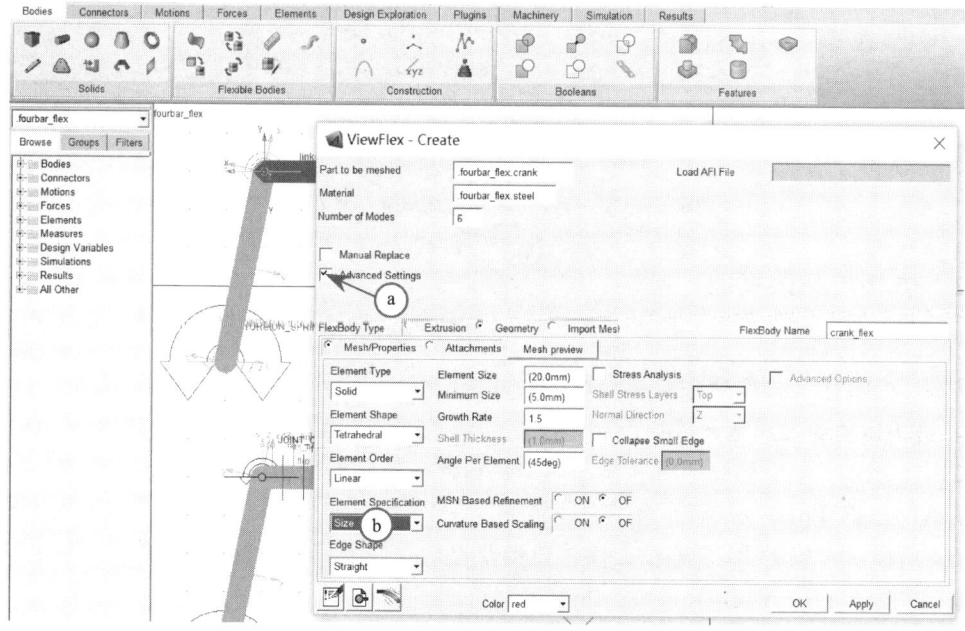

图 4 – 16　柔性体创建的高级设置

所示。例如可以将单元体的划分由自动方式(Auto)更改为设定尺寸方式(Size),这样对于大型的构件,可以设定大尺寸的单元体,避免柔性体创建时由于单元体太多而导致失败的情况发生。

最终完成的模型如图 4-17 所示。

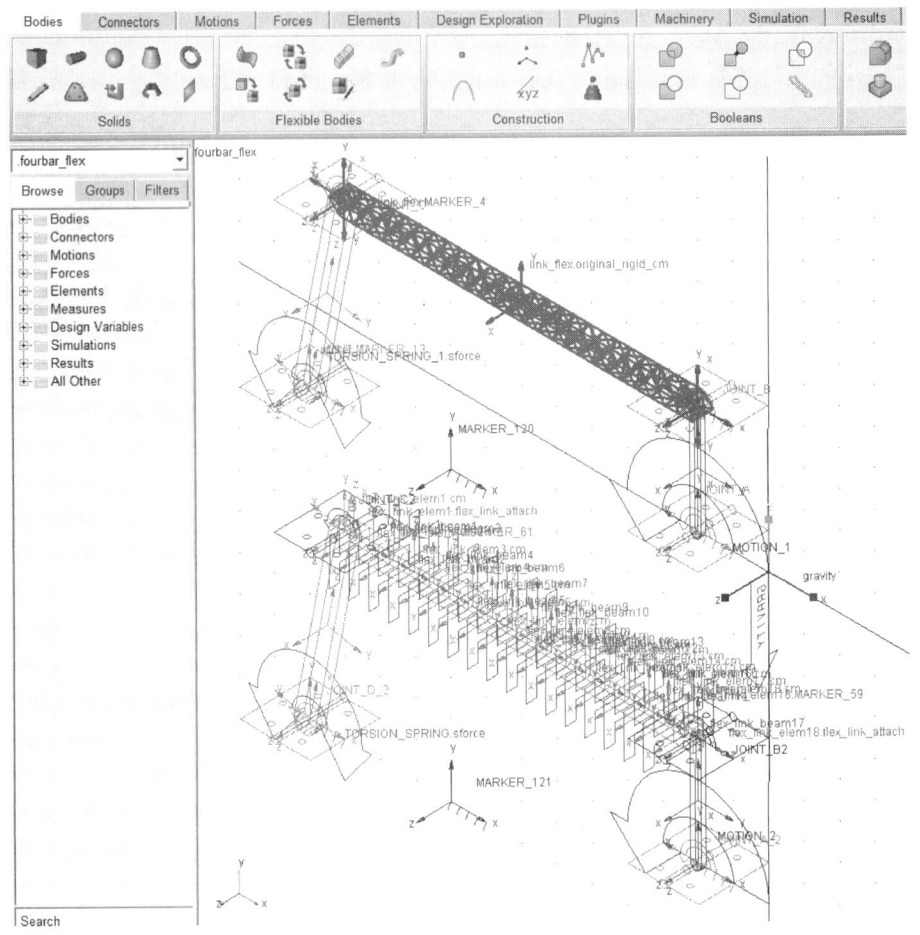

图 4-17 柔性连杆的曲柄滑块机构模型

4.2.2 仿真与测试模型

1. 机构的仿真

按图 4-18 所示操作顺序及参数对模型进行仿真。

2. 机构运动参数测量曲线显示

按图 4-19 所示操作顺序重新显示两个机构摇杆转角的测量曲线。

在 ADAMS/PostProcessor 环境下,将图 4-19 所示的两条测量曲线叠加在一起,如图 4-20 所示。可以看出,非连续柔性体建模获得的柔性连杆误差较大,在高速机械中慎用。

保存模型为 **example42_fourbar_flex.bin**。

第 4 章 柔性体建模及系统振动特性分析

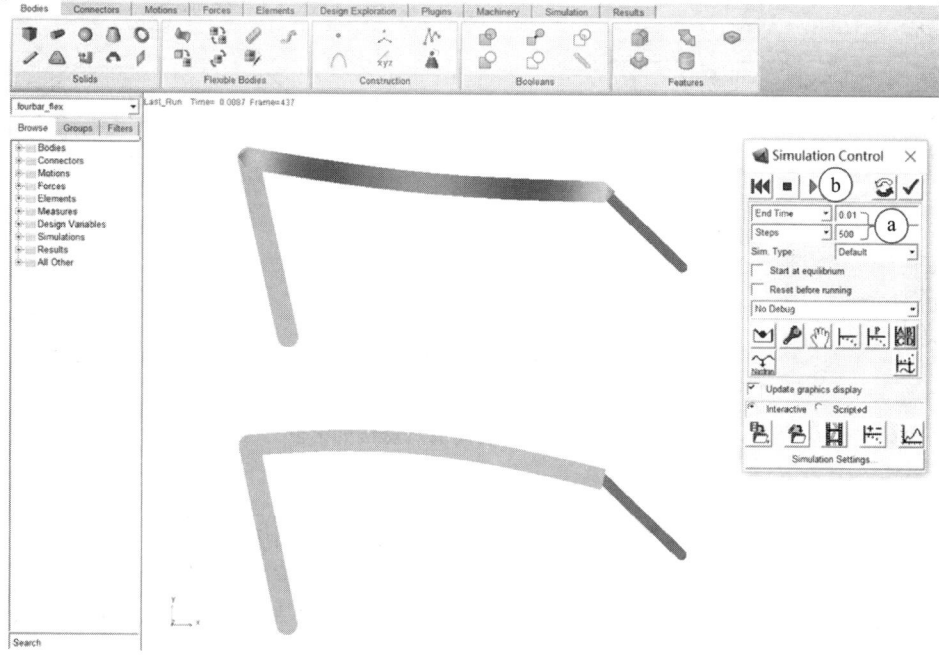

图 4-18 机构的仿真

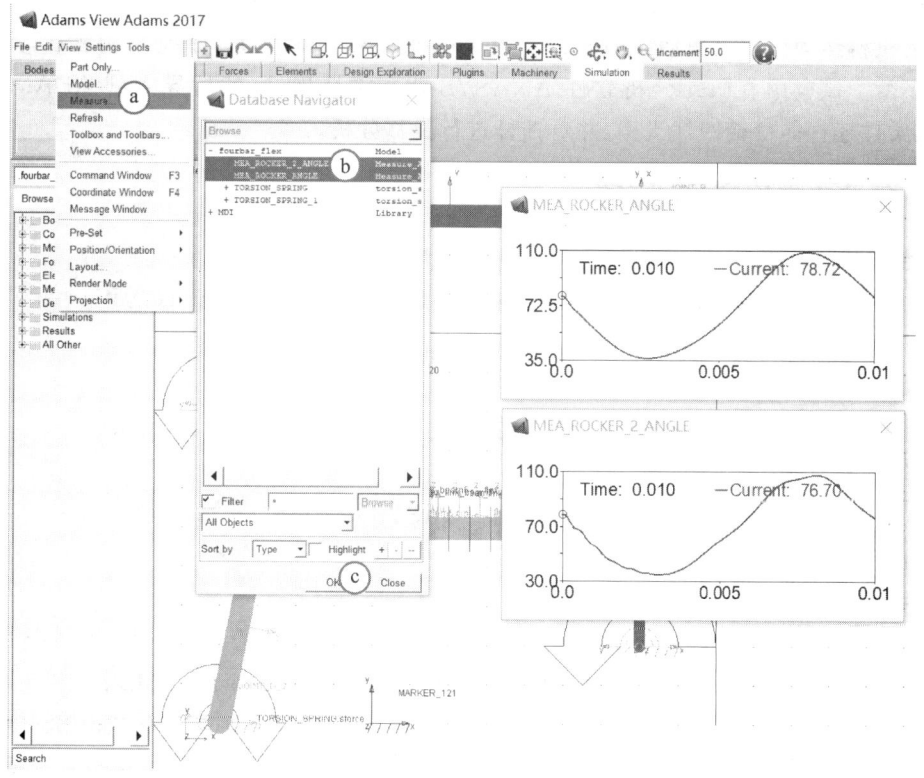

图 4-19 机构的测量曲线显示

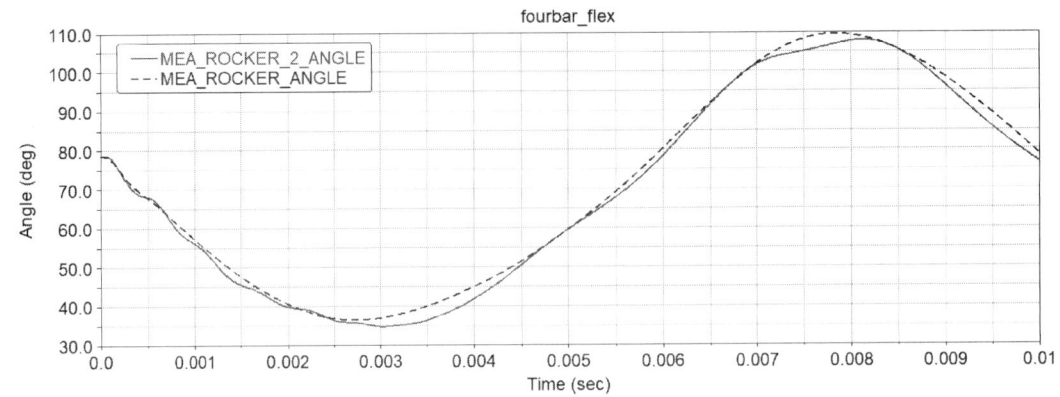

图 4-20 摇杆转角的测量结果比较

4.3 ADAMS/Flex 柔性分析模块

ADAMS/Flex 是 ADAMS 的一个模块，它提供 ADAMS 与有限元分析软件 ANASYS、NASTRAN 等之间的双向数据交换接口。利用 ADAMS/Flex 模块，可以考虑较复杂形体的弹性，在 ADAMS/View 中创建出复杂柔性体，进而有效提高机械系统的仿真精度。

实例 4.3 为方便又不失实用性，这里还是以图 4-1 所示的曲柄摇杆机构为例，考虑连杆弹性的机构运动分析。曲柄以匀速 $\omega_1 = 200\ \pi\text{rad/s} = 36\ 000\ (°)/\text{s}$ 驱动机构运动，其他尺寸和参数不变。试应用有限元分析软件 ANASYS 建立柔性连杆，然后导入到 ADAMS/View 中，创建柔性连杆的铰链四杆机构，并对摇杆进行位移分析。

4.3.1 创建柔性连杆 mnf 文件

1. 创建刚性连杆

应用 Solidworks 软件来创建连杆的实体模型（连杆长 $l_{BC} = 500$ mm，宽 $W_{BC} = 30$ mm，厚 $D_{BC} = 10$ mm），如图 4-21 所示。

2. 输出连杆模型

输出连杆实体模型为 **link.x_t**（也可以保存成 sat 格式），如图 4-22 所示。

3. 创建柔性连杆

启动 ANASYS，将 link.x_t 文件导入到 ANASYS 中，如图 4-23 所示。

划分网格，如图 4-24 所示。

4. 生成柔性连杆的 mnf 文件

如图 4-25 和图 4-26 所示，生成柔性连杆的 mnf 文件的步骤如下：

a. 在主菜单中，选择 **solution\ ADAMS Connection\Export to ADAMS**；

b. 在 Reselect attachment nodes 对话框中，选择一些附加节点（attachment nodes）；

提示：所选节点的数量要根据需要来选择，它与构件和其他的部件的连接位置和模态数量等有关。

c. 单击 **OK** 按钮；

第 4 章 柔性体建模及系统振动特性分析

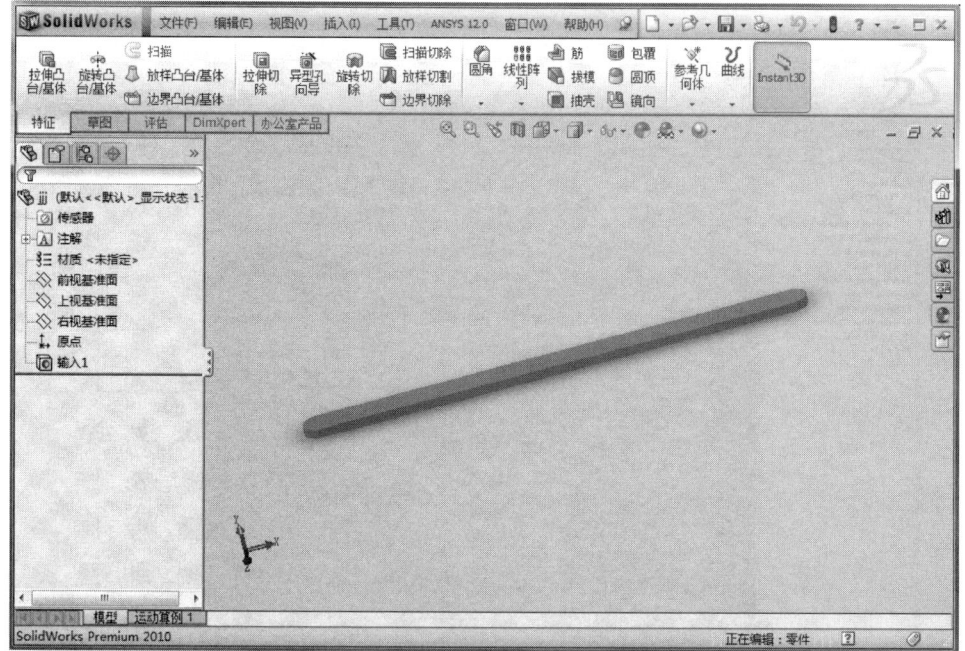

图 4-21 连杆实体模型的创建

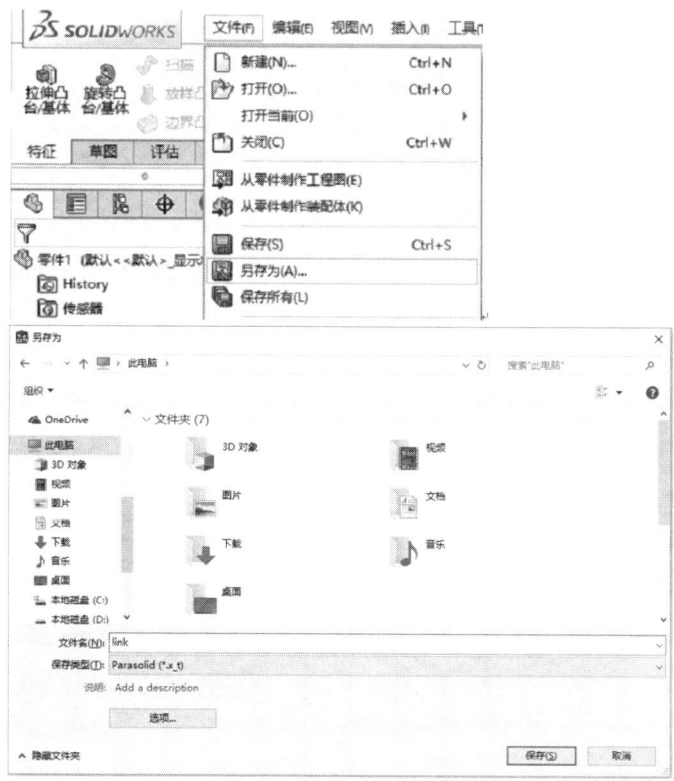

图 4-22 连杆实体模型的输出

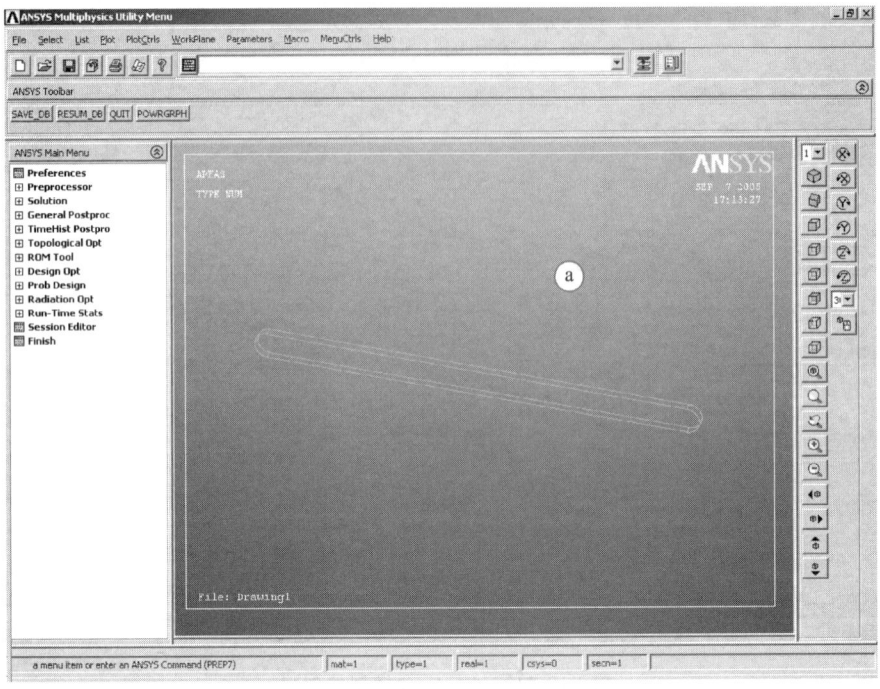

图 4-23　ANASYS 环境下的连杆模型

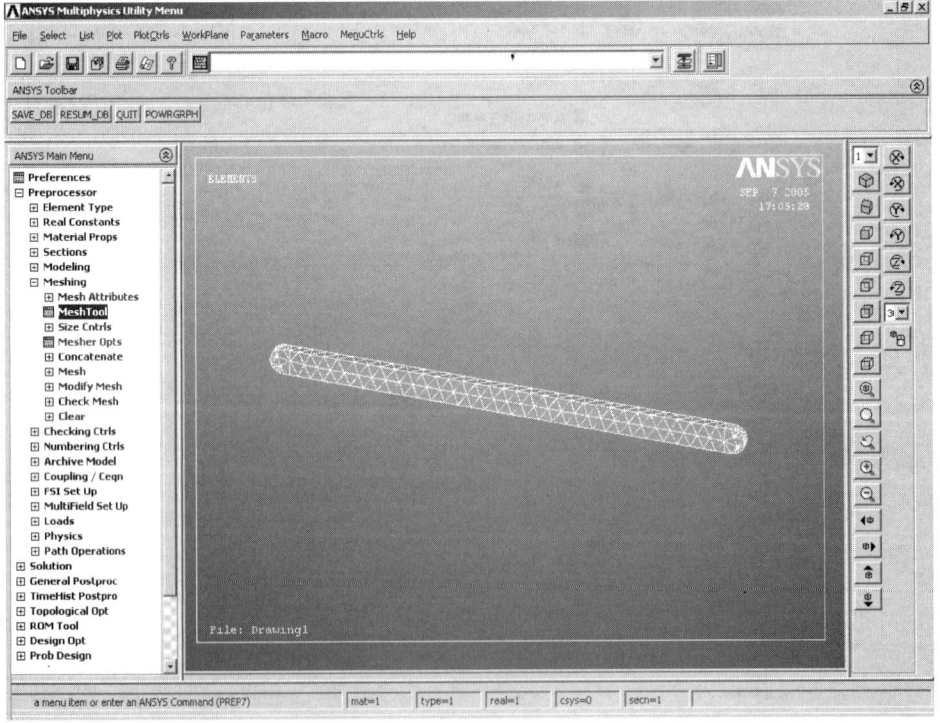

图 4-24　连杆模型的网格划分

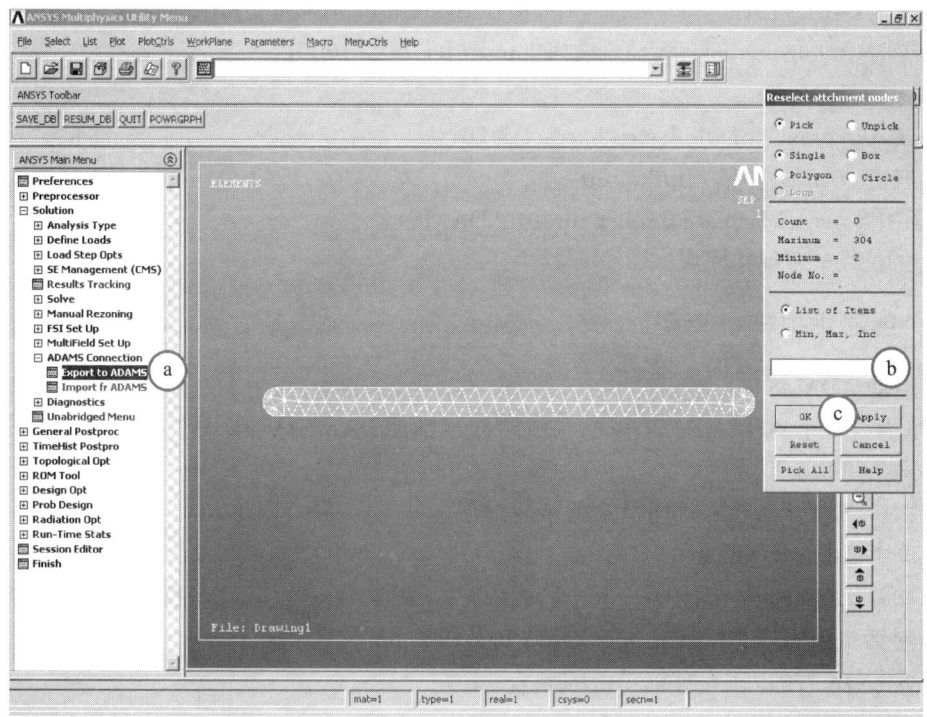

图 4-25 附加节点的选择

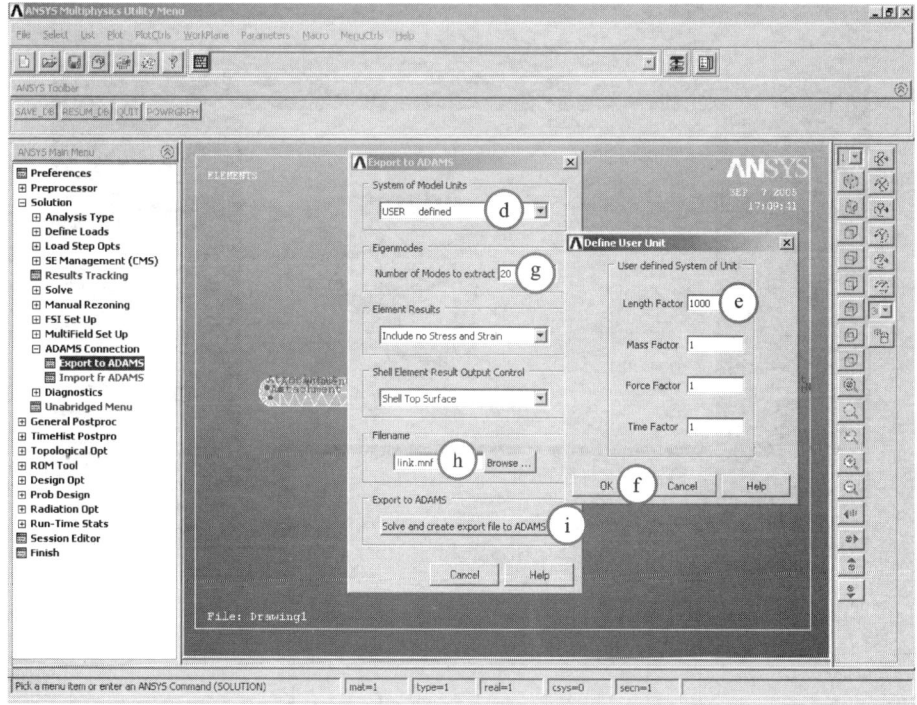

图 4-26 link.mnf 文件的生成

d. 在 Export to ADAMS 对话框中，选择 System of Model Units 为**USER defined**；

e. 在 Define user unit 对话框，输入 length factor 为**1000**；

f. 单击**OK** 按钮；

g. 输入 Number of Modes to extract 为**20**；

h. 在 filename 中，输入**link. mnf**；

i. 选择**Solve and create export file to ADAMS**。

文件 link. mnf 创建完成。

4.3.2 创建虚拟样机模型

1. 启动 ADAMS

在桌面上双击 ADAMS/View 的快捷图标，启动**ADAMS/View**。

2. 导入机构模型

如图 4-27 所示，导入机构模型的步骤如下：

a. 选中**Existing Model**；

b. 在弹出的 Open Existing Model 对话框中，单击 Select File 按钮，并在随后弹出的 select file 对话框中选择文件**example41_fourbar_flex. bin** 文件；

c. 单击**OK** 按钮，完成机构模型的导入。

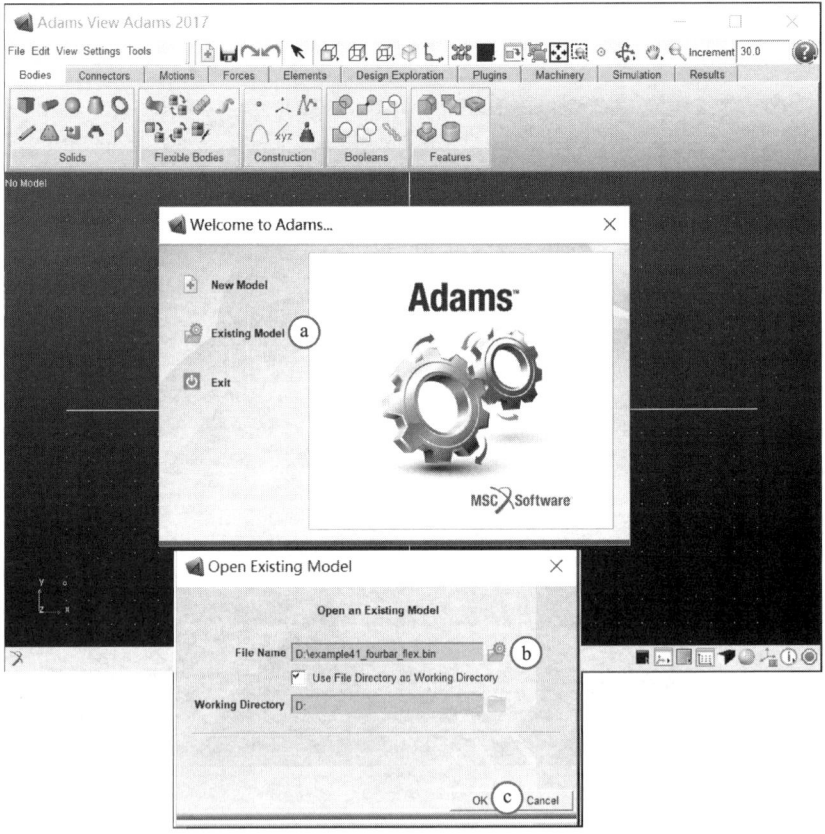

图 4-27 模型文件的打开

3. 修改机构模型

在输入的模型中,将处在下面的柔性连杆的机构模型删除,再将上面剩下的机构模型中的连杆删除,得到的模型如图 4-28 所示。

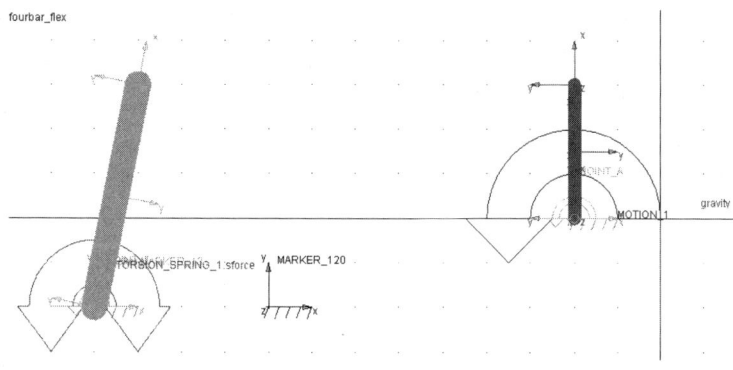

图 4-28 机构模型的修改

4. 添加柔性连杆

下面导入由 ANSYS 软件创建的柔性连杆的 link.mnf 文件。

为方便操作,这里导入的 link.mnf 文件是 ADAMS/View 自带的 link.mnf。导入文件的步骤如下(见图 4-29):

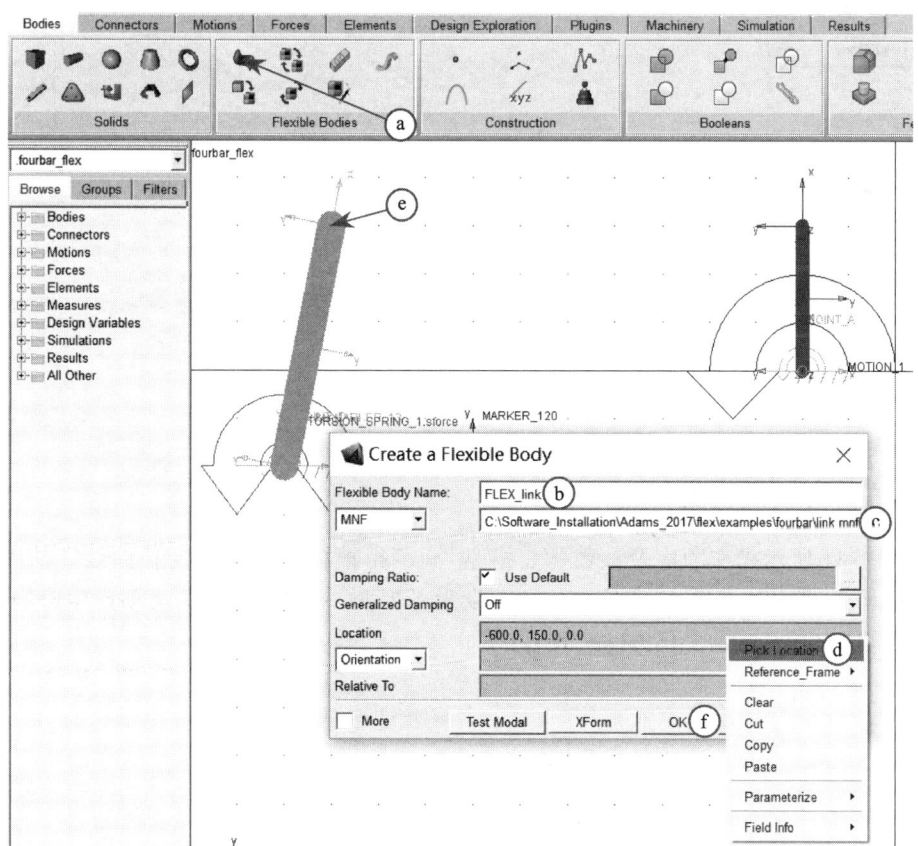

图 4-29 柔性连杆的创建

a. 在功能区 Bodies 项的 flexible bodies 中单击 Adams/Flex 按钮，弹出 Create a Flexible Body 对话框；

b. 在弹出的 Create a Flexible Body 对话框中输入 Name 为**FLEX_link**；

c. 在 MNF 中找到软件安装路径下的 link.mnf 文件（可直接输入也可以右键 browse）：

C:\Software_Installation\Adams_2017\flex\examples\fourbar\link.mnf

d. 在 Location 文本框中拾取（Pick_Location）；

e. 单击摇杆的上端点，即（−600.0,150.0,0.0）位置；

f. 单击**OK**按钮，即完成柔性连杆的创建。

5．创建运动副

分别创建柔性体连杆与曲柄和摇杆之间的转动副 JOINT_B 和 JOINT_C，得到柔性连杆机构的模型（如图 4-30 所示）。

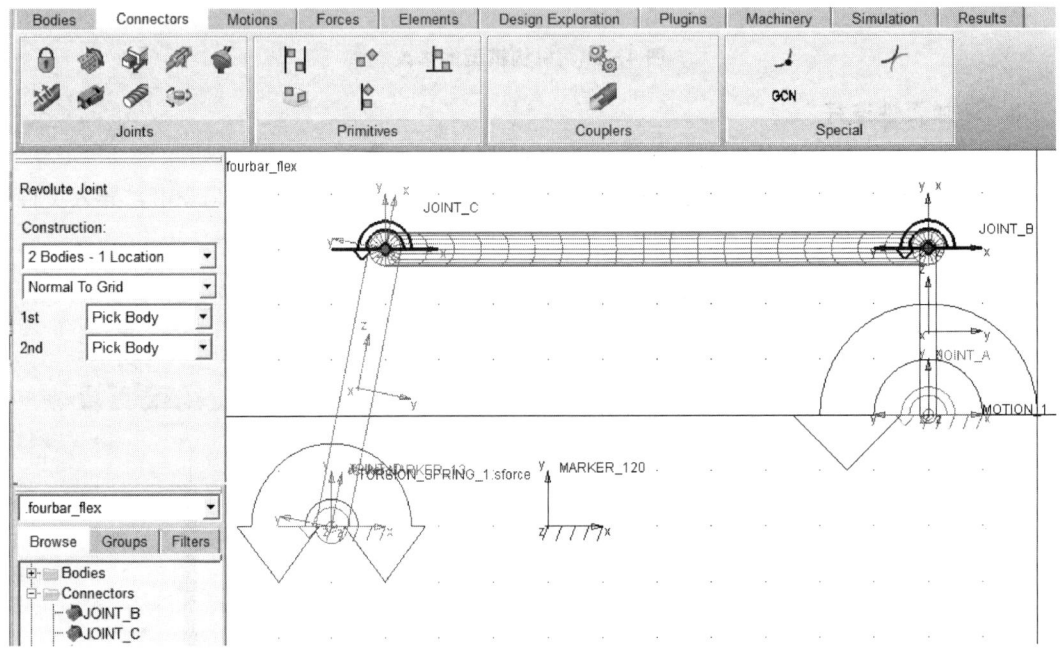

图 4-30　运动副的创建

4.3.3　仿真与测试模型

按图 4-31 所示操作顺序及参数仿真模型，并测得摇杆的角位置变化曲线。从图中可以看出，在机构运动过程中，连杆在外力作用下发生了形变，从而对摇杆的运动产生影响。

保存模型为**example43_fourbar_flex.bin**。

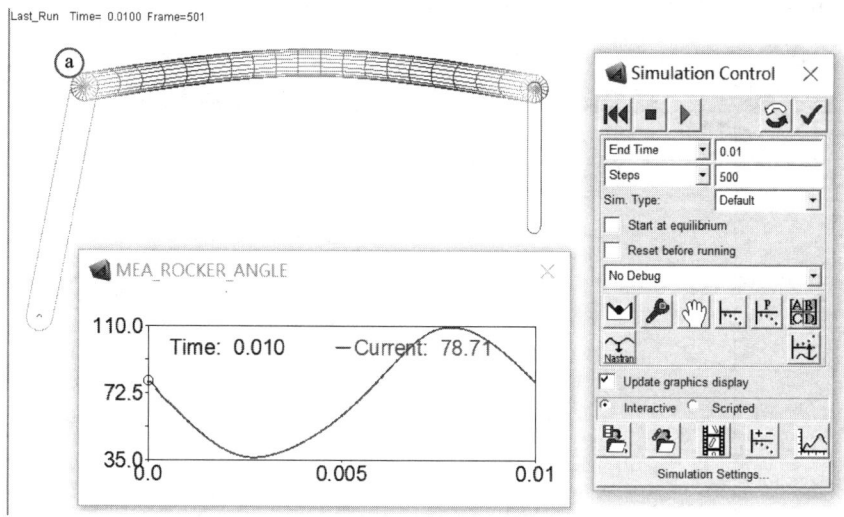

图 4-31 柔性连杆机构的仿真及测试

4.4 ADAMS/Line 分析模块

实例 4.4 试分析如图 4-30 所示柔性连杆机构的振动特性。

4.4.1 打开机构模型文件

1. 启动 ADAMS

在桌面上双击 ADAMS/View 的快捷图标,启动 ADAMS/View。

2. 打开模型文件

打开模型文件 example43_fourbar_flex.bin。

4.4.2 创建仿真描述

如图 4-32~图 4-34 所示,按以下步骤创建仿真描述:

a. 单击功能区 simulation 项的 setup 下的 **create simulation script** 按钮,弹出 Create Simulation Script 对话框;

b. 在 Create Simulation Script 对话框的 Script Type 下拉列表框中选择 **ADAMS/Solver Commands**;

c. 在 Append ACF Command 的下拉列表框中选择 **Transient Simulation**,弹出 TRANSIENT SIMULATION 对话框;

d. 在 TRANSIENT SIMULATION 对话框的 Number Of Steps 文本框中输入 **500**(可任选大于 1 整数),输入 End Time 为 **0.01**(可任选大于 0 的值);

e. 在 TRANSIENT SIMULATION 对话框中单击 **OK** 按钮;

f. 在内容为 Append ACF Command 的下拉列表框中选择 **Eigen Solution Caculation**,弹出 Eigen Solution Caculation 对话框;

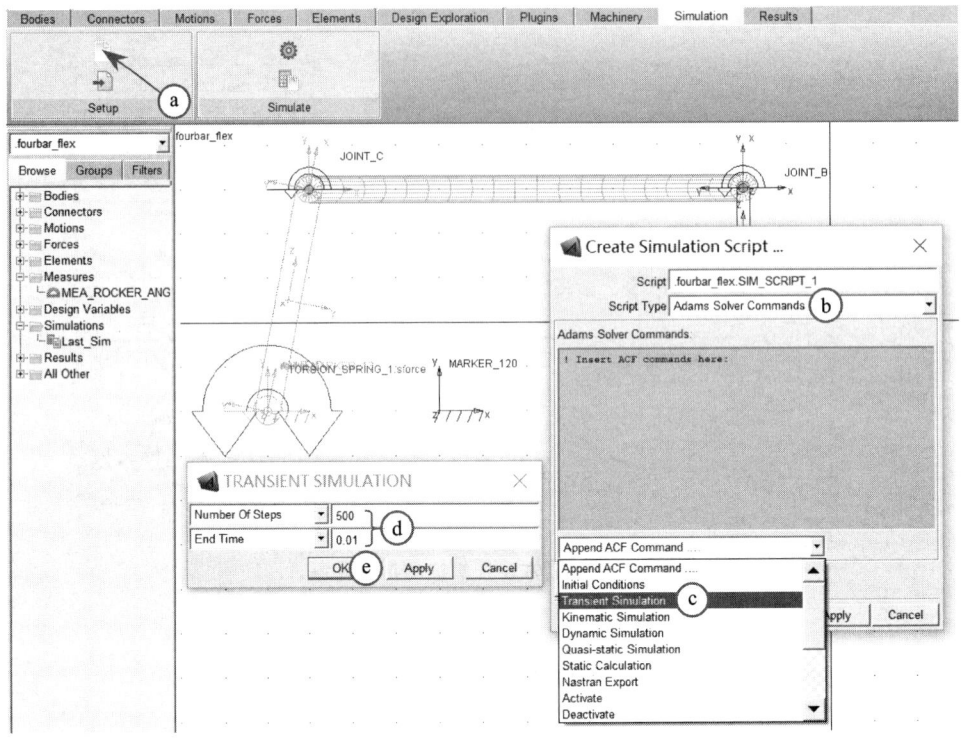

图 4-32 SIM_SCRIPT_1 的创建 1

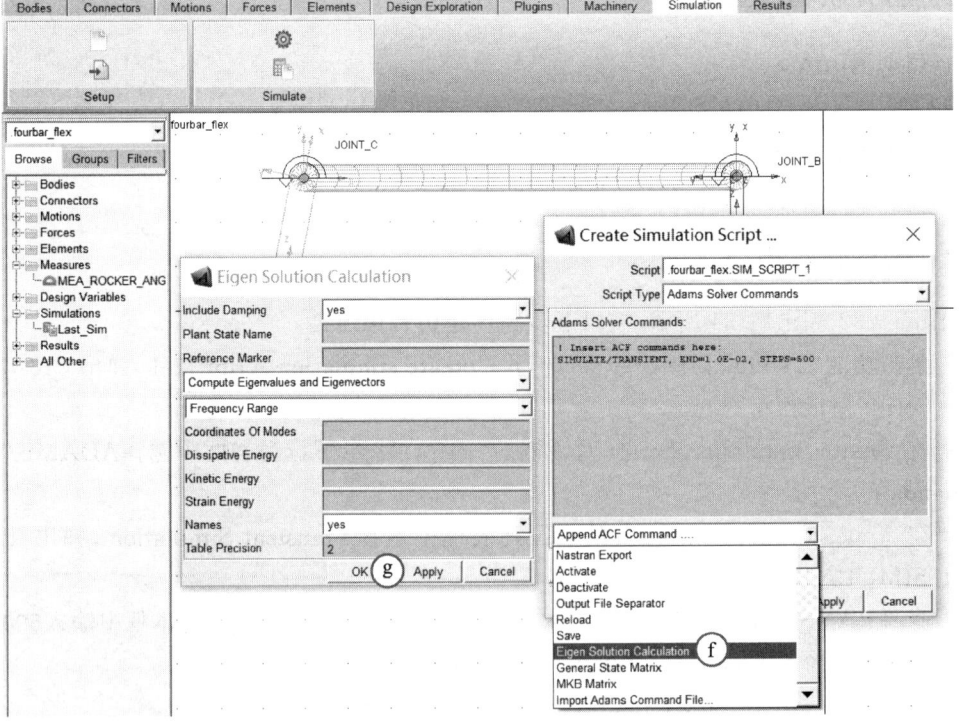

图 4-33 SIM_SCRIPT_1 的创建 2

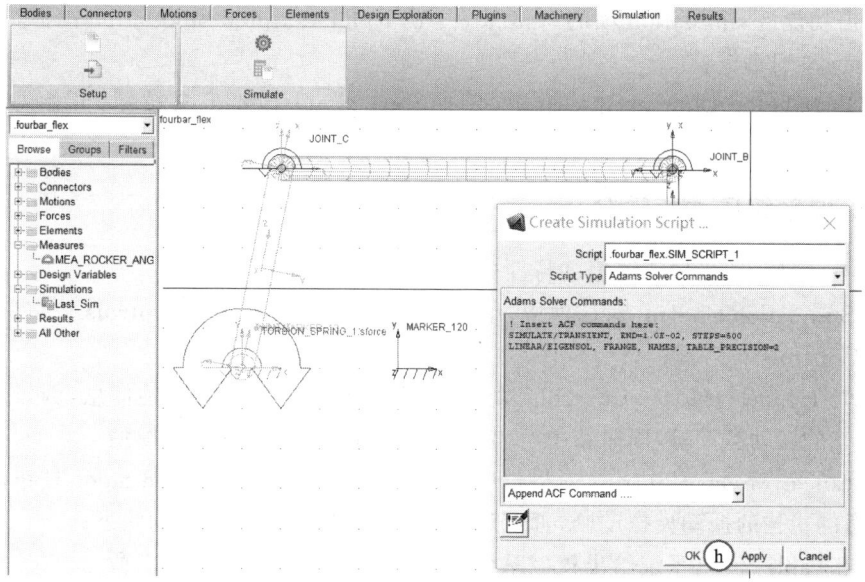

图 4-34 SIM_SCRIPT_1 的创建 3

g. 在 Eigen Solution Caculation 对话框中单击 OK 按钮；

h. 在 Create Simulation Script 对话框中单击 OK 按钮，即完成仿真过程描述的创建。

4.4.3 仿真模型

如图 4-35 所示，对模型进行仿真的步骤如下：

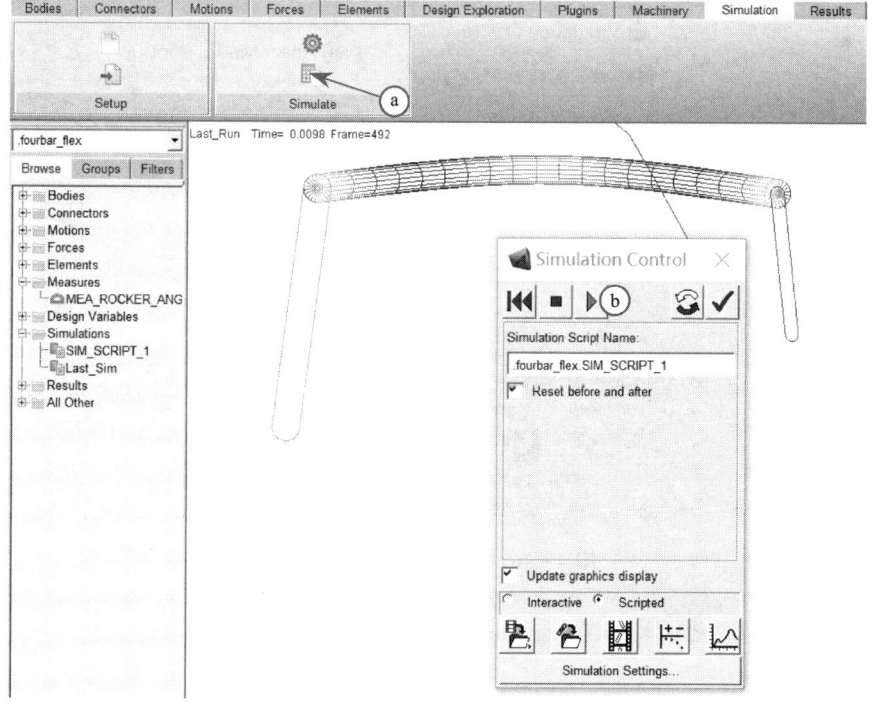

图 4-35 柔性连杆机构的仿真

a. 单击功能区 simulation 项的 simulate 下的 Run a Scripted Simulation 图标,弹出 Simulation Control 对话框;

b. 在 Simulation Control 对话框中,单击 **Start simulation** 工具按钮,开始对模型进行仿真。

4.4.4 机械系统振动特性分析

如图 4-36 所示,机械系统振动特性分析的步骤如下:

a. 在 Simulation Control 对话框中,单击 **Switch to linear modes controls** 按钮,弹出 Linear Modes Controls 对话框;

b. 系统在 Linear Modes Controls 对话框中给出该机构的振动特性信息,例如共 23 阶模态,每阶模态的振动频率等,同时系统给出每阶模态对应的机构的振动模型;

c. 在 Linear Modes Controls 对话框中,单击 **Animate the displayed mode** 按钮,系统给出当前阶模态的机构的振动模拟动画,可直观感受到系统对用模态的振动状态;

d. 单击 **Table** 按钮,系统给出机械系统的振动特性列表,如图 4-37 所示。

保存模型为 **example44_fourbar_flex.bin**。

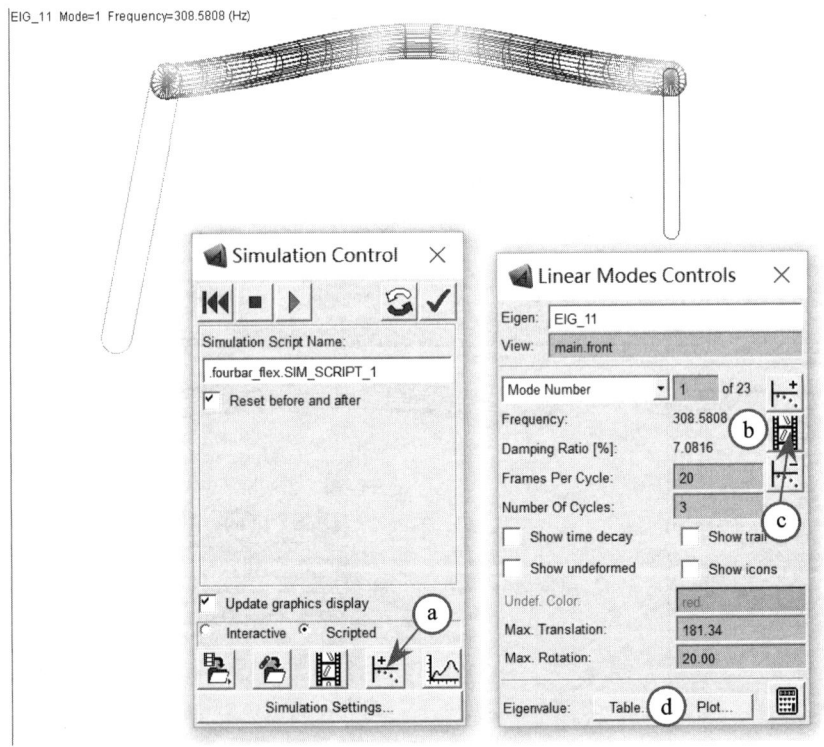

图 4-36 机构振动特性的查看

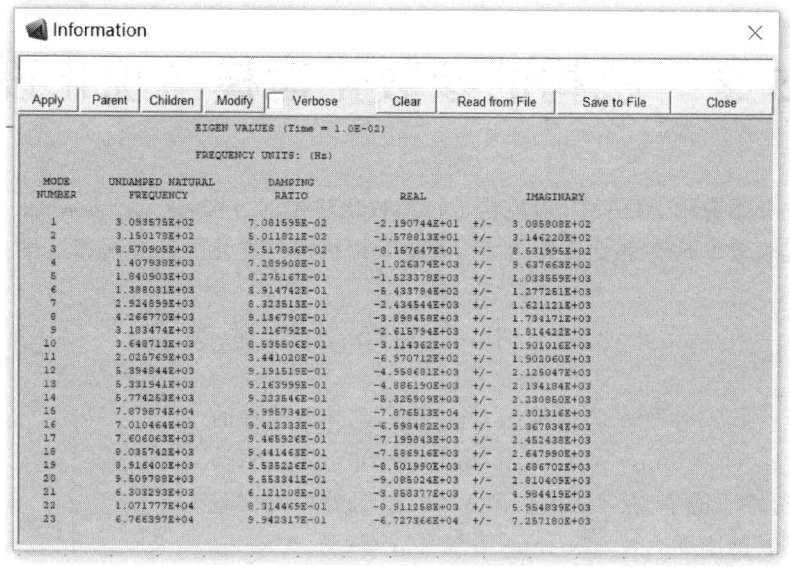

图 4-37　振动特性的数值显示

思考题与习题

1. 一般在什么情况下要考虑机构中构件的柔性？

2. 在如图 4-5 所示的创建柔性连杆的过程中，应用了 Discrete Flexible Link 对话框，试分析该对话框中各项的含义？

3. 在 Discrete Flexible Link 对话框中，segments 代表什么？它的取值大小对柔性杆的创建有怎样的影响？

4. 借助于有限元软件创建柔性构件（ADAMS/Flex 方法）和直接应用 ADAMS 创建柔性构件（Discrete Flexible Link 法）的区别是什么？

5. 分析机械系统的固有频率和振动模态的意义是什么？

6. 图 4-38 所示为一曲柄滑块机构。曲柄 1 以匀速 $\omega_1 = 20\pi$ rad/s 驱动机构运动，滑块 3 和大地之间安装有一个刚度系数为 $K = 1.0 \times 10^5$ N/mm 的弹簧用以模拟压紧力。曲柄长 $l_{AB} = 150$ mm，宽 $W_{AB} = 15$ mm，厚 $D_{AB} = 7.5$ mm；连杆长 $l_{BC} = 200$ mm，宽 $W_{BC} = 30$ mm，厚 $D_{BC} = 10$ mm；

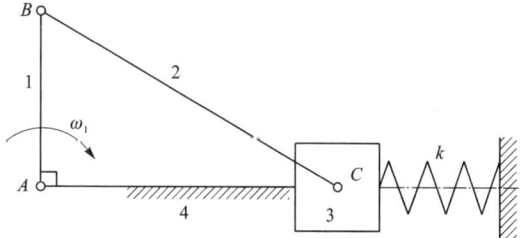

图 4-38　曲柄滑块压力机模型

滑块为 20 mm×20 mm×20 mm 的正方体。试分析当连杆为柔性杆时，执行从动件滑块的运动会发生怎样的改变。

7. 试应用 ADAMS/Flex 方法创建图 4-38 所示的柔性连杆曲柄滑块机构，并分析滑块的运动特性。

8. 试分析图 4-38 所示的柔性连杆曲柄滑块机构的振动特性。

第 5 章 机构的参数化建模与优化设计

本章首先介绍应用 ADAMS 对机构进行参数化建模的方法,这对于提高同一形式不同尺寸的机构的建模效率具有重要意义;然后,着重介绍机构的优化设计方法和过程。

5.1 机构的参数化建模

实例 5.1 图 5-1 所示为简易压力机模型,已知各构件的初始长度为 $l_{AB}=100$ mm, $l_{BC}=200$ mm, $l_{AD}=200$ mm。驱动力 F 作用在构件 1 的 D 点,大小为 $F=100$ N,且始终与 AD 保持垂直。弹簧的刚度 $K=5$ N/mm,阻尼系数 $C=0$。

① 试以各杆的长度 l_{AB}、l_{BC}、l_{AD} 为变量建立该压力机的参数化虚拟样机模型;

② 更改杆长变量,查看机构模型的变化情况;

③ 进行动力学仿真分析,给出在压紧过程中工件所受压力的变化情况。

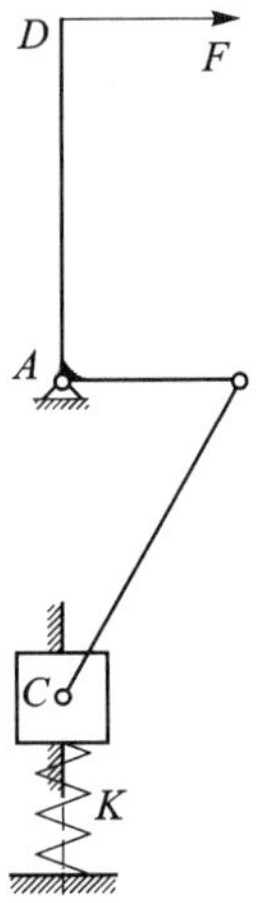

5.1.1 启动 ADAMS 并设置工作环境

1. 启动 ADAMS

在桌面上双击 ADAMS/View 的快捷图标,启动 ADAMS/View。

图 5-1 压力机机构运动简图

2. 创建模型名称

定义 Model name 为 **press_variable**。

3. 设置工作环境

(1) 设置单位

保持系统的默认值。

(2) 设置工作网格

工作网格设置为 Size(X:500,Y:400),Spacing(X:20,Y:20)。

(3) 设置图标

选择系统默认设置即可。

5.1.2 创建虚拟样机模型

1. 创建设计变量

创建分别表示杆长 l_{AB}、l_{BC} 和 l_{AD} 的 3 个设计变量(Design Variable)DV_LAB、DV_LBC 和 DV_LAD。

代表杆长 l_{AB} 的设计变量 DV_LAB 的创建过程如下(见图 5-2):

a. 在操作区 Design Exploration 项的 Design Variable 中,单击 **Create Design Variable** 图

标,弹出 Create Design Variable 对话框;
b. 在 Create Design Variable 对话框中将 Name 文本框的 DV_1 为**DV_LAB**;
c. 选择 Units 为**length**;
d. 更改 Standard Value 文本框中的数值为**100**(为杆长 l_{AB} 的初始值);
e. 选择 Value Range by 为**Absolute Min and Max Values**;
f. 更改将 Min Value 文本框中的数值为**0**(为杆长 l_{AB} 的最小值);
g. 更改 Max Value 文本框中的数值为**+200**(为杆长 l_{AB} 的最大值);
h. 单击**Apply**按钮,完成设计变量 DV_LAB 的创建。

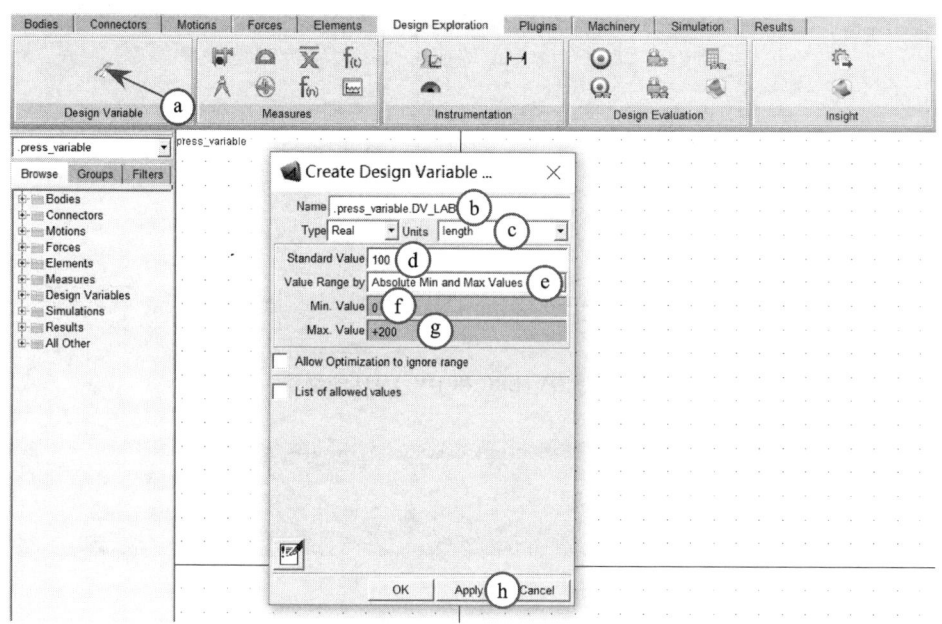

图 5-2 DV_LAB 的创建

接着,可创建代表杆长 l_{BC} 的设计变量 DV_LBC 和代表杆长 l_{AD} 的设计变量 DV_LAD,如图 5-3 所示。

2. 创建及参数化点

(1) 创建点

如图 5-4 所示,创建点的步骤如下:
a. 在操作区 Bodies 项的 Construction 中,**双击Construction Geometry:Point** 图标;
b. 5 次单击工作区,创建出 5 个点(POINT)。

更名这些点为**POINT_A**、**POINT_B**、**POINT_C**、**POINT_D** 和**POINT_E**。

(2) 参数化点

由图 5-1 所示的机构运动简图可知,当铰链 A 的位置设定为 $(0,0,0)$ 时,铰链 B 的位置坐标为 $(L_{AB},0,0)$,铰链 C 的位置坐标为 $(0,-\sqrt{L_{BC}^2-L_{AB}^2},0)$,力作用点 D 的位置坐标为 $(0,L_{AD},0)$。

如图 5-5 所示,参数化各点的步骤如下:
a. 单击 Point Table 工具按钮,弹出 Table Editor for Points in .press_variable 对话框;

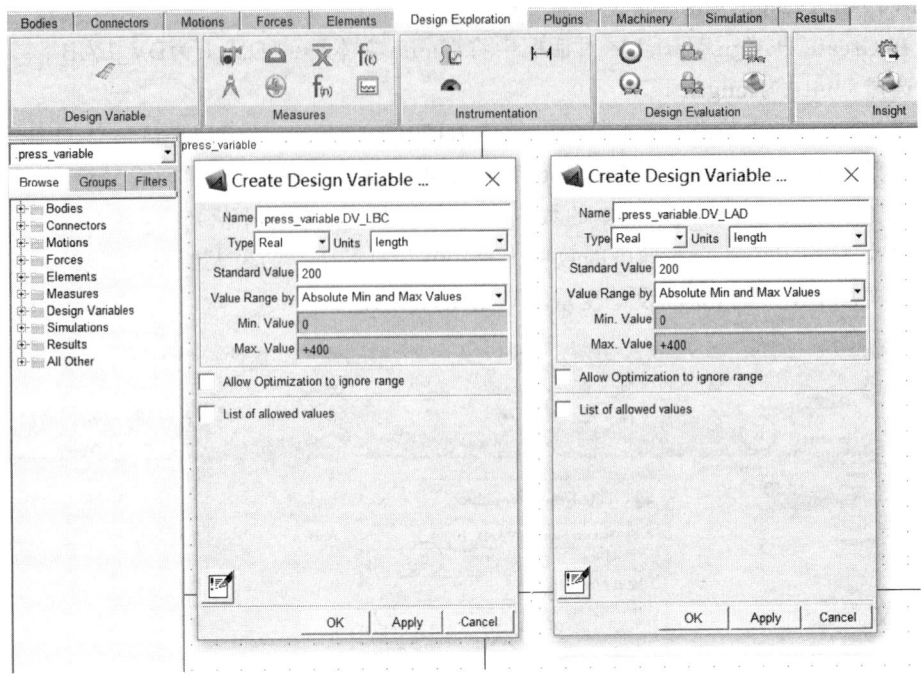

图 5-3 DV_LBC 和 DV_LAD 的创建

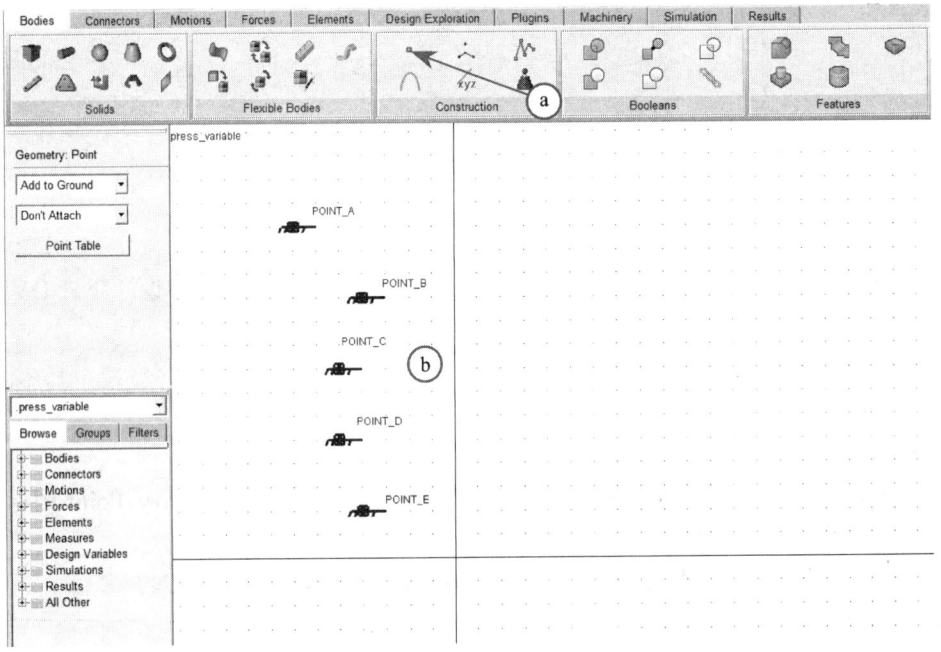

图 5-4 POINT 的创建

b. 在 Table Editor for Points in .press_variable 对话框中,按表 5-1 中所列的内容更改各点的坐标值;

c. 单击 **OK** 按钮,完成各点的坐标参数化。

表 5-1 各点的参数化值及表达式

参照点	Loc_X	Loc_Y	Loc_Z
POINT_A	0.0	0.0	0.0
POINT_B	(DV_LAB)	0.0	0.0
POINT_C	0.0	(−SQRT(DV_LBC**2 − DV_LAB**2))	0.0
POINT_D	0.0	(DV_LAD)	0.0
POINT_E	−25.0	(−25 − SQRT(DV_LBC**2 − DV_LAB**2))	−25.0

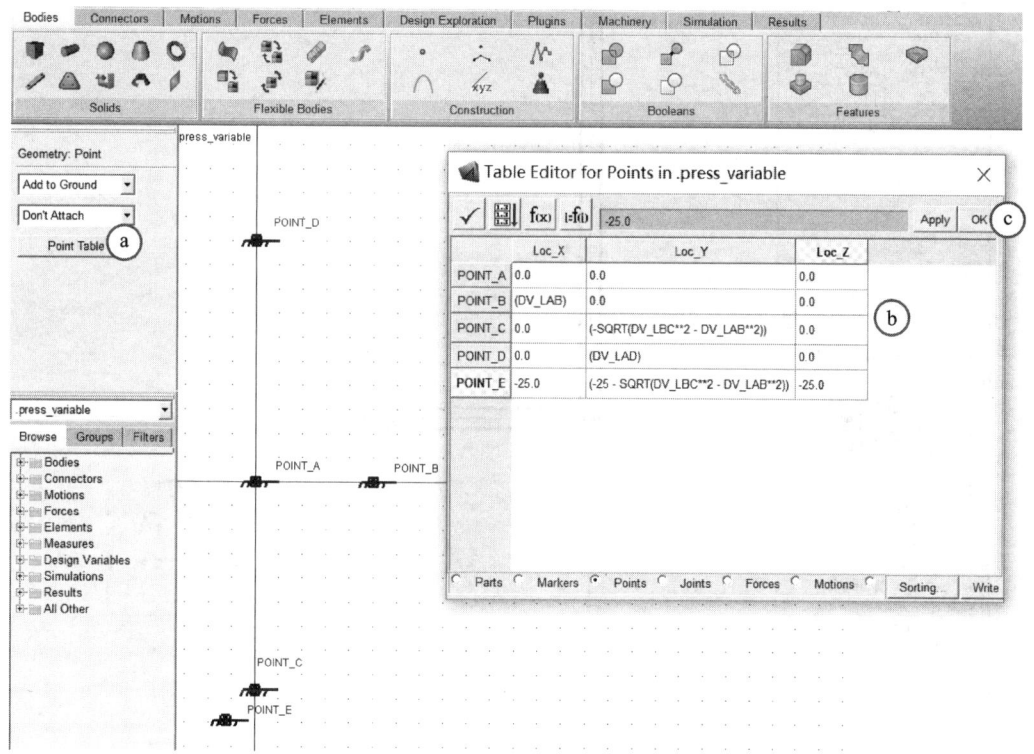

图 5-5 POINT 的参数化

说明：设计变量的表达式必须用括号"()"括起来，例如：(− SQRT(DV_LBC**2 − DV_LAB**2)))，若直接输入"− SQRT(DV_LBC**2 − DV_LAB**2)"则系统提示有错。另外要注意的是，输入完表达式之后要按一次**回车**键。

POINT_E 是创建滑块时用的参照点，因为滑块是 50 mm×50 mm×50 mm 的正方体，且要求滑块的质心始终与 POINT_C 重合，所以 POINT_E 的各坐标值为图 5-5 所示的结果，即相对 POINT_C 沿各坐标轴的负方向移动了 25 mm。

3. 创建构件

如图 5-6 所示，依据已有的点（POINT）创建 3 个运动构件，它们是曲柄（crank）、连杆（link）和滑块（slider）。

曲柄为 AB 和 AD 两部分杆件构成。在创建曲柄的第二个杆件时，选取 Add to Part 项，这样第二个杆件就和第一个杆件合成为一个构件；或单独创建两个杆件，再把它们固连到一起也可以。

滑块为 50 mm×50 mm×50 mm 的正方体，创建时直接选取(捕捉)POINT_E 点即可。

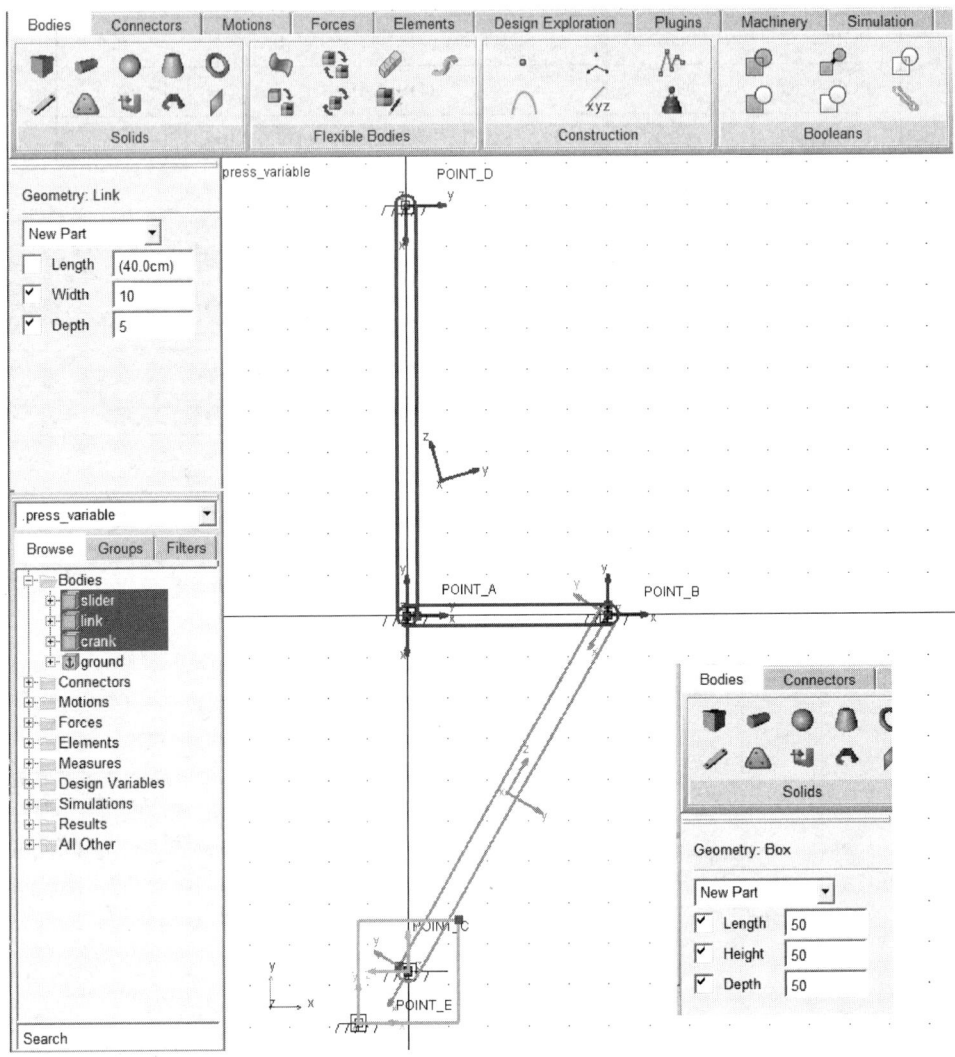

图 5-6 构件的创建

4. 创建运动副

如图 5-7 所示，创建 3 个转动副(JOINT_A、JOINT_B 和 JOINT_CR)和 1 个移动副 JOINT_CT。其中：

- JOINT_A 为 crank 与 ground 之间的转动副；
- JOINT_B 为 crank 与 link 之间的转动副；
- JOINT_CR 为 link 与 slider 之间的转动副；
- JOINT_CT 为 slider 与 ground 之间的移动副。

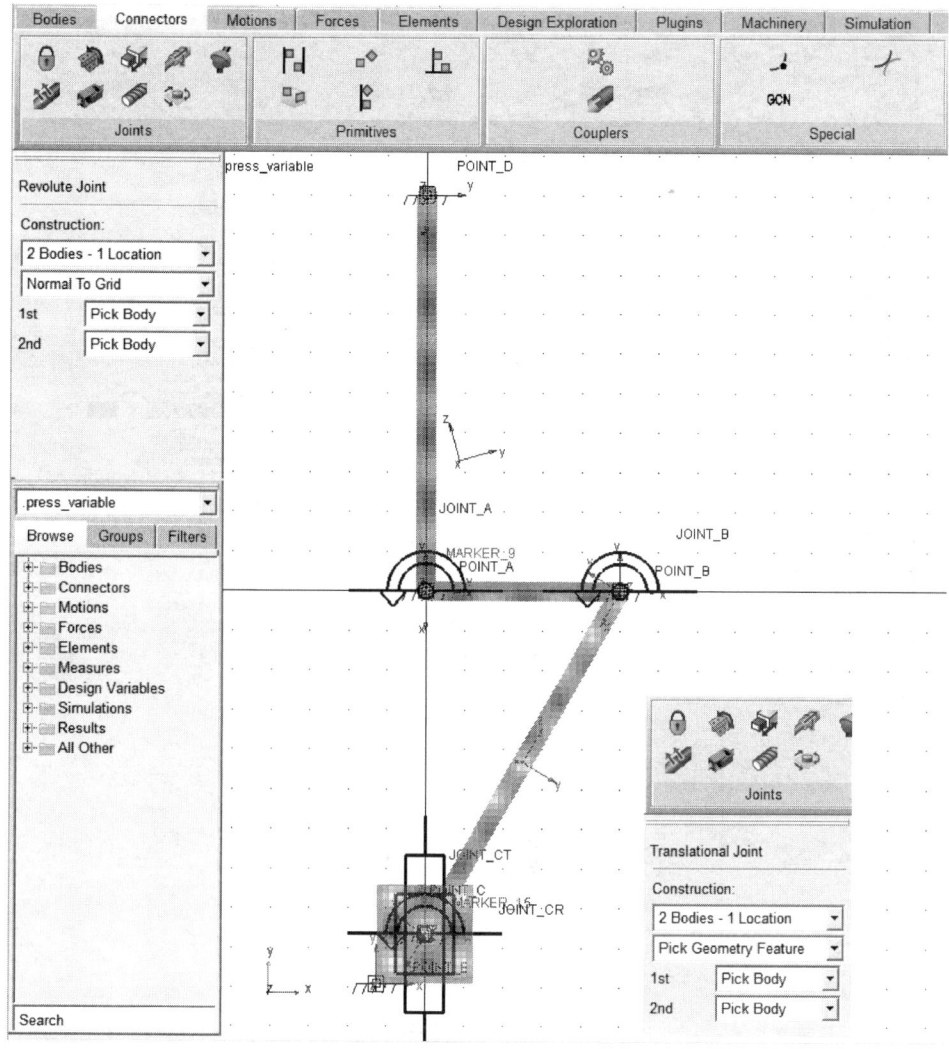

图 5-7 运动副的创建

5. 创建弹簧

(1) 创建弹簧

如图 5-8 所示,创建弹簧的步骤如下:

a. 在操作区 Forces 项的 Flexible Connections 中,**单击 Create Translational Spring-Damper** 图标;

b. 选中 K 并输入 5,选中 C 并输入 0;

c. 右击 **POINT_E** 弹出 Select 对话框,并在对话框中选中 **slider.cm**;

d. 单击(0,-280,0)位置,弹簧创建完成。

(2) 参数化弹簧的上端点位置

创建完弹簧后,在滑块上增加了表示弹簧端点的一个标记点 MARKER_16。若在建模过程中(不是仿真过程中)移动滑块,则 MARKER_16 并不随滑块一起移动,导致滑块移动时,弹

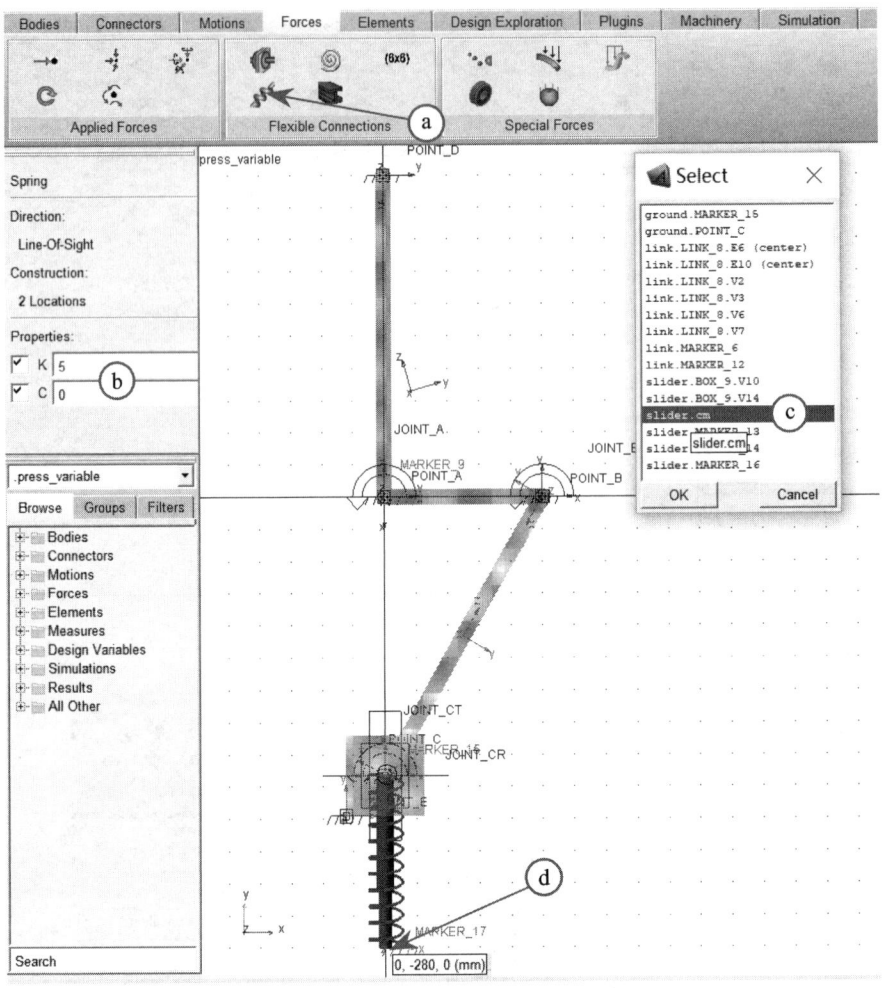

图 5-8 弹簧的创建

簧的上端点在固定位置不动。为了在更改各杆长时,能使弹簧跟随滑块一起移动,需要建立 MARKER_16 与 POINT_C 点的位置关联关系,建立步骤如下(见图 5-9):

a. 右击 **MARKER_16** 弹出快捷菜单,选择-**Marker:MARKER_16\Modify** 菜单项,弹出 Marker Modify 对话窗;

b. 在该对话框中,将 Location 更改为(**LOC_RELATIVE_TO({0,0,0},POINT_C)**);

c. 单击 **OK** 按钮完成弹簧上端点 MARKER_16 位置的参数化。

提示:若创建弹簧后,不知道在滑块上增加的标记点是哪个点,则可按照如图 5-10 所示的方法了解增加的标记点的名称。例如,在 Information 窗中可以看到:i_marker 为 MARKER_16,j_marker 为 MARKER_17。

6. 施加作用力

在 POINT_D 处,给 crank 施加一个水平向右、大小为 100 N 的作用力,如图 5-11 所示。

第 5 章 机构的参数化建模与优化设计

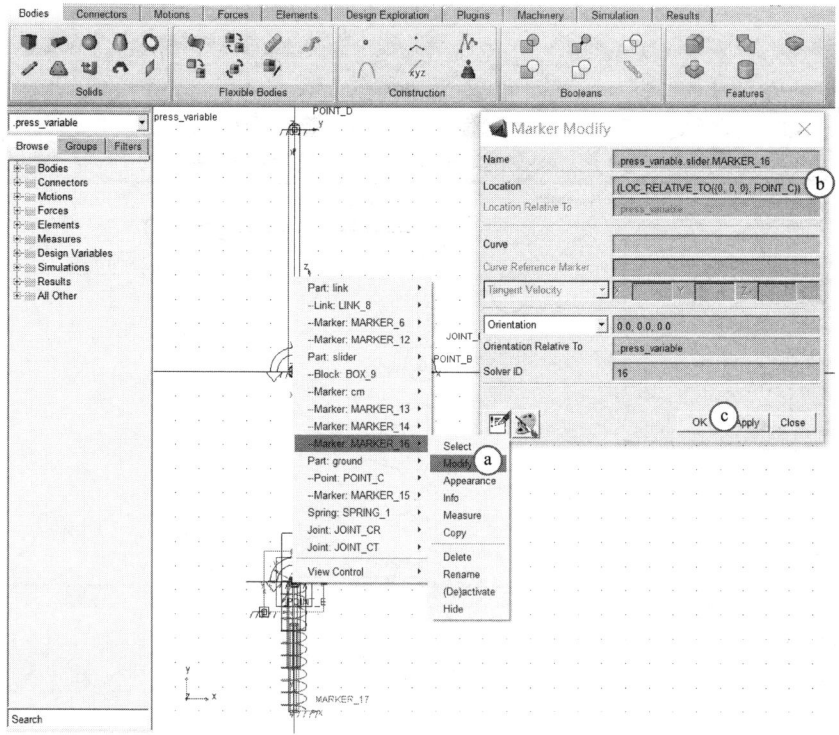

图 5-9 Marker 点的参数化

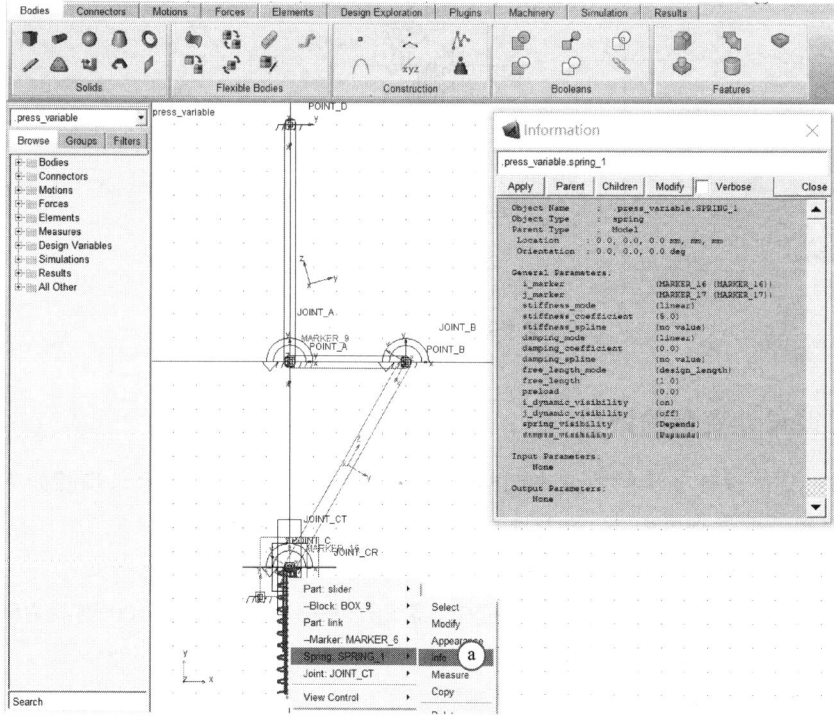

图 5-10 弹簧信息的查看

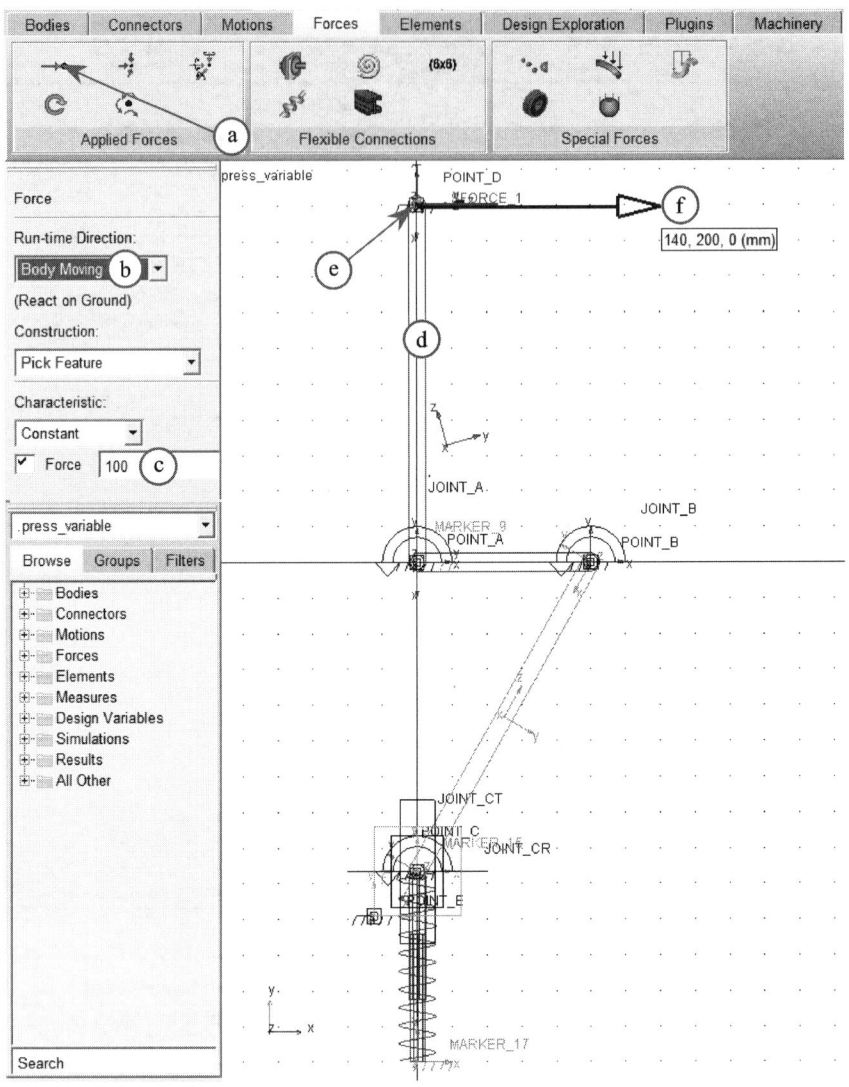

图 5-11 作用力的施加

5.1.3 更改设计变量的数值

下面通过更改设计变量的数值来调整机构的杆长(如图 5-12 所示),步骤如下:
a. 在左侧的模型浏览器中,单击打开 Design Variable 文件夹;
b. 双击 **DV_LAB**,弹出 Modify Design Variable 对话框;
c. 在 Modify Design Variable 对话框中,将 Standard Value 的值 100 更改为 **50.0**;
d. 单击 **OK** 按钮,DV_LAB 的值由 100 更改为 50。

提示:此时可以看到曲柄的 AB 段长度变短了(变为 50 mm)。

更改(恢复)Standard Value 的值为 **100.0**。

其他杆长的调整方法类似。

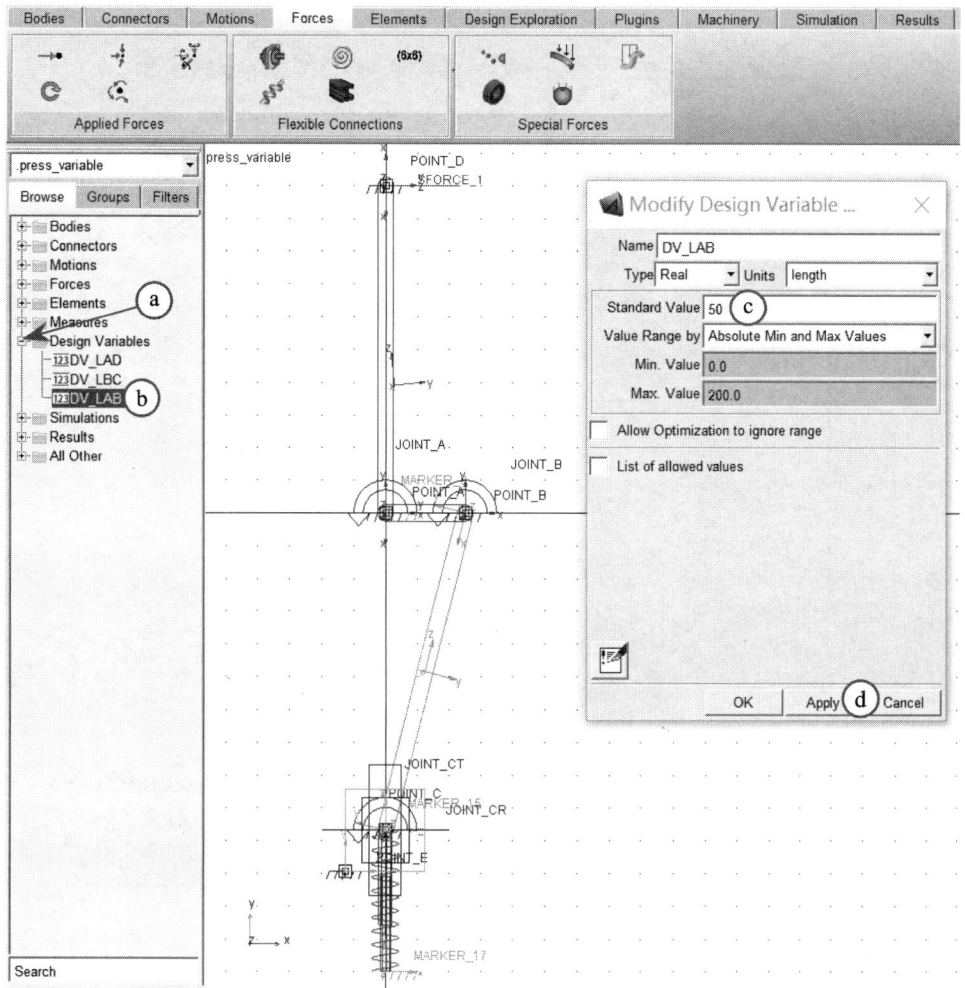

图 5-12 模型参数的修改

5.1.4 仿真与测试

1. 仿真模型

按图 5-13 所示操作顺序及参数对模型进行仿真。

2. 测量模型

按图 5-14 所示操作顺序及参数测量弹簧力的变化。

实例 5.1 的保存模型文件名为 **example51_press_variable.bin**。

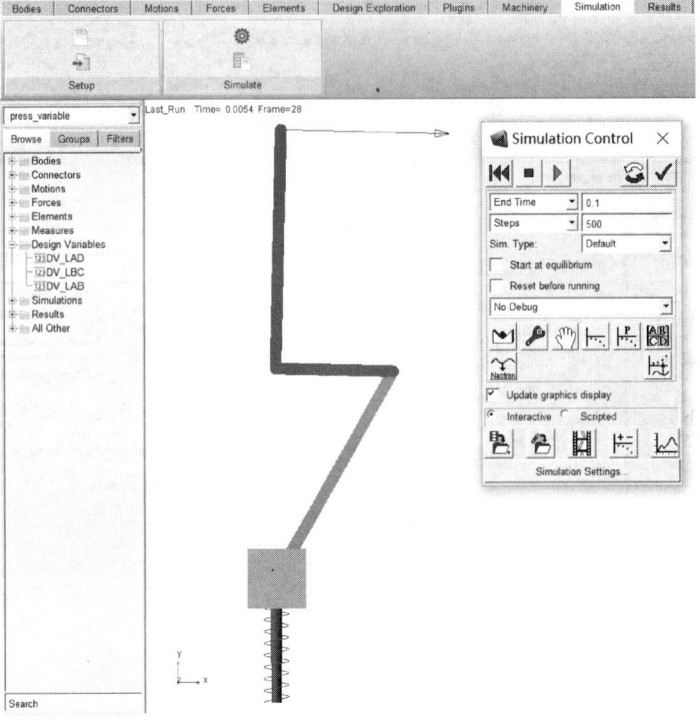

图 5-13 模型的仿真

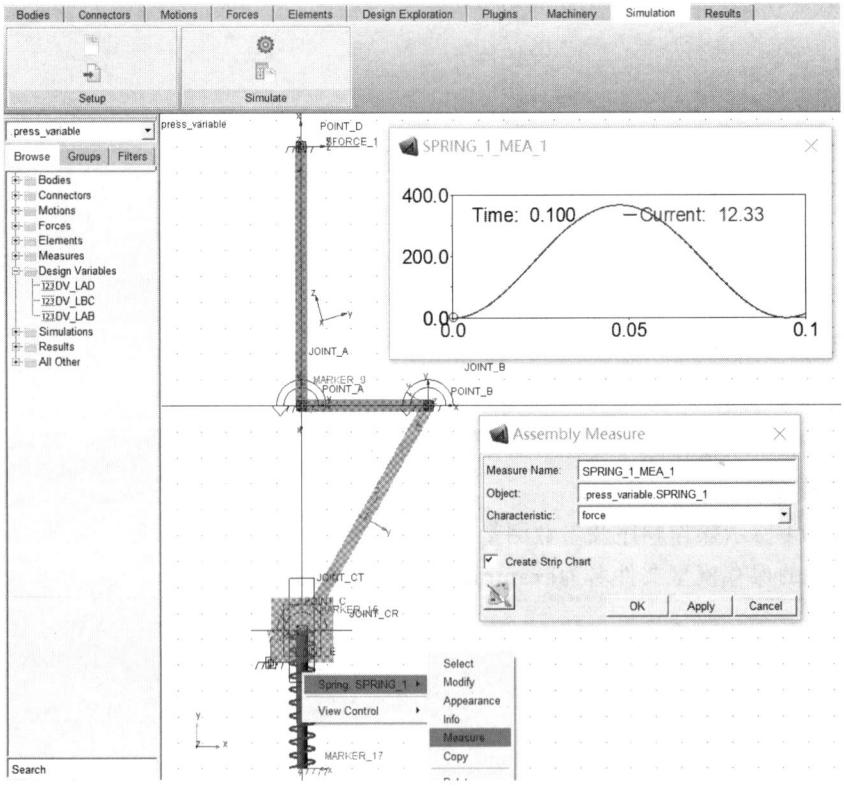

图 5-14 弹簧力的测量

5.2　设计变量研究

在机构的优化设计过程中,为了判断每个变量对目标的影响程度,进而依据影响度大小来选择优化设计变量,需要进行设计变量对目标影响度的分析。

实例 5.2　在图 5-15 所示(实例 5.1)的压力机中,用弹簧力来模拟压紧力 P。当机构的杆长 l_{AB},l_{BC},l_{AD} 在许可的范围内发生变化时,其压紧力 P 也会发生变化,在每一次压紧过程中,都有一个最大压紧力。试评估当 $l_{AB} < l_{BC}$ 时,每个杆长对最大压紧力的影响程度。

5.2.1　启动 ADAMS 并打开模型

1. 打开模型

在桌面上双击 ADAMS/View 的快捷图标,启动 ADAMS/View。打开现有模型文件 **example51_press_variable.bin**,如图 5-16 所示。

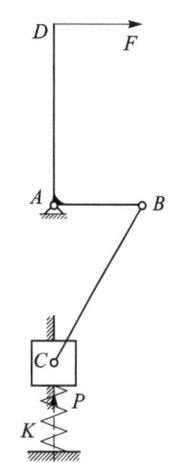

图 5-15　压力机机构运动简图

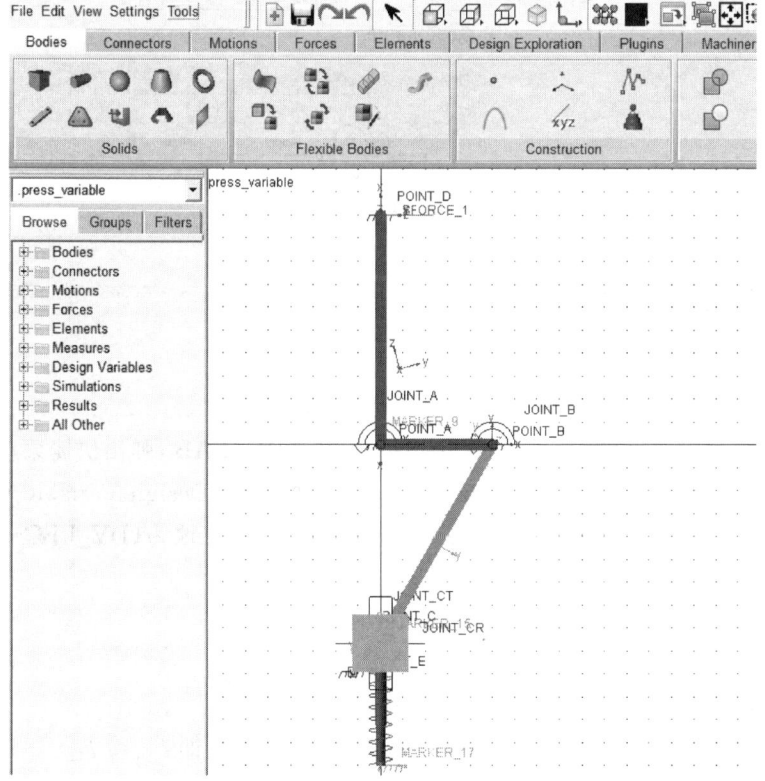

图 5-16　打开模型

2. 更名模型

按图 5-17 所示操作顺序及参数将模型名称更新为 **press_optimization**。

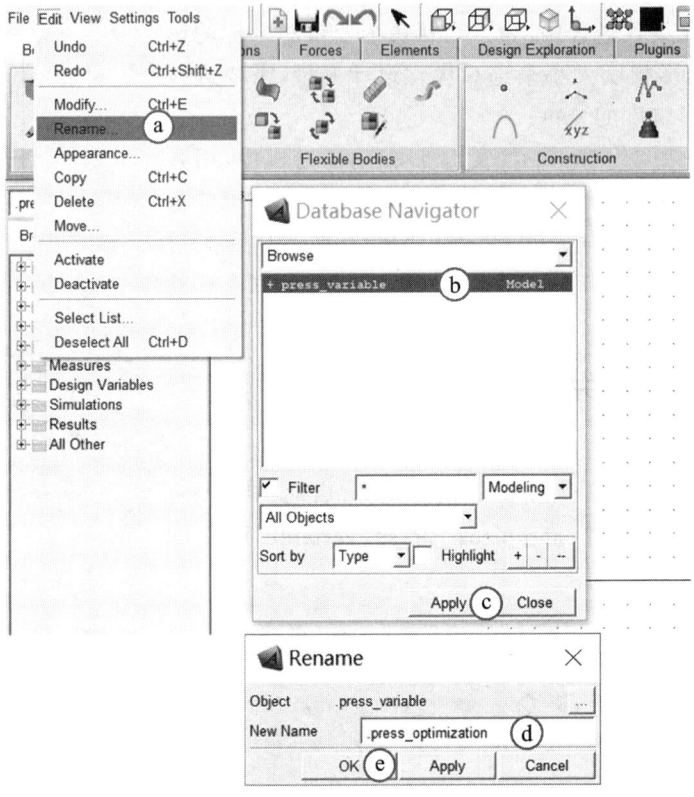

图 5-17 模型名称的更改

5.2.2 设计变量的影响度分析

1. 更改设计变量的变化范围

如图 5-18 所示，按以下步骤更改设计变量的变化范围：
a. 在左侧模型浏览区的 Design Variables 中，右击 **DV_LAB**，弹出快捷菜单；
b. 在弹出的快捷菜单中，单击 **Modify** 命令，弹出 Modify Design Variable 对话框；
c. 在 Modify Design Variable 对话框中，将 Max Value 更改为 (**DV_LBC**－0.1)；
d. 单击 **Apply** 按钮；
e. 再将 Name 更改为 **DV_LBC**，并按 **Enter** 键；
f. 将 Min Value 更改为 (**DV_LAB**+0.1)；
g. 单击 **OK** 按钮，设计变量的变化范围修改完毕。

修改设计变量变化范围的目的是保证机构满足尺寸要求，即 $l_{AB} < l_{BC}$。

2. 评估分析设计变量

如图 5-19 所示，评估分析设计变量的步骤如下：
a. 在功能区 Design Exploration 项的 Design Evaluation 中，单击 **Design Evaluation Tools**

第5章 机构的参数化建模与优化设计

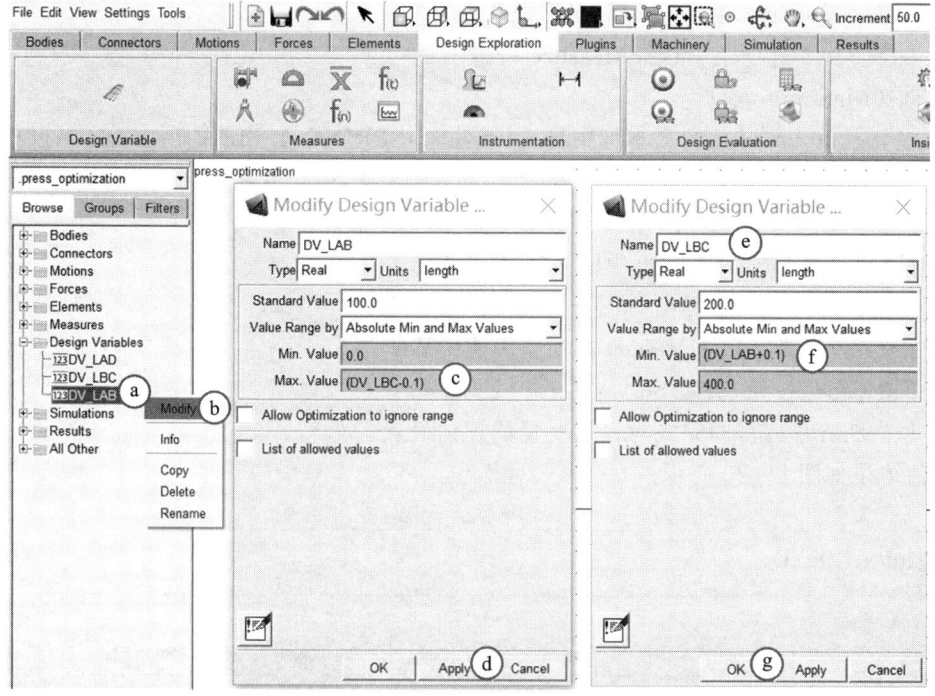

图 5-18 设计变量的更改

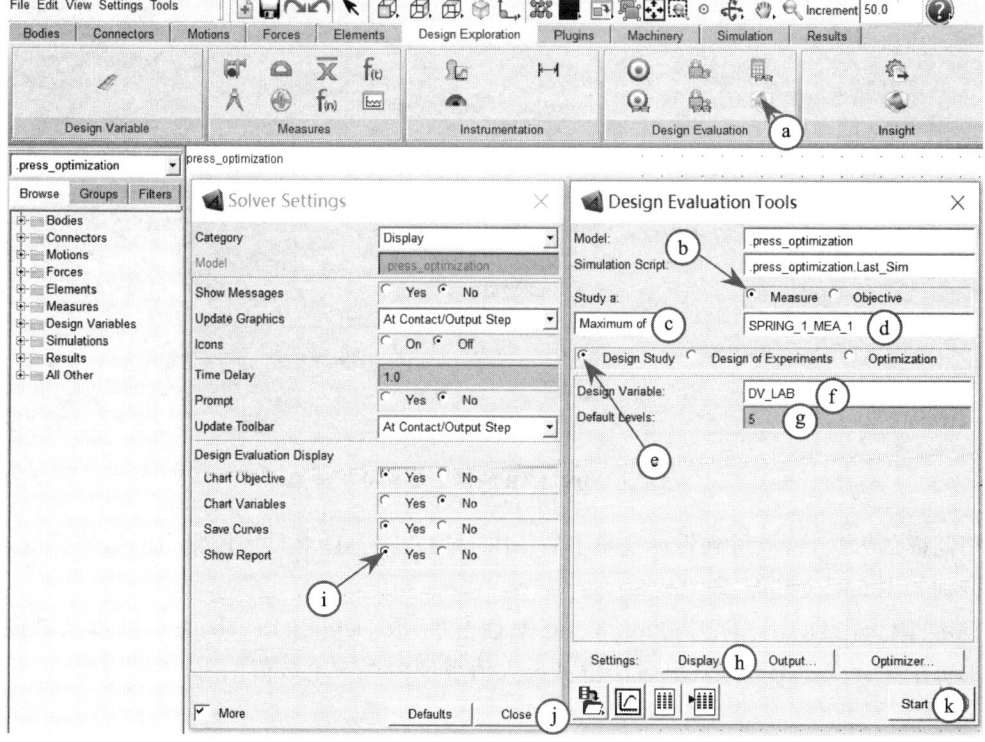

图 5-19 设计变量的评估设置

图标,弹出 Design Evaluation Tools 对话框;

 b. 在 Study a 选项组中选择**Measure**;

 c. 选择**Maximum of**;

 d. 在 maximum of 后的文本框中导入(或输入)**SPRING_1_MEA_1**;

 e. 选中**Design Study**;

 f. 在 Design Variable 文本框中输入**DV_LAB**;

 g. 在 Default Levels 文本框中输入**5**;

 h. 单击**Display** 按钮,弹出 Solver Settings 对话框;

 i. 在该对话框的 Show Report 选项组中选中**Yes**;

 j. 单击 Close 按钮,关闭 Solver Settings 对话框;

 k. 单击**Start** 按钮,即完成对设计变量的评估设置。

评估结果如图 5-20 所示。

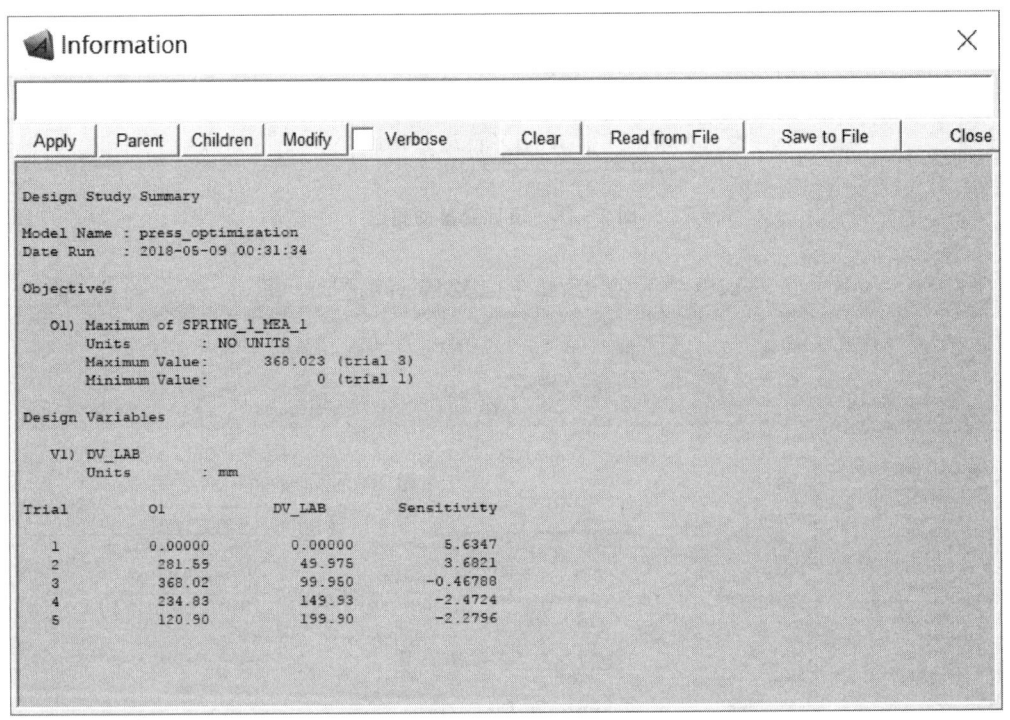

图 5-20 DV_LAB 的影响程度分析结果

用同样的方法,可以得到设计变量 DV_LBC 和 DV_LAD 对最大压紧力的影响程度,分析结果分别如图 5-21 和图 5-22 所示。

提示:因为在 Design Evaluation Tools 对话框中,取 Default Levels 为 5,所以结果报告中给出的每个设计变量都分别在其最小值和最大值范围内取 5 个数值。

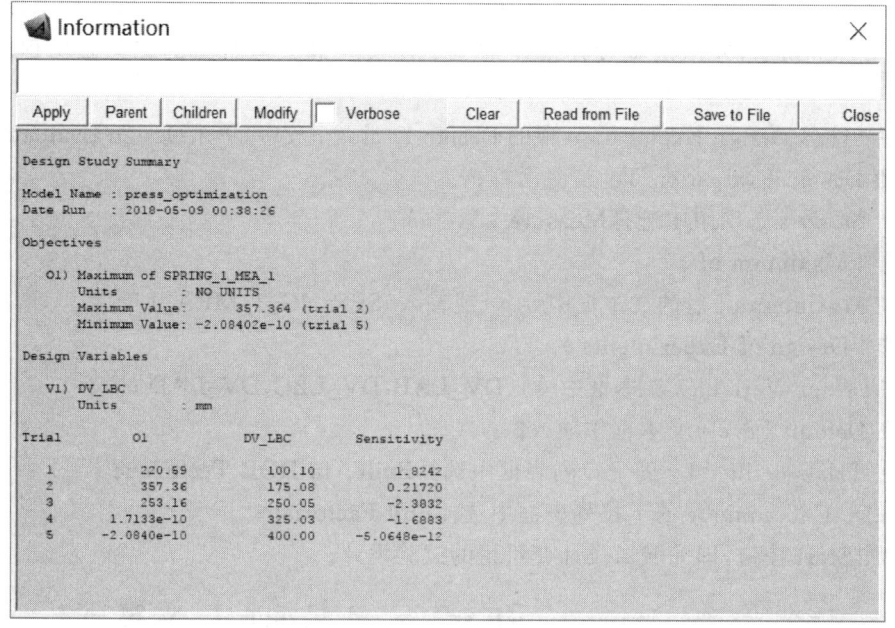

图 5-21 DV_LBC 的影响程度分析结果

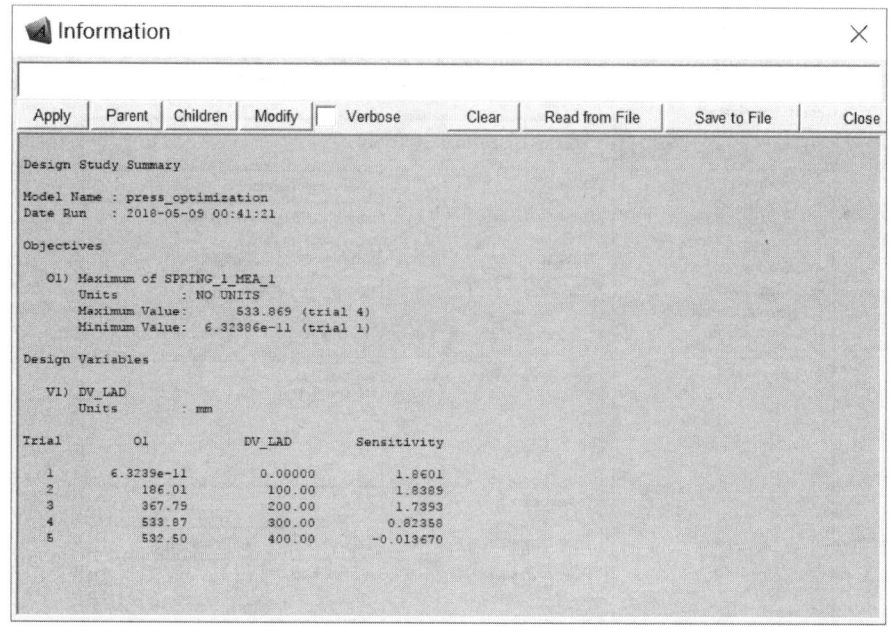

图 5-22 DV_LAD 的影响程度分析结果

5.3 试验设计

5.2 节所述的设计变量研究是评估单个设计变量对目标的影响程度。如果要考虑若干个设计变量(设计变量组)对目标的综合影响程度,那么就要采用试验设计的方法。

实例 5.3 分析实例 5.2 中机构的杆长 l_{AB}、l_{BC}、l_{AD} 对最大压紧力的综合影响程度。

如图 5-23 所示,采用试验设计来评估三个杆长对最大压紧力的综合影响程度的步骤如下:

a. 在功能区 Design Exploration 项的 Design Evaluation 中,单击 **Design Evaluation Tools** 图标,弹出 Design Evaluation Tools 对话框;

b. 在 Study a 选项组中选择 **Measure**;

c. 选择 **Maximum of**;

d. 在 Maximum of 后的文本框中导入(或输入)**SPRING_1_MEA_1**;

e. 选中 **Design of Experiments**;

f. 在 Design Variables 文本框中输入 **DV_LAB,DV_LBC,DV_LAD**;

g. 在 Default Levels 文本框中输入 **2**;

h. 在 Trials defined by 的下拉列表框中选择 **Built-in DOE Technique**;

i. 在 DOE Technique 的下拉列表框中选择 **Full Factorial**;

j. 单击 **Start** 按钮,即完成对设计变量组的试验设计。

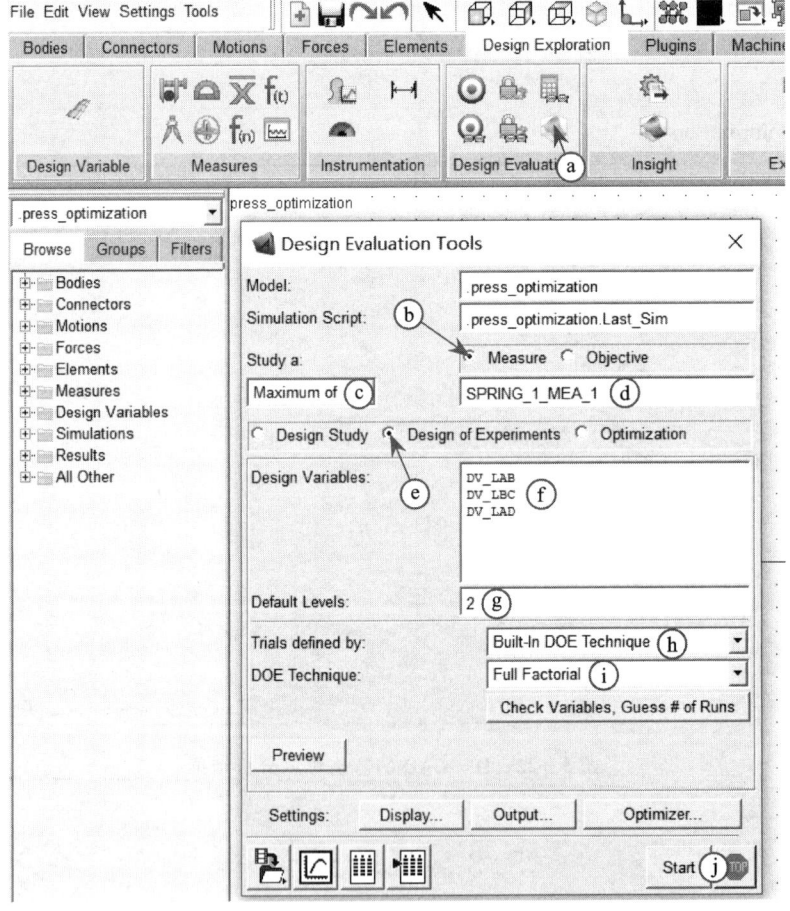

图 5-23 设计变量组的试验设计

试验设计的评估结果如图 5-24 所示。

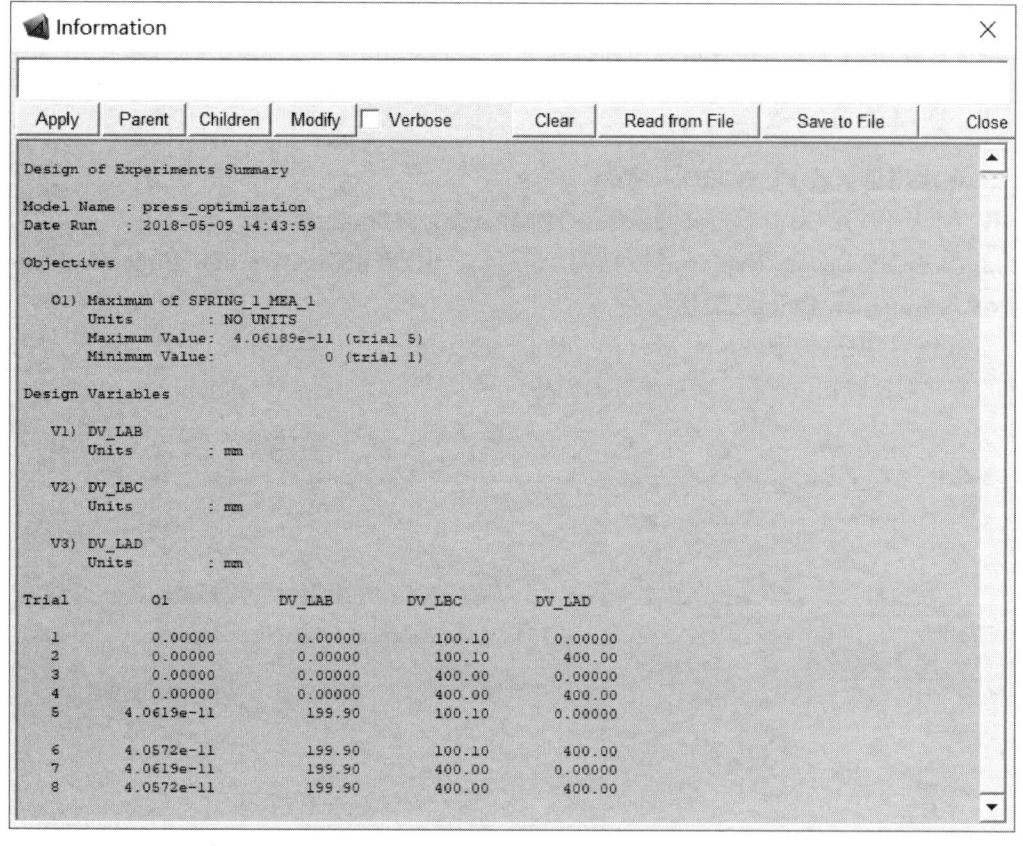

图 5-24 试验设计评价结果

5.4 机构优化设计

实例 5.4 在实例 5.2 的压力机中,当机构的杆长 l_{AB}、l_{BC}、l_{AD} 在许可的范围内发生变化时,其压紧力 P 也会发生变化,在每一次压紧过程中都有一个最大压紧力。现要求对该压力机进行优化设计,以获取所有压紧过程中最大压紧力中的最大值。

设计变量为

$$X = \begin{bmatrix} l_{AB} \\ l_{BC} \\ l_{AD} \end{bmatrix}$$

目标函数为

$$\max F(X) = \max(P_{\max})$$

约束条件为

$$C_1 = l_{AB} - 200 \leqslant 0$$
$$C_2 = l_{BC} - 300 \leqslant 0$$
$$C_3 = l_{AD} - 300 \leqslant 0$$

$$C_4 = \sqrt{l_{BC}^2 - l_{AB}^2} + 50 - (l_{AB} + l_{BC}) \leqslant 0$$

约束条件中的最后一项规定滑块的行程不得小于 50 mm。

5.4.1 创建测量函数

1. 创建测量函数 FUNCTION_MEA_1

按以下操作将约束关系定义为函数，并创建函数的测量，如图 5-25 所示。

a. 在功能区 Design Exploration 项的 Measures 中，单击 **Create a new Function Measure** 图标，弹出 Function Builder 对话框；

b. 在该对话框的 Create or Modify a Function Measure 文本框中输入 **DV_LAB−200**；

c. 单击 **OK** 按钮，即完成测量函数的创建。

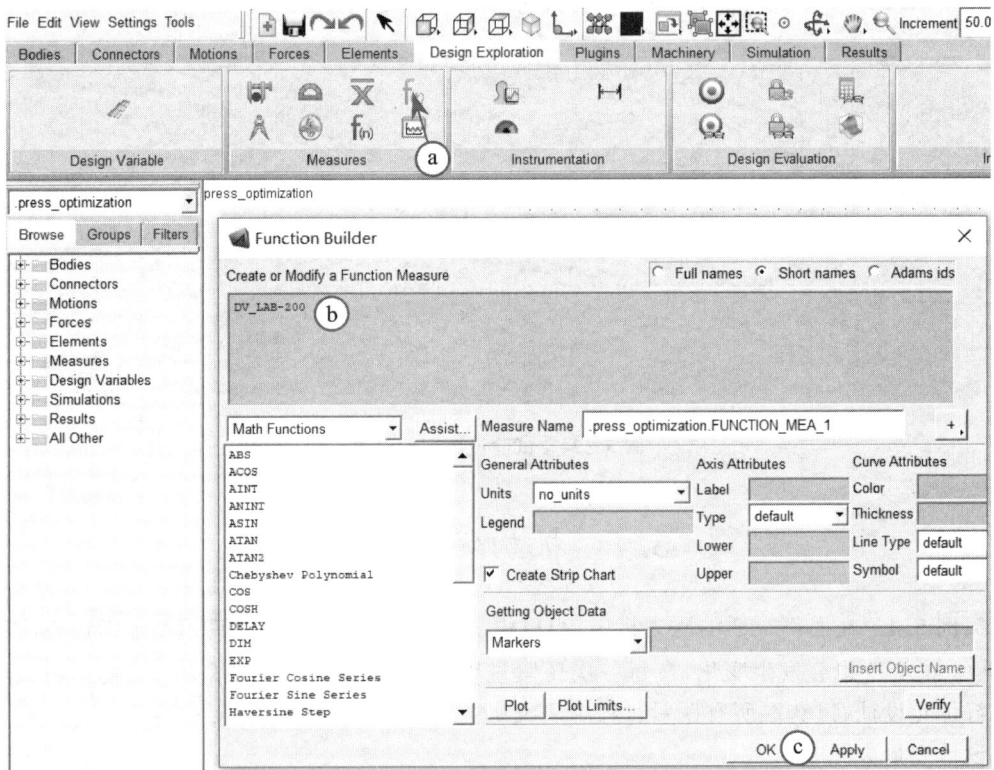

图 5-25 测量函数的创建

2. 创建测量函数 FUNCTION_MEA_2、FUNCTION_MEA_3 和 FUNCTION_MEA_4

采用与创建 FUNCTION_MEA_1 相同的方法，创建另 3 个测量函数，分别如下：

- FUNCTION_MEA_2 为 **DV_LBC−300**；
- FUNCTION_MEA_3 为 **DV_LAD−300**；
- FUNCTION_MEA_4 为

  IF(DV_LBC−DV_LAB：0, 0, 50+SQRT(DV_LBC**2−DV_LAB**2)
  −DV_LBC−DV_LAB)

5.4.2 创建约束函数

1. 创建约束函数 CONSTRAINT_1

如图 5-26 所示,按以下方法创建约束函数:

a. 在功能区 Design Exploration 项的 Design Evaluation 中,单击 **Create a Design Constraint** 图标,弹出 Create Design Constraint 对话框;

b. 在该对话框中选择 Definition by 为 **Measure**;

c. 在 Measure 文本框中输入 **FUNCTION_MEA_1**;

d. 单击 **OK** 按钮,即完成约束函数的创建。

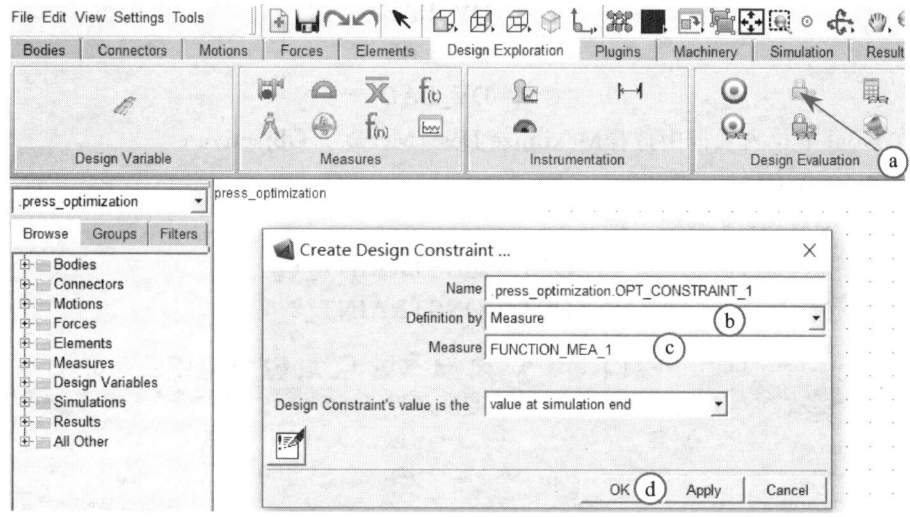

图 5-26 约束函数 CONSTRAINT_1 的创建

2. 创建约束函数 CONSTRAINT_2、CONSTRAINT_3 和 CONSTRAINT_4

采用与创建 CONSTRAINT_1 相同的方法,创建另外 3 个约束函数,如图 5-27 所示。

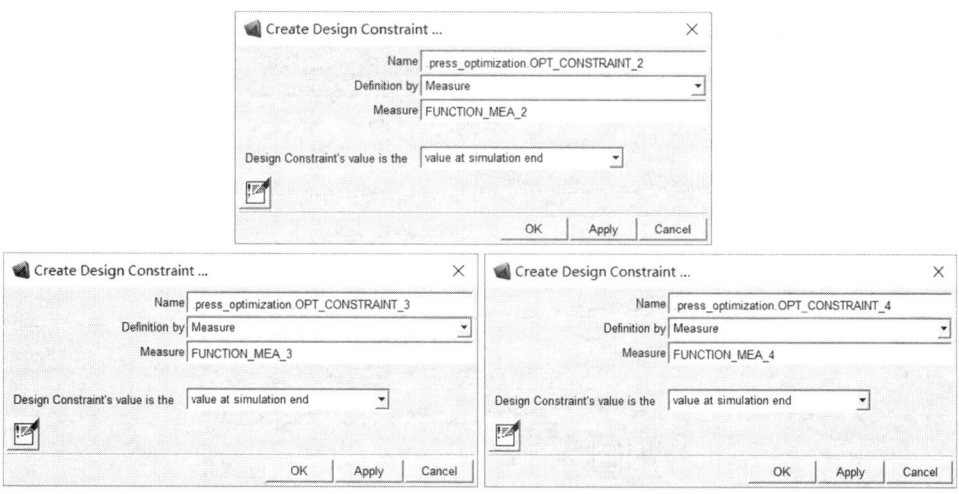

图 5-27 约束函数 CONSTRAINT_2、CONSTRAINT_3 和 CONSTRAINT_4 的创建

5.4.3 优化计算

1. 优化计算的设置

如图 5-28 所示,按以下方法对优化计算进行设置:

a. 在功能区 Design Exploration 项的 Design Evaluation 中,单击 **Design Evaluation Tools** 图标,弹出 Design Evaluation Tools 对话框;

b. 在该对话框的 Maximum of 后面的文本框中输入 **SPRING_1_MEA_1**;

c. 选中 **Optimization**;

d. 在 Design Variables 文本框中输入

$$DV\_LAB$$
$$DV\_LBC$$
$$DV\_LAD$$

e. 在 Goal 下拉列表框中选择 **Maximize Des. Meas. / Objective**;

f. 选中 **Constraints**;

g. 在 Constraints 文本框中输入

$$OPT\_CONSTRAINT\_1$$
$$OPT\_CONSTRAINT\_2$$

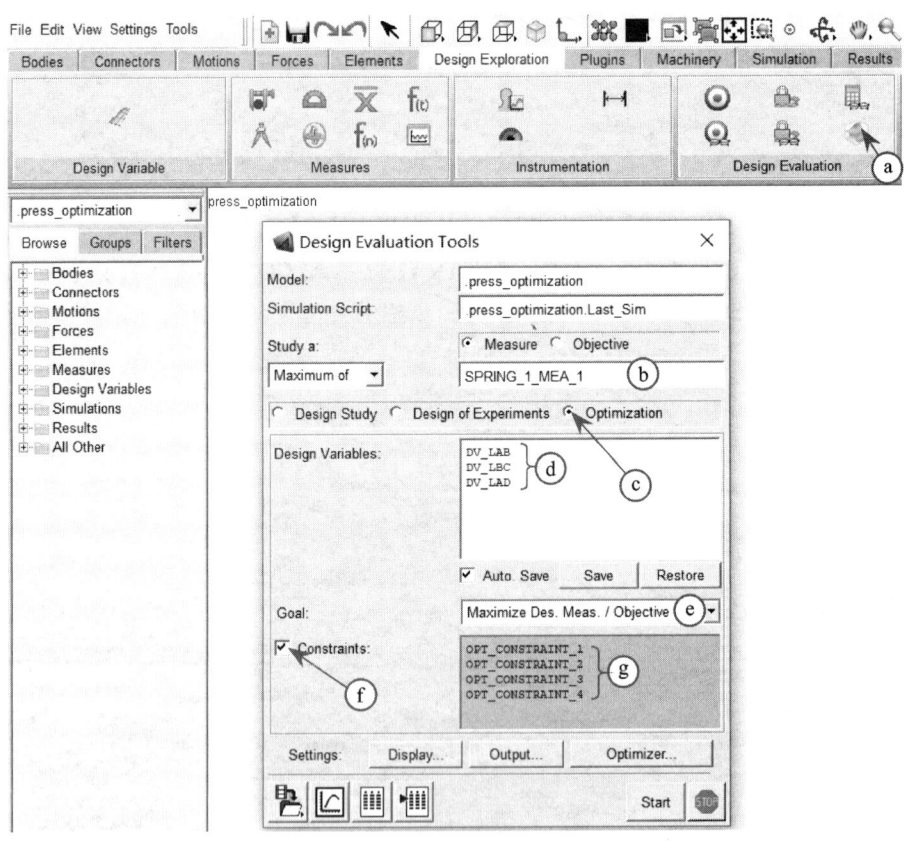

图 5-28 机构优化计算的设置

OPT_CONSTRAINT_3
OPT_CONSTRAINT_4

至此,完成对优化计算的设置。

2. 求解器的设置

单击图 5-28 所示 Design Evaluation Tools 对话框中的 **Display** 按钮,弹出 Solver Settings 对话框,按以下步骤设置求解器,如图 5-29 所示:

a. 在左侧 Solver Settings 对话框中选择 Category 为 **Optimization**;

b. 选择 Algorithm 为 **OPTDES-SQP**;

c. 在右侧 Solver Settings 对话框中重新选择 Category 为 **Display**;

d. 选中 **More**;

e. 按图示设定各项内容;

f. 单击 **Close** 按钮,即完成求解器的设置。

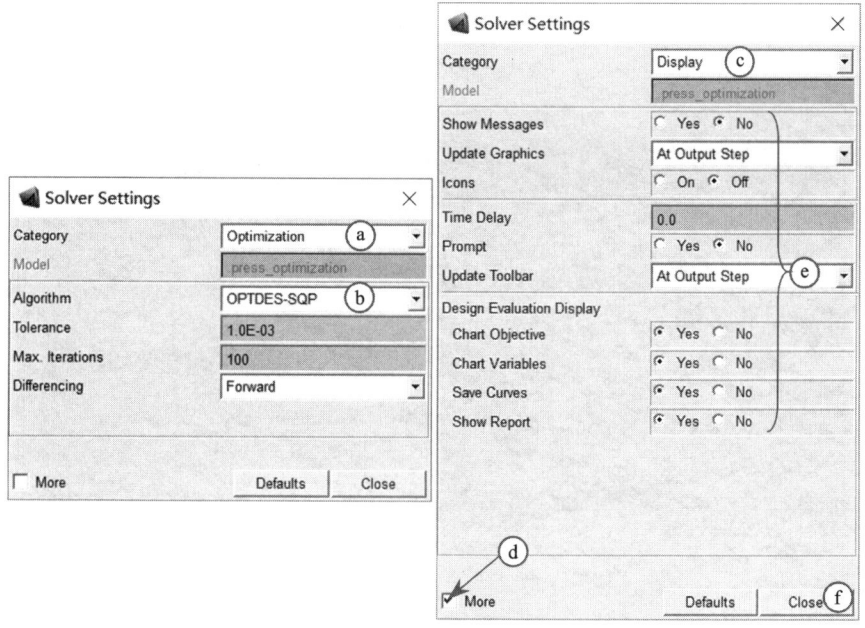

图 5-29　求解器的设置

3. 优化计算

单击图 5-28 所示 Design Evaluation Tools 对话框中的 **Start** 按钮,系统开始对模型进行优化求解。

可以看到,在系统优化求解的过程中,每改变一次设计变量的值,系统就仿真一次,并给出此次仿真过程中压紧力的变化曲线。

另外,系统还给出设计变量及目标函数在优化求解进程中的数值变化曲线,如图 5-30 所示。

提示:若单击 Start 按钮后系统不进行优化计算,则需要先对模型进行一次仿真分析(End Time:0.1,Steps:100),然后再单击 **Start** 按钮。

优化结束后,系统给出优化计算的数据结果,如图 5-31 所示。

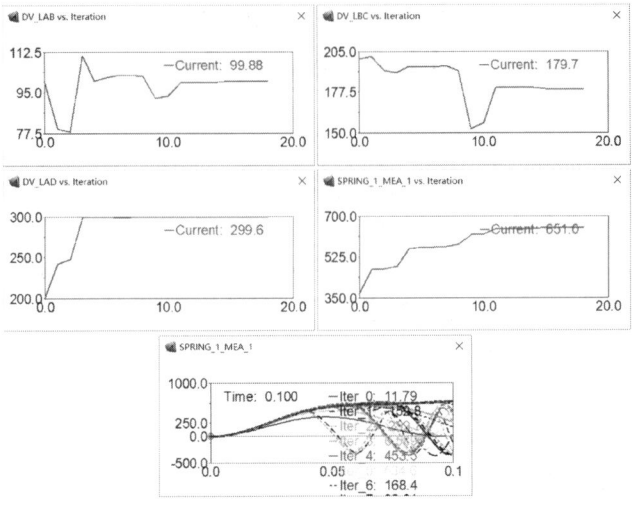

图 5-30 优化计算过程及结果

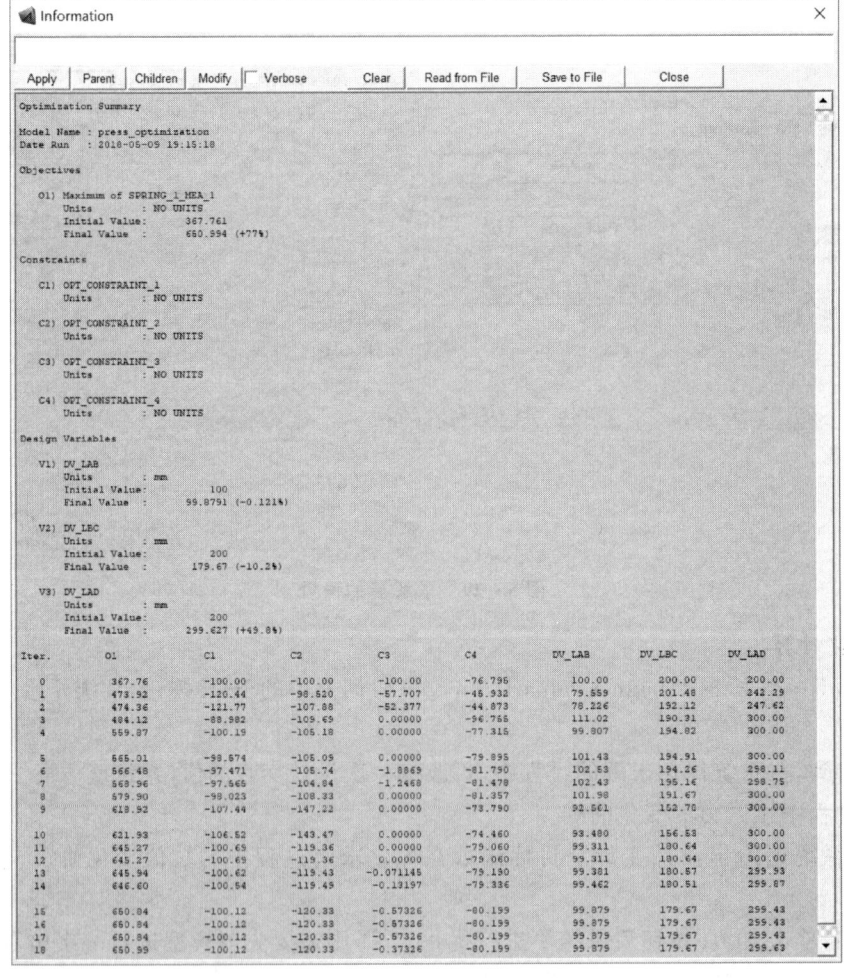

图 5-31 机构优化结果

从系统给出的优化结果可以看出,最大压紧力由优化前的 390.36 N 变成了 603.07 N,提高了 55.5%,优化效果比较显著。

实例 5.4 的保存模型文件名为 **example54_press_opimization.bin**。

思考题与习题

1. 进行机构参数化建模的目的是什么?
2. 在机构参数化建模时,首先创建了若干 Point,请问 Point 与 Marker 有何不同?
3. 机械系统优化设计的一般数学模型是怎样的?
4. 图 5-32 所示为铰链四杆机构。设各杆的初始长度为 $l_1=120$ mm,$l_2=250$ mm,$l_3=260$ mm,$l_4=300$ mm,构件 1 匀速转动的角速度为 $\omega_1=1$ rad/s,其初始角为 $\varphi_1=45°$。

(1) 试以各杆的长度 l_1、l_2、l_3、l_4 和构件 1 的转角 φ_1 为可变参数(即用 5 个设计变量来代表 l_1、l_2、l_3、l_4 和 φ_1),创建机构的参数化模型;

(2) 分别更改 5 个变量的数值,观察机构模型的变化;

(3) 分析构件 3 的运动。

5. 图 5-33 所示为一个对心曲柄滑块机构。设曲柄和连杆的初始长度为 $a=100$ mm,$b=200$ mm。

(1) 试以杆长 a、b 和曲柄的转角 φ_1 为可变参数,创建机构的参数化模型;

(2) 分别更改杆长变量和曲柄转角变量,观察机构模型的变化。

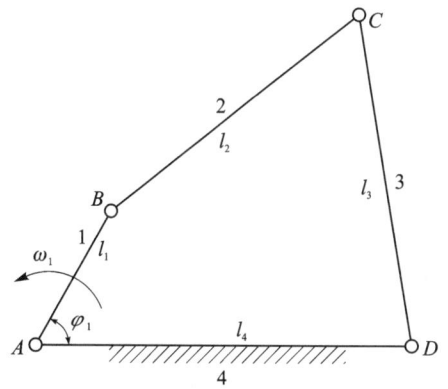

图 5-32 铰链四杆机构

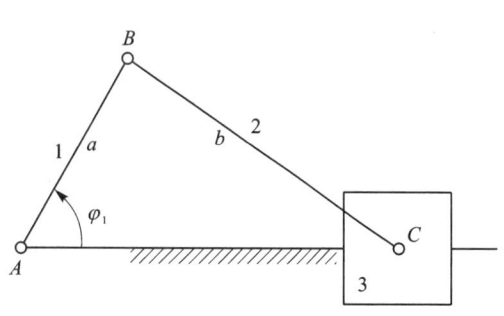

图 5-33 对心曲柄滑块机构

6. 图 5-34 所示为一曲柄滑块压力机构的简化模型。已知曲柄的长度为 $a=100$ mm,连杆的长度为 $b=200$ mm。现用弹簧力来模拟滑块与被压紧物体之间的作用力。设弹簧的刚度为 $k=0.001$ N/mm。试通过优化分析的方法,来获取机构在获得最大压紧力的前提下,作用在曲柄 1 上驱动力矩 M_1 的最小值 $M_{1\min}$。

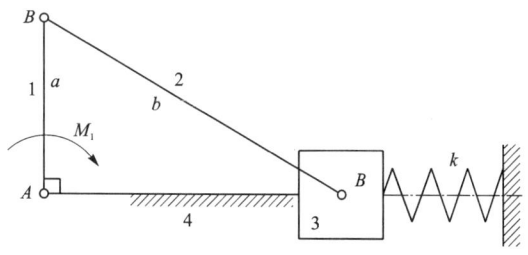

图 5-34 曲柄滑块压力机模型

第 6 章 虚拟样机的控制设计

本章介绍在 ADAMS 环境下创建传感器(sensor)的方法,并通过创建仿真描述 Simulation Script 来完成对机构的简单控制;重点介绍 ADAMS/Control 模块的应用,通过 MATLAB 对 ADAMS 中虚拟样机的控制,实现虚拟样机的反馈式控制。

6.1 传感器的创建与应用

实例 6.1 图 6-1 所示为曲柄滑块输送机构,作用在曲柄 crank1 上的力矩 $M_1 = 500$ N·mm 驱动曲柄顺时针方向转动,使得滑块 slider1 推动物体 object 向右运动。

已知曲柄和连杆的长度分别为 $l_{AB} = 250$ mm,$l_{BC} = 353.6$ mm,宽度为 30 mm,厚度为 15 mm。滑块和物体都为 100 mm×100 mm×100 mm 正方体,铰链 A 的坐标为(-700,0)。

创建一个传感器,感知物体 object 的运动位置,当物体 object 的质心到达(0,0)位置时,控制机构停止在此位置不动。

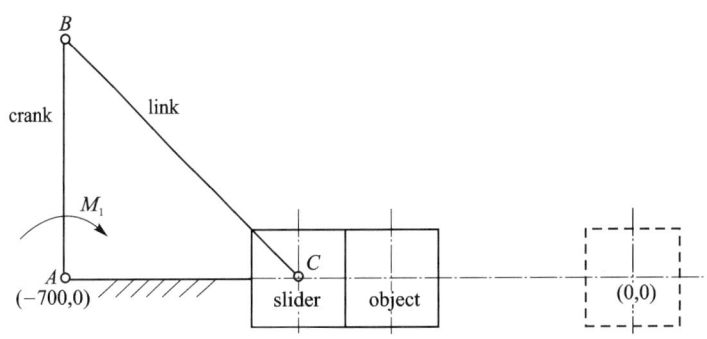

图 6-1 曲柄滑块输送机构运动简图

6.1.1 启动 ADAMS 并设置工作环境

1. 启动 ADAMS

在桌面上双击 ADAMS/View 的快捷图标,启动 ADAMS/View。

2. 创建模型名称

定义 Model name 为 **sensor**。

3. 设置工作环境

(1) 设置单位

按系统默认值设置单位。

(2) 设置工作网格

按系统默认值设置工作网格。

(3) 设置图标

按系统默认值设置图标。

6.1.2 创建虚拟样机模型

1. 创建机构

（1）创建曲柄

按图6-2所示操作顺序及参数创建曲柄，并将其更名为crank1。

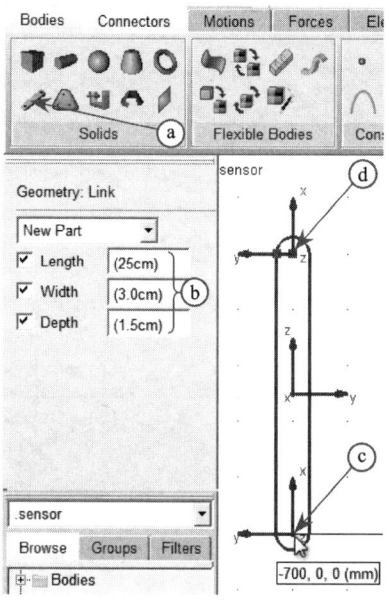

图6-2 曲柄的创建

（2）创建连杆

按图6-3所示操作顺序及参数创建连杆，并将其更名为link1。

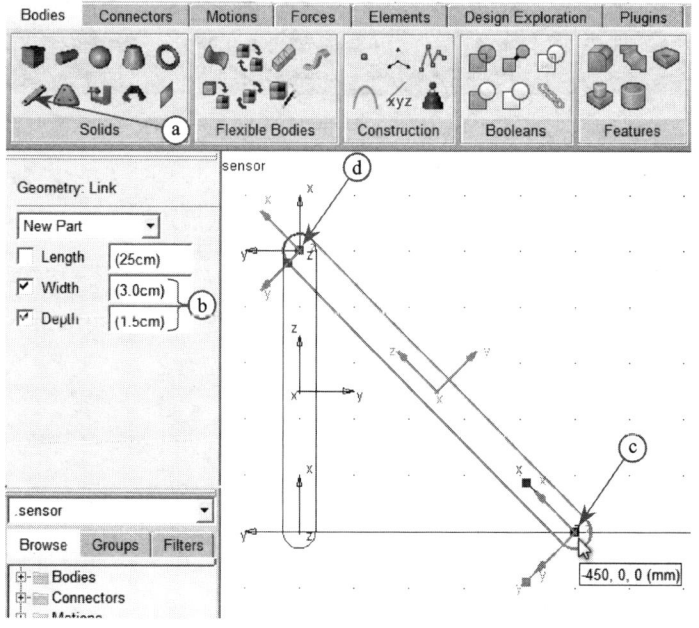

图6-3 连杆的创建

(3) 创建滑块

按图 6-4 所示操作顺序及参数创建滑块,并将其更名为 **slider1**。

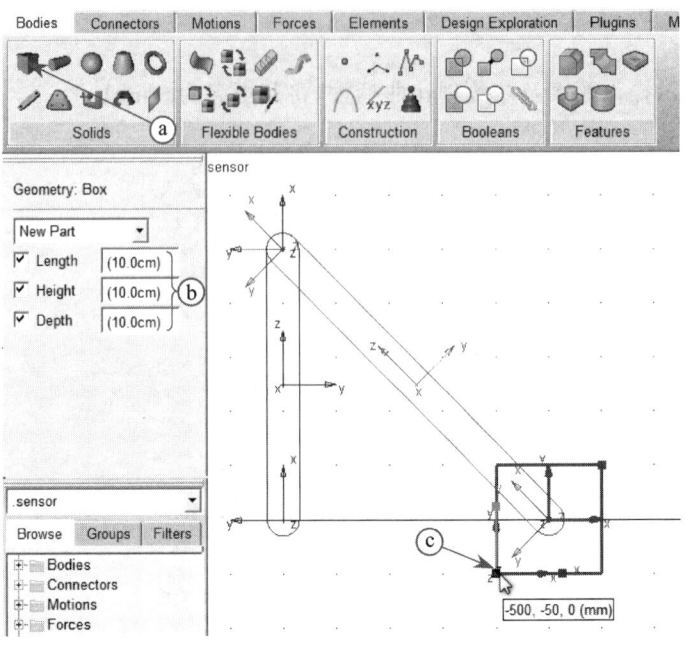

图 6-4 滑块的创建

按图 6-5 所示操作顺序调整滑块的位置,使其质心(cm)位于(-450,0,0)位置。

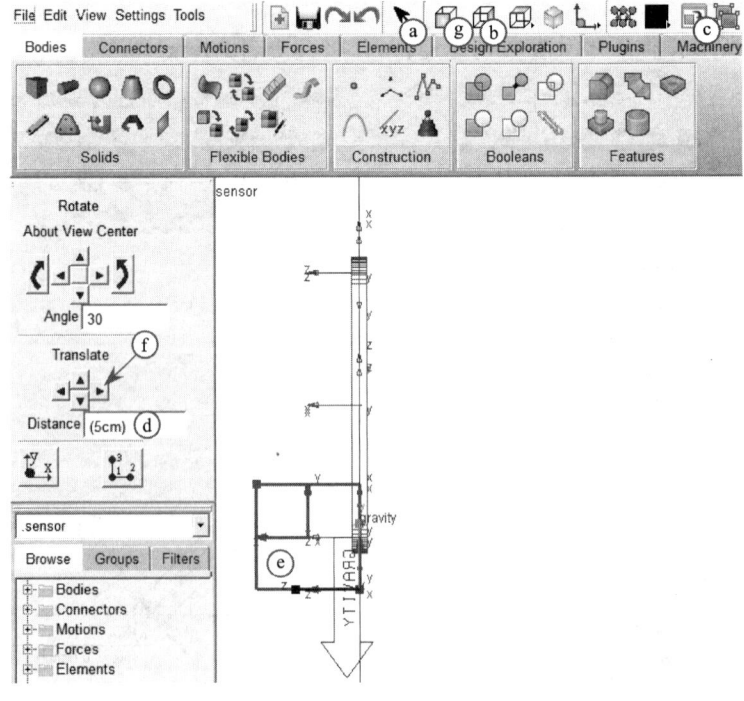

图 6-5 滑块位置的调整

(4) 创建运动副

按图 6-6 所示操作顺序及参数创建 3 个转动副 JOINT_A1、JOINT_B1 和 JOINT_C11 及 1 个移动副 JOINT_C12。其中：
- JOINT_A1 为 crank1 和 ground 之间的转动副；
- JOINT_B1 为 crank1 和 link1 之间的转动副；
- JOINT_C11 为 link1 和 slider1 之间的转动副；
- JOINT_C12 为 slider1 和 ground 之间的移动副。

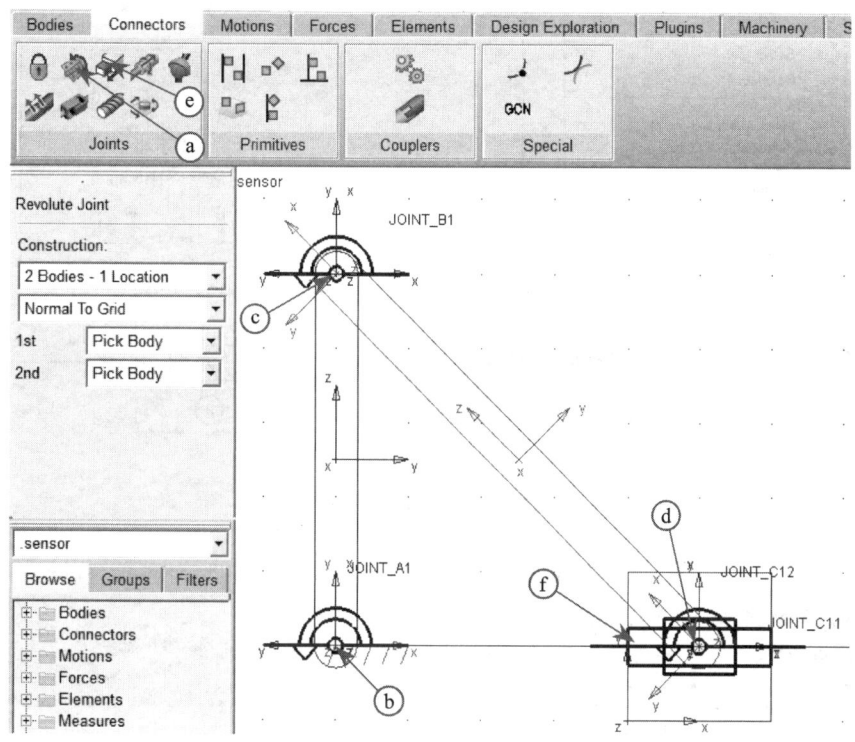

图 6-6 运动副的创建

2. 创建物体

如图 6-7 所示，以复制的方式创建物体的步骤如下：

a. 单击**滑块**以选中它；

b. 选择 **Edit | Copy** 菜单项，即以复制方式创建了一个物体；

c. 单击**位姿变换**工具按钮，展开选项区；

d. 单击**右移**工具按钮，即刚复制的物体被向右移动了 10 cm。

将被复制的正方体命名为 **object**。

3. 创建固连副

为保证被输送物体 object 与滑块 slider1 同步运动，在物体与滑块之间创建一个固连副 JOINT_fix_slider1_object，操作方法如图 6-8 所示。

4. 施加驱动力矩

按图 6-9 所示操作顺序及参数给曲柄施加一个顺时针方向、大小为 500 N·mm 的驱动

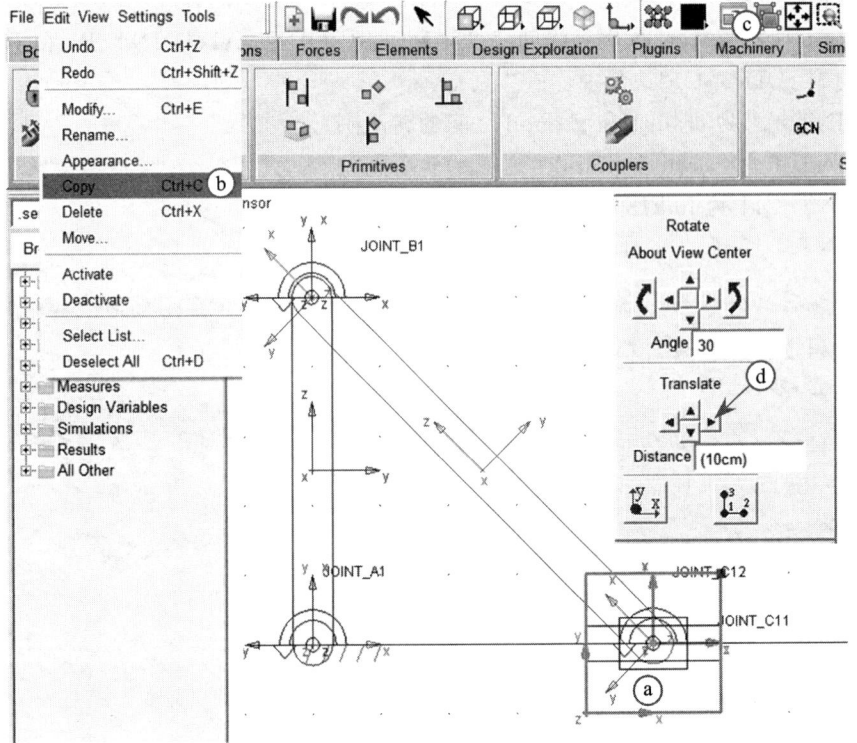

图 6-7　物体的创建

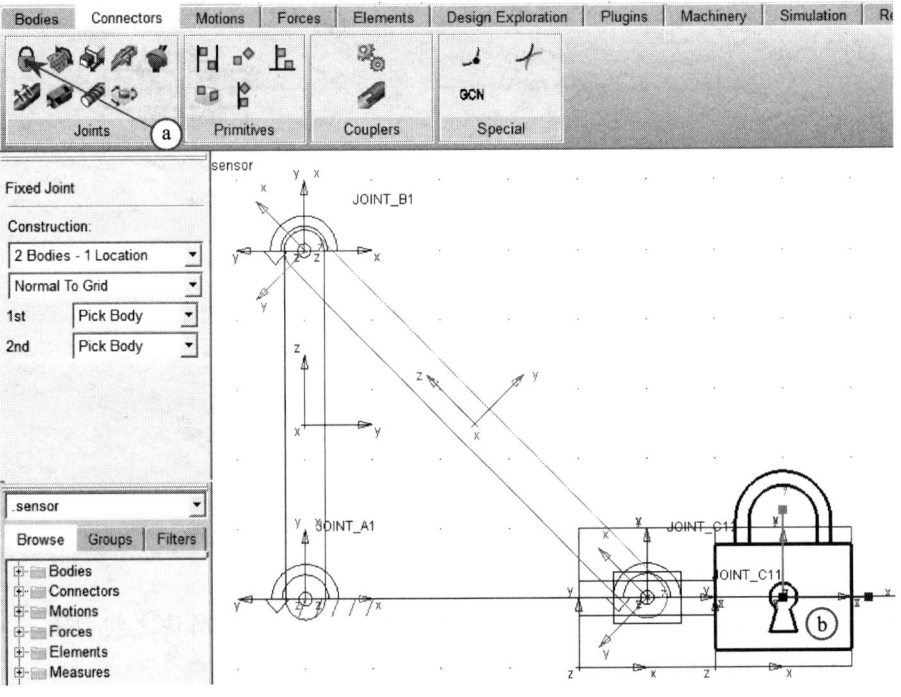

图 6-8　固连副的创建

力矩。之所以在 Torque 文本框中输入 -500,是因为作用力矩的方向被默认为逆时针方向,而这里需要的是顺时针方向的力矩。

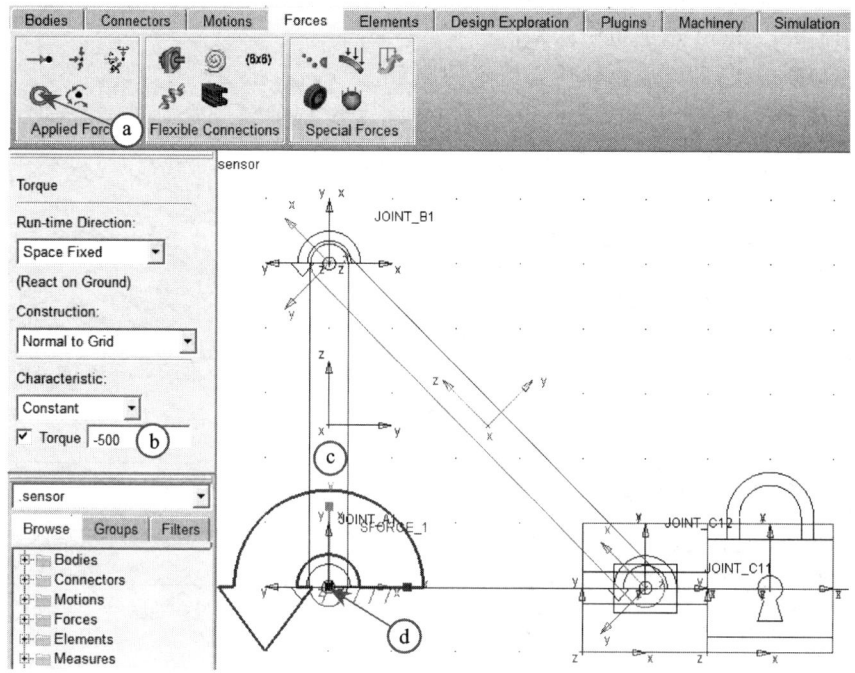

图 6-9 驱动力矩的施加

6.1.3 仿真与测试模型

1. 物体质心位置测量

如图 6-10 所示,按如下步骤测量物体的质心位置:

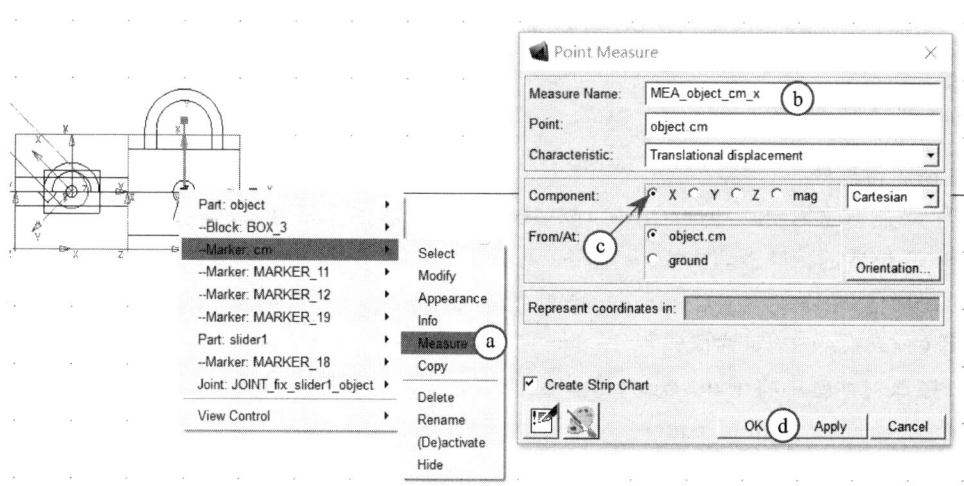

图 6-10 物体质心位置的测量

a. 右击object中心处,在快捷菜单中选择Marker：cm | Measure菜单项,弹出Point Measure对话框；

b. 在该对话框中将Measure Name更改为**MEA_object_cm_x**；

c. 选中Component选项组中的**X**；

d. 单击**OK**按钮,即完成物体质心位置的测量。

2. 仿真模型

按图6-11所示操作顺序及参数对模型进行仿真。

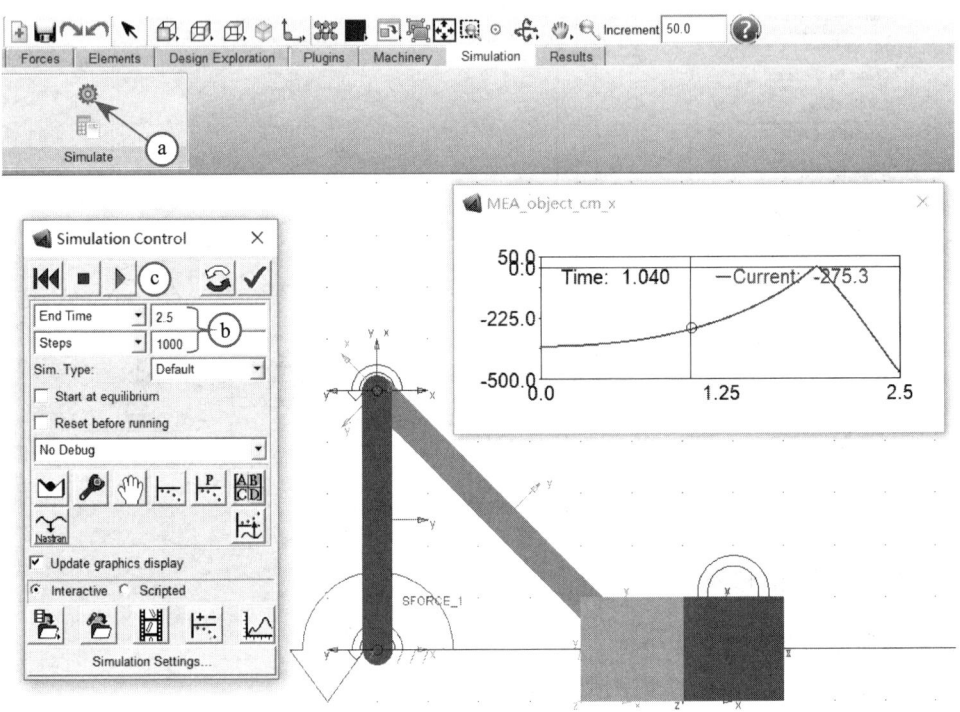

图6-11 模型的仿真

6.1.4 创建传感器

1. 创建传感器

为了保证当物体质心到达(0,0,0)位置时,机构能够停止不动,需要创建一个可以感知物体运动质心位置的传感器,创建步骤如下(见图6-12)：

a. 在功能区Design Exploration项的Instrumentation中,单击**Create a new Sensor**图标,弹出Create sensor对话框；

b. 在该对话框中将Expression文本框的内容更改为**MEA_object_cm_x**；

c. 选择**greater than or equal**；

d. 将Value文本框的内容更改为**0.0**；

e. 在Standard Actions选项组中选择**Terminate current simulation step and**；

f. 单击**OK**按钮即完成传感器的创建。

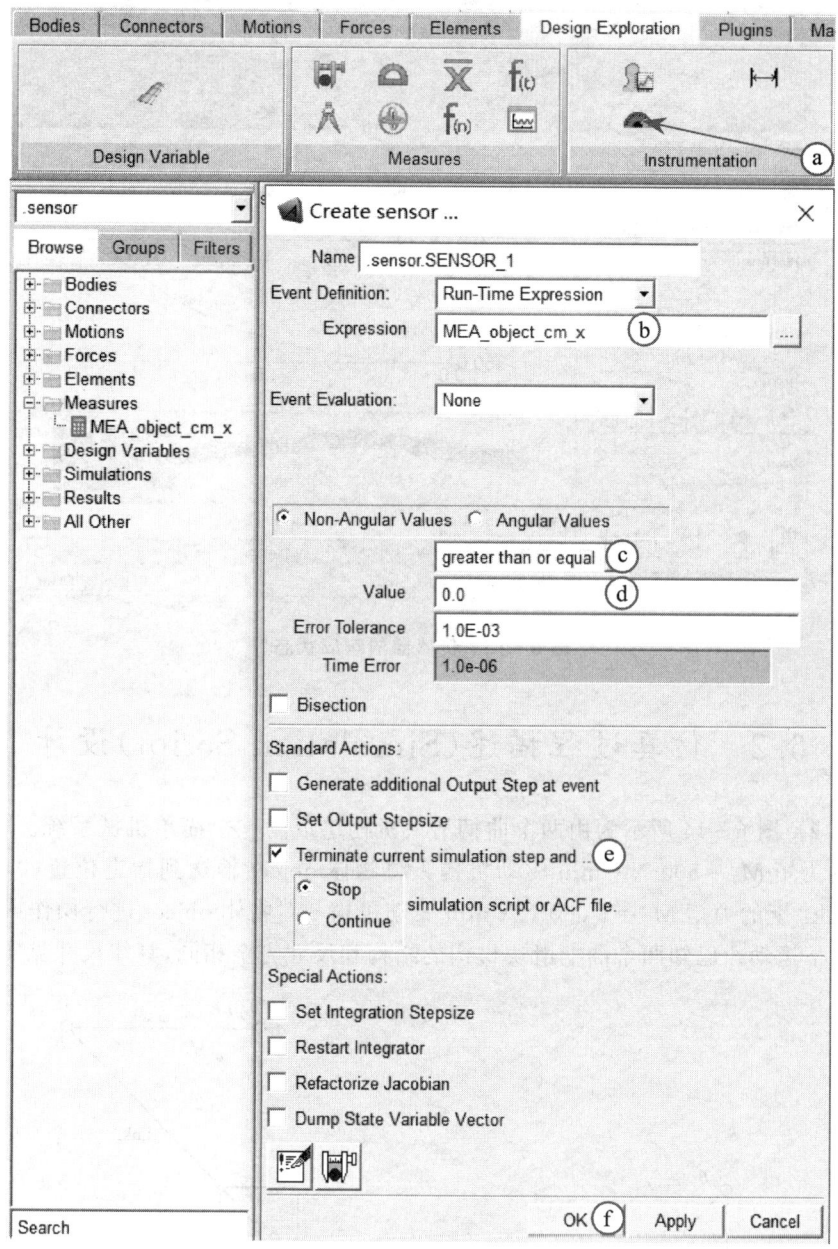

图 6-12 传感器的创建

2. 传感器的响应仿真

按图 6-13 所示操作顺序及参数再一次仿真模型,可以观察到当物体的质心到达(0,0,0)位置时,机构停止不动,并给出警告(WARNING)信息。

实例 6.1 的保存模型文件名为 **example61_sensor.bin**。

应用各种类型的传感器,可以感知机构的运动状态,并限制机构的有关运动。

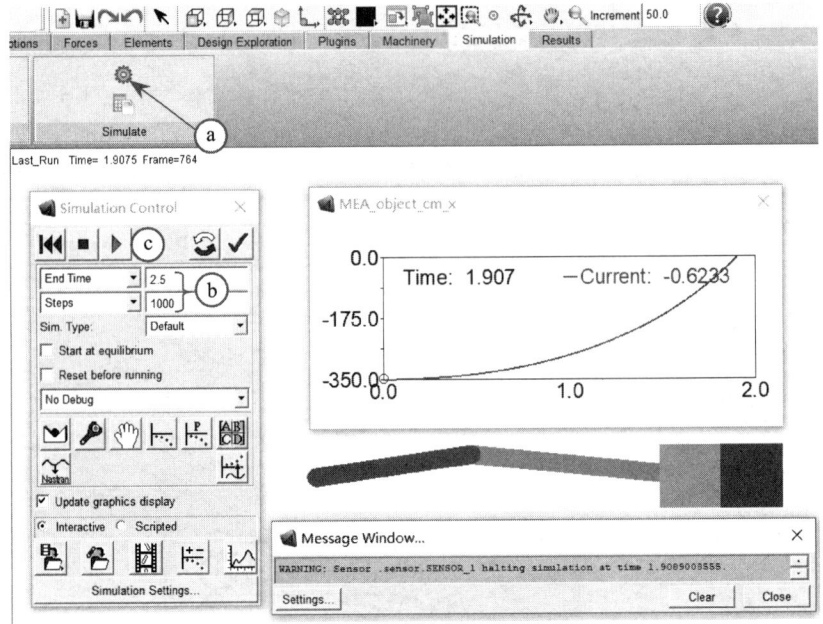

图 6-13 传感器的响应状态

6.2 仿真过程描述(Simulation Script)设计

实例 6.2 图 6-14 所示为由两个曲柄滑块机构组成的一个简单机械系统。作用在曲柄 crank1 上的力矩 $M_1=500$ N·mm 驱动机构 1 将物体 object 输送到指定位置(0,0)后,作用在曲柄 crank2 上的力矩 $M_2=1\,000$ N·mm 驱动机构 2 对物体 object 进行操作或加工,同时推动物体向下运动。已知两个曲柄滑块机构的结构和尺寸完全相同,具体尺寸见实例 6.1。

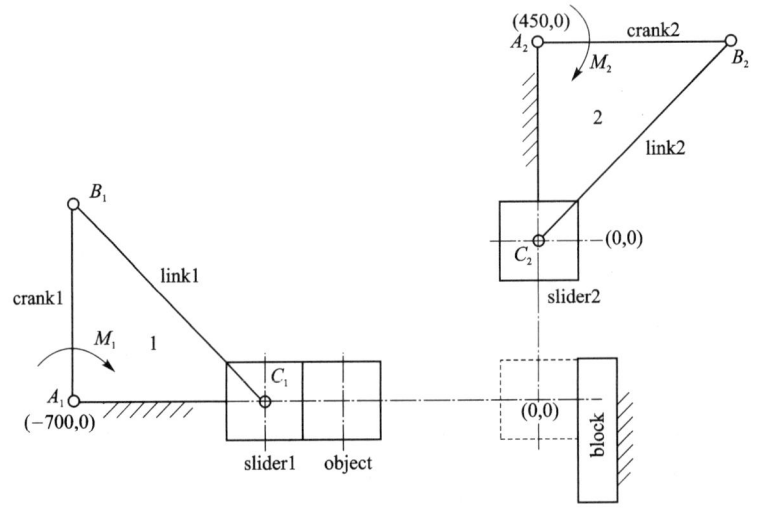

图 6-14 机械系统的运动简图

要求机构 1 先工作,由滑块 slider1 推动物体同步运动,使物体到达位置(0,0)。紧接着机构 2 开始工作,驱动滑块 slider2 向下运动,当滑块 slider2 接触到物体时,推动物体一起向下运动,同时要保持滑块 slider1 和固定挡块 block 对物体的夹持作用。

试创建该机械系统的虚拟样机模型,并按上述要求实现系统的运动仿真。

6.2.1 启动 ADAMS 并设置工作环境

1. 启动 ADAMS

在桌面上双击 ADAMS/View 的快捷图标,启动 ADAMS/View。

2. 导入模型

打开 6.1 节中建立的机构模型文件 example61_sensor.bin,导入机构的虚拟样机模型如图 6-15 所示。

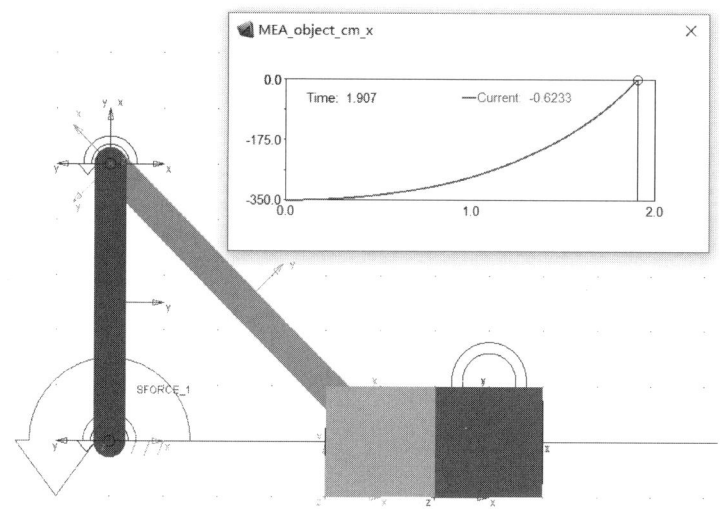

图 6-15 机构的虚拟样机模型

如果打开机构模型文件后无法看到机构的虚拟样机模型,则按如图 6-16 所示的方法使模型可视。

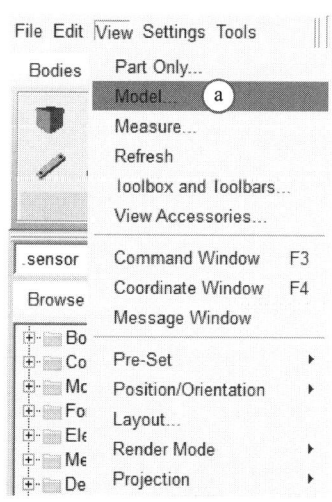

图 6-16 机构虚拟样机模型的可视化

6.2.2 创建虚拟样机模型

1. 创建加工机构

另外创建一个除了位置和驱动力矩大小之外,其余参数与原模型中的曲柄滑块机构完全相同的机构,如图 6-17 所示。其中曲柄为 crank2,连杆为 link2,滑块为 slider2,3 个转动副分别为 JOINT_A2、JOINT_B2、JOINT_C21,1 个移动副为 JOINT_C22,其他尺寸和参数如图 6-17 所示。

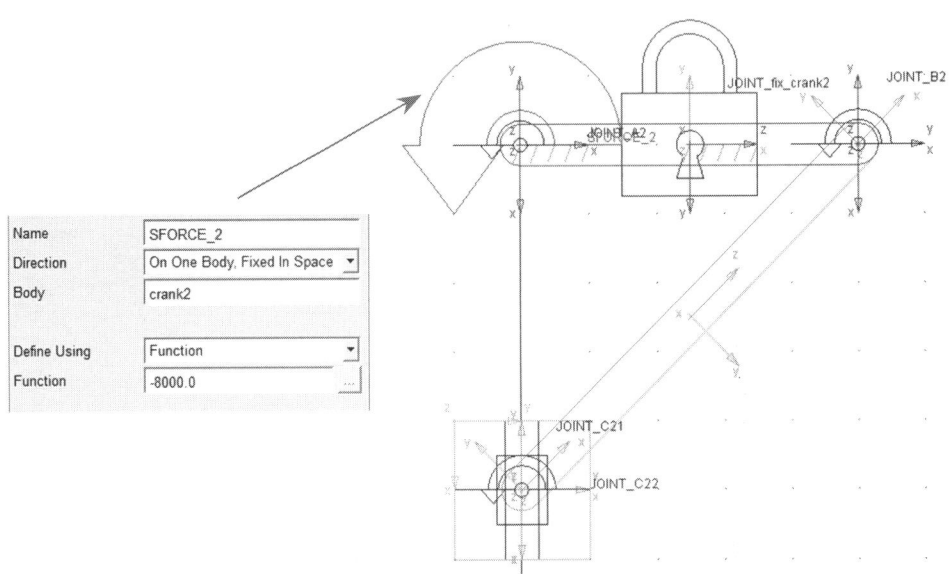

图 6-17 加工机构模型的创建

提示:新机构可以通过复制并调整原机构的位姿来实现快速创建。方法如下:将原机构全部选中后进行复制,然后将复制后的机构右移 700 mm,上移 450 mm,最后绕新机构的曲柄回转中心顺时针方向转动 90°。

2. 创建限位挡块

当物体被机构 2 的滑块 slider2 推动向下运动时,为保证其不再向右移动,在对应位置创建一个长方形的挡块 block,创建方法如图 6-18 所示。

3. 创建碰撞力

在滑块 slider1 和物体 object 之间创建 1 个碰撞力 CONTACT_slider1_object,用于当物体给第

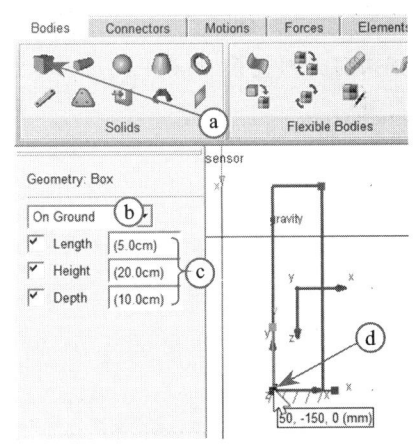

图 6-18 创建限位挡块

2 个机构(加工机构)推动向下运动时,对物体的水平运动进行限制。碰撞力创建的方法如图 6-19 所示。

同理,在滑块 slider2 和物体 object 之间创建 1 个碰撞力 CONTACT_slider2_object,用来推动物体向下运动。在物体 object 与限位块 block 之间创建 1 个碰撞力 CONTACT_object_

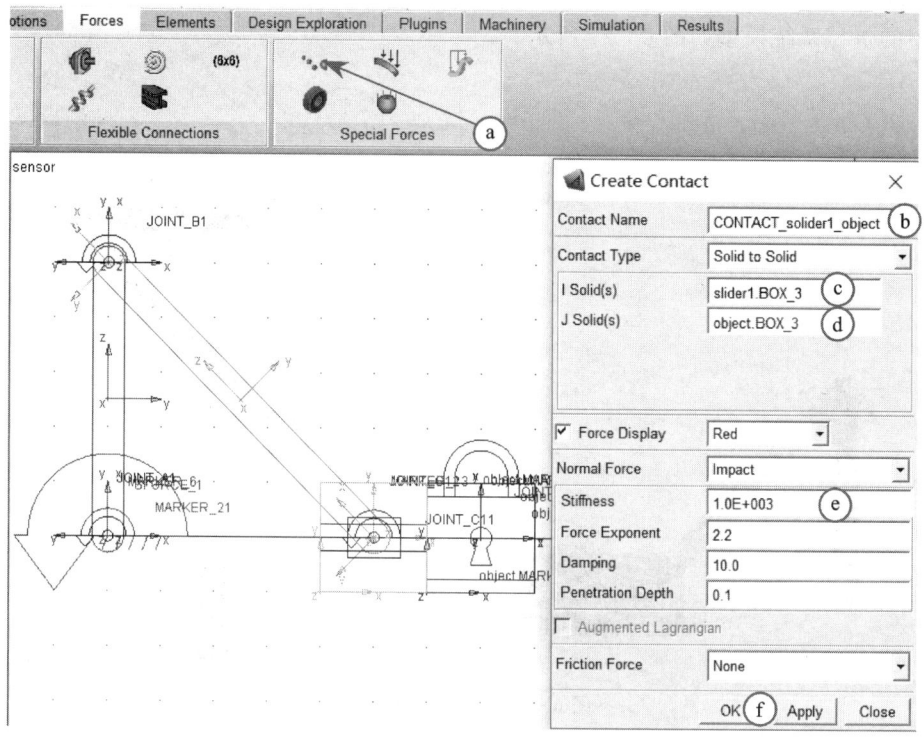

图 6-19 碰撞力 CONTACT_slider1_object 的创建

block,用来限制物体的水平向右运动。三个碰撞力如图 6-20 所示。

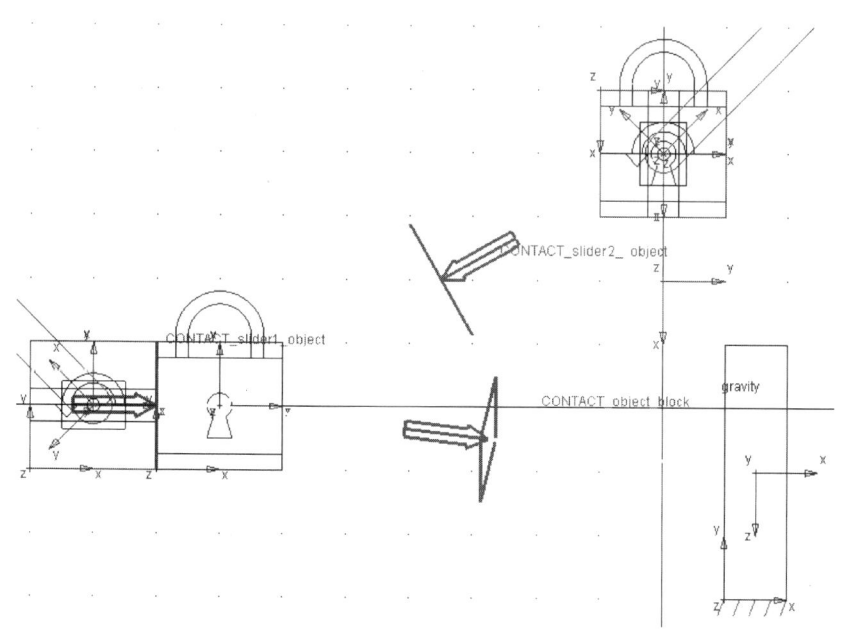

图 6-20 碰撞力的创建

4. 机械系统模型

完整的机械系统模型如图 6-21 所示。

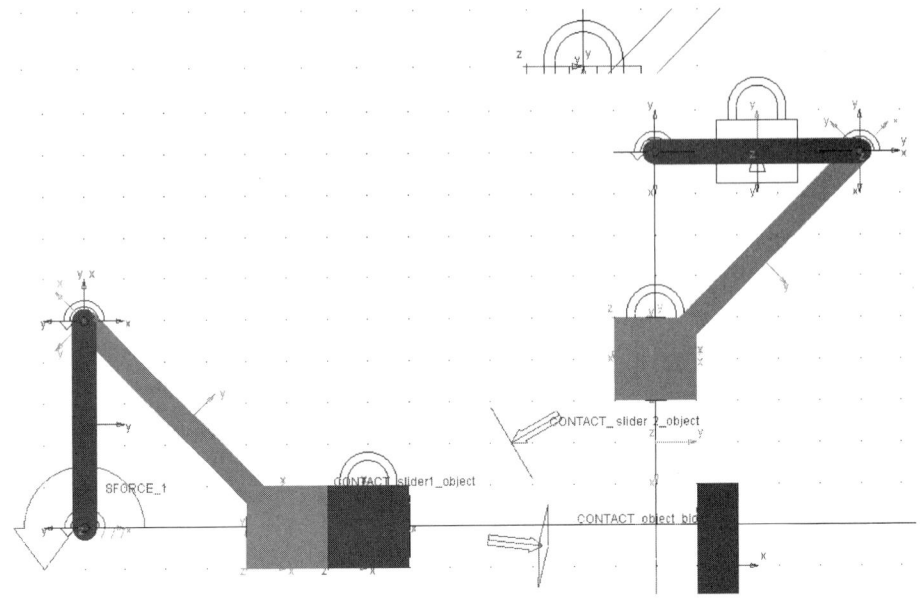

图 6-21 机械系统模型

6.2.3 创建传感器

创建碰撞力测量的操作顺序及参数如图 6-22 所示。

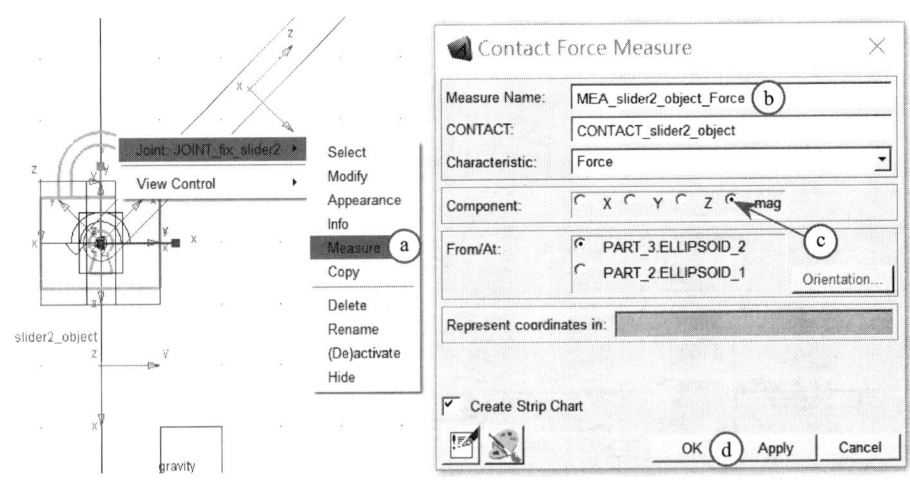

图 6-22 滑块 slder2 与物体 object 的碰撞力的测量

2. 更改传感器

在此机械系统模型中,已经有了一个感知物体质心位置的传感器 SENSOR_1,按图 6-23 所示操作顺序对此传感器重新设定,将原来选定的 Stop 改为 Continue。

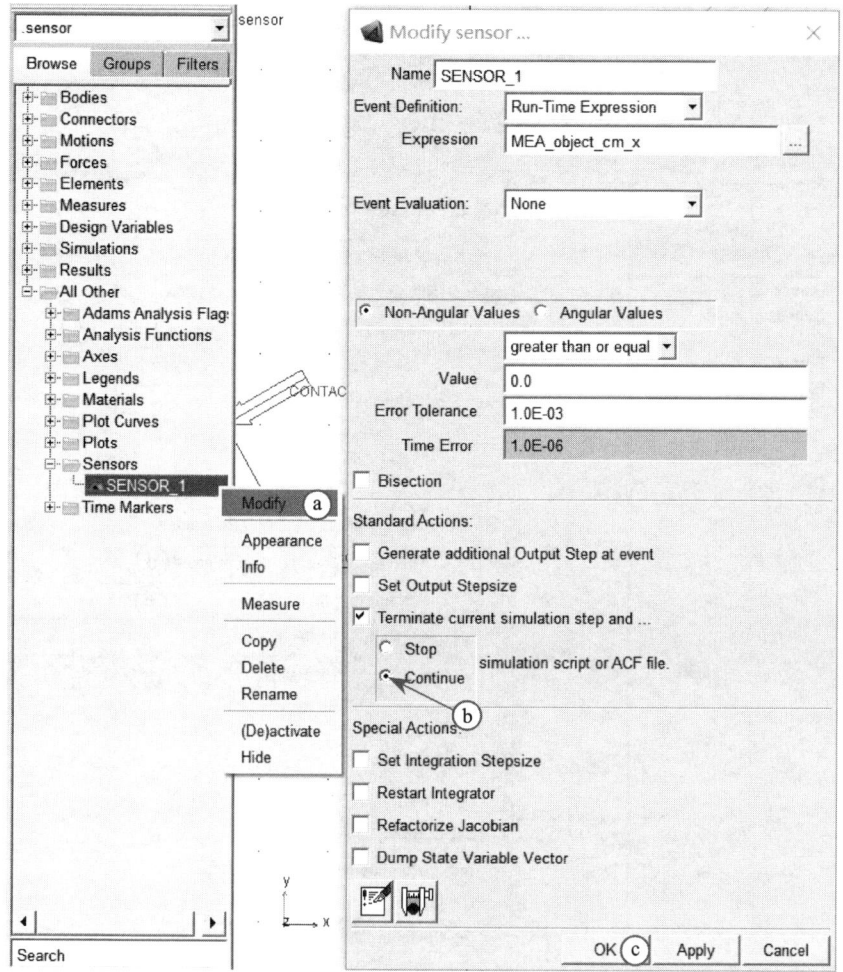

图 6-23　传感器 SENSOR_1 的修改

3. 创建传感器

按图 6-24 所示操作顺序及参数创建一个新的传感器 SENSOR_2，用来感知滑块 slider22 与物体 object 之间的碰撞力大小。

6.2.4　仿真过程描述的设计

如图 6-25 所示，按以下步骤创建仿真过程描述：

a. 在功能区 Simulation 项的 Setup 中，单击 **Create a new Simulation Script** 图标，弹出 Create Simulation Script 对话框；

b. 在该对话框中，选择 Script Type 下拉列表框为 **ADAMS/Solver Commands**；

c. 在 Append ACF Command 下拉列表框中，选择 **Dynamic Simulation**，弹出 Dynamic Simulation 对话框；

d. 在 Dynamic Simulation 对话框的 Number of Steps 文本框中输入 **1000**，在 End Time 文本框中输入 **2.5**；

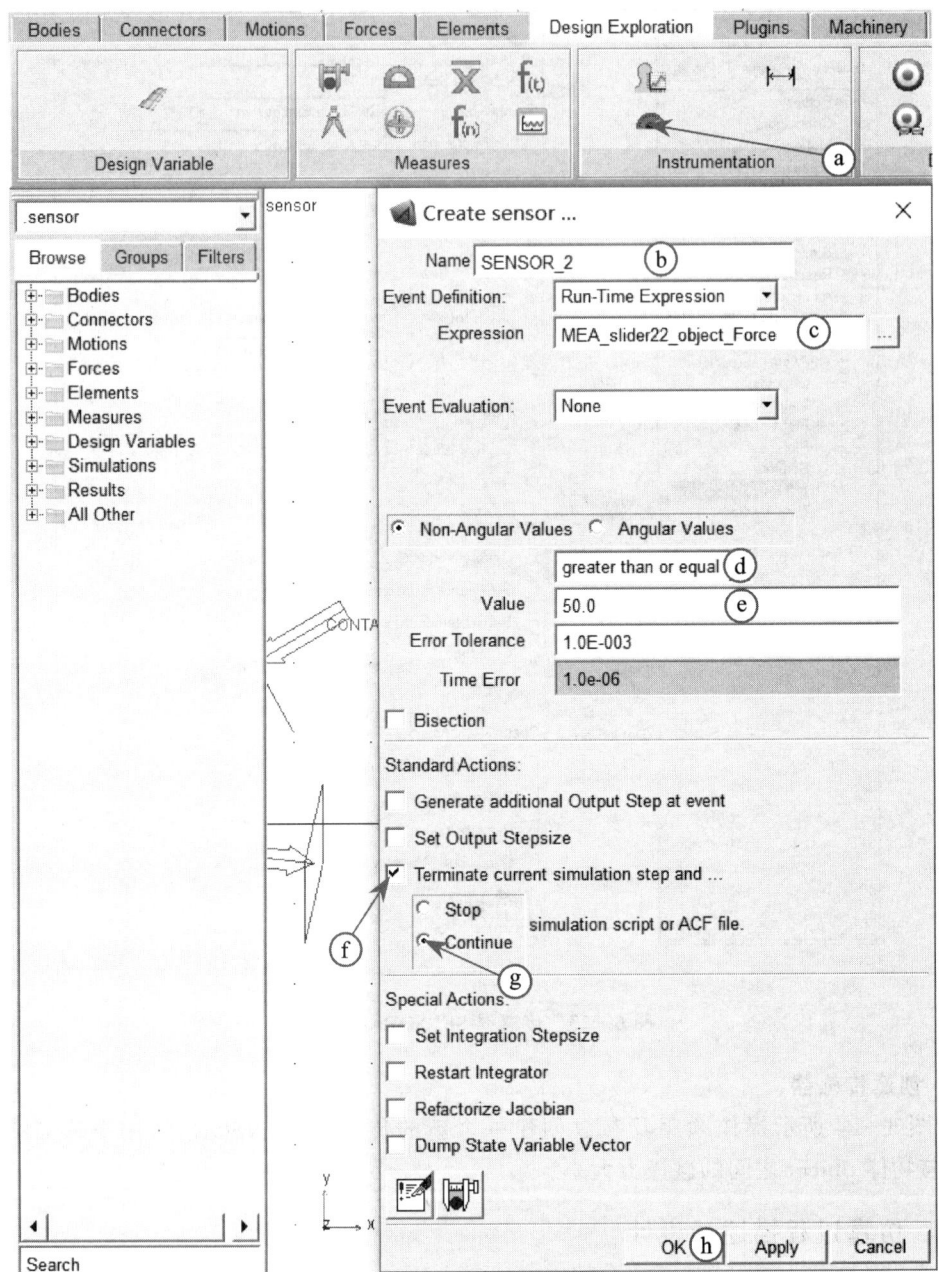

图 6-24 传感器 SENSOR_2 的创建

e. 单击 **OK** 按钮即完成仿真过程描述语句的创建。

动力学仿真描述的语句为

SIMULATE/DYNAMIC，END=2.5，STEPS=1000

在执行此仿真过程中，机构 1 推动物体向右运动，而机构 2 停止不动。当物体质心到达 (0,0,0) 位置处时，传感器 SENSOR_1 即感知到状态，并中断当前的仿真，等待继续下面的进程。

第 6 章 虚拟样机的控制设计

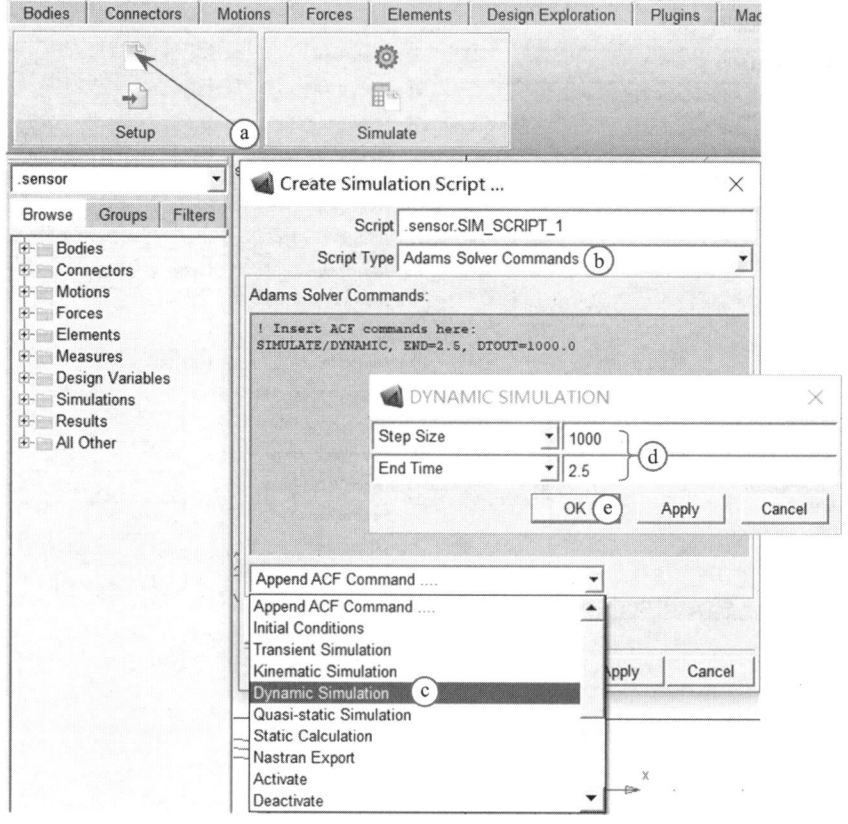

图 6-25 仿真描述过程的创建

接下来机构 2 开始运动，此时要解除固连副 JOINT_fix_crank2 的作用，同时也要解除 SENSOR_1 的作用，为此要让它们失效(Deactivate)，操作步骤如下(见图 6-26)：

a. 在 Append ACF Command 下拉列表框中选择 **Deactivate**，弹出 DEACTIVATE 对话框；

b. 在 DEACTIVATE 对话框中的 Joint Name 文本框中输入 **JOINT_fix_crank2**，在 Sensor Name 中输入 **SENSOR_1**；

c. 单击 **OK** 按钮即完成失效设定。

在 Create Simulation Script 对话框的仿真描述语句中，ID 为身份号，同一类别中是唯一的(**提示**：在读者自己创建的模型中，类别 ID 有可能与本例中不同，不需要更改)。

在固连副 JOINT_fix_crank2 和传感器 SENSOR_1 失效以后，可以继续对模型进行仿真，使得机构 2 开始运动。为此，添加如图 6-27 所示的对模型动力学进行仿真的描述语句如下：

SIMULATE/DYNAMIC，
END=2.5，STEPS=1000

系统接着前面的仿真停止时间继续进行仿真。在此过程中，虽然传感器 SENSOR_1 不再起作用，但由于机构 1 和限位块的共同作用，物体仍会保持在设定的位置不动。

当机构 2 运动到一定位置时，滑块 slider2 与物体 object 接触产生碰撞力。当该碰撞力达到或超过 50 N 时，传感器 SENSOR_2 即感知到这一状态，并发挥作用，中断当前的动力学仿

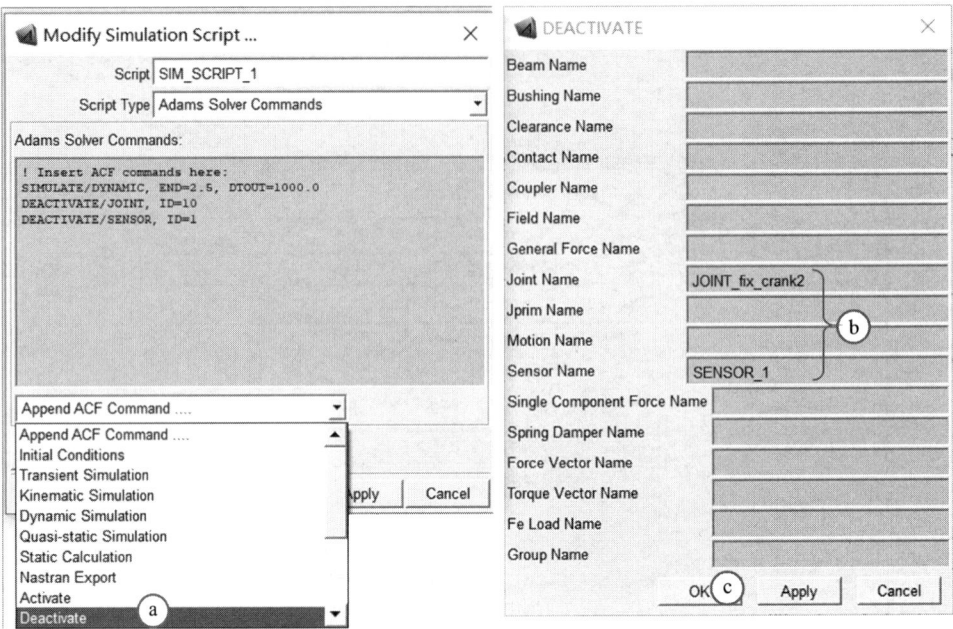

图 6-26 Deactivate 的设定

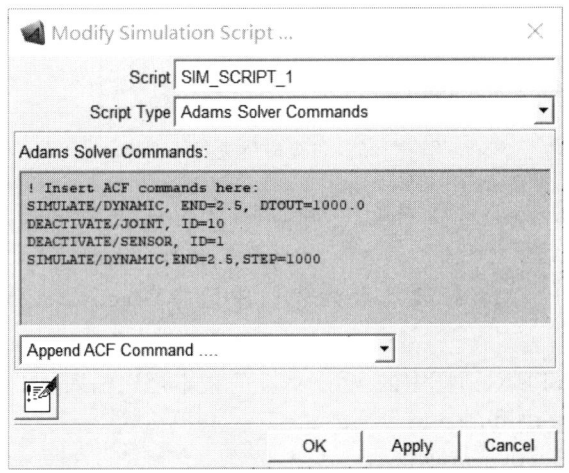

图 6-27 仿真描述语句的添加

真。根据要求，接下来物体在滑块 slider2 的推动下向下运动，为此必须解除物体 object 与滑块 slider1 之间固连副的连接，所以要填写使得固连副 JOINT_fix_slider1_object 和传感器 SENSOR_2 失效的描述语句，如图 6-28 所示。接着要继续进行仿真，因此还要添加仿真描述语句，如图 6-28 所示。

机械工作过程中，滑块 slider2 通过碰撞力 CONTACT_slider2_object 推动物体 object 向下运动，物体由于受到碰撞力 CONTACT_slider1_object 和碰撞力 CONTACT_object_block 的共同作用，保证了其不会产生水平方向的移动。

完整的仿真描述过程如图 6-29 所示。单击 OK 按钮即完成仿真过程描述 SIM_SCRIPT_1 的创建。

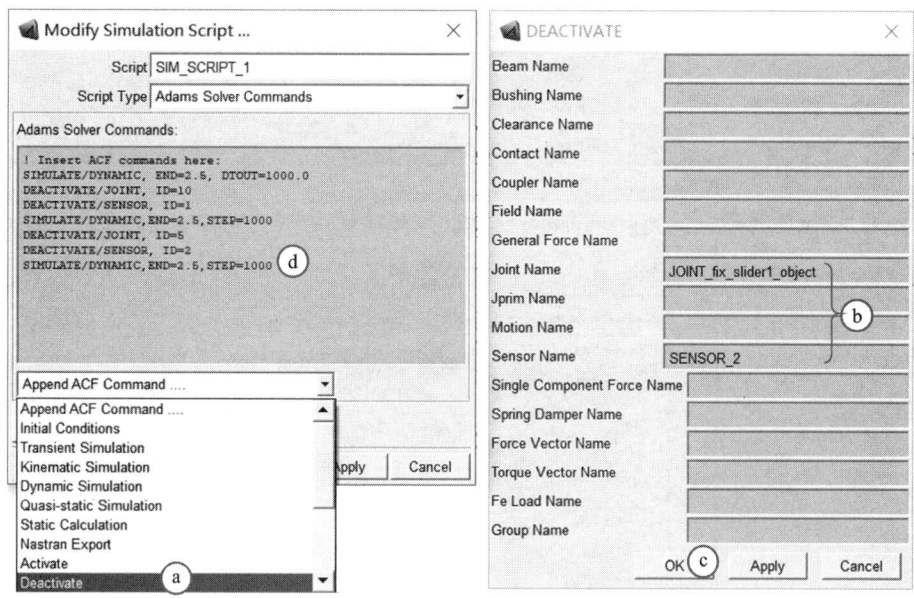

图 6-28 仿真描述语句的添加

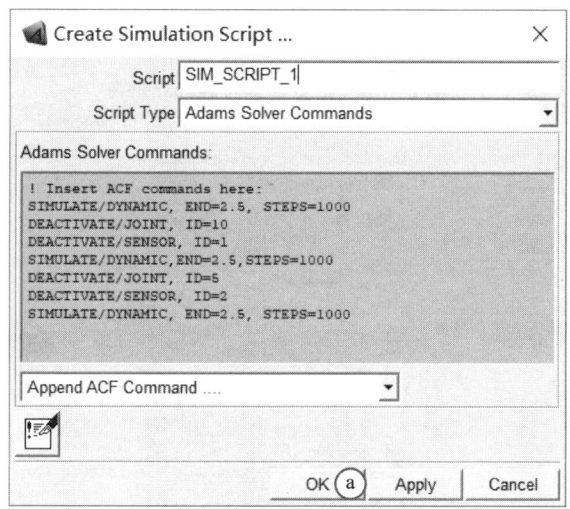

图 6-29 仿真描述语句

6.2.5 仿真过程描述的执行

如图 6-30 所示,执行仿真过程描述的步骤如下:

a. 在功能区 Simulation 项的 Simulate 中,单击 **Run a Scripted Simulation** 图标,弹出 Simulation Control 对话框;

b. 在该对话框中右击 Simulation Script Name 文本框,在快捷菜单中选择 **Simulation_Script | Guesses | SIM_SCRIPT_1**;

c. 单击 **Start Simulation 工具**按钮即开始执行仿真过程描述。

模型的仿真过程如图 6-31 所示。

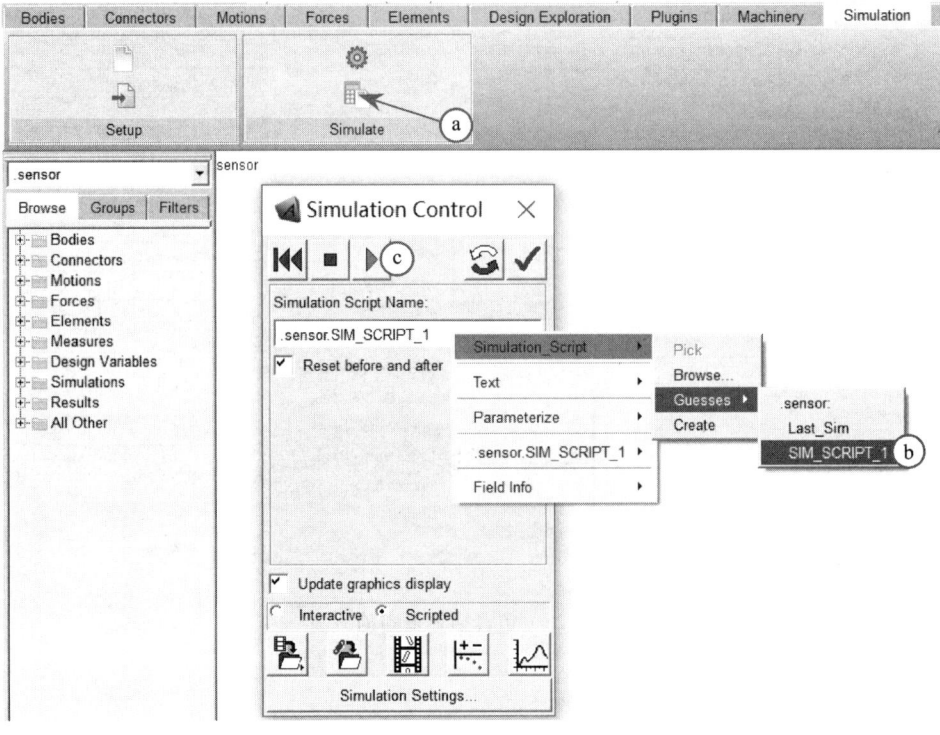

图 6-30 仿真描述过程的执行

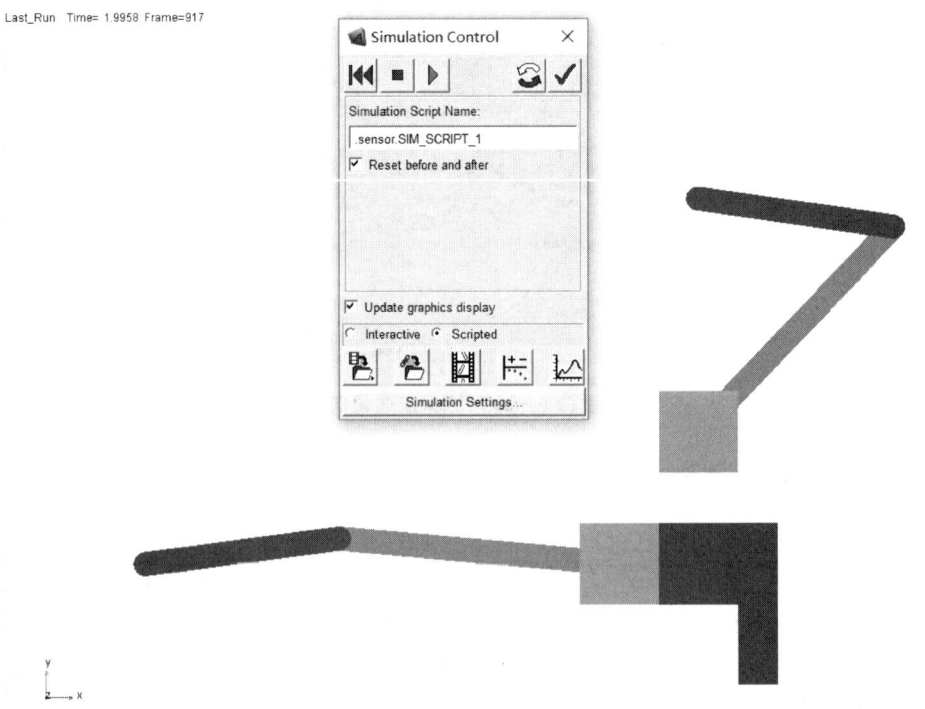

图 6-31 模型的仿真过程

此外，还可测得物体在整个仿真过程中质心位置的变化过程，如图 6-32 所示。此图也是物体质心的运动轨迹。

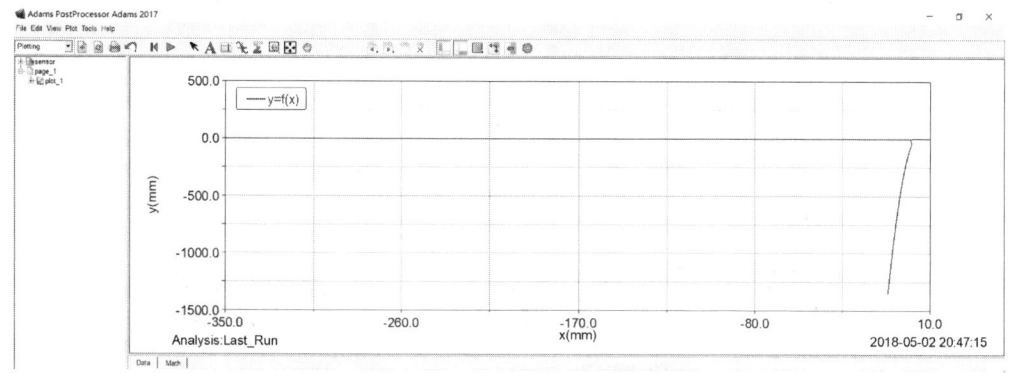

图 6-32　物体质心运动轨迹的测量

实例 6.2 的保存模型文件名为 example62_simulationscript.bin。

6.3　ADAMS/Control 模块的应用

6.3.1　概　　述

ADAMS 控制系统设计是 ADAMS 软件对复杂机械系统进行建模和仿真分析的基本环节之一。ADAMS 软件进行控制系统设计有两个途径：对于一般的控制环节可以使用 Controls Toolkit（控件工具箱）进行处理；对于具有复杂控制装置的机械系统，则必须利用 ADAMS/Controls 模块进行设计和建模，然后使用控制系统设计软件（EASY5、MATLAB 或 MATRIX）进行交互式仿真分析。

在使用 ADAMS/Controls 模块以前，机械设计师和控制工程师使用不同的软件对同一概念设计进行重复建模，并且进行不同的设计、验证和实验，然后制造物理样机。一旦出现问题，不管是机械系统的故障还是控制系统的故障，两方都要重新设计，如图 6-33 所示。

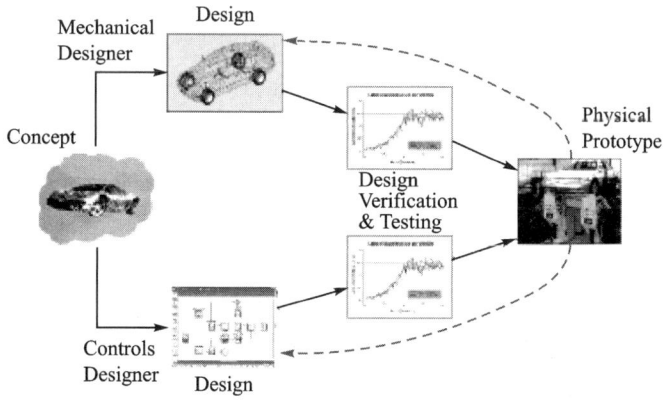

图 6-33　使用 ADAMS/Controls 模块以前的设计过程

使用 ADAMS/Controls 模块，机械设计师和控制工程师可以共享同一个虚拟模型，进行同样的设计验证和实验，使机械系统设计和控制系统设计能够协调一致，并且可以设计复杂模型，包括非线性模型和非刚体模型。既节约了设计时间，又增加了设计的可靠性，如图 6-34 所示。

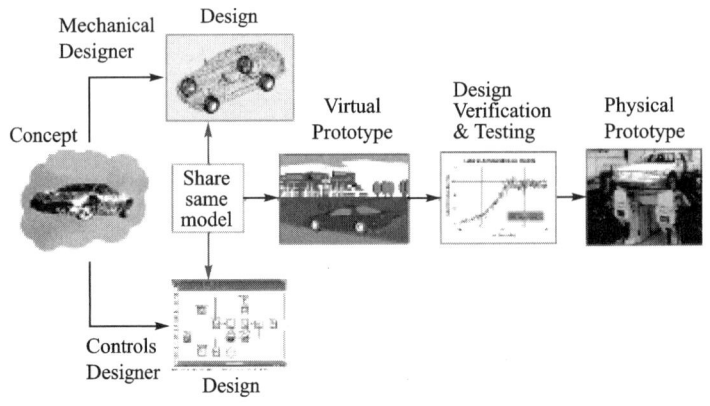

图 6-34　使用 ADAMS/Controls 模块的设计过程

ADAMS/Controls 控制系统设计主要有以下四个步骤，如图 6-35 所示。

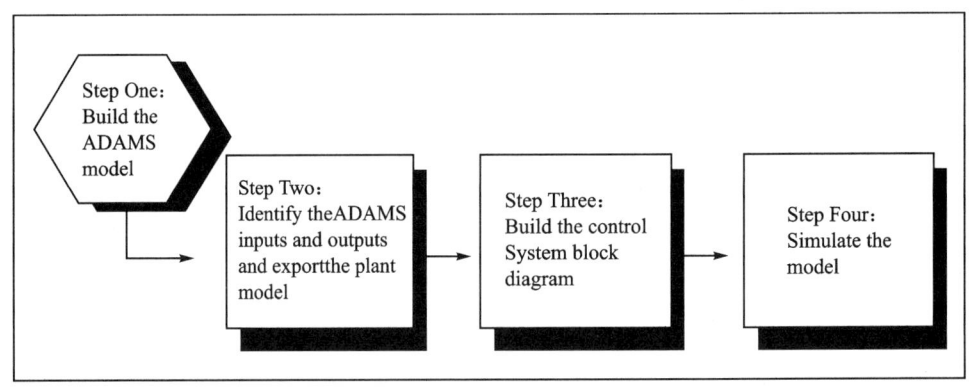

图 6-35　ADAMS/Controls 设计流程

第一步：建立机械系统模型。

使用 ADAMS/Controls 模块进行机电系统联合仿真分析时，首先应该构造 ADAMS 机械系统模型，或输入已经构造好的机械系统样机模型。

第二步：确定 ADAMS 的输入和输出。

通过确定 ADAMS 的输入和输出变量可以在 ADAMS 和控制软件之间形成一个闭合回路。这里，输出是指进入控制程序的变量，表示从 ADAMS/Controls 输出到控制程序的变量；而输入是指从控制程序返回到 ADAMS 的变量，表示控制程序的输出。也就是，从 ADAMS 输出的信号进入控制程序，同时从控制程序输出的信号进入 ADAMS 程序，如图 6-36 所示。

第三步：建立控制系统方框图。

控制系统方框图是用 EASY5、MATLAB 或 MATRIX 等控制程序编写的整个系统的控制图，ADAMS 机械系统样机模型被设置为控制图中的一个模块。

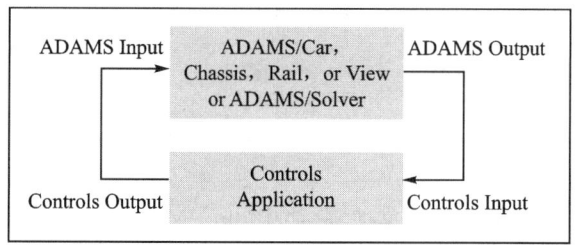

图 6-36 ADAMS 的输入和输出变量

第四步：机电系统联合仿真分析。

最后，对此机电一体化系统的机械部分和控制部分进行联合仿真分析。

6.3.2 设计任务

实例 6.3 雷达天线模型如图 6-37 所示。它主要由如下 6 部分组成：

- 方位旋转电动机：通过旋转副同地面基础框架连接，并通过齿轮副与减速齿轮连接；
- 减速齿轮：通过旋转副同地面基础框架连接，并通过固连副与圆盘连接；
- 天线支撑：使用固定副将天线与圆盘连接；
- 仰角轴承：使用固定副与天线支撑相连，并通过旋转副与天线相连；
- 天线：通过旋转副与仰角轴承连接；
- 圆盘：天线支撑的底座。

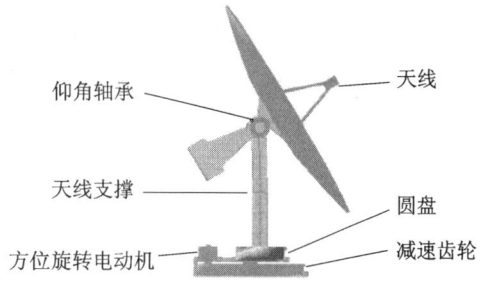

图 6-37 雷达天线模型

各构件之间通过运动副相互连接。

雷达天线的控制系统框图如图 6-38 所示。雷达天线的输入（由控制系统产生）是一个控制力矩 torque，雷达机械系统（ADAMS model）则向控制系统输出天线仰角的方位角 azimuth_pos 和电动机的转速 rotor_vel。

现要求完成雷达天线控制系统的建模，保证在雷达天线到达预定俯仰角位置时，保持系统

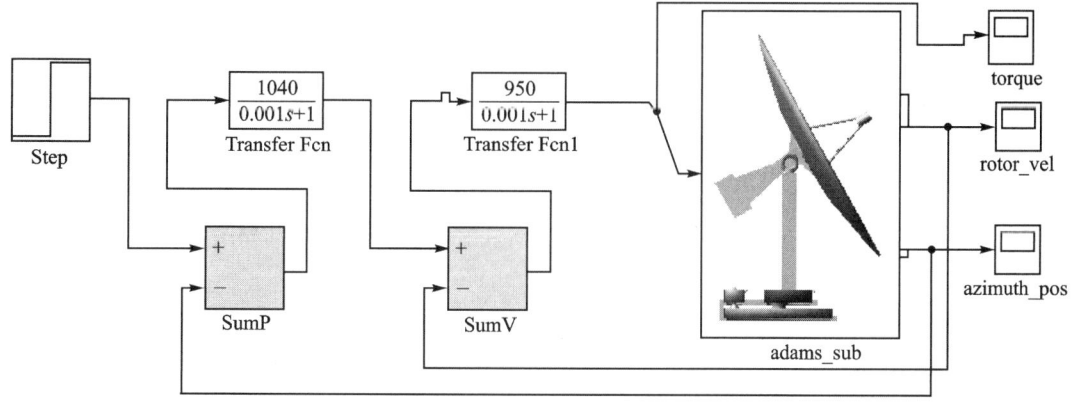

图 6-38 雷达天线的控制系统框图

的稳定,即输入力矩为 0,从而保持雷达天线的输出速度为 0,输出俯仰角不变。

6.3.3 启动 ADAMS/Controls

启动 ADAMS/View,选择 **Create a new model** 方式进入工作区。按以下步骤启动 ADAMS/Controls 模块(如图 6-39 所示):

a. 选择 **Tools|Plugin Manage** 菜单项,弹出 Plugin Manager 对话框;
b. 在 Plugin Manager 对话框中选中 ADAMS/Controls 对应的 **Load** 项和 **Load at Startup** 项;
c. 单击 **OK** 按钮,即启动 ADAMS/Controls 模块。

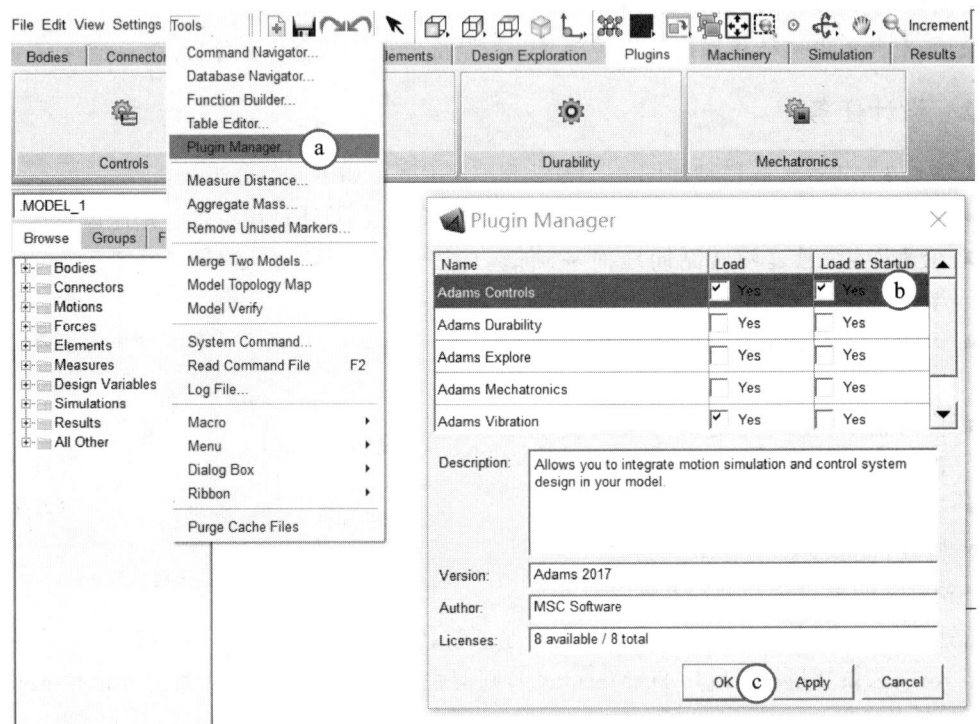

图 6-39 ADAMS/Controls 的启动

6.3.4 导入模型

1. 导入模型

为简化起见,这里直接使用建立好的雷达天线样机模型。

首先,将 X:\ADAMS_2017\controls\examples\antenna(其中 X 为安装盘)文件夹拷贝到某路径下,例如 D:\antenna。然后,设置 ADAMS 路径为 **D:\antenna**(如图 6-40 所示)。

如图 6-41 所示,模型的导入方法如下:

a. 选择 **File|Import** 菜单项,弹出在 File Import 对话框;
b. 在 File Import 对话框中选择 File Type 为 **ADAMS/View Command File**;
c. 在 File To Read 文本框中搜索到 D:\antenna\ antenna.cmd;
d. 单击 **OK** 按钮完成模型导入。

第 6 章 虚拟样机的控制设计

图 6-40 工作路径的设置

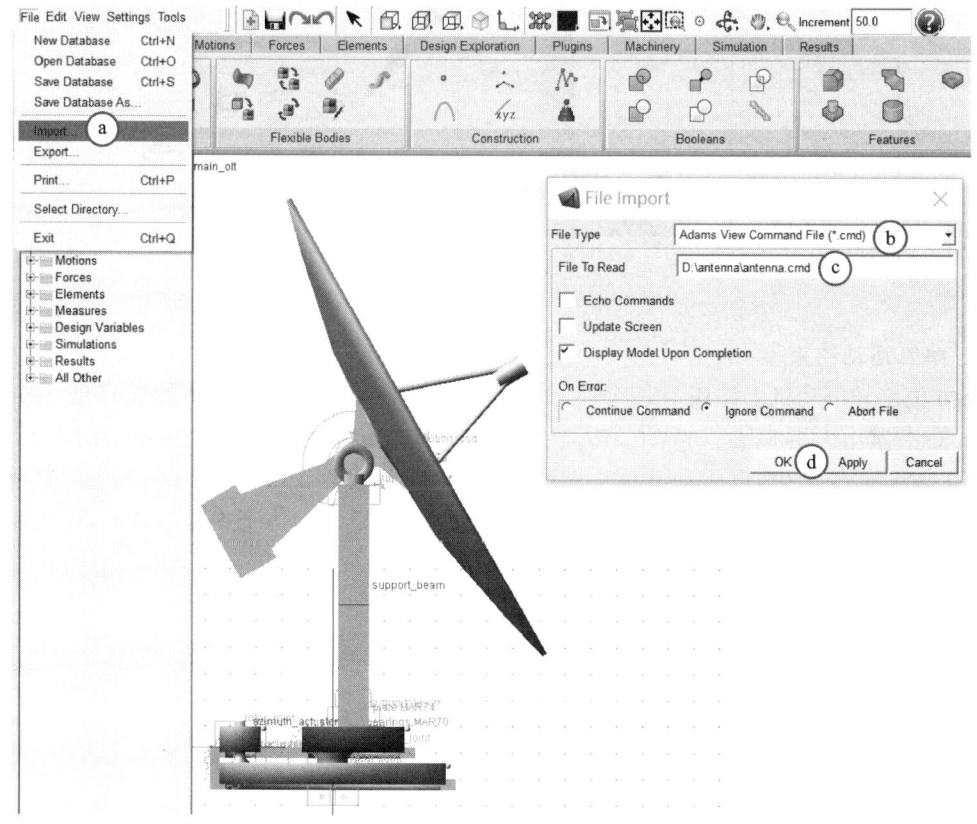

图 6-41 模型的导入

2. 仿真模型

在进行机械和控制两大系统联合仿真分析之前,应该先利用 ADAMS/View 进行机械系统的仿真分析,以便确认机械系统建模的正确无误。

在仿真的过程中(如图 6-42 所示)可以看到,雷达天线在旋转的同时上下摆动,这说明机械系统的建模符合要求。

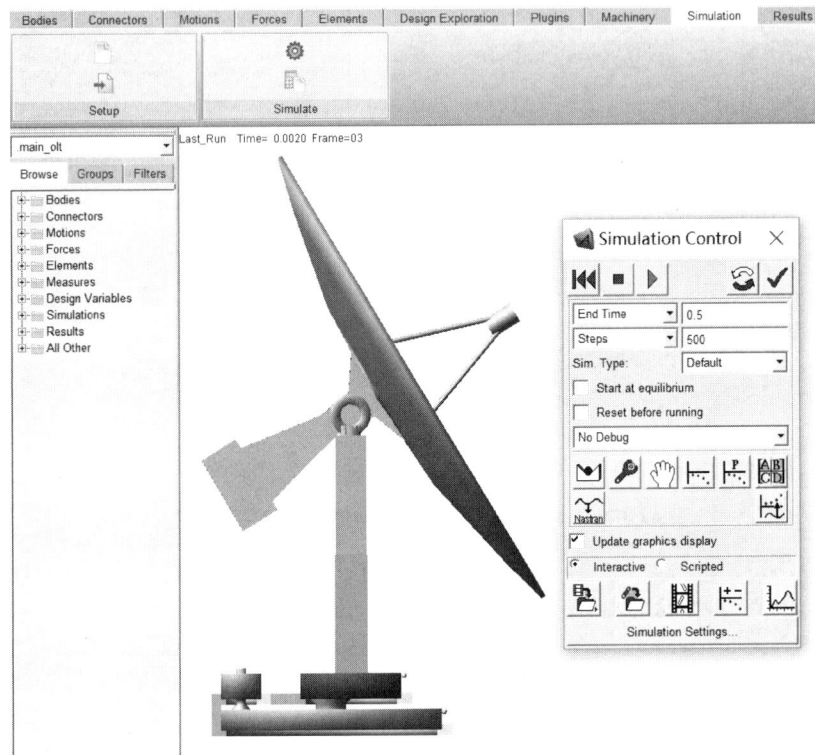

图 6-42 模型的仿真

3. 解除运动约束

在方位旋转电动机上作用有一个驱动力矩 azimuth_actuator 和一个旋转运动 azimuth_motion_csd,其中力矩 azimuth_actuator 在接下来的联合仿真中将作为机械系统的输入变量,由 MATLAB 软件产生,以驱动方位旋转电动机,而旋转运动 azimuth_motion_csd 只是为了展示机械系统的运动以验证模型的正确性而加上的,在接下来的仿真中是多余的,应该使其失效(不起作用)。解除运动约束的步骤如下(见图 6-43):

a. 在左侧的模型浏览区中,点击展开 Motions 项;

b. 右击 **azimuth_motion_csd**,在下拉式选择菜单中选择(De)activate,弹出 Activate/Deactivate 对话框;

c. 在 Activate/Deactivate 对话框中使 Object active 处于非选中状态;

d. 单击 **OK** 按钮即完成解除运动约束。

这样,就解除了方位旋转电动机上的旋转运动 azimuth_motion_csd,此时如果对雷达天线模型进行仿真,将会看到天线产生摇摆,但不再旋转,说明运动 azimuth_motion_csd 已经不再起作用了。

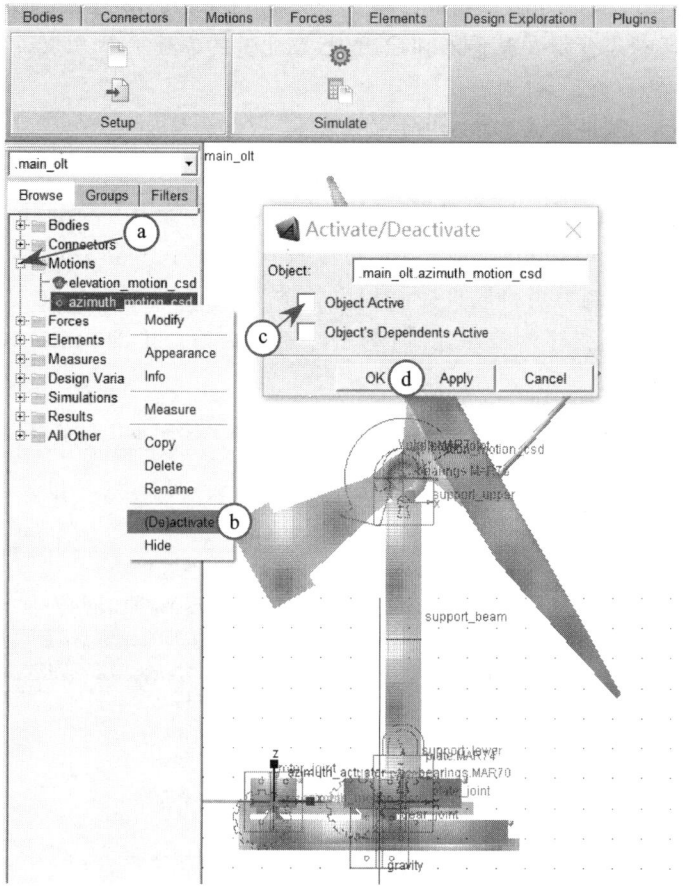

图 6-43 运动 azimuth_motion_csd 的解除

6.3.5 输入/输出的设置

1. 验证系统的输入和输出

雷达天线与控制系统之间的输入和输出关系如图 6-44 所示。雷达天线的输入（由控制系统产生）是一个控制力矩 control_torque，雷达机械系统（ADAMS model）则向控制系统输出天线仰角的方位角 azimuth_position 和电动机的转速 rotor_velocity。

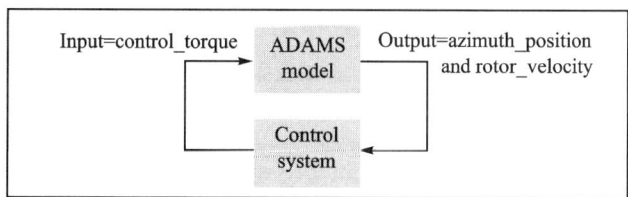

图 6-44 雷达天线系统的输入和输出关系

ADAMS 程序与控制程序之间通过相互传递状态变量进行信息交流，因此必须将样机模型的输入和输出变量，及其输入和输出函数，用一组状态变量（State Variable）来表示。

雷达天线的输入和输出变量已经定义为状态变量，因此，采样验证（而不是产生）的方式，说明确定输入和输出变量的方法。如果构造了一个新的 ADAMS 模型,则必须参考样机模型的输入和输出,定义状态变量及其输入和输出(状态变量的创建可参考 3.5 节中的内容)。

(1) 验证输入变量

如图 6-45 所示,验证输入变量的方法如下:

a. 在左侧的模型浏览区中,单击展开 Element 项;

b. 双击**System Elements|control_torque**,弹出 Modify State Variable 对话框;

c. 在 Modify State Variable 对话框中,可以查看变量 control_torque 的数值,即控制力矩,这里为 0.0。因为控制力矩将取自控制程序的输入,而不是这里定义的值,在系统仿真过程中,程序自动根据控制程序的输出,实时刷新控制力矩值。单击**Cancel** 按钮完成输入变量的验证。

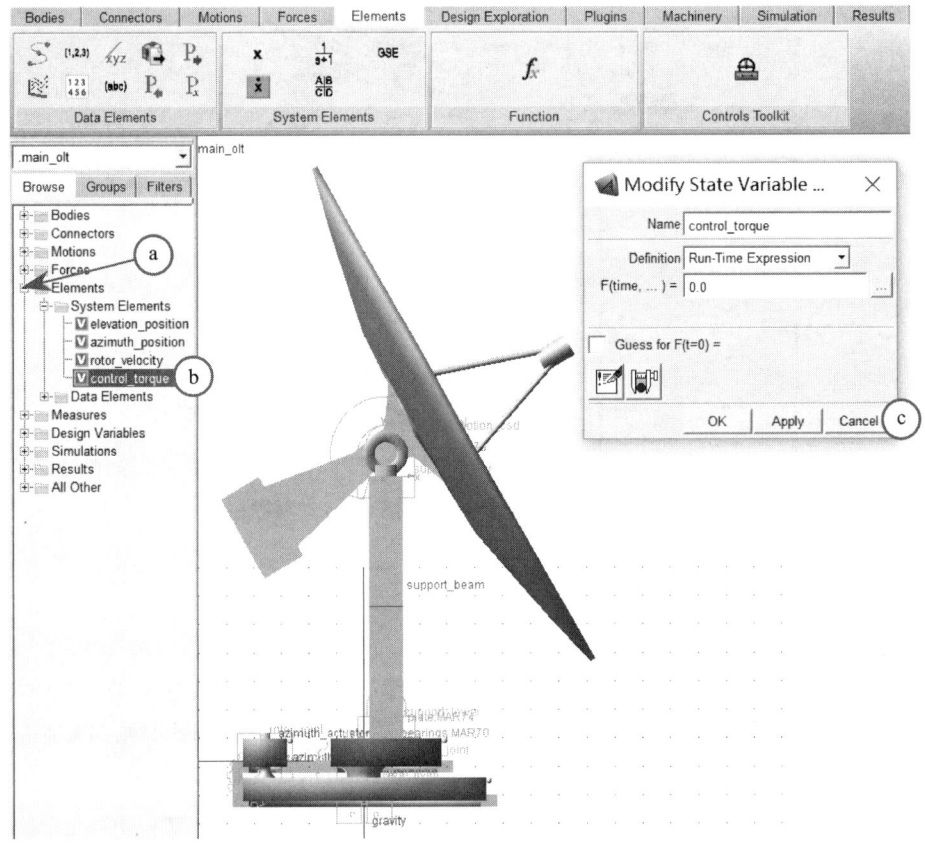

图 6-45 状态变量的查看验证

(2) 验证输入函数

在输入函数中,引用了输入状态变量 control torque。验证方法如图 6-46 所示。

a. 在左侧的模型浏览区中,单击展开 Forces 项;

b. 双击**azimuth_actuator**,弹出 Modify Torque 对话框;

c. 在 Modify Torque 对话框中,可以看到 Function 的表达式为 VARVAL(main_olt.control_torque)。这里 VARVAL()是一个 ADAMS 函数,它返回状态变量 control_torque 的值。也就是说,给雷达天线输入的控制力矩 azimuth_actuator 是从状态变量 control_torque

处获得的力矩值。单击 **Cancel** 按钮完成输入函数的验证。

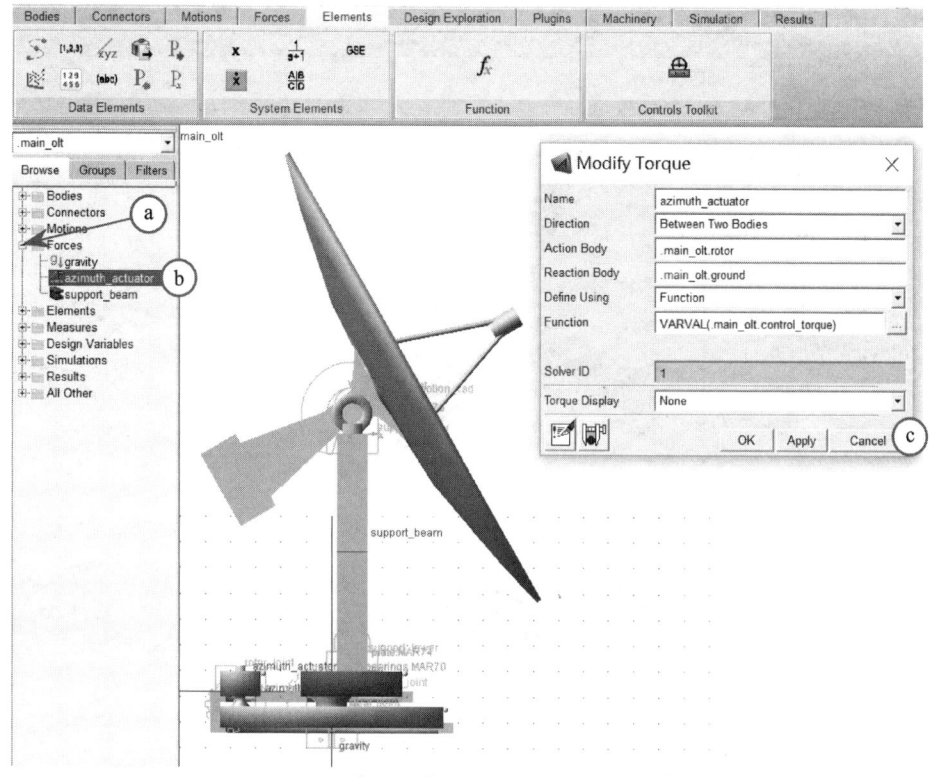

图 6-46　输入函数 azimuth_actuator 的验证

（3）验证输出变量

雷达天线的机械系统向控制系统输出两个信号，天线仰角的方位角 azimuth_position 和电动机的转速 rotor_velocity。

对 azimuth_position 的验证步骤如下（见图 6-47）：

a. 在左侧的模型浏览区中，单击展开 Element 项；

b. 双击 **System Elements | azimuth_position**，弹出 Modify State Variable 对话框；

c. 在 Modify State Variable 对话框中，可以看到 F(time,…) 的表达式为 AZ(MAR70，MAR26)，表示函数返回轴承（bearings）上标记点 MAR70 绕大地（ground）上的标记点 MAR26 的 Z 轴旋转的转角角度值，从而将雷达天线仰角的方位定义为输出变量，传递给控制程序。单击 **Cancel** 按钮完成状态变量对 azimuth_position 的验证。

同样的方法，可以查看到电动机转速状态变量 rotor_velocity 的表达，如图 6-48 所示。WZ(MAR21，MAR22，MAR22) 表示函数返回电动机（rotor）上的标记点 MAR21 绕大地（ground）上的标记点 MAR22 的 Z 轴旋转角速度值，从而将电动机转速定义为输出变量。

2. 定义输入/输出宏

在上述的工作中，已经在 ADAMS 机械系统中定义了用于机电联合仿真的输入/输出变量，但在 ADAMS/Controls 模块的输入/输出设置中还不能直接使用这些变量，需要将这些状态变量定义为输入/输出宏。输入宏的定义方法如图 6-49 所示。

图 6-47 状态变量 azimuth_position 的验证

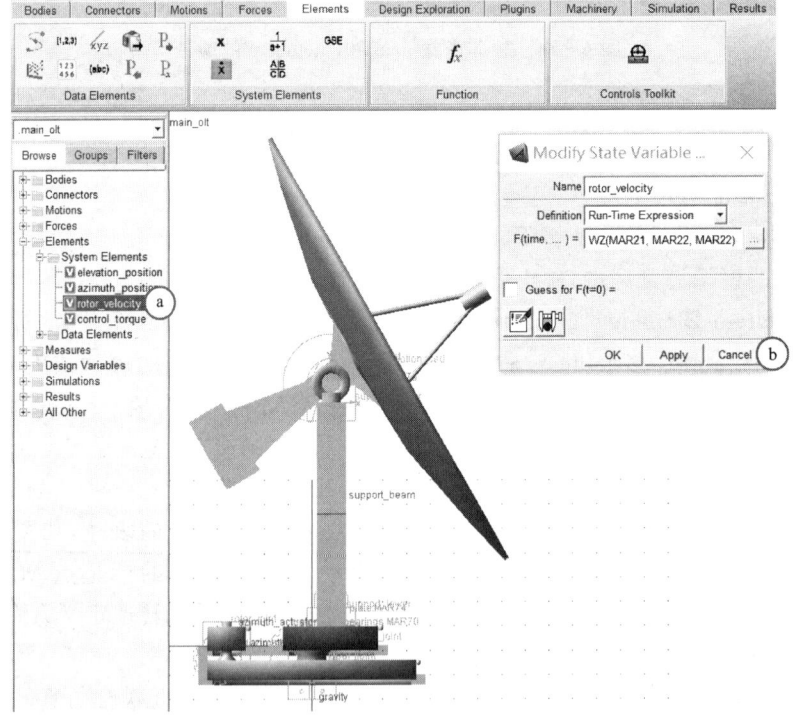

图 6-48 状态变量 rotor_velocity 的验证

a. 在功能区 Elements 项的 Data Elements 中，单击 Create an Adams plant input 图标，弹出 Data Element Create Plant Input 对话框；

b. 在 Data Element Create Plant Input 对话框中，右击 Variable Name 文本框，选择**Variable Class\Gessues\control_torque** 菜单项；

c. 单击**OK** 按钮即完成输入宏的定义。

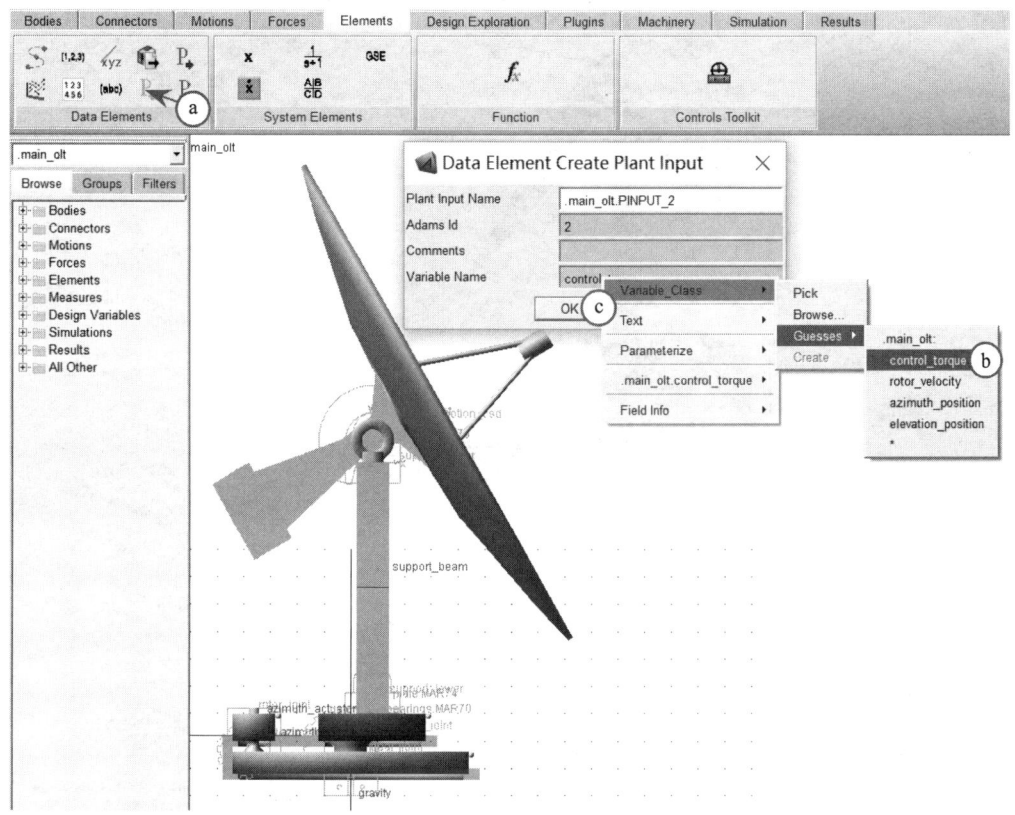

图 6-49　输入宏的定义

输出宏的建立同输入宏相似，如图 6-50 所示。

雷达天线的输入/输出宏在导入时已经建立好，无须再建，可以查看到所建立的输入/输出宏，如图 6-51 所示。

a. 在左侧的模型浏览区中，单击展开 Elements 项；

b. 双击**Data Elements|tmp_MDI_PINPUT**，弹出 Data Element Modify Plant Input 对话框；

c. 由 Data Element Modify Plant Input 对话框可以看到，输入宏 tmp_MDI_PINPUT 的状态变量为 control_torque；

d. 单击**Cancel** 按钮完成输入宏的查看。

同理，可以查看到输出宏 tmp_MDI_POUTPUT 的状态变量为 azimuth_position 和 rotor_velocity，如图 6-52 所示。

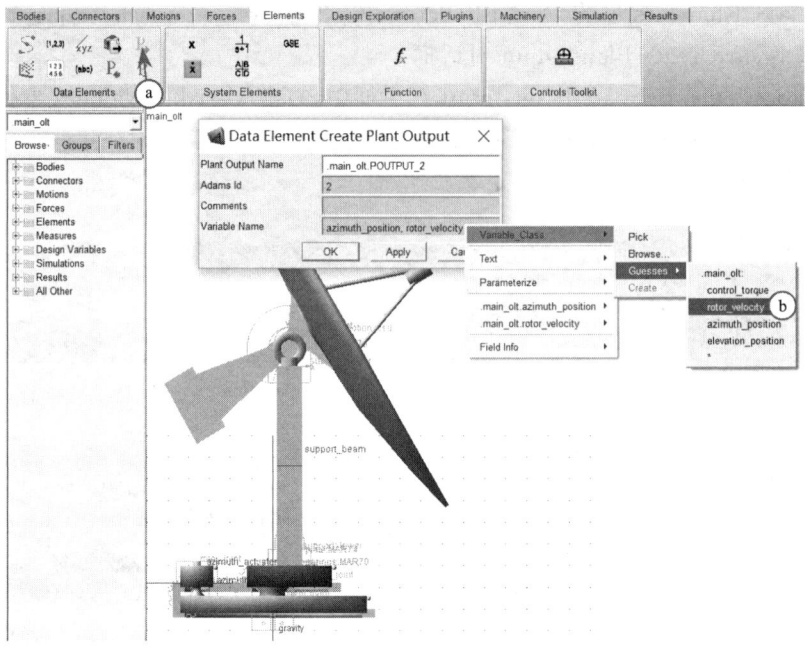

图 6-50 输出宏的定义

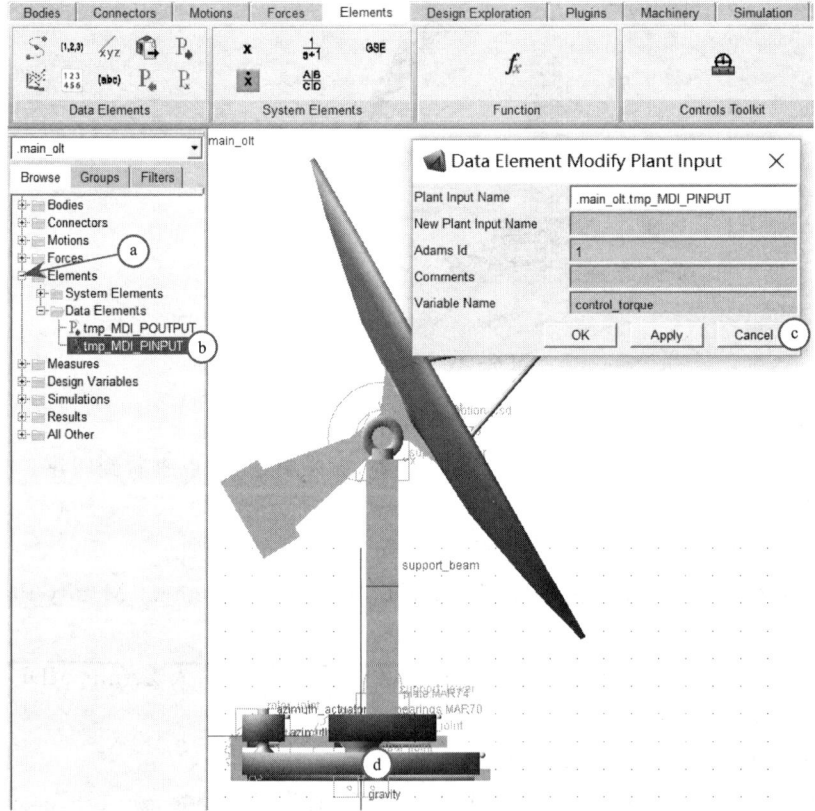

图 6-51 输入宏的定义

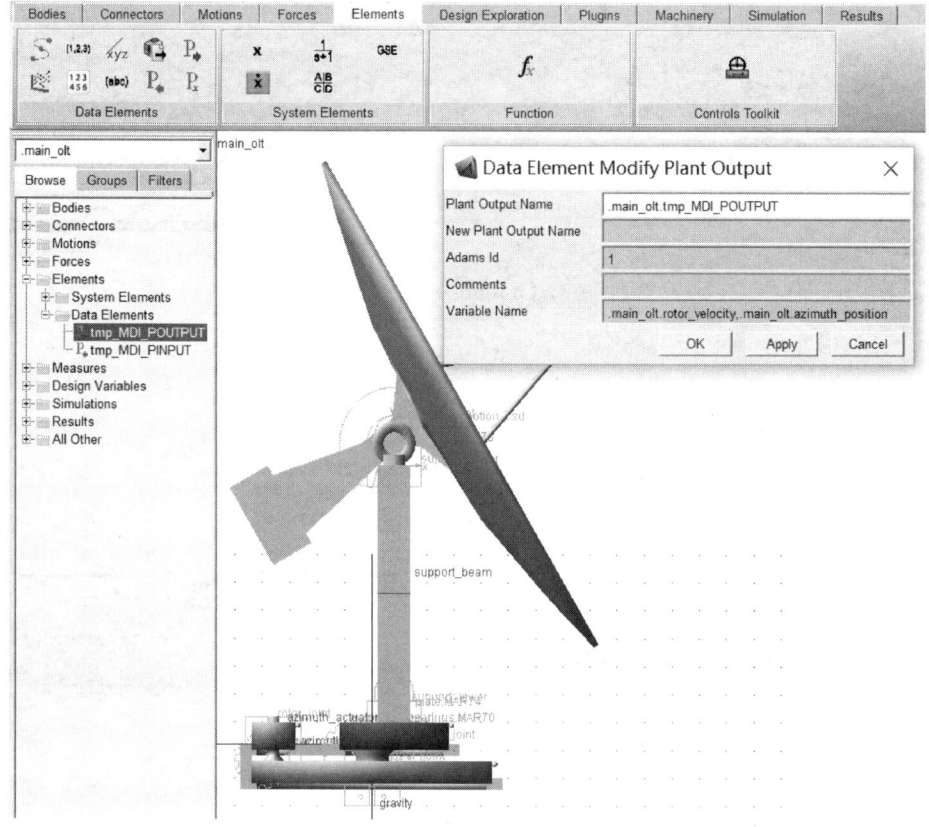

图 6-52 输出宏的定义

3. 设置 ADAMS/Controls 模块的输入/输出

如图 6-53 所示,按以下步骤设置 ADAMS/Controls 模块的输入/输出:

a. 在功能区 Plunge 项的 control 中,单击**Load the Controls Plug_in** 图标,并在下拉式菜单中选择**Plant Export**,弹出 ADAMS/Controls Plant Export 对话框;

b. 在 ADAMS/Controls Plant Export 对话框中单击**From Pinput** 按钮,弹出 Database Navigator 对话框;

c. 在 Database Navigator 对话框中双击**tm_MDI_PINPUT**,状态变量 control_torque 被填入到 Input Signal(s)的文本框中;

d. 单击**From Poutput** 按钮;

e. 在 Database Navigator 对话框中双击**tm_MDI_POUTPUT**,状态变量 rotor_velocity 和 azimuth_position 被填入到 Output Signal(s)的文本框中;

f. 选择 Target Software 项为 Matlab;

g. 单击**OK** 按钮完成 ADAMS/Controls 模块的输入/输出设置。

完成设置后,在 ADAMS 的当前目录下将产生 3 个用于联合仿真的文件:第一个是保存 ADAMS/Controls 输入/输出信息的 MATLAB 程序文件 Controls_Plant_1.m,第二个是 ADAMS/View 命令文件 Controls_Plant_1.cmd,第三个是 ADAMS/Solve 命令文件 Controls_Plant_1.adm。

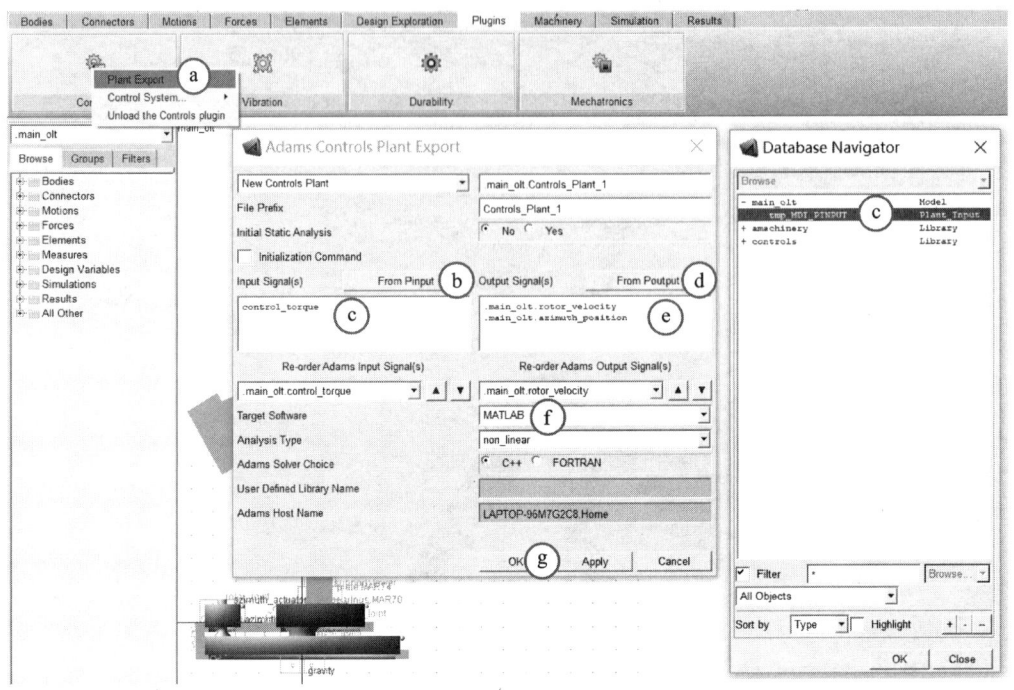

图 6-53 ADAMS/Controls 的设置

6.3.6 创建控制系统

1. 控制系统建模的目的和一般步骤

控制系统建模的目的是建立一个机械和控制一体化的样机模型,从控制系统向 ADAMS 机械系统传递控制参数,ADAMS 将机械系统运行的一些数据作为输出传递到控制系统中,控制系统分析这些数据后调整控制参数,再传递给 ADAMS 机械系统,从而形成一个闭环的反馈控制,达到对机械系统的精确控制。

利用 MATLAB 程序,建立控制系统的一般步骤如下:

- 启动控制程序 MATLAB;
- 在 MATLAB 程序中,输入 ADAMS 模块;
- 在 Simulink 中,设置仿真参数;
- 运行 Simulink 工具,进行控制系统建模。

2. 启动 MATLAB 及变量检验

启动 MATLAB 程序,显示 MATLAB 命令窗口界面。如图 6-54 所示,变量检验的方法如下:

a. 设定工作路径为 **D:\antenna**;

b. 在 MATLAB 命令输入提示符">>"处,输入:**Controls_Plant_1**,即在 ADAMS/Controls 设置时输入的文件名,MATLAB 返回相应的结果为

%%% INFO :ADAMS plant actuators names :

1 control_torque

%%% INFO：ADAMS plant sensors names：

1 rotor velocity

2 azimuth position

c. 在提示符下输入 **who** 命令,显示文件中定义的变量列表,MATLAB 返回相应的结果为

Your variables are：

ADAMS_cwd	ADAMS_pinput	arch
ADAMS_exec	ADAMS_poutput	flag
ADAMS_host	ADAMS_prefix	machine
ADAMS_init	ADAMS_solver_type	temp_str
ADAMS_inputs	ADAMS_static	topdir
ADAMS_mode	ADAMS_sysdir	
ADAMS_outputs	ADAMS_uy_ids	

d. 可以选择以上显示的任何一个变量名检验变量,例如输入 **ADAMS_outputs**,MATLAB 将返回相关变量的信息：

ADAMS_outputs =

rotor_velocity!azimuth_position

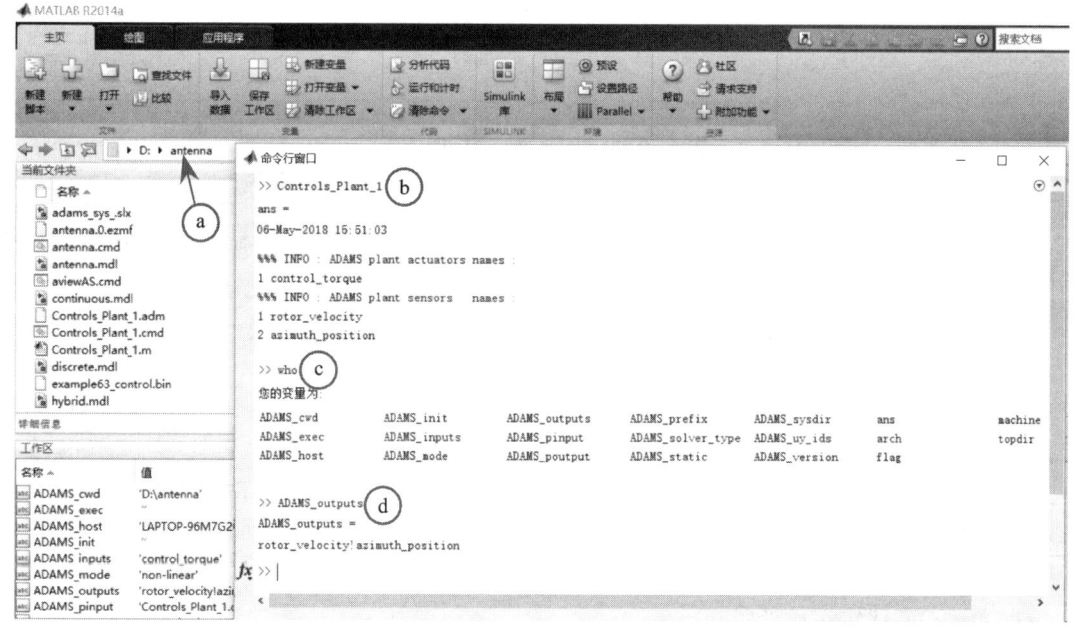

图 6-54 变量的检验

3. 在 MATLAB 中导入 ADAMS 模型

(1) adams_sys 模块的导入

在 MATLAB 输入提示符下,输入命令 **adams_sys**,显示 adams_sys 的模块窗口,如图 6-55 所示。

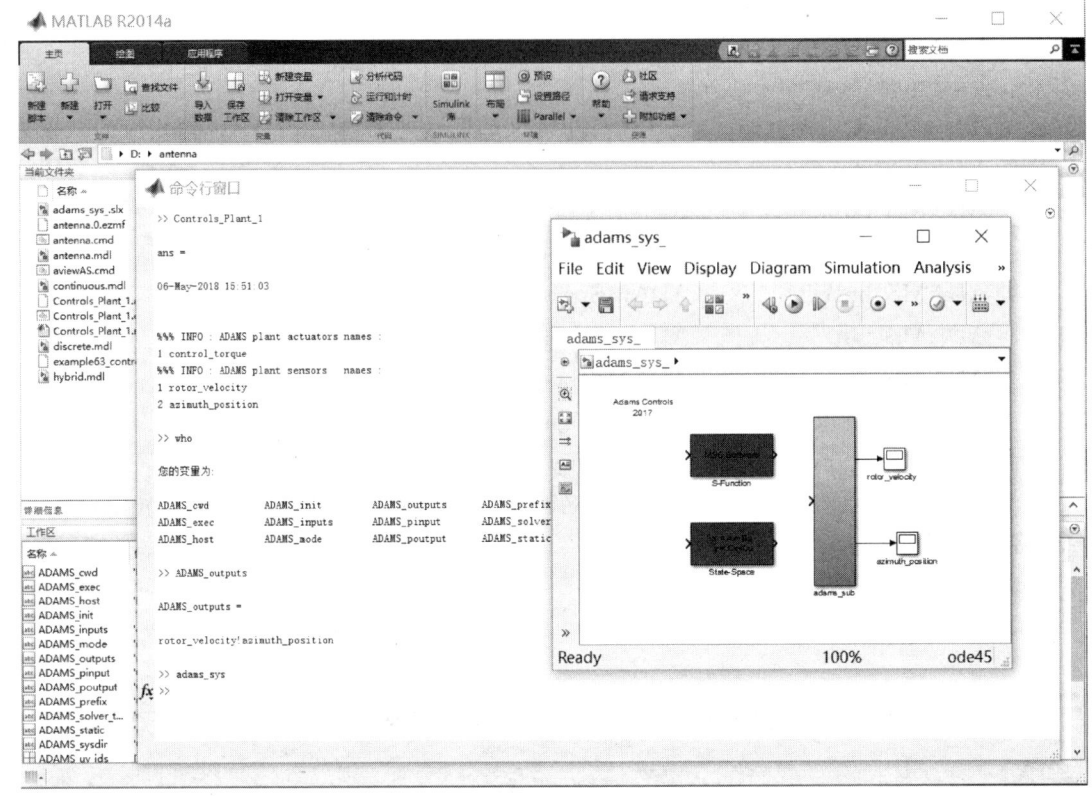

图 6-55　adams_sys 模块的导入

（2）adams_sub 模块的显示

双击如图 6-55 所示的 adams_sys 窗口中的 **adams_sub** 模块，系统显示出 adams_sub 模块的子系统，如图 6-56 所示。

（3）联合仿真分析参数设置

如图 6-57 所示，联合仿真参数设置的步骤如下：

a. 双击 adams_sub 中的 **MSC. Software** 模块，弹出 Function Block Parameters：ADAMS Plant 对话框；

b. 在 Function Block Parameters：ADAMS Plant 对话框的 Adams model file prefix 文本框中输出文件名为 **mytest**；

c. 输入 Output files prefix 文本框中输出文件名为 **mytest**；

d. 单击 **OK** 按钮完成设置。

4. 控制系统建模

控制系统建模需要利用 MATLAB 程序的 Simulink 工具箱。按照图 6-58 所示的框图，构建一个控制系统图，其中的 adams_sub 和两个输出显示器是由 adams_sys 模块窗口拖放进来的。有关 Simulink 工具箱的使用方法和操作技巧，可以参考介绍 MATLAB 和 Simulink 的相关资料。

为了方便起见，可直接调用 ADAMS 目录下保存的一个已经完成的控制系统 Simulink 文件。打开 Simulink 文件的方法如图 6-59 所示。

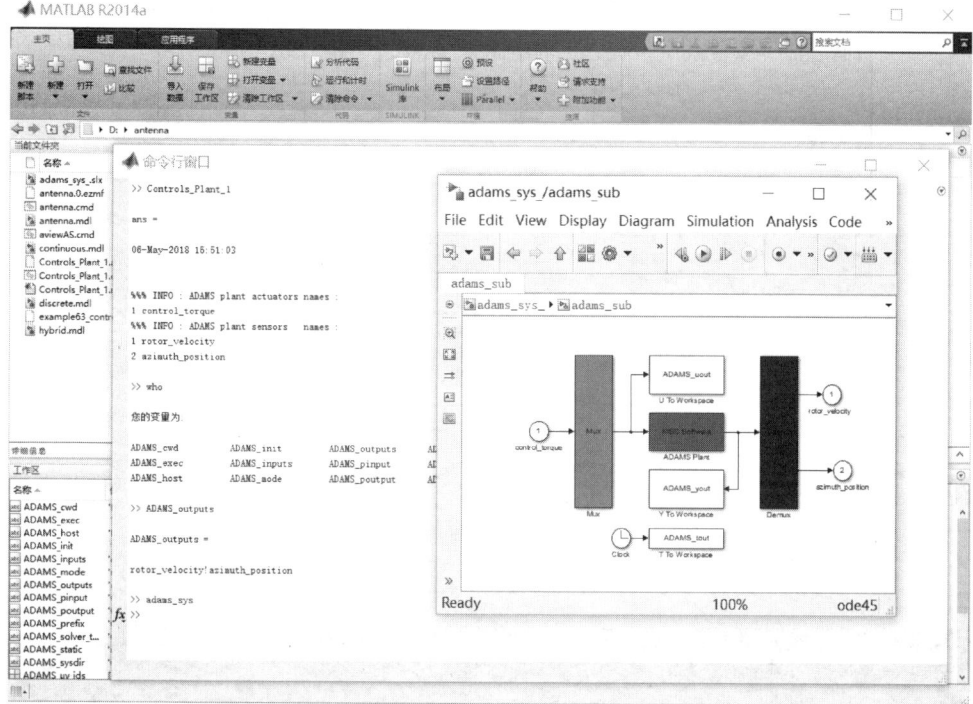

图 6-56 adams_sub 模块的显示

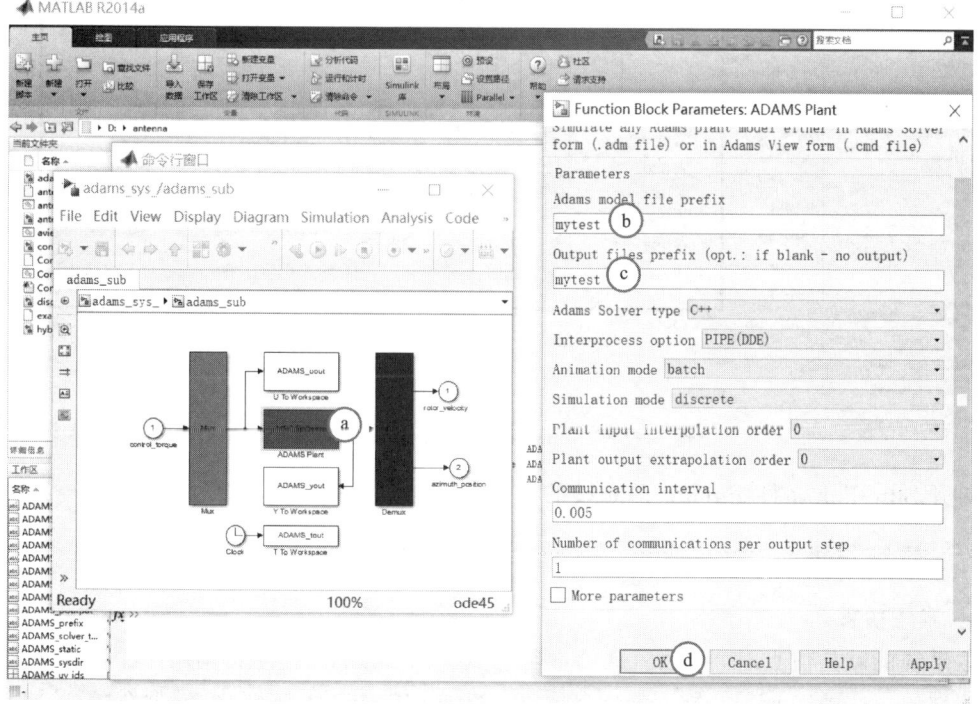

图 6-57 联合仿真参数设置

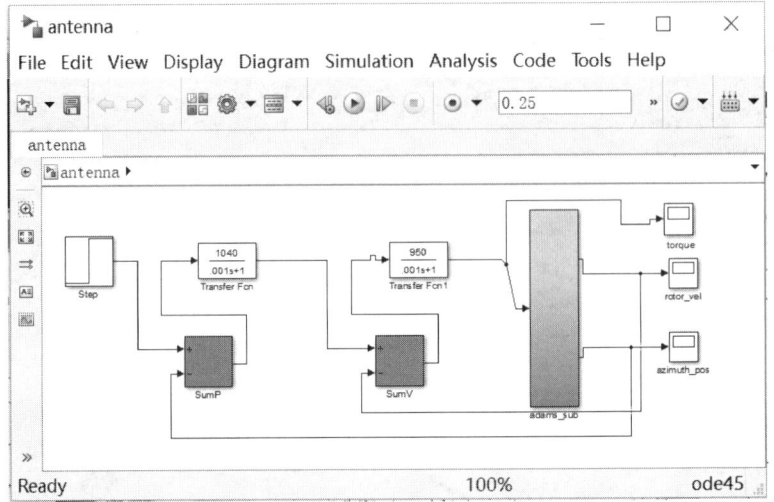

图 6-58 控制系统图

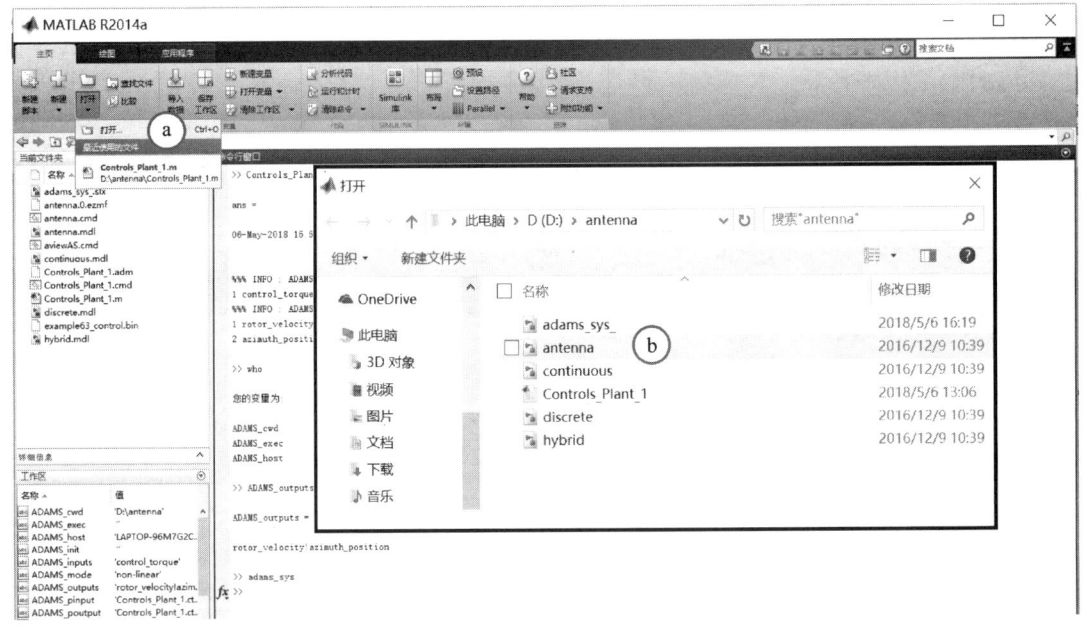

图 6-59 Simulink 文件 antenna 的打开

打开 Simulink 文件 antenna 后系统的显示如图 6-60 所示。

6.3.7 系统仿真

1. 系统仿真

取系统的默认仿真时间 0.25,开始进行仿真。MATLAB 程序将调用一个新的带有雷达天线模型的 ADAMS 窗口。随着输入到雷达天线模型的力矩不断变化,模型在 ADAMS 窗口中不断摆动,同时 Simulink 中天线仰角方位角和电动机转速的图线也随着不断变化,天线仰角方位角最终稳定到指定值,达到了控制的目的,如图 6-61 所示。

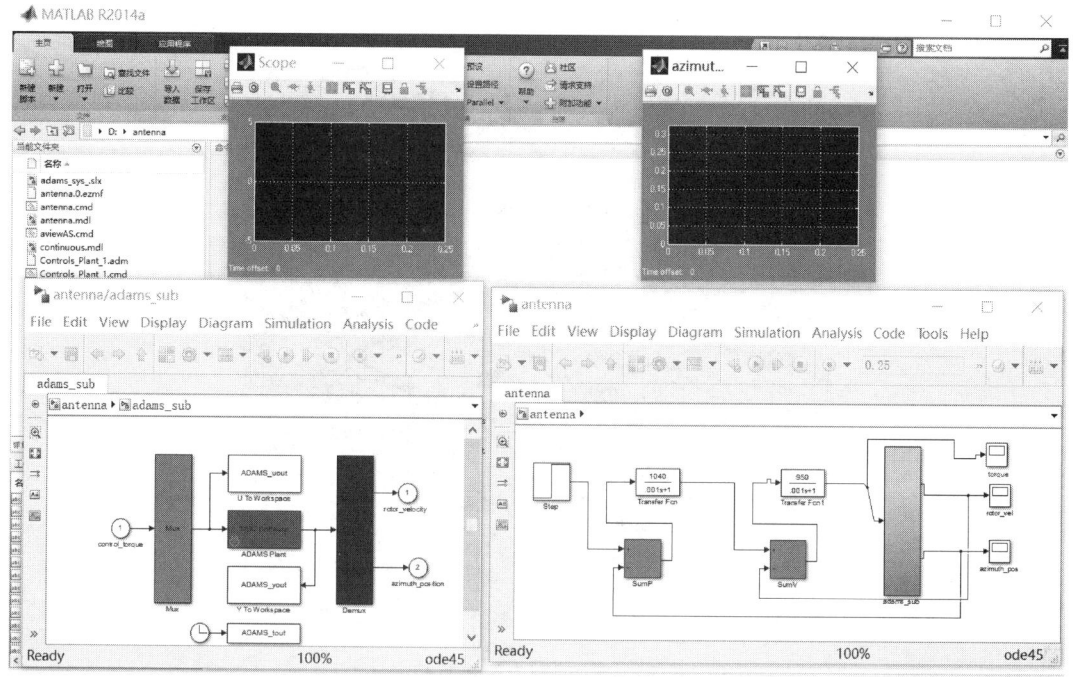

图 6-60 Simulink 文件 antenna 打开后的系统状态

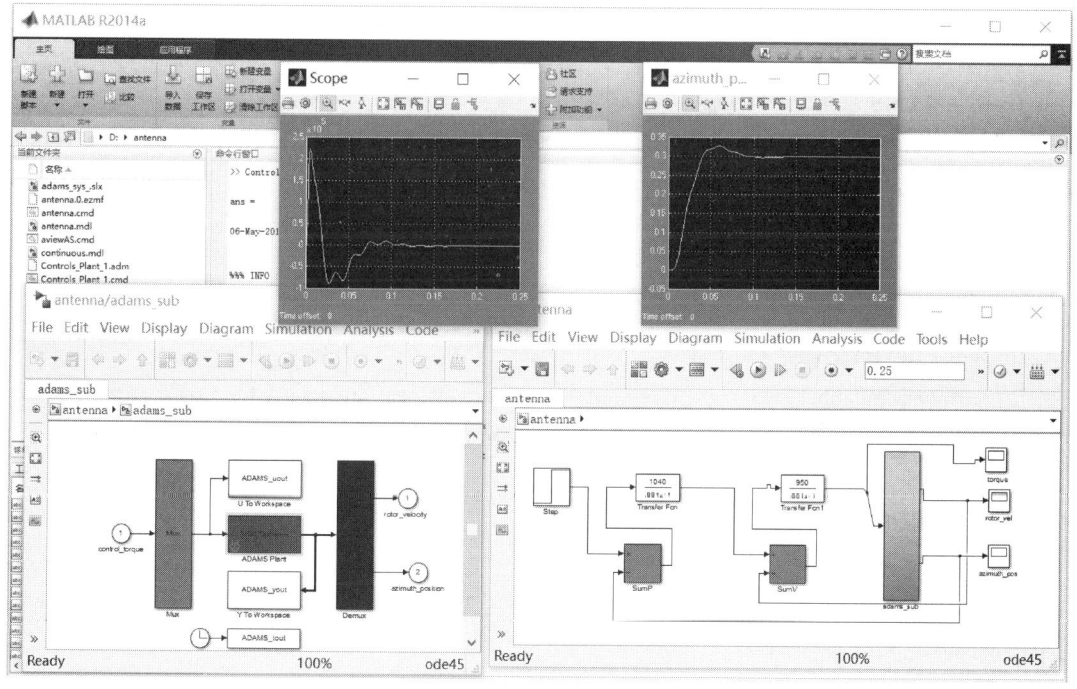

图 6-61 系统仿真及结果显示

2. 在 MATLAB 中获取仿真结果

系统仿真完成后,利用 MATLAB 的绘图命令,可以绘制 MATLAB 产生的任何数据。这里给出了 ADAMS_uout 的仿真结果,如图 6-62 所示。

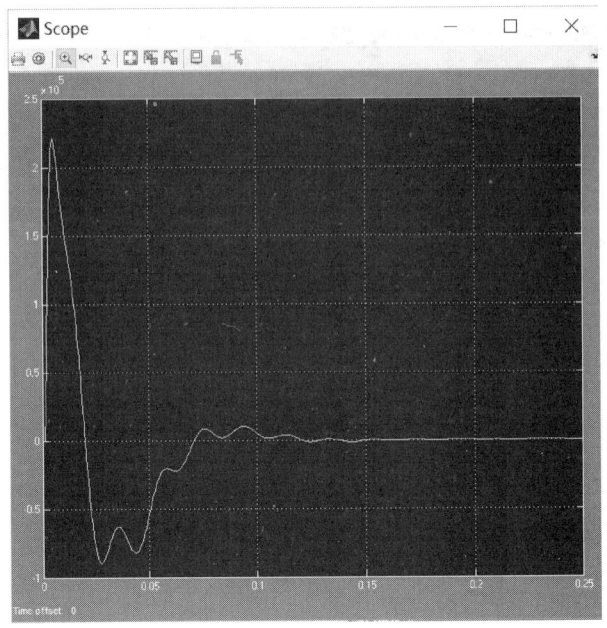

图 6-62 控制力矩仿真结果

从图 6-62 中可以看到,当加速时,控制力矩达到最大峰值,然后迅速下降;当天线接近预定位置时,控制力矩变为负值,以降低天线速度;当天线到达指定位置时,控制力矩为零。同时由图 6-62 可见,天线旋转运动时超过了预定的位置,然后逐渐返回到预定位置。

3. 在 ADAMS 获取仿真结果

如果需要在 ADAMS/View 中绘制仿真分析结果,则可以首先输入 ADAMS/Controls 仿真分析的有关结果文件:仿真结果文件(.res)、要求文件(.req)和图形文件(.gra)。然后启动后处理模块 ADAMS/PostProcessor,获取仿真结果。

(1) 仿真结果文件的导入

如图 6-63 所示,导入仿真结果文件的步骤如下:

a. 选择 **File|Import** 菜单项,弹出 File Input 对话框;

b. 在 File Input 对话框中选择 File Type 为 **Adams Solver Analysis(* . req, * . gra, * . res)**;

c. 在 File(s) To Read 文本框中搜索填入 **D:\anenna\Controls_Plant_1. gra**;

d. 在 Model Name 项中填入 **main_olt**;

e. 单击 **OK** 按钮,完成仿真结果文件的导入。

(2) 仿真结果的显示

在 ADAMS/View 界面单击 **PostProcessor** 图标或在键盘上按 **F8** 快捷键,进入 ADAMS/PostPreocessor 后处理界面。

如图 6-64 所示,仿真结果显示的步骤如下:

a. 在下方的 Simulation 操作面板区域,选择 Source 为 **Result Sets**;

b. 在 Result Sets 列表中选择为 **tmp_MDI_PINPUT**;

c. 在 Component 列表中选择为 **IN1**;

d. 单击 **Add Curves** 按钮,生成仿真结果曲线。

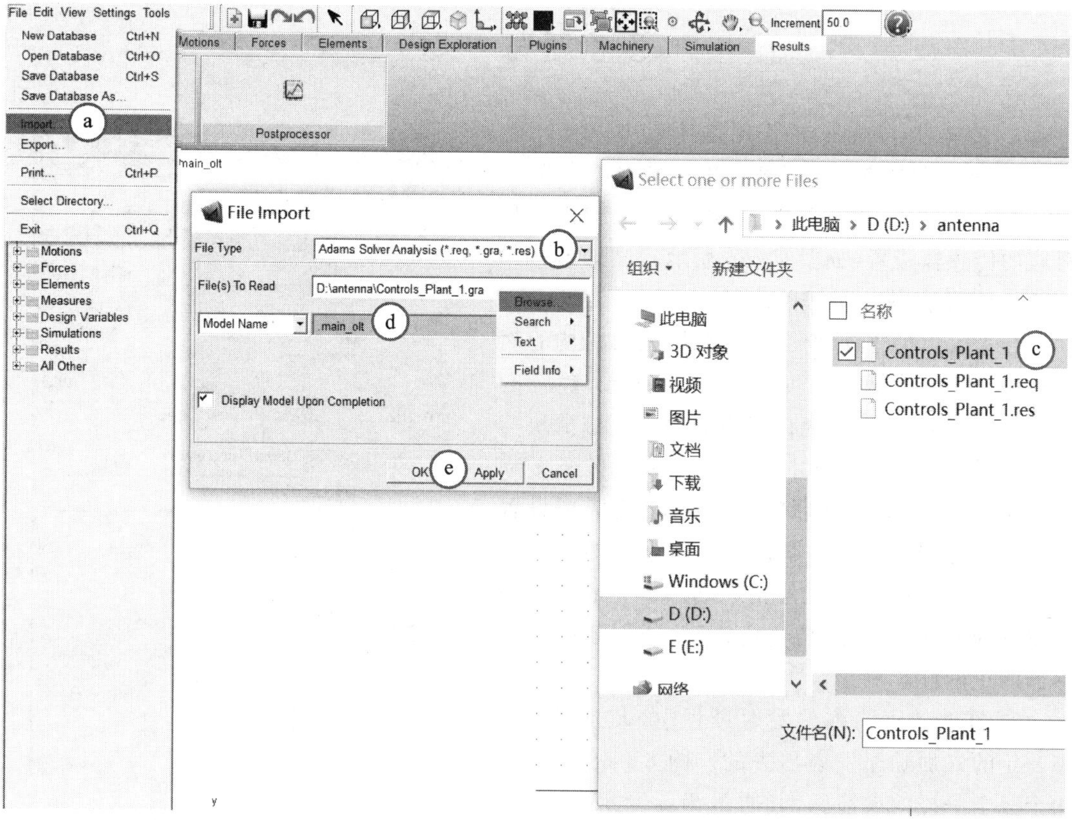

图 6-63 仿真结果文件的导入

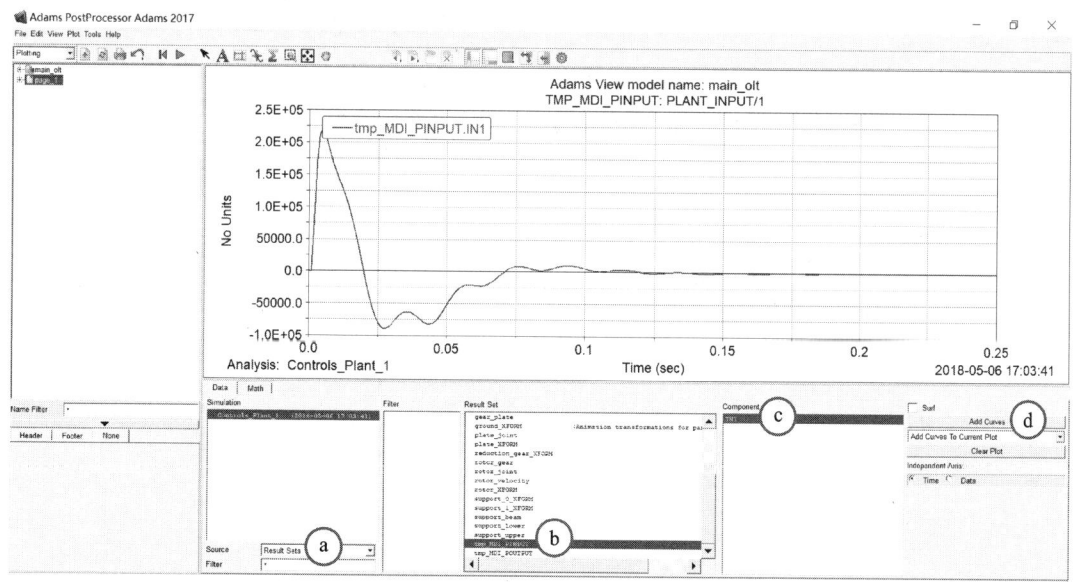

图 6-64 雷达天线仰角轴承处的控制力矩仿真结果

思考题与习题

1. 传感器(sensor)的作用是什么？
2. 试说明如图 6-65 所示的传感器的含义。
3. 有一个仿真过程描述 SIM_SCRIPT_1 和对应的传感器设置(如图 6-66 所示)，试给出 SIM_SCRIPT_1 的仿真过程的解释。
4. 图 6-67 所示为一曲柄滑块压力机构的简化模型。已知曲柄的长度为 $a=100$ mm，连杆的长度为 $b=200$ mm。现在用弹簧力来模拟滑块与被压紧物体之间的作用力。设弹簧的刚度 $k=1$ N/mm。为保证被压紧物体的安全，现需要设置一个力传感器。当传感器感知到压紧力的值大于或等于 70 N 时，机构就停止运动。试完成这个力传感器的创建，并通过仿真机构，验证创建的力传感器的正确性。
5. 在多管火箭弹的发射过程中，火箭弹是按照一定的先后顺序发射出去的。图 6-68 所示为两个完全一样的火箭弹，其质量为 $m=820$ kg，俯仰角度为 30°。作用在火箭弹尾部的推力假设为

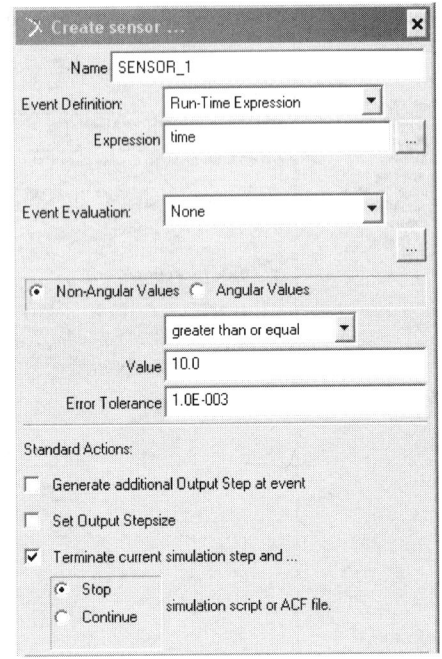

图 6-65 传感器

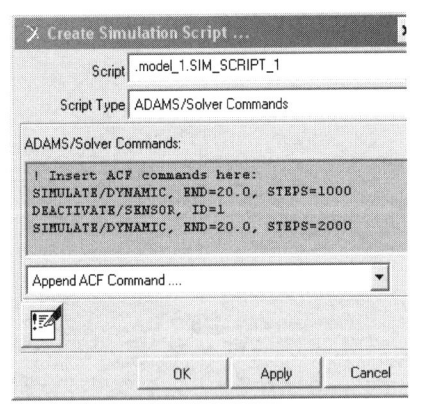 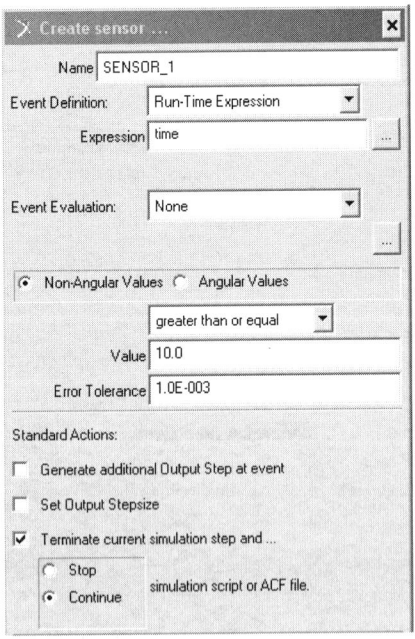

图 6-66 仿真过程描述 SIM_SCRIPT_1 和传感器 SENSOR_1 的设置

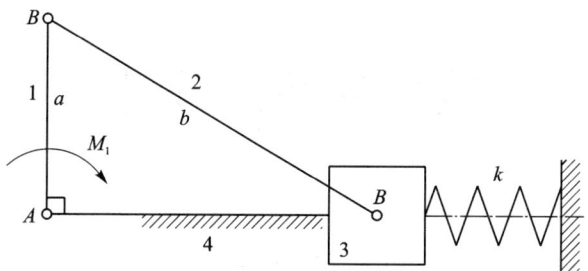

图 6-67 曲柄滑块压力机模型

常值 $F = 160\,000$ N。现要求第一个火箭弹发射运动 7 000 mm 后,第二个火箭弹才被发射。试通过创建传感器和仿真过程描述来完成此项工作。

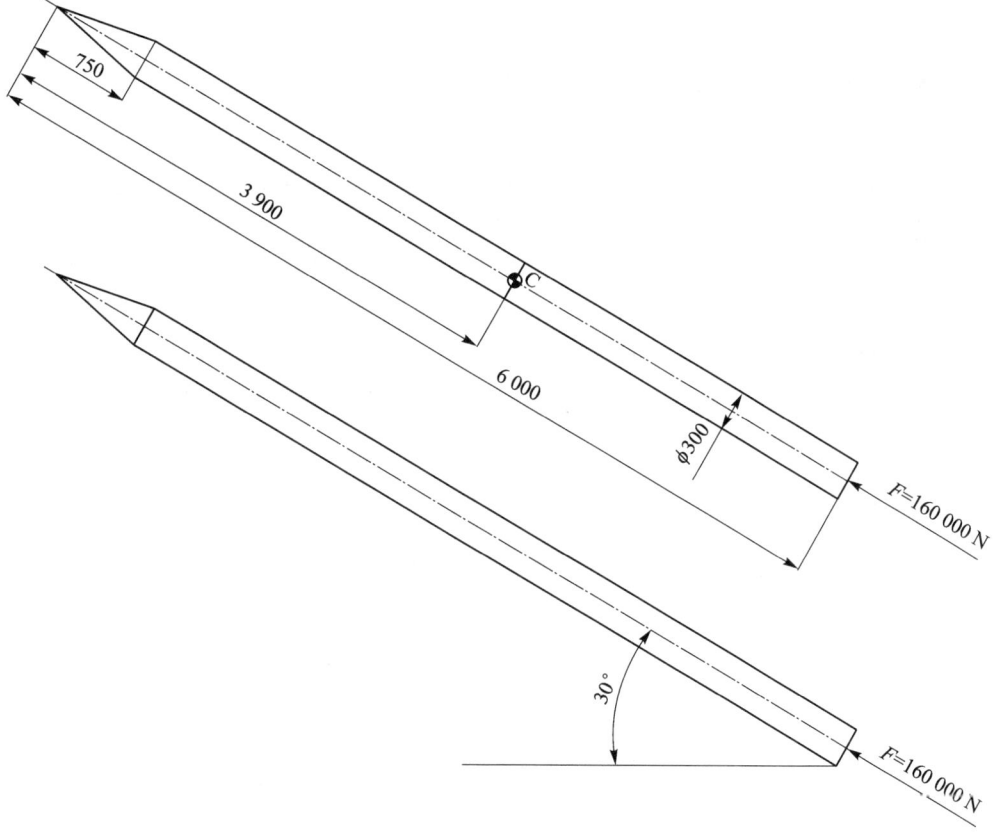

图 6-68 多管火箭弹简化模型

第 7 章 机械传动系统设计与仿真分析

机械传动系统是机械系统中非常常见的一种运动机构。快速、准确地对机械传动系统建模和仿真分析,是保证整个机械系统仿真求解效率的必要条件。本章使用 ADAMS 的 Machinery 机械仿真工具包,对常见的机械传动系统进行建模,快速生成完整的仿真模型,仿真系统的运动性能,给出 Machinery 模块的使用方法和操作步骤。

7.1 ADAMS/Machinery 模块简介

7.1.1 ADAMS/Machinery 模块的应用特点

ADAMS/Machinery 完全集成到 ADAMS/View 环境中,包含多个专业的建模功能模块。与只具备通用化建模功能的 ADAMS/View 相比,ADAMS/Machinery 能让用户更加快速地创建通用机械部件。

ADAMS/Machinery 的核心优势之一是不需要导入三维 CAD 模型,能够在产品 CAD 设计之前,让用户精确地评估产品系统级的动态响应。使用 ADAMS/Machinery 能针对具体的机械部件进行自动化建模,尽早验证其设计的性能。可在产品设计周期初期使用 ADAMS/Machinery 构建机械部件及系统的功能性虚拟样机,在实物样机制造之前进行一系列的虚拟试验,预测导致产品故障和高保修成本的机械故障。

7.1.2 ADAMS/Machinery 模块解决的问题

ADAMS/Machinery 包含的每个专业模块解决不同的实际问题,下面分别进行介绍。

(1) 齿轮模块 ADAMS/Machinery Gear

齿轮模块 ADAMS/Machinery Gear 能对多种类型的齿轮组性能进行建模及评估,研究齿轮传动系特性参数(如传动比、摩擦、间隙等)对系统性能的影响。

(2) 轴承模块 ADAMS/Machinery Bearing

轴承模块 ADAMS/Machinery Bearing 能对各种形式的轴承进行建模和评估,能够研究轴承参数对系统性能的影响,可以计算轴承所受的载荷,并评估轴承寿命。

(3) 带传动模块 ADAMS/Machinery Belt

带传动模块 ADAMS/Machinery Belt 可对多种类型的带-轮系统进行建模及评估,研究带传动系统传动比、张紧器变化、带的动力学行为等对系统性能的影响。

(4) 链传动模块 ADAMS/Machinery Chain

链传动模块 ADAMS/Machinery Chain 能够为滚子链条和静音链条传动系统等进行动态建模和评估,能够量化连锁效应对系统行为的影响。

(5) 绳索模块 ADAMS/Machinery Cable

绳索模块 ADAMS/Machinery Cable 能对绳索滑轮系统进行快速建模及仿真评估,可计算绳索振动和张紧力,分析绳索滑移对系统承载能力的影响等。

(6) 电动机模块 ADAMS/Machinery Motor

电动机模块 ADAMS/Machinery Motor 可以较为真实地模拟电动机驱动效果。

7.2 齿轮传动

实例 7.1 图 7-1 所示为通过齿轮机构传动的两个轴,它们的半径分别为 10 mm 和 20 mm。轴 1 为原动件,以均匀角速度 $\omega_1 = 12\ (°)/s$ 转动;轴 2 上作用有工作阻力矩 $M_2 = 50$ N·mm。齿轮的模数 $m = 5$ mm,压力角 $\alpha = 20°$,齿顶高系数 $h_a^* = 1$。齿轮的齿数分别为 $z_1 = 20, z_2 = 40$。

试建立该系统的虚拟样机模型,并对该系统进行仿真分析。

7.2.1 启动 ADAMS 并设置工作环境

1. 启动 ADAMS

双击桌面上 ADAMS/View 的快捷图标,启动 ADAMS/View。

2. 创建模型名称

定义 Model name 为 gears。

3. 设置工作环境

选择系统默认设置即可。

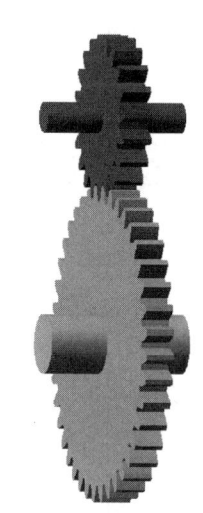

图 7-1 齿轮传动机构简图

7.2.2 虚拟样机模型的创建

1. 传动轴的创建

如图 7-2 所示,创建长度为 100 mm、半径为 10 mm 的圆柱体作为轴 1(shaft1);创建长度为 100 mm、半径为 20 mm 的圆柱体作为轴 2(shaft2)。轴 1 和轴 2 的中心距 a 为

$$a = \frac{m}{2}(z_1 + z_2) = \frac{5}{2} \times (20 + 40) = 150 \text{ mm}$$

若轴 1 的质心位于(0,0,0)坐标处,则轴 2 的质心位于(0,-150,0)坐标处。

然后,分别创建轴 1 和机架(ground)的转动副 1(JOINT_1)以及轴 2 和机架的转动副 2(JOINT_2),如图 7-3 所示。

最后,在轴 1 的转动副(JOINT_1)上施加运动 MOTION_1,在轴上施加工作阻力矩 SFORCE_1,如图 7-4 所示。

2. 齿轮机构的创建

在功能区 Machinery 项的 Gear 中,单击 Create gear pair 图标,打开 Create Gear Pair 对话框,如图 7-5 所示。

在 Create Gear Pair 对话框中的 Type 页,选择 Gear Type 为 **Spur**(如图 7-6 所示),表示创建的是直齿轮,然后单击 Next 按钮,进入齿轮副方式(Method)的选择页。

齿轮副方式(Method)的选择页,选择 Method 为 **3D Contact**,如图 7-7 所示,然后单击 Next 按钮,进入齿轮几何形状(Geometry)的设置页。

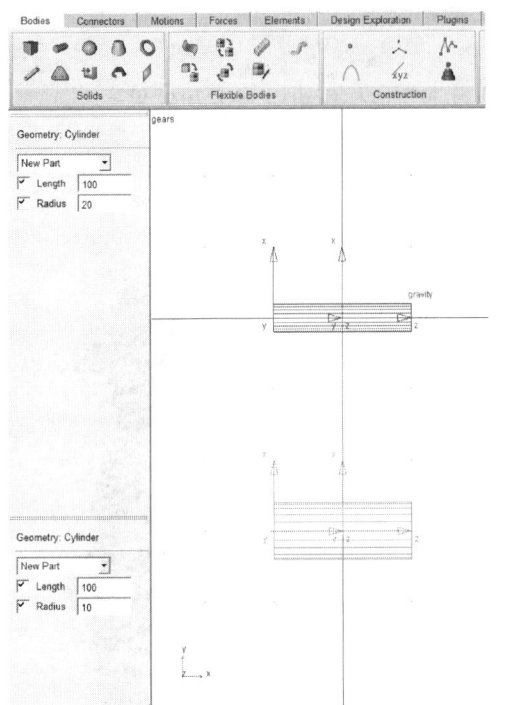
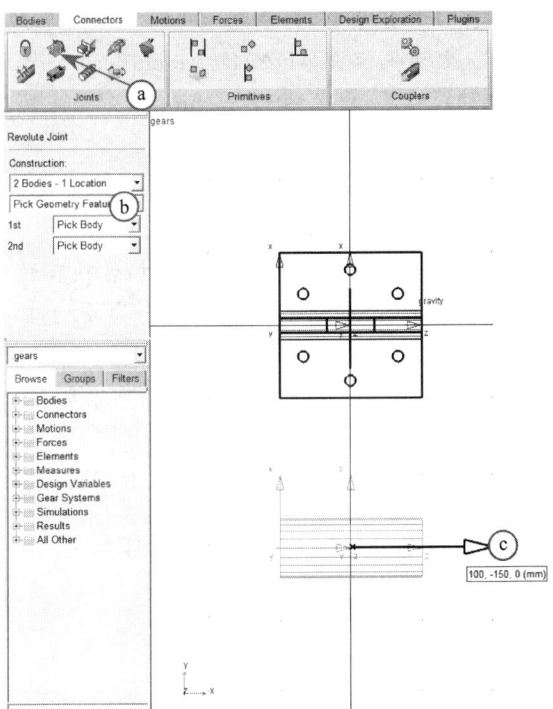

图 7-2 圆柱体的创建　　　　　　图 7-3 转动副的创建

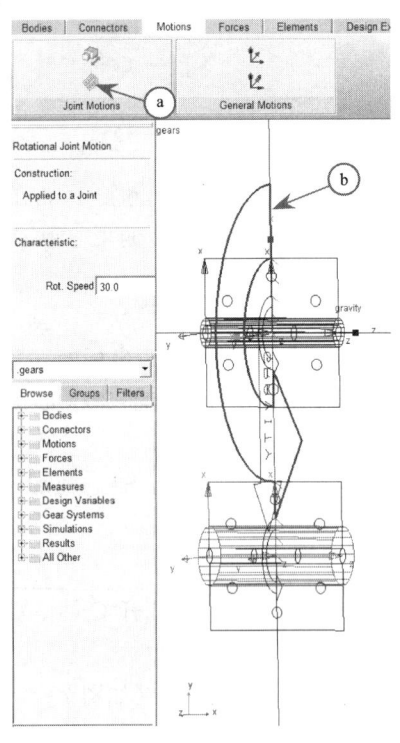
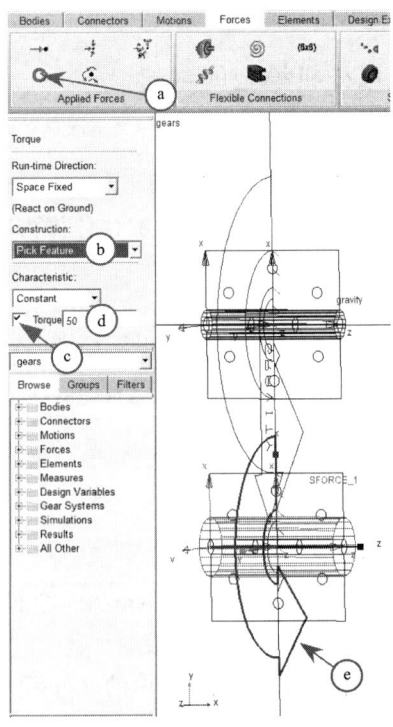

(a) 驱动运动MOTION_1的施加　　(b) 工作阻力矩SFORCE_1的施加

图 7-4 驱动运动的施加和工作阻力矩的施加

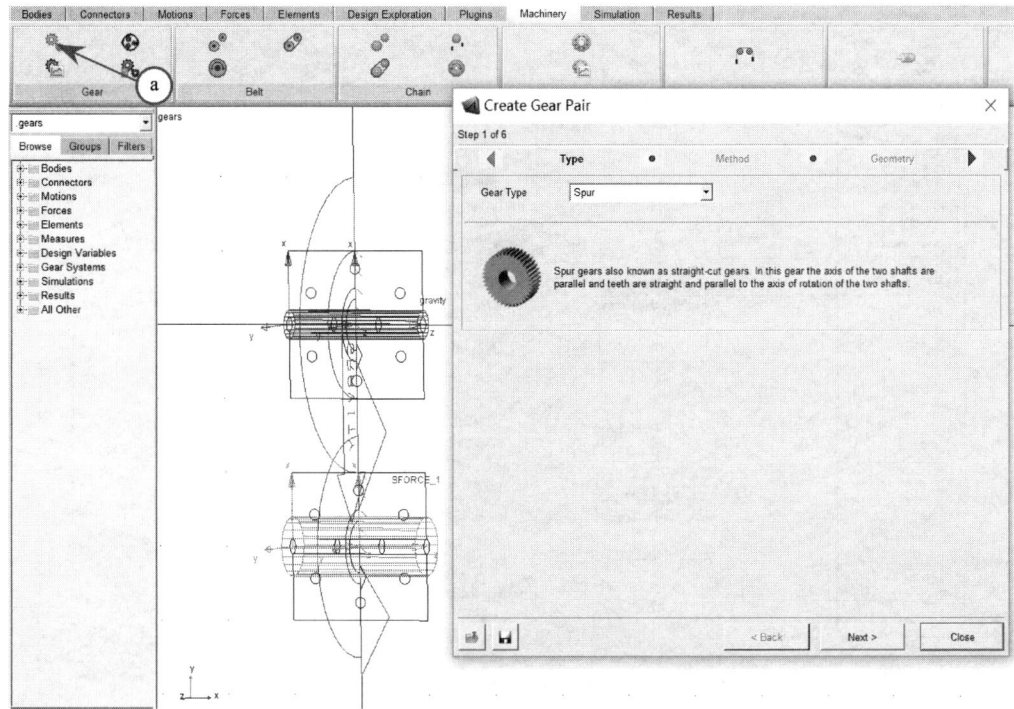

图 7-5 Create Gear Pair 对话框的打开

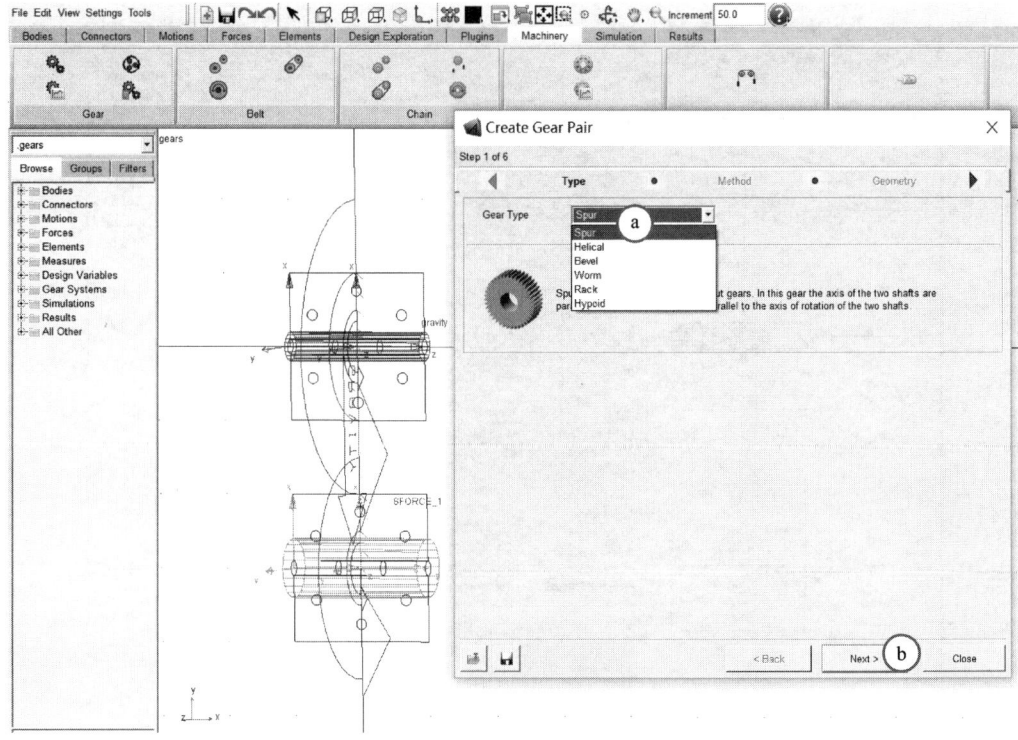

图 7-6 齿轮类型(Gear Type)的选择

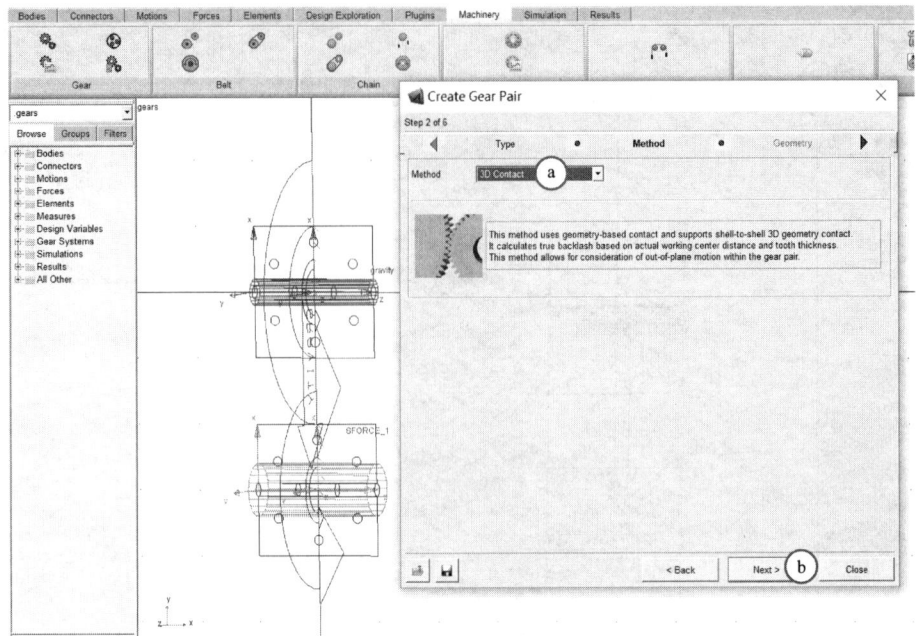

图 7-7 创建齿轮副方式(Method)的选择

在齿轮几何形状(Geometry)的设置页中,按照以下步骤进行齿轮的参数设置(如图 7-8 所示):

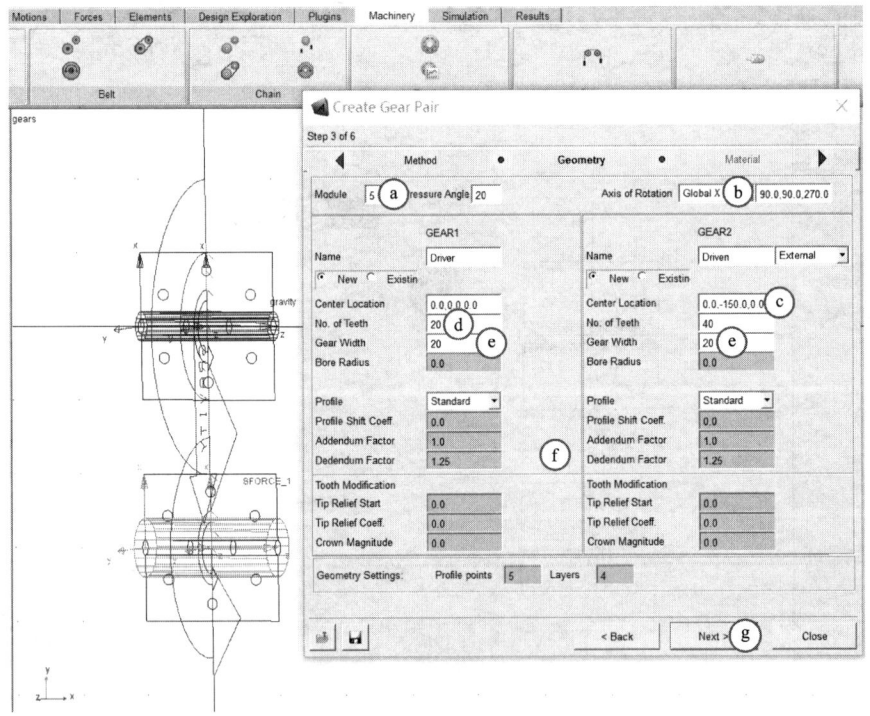

图 7-8 齿轮几何形状(Geometry)的设置

a. 更改模数 Module 为5(mm);
b. 在 Axis of Rotation 的下拉式选择菜单中,选择齿轮轴的方向为 **Globalx**;
c. 更改齿轮 2(GEAR2)的中心位置坐标(Center Location)为(0.0,−150.0,0.0);
d. 更齿轮 1(GEAR1)的齿数(No. of Teeth)为20;
e. 更改两个齿轮的厚度(Gear Width)为20;
f. 保持其他参数为默认值;
g. 单击 Next 按钮,进入齿轮材料(Material)的设置页。

保持齿轮的材料特性不变,如图 7‑9 所示。然后单击 Next 按钮,进入齿轮连接形式(Connection)的设置页。

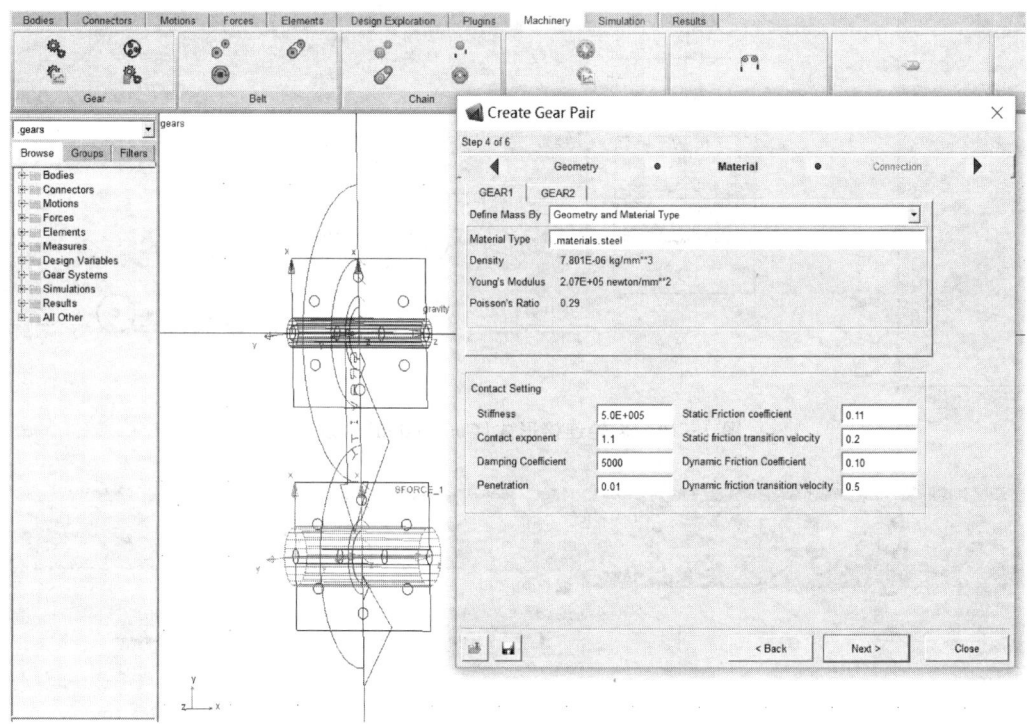

图 7‑9 齿轮的材料特性(Material)的设置

在齿轮连接形式(Connection)设置页中,选择齿轮 1 的连接形式(Type)为 Fixed;与齿轮 1 连接的构件(Body)选择为轴 1(shaft1),如图 7‑10 所示。按照同样的方法步骤,选择齿轮 2 的连接形式(Type)为 Fixed;与齿轮 2 连接的构件(Body)选择为轴 2(shaft2)。然后单击 Next 按钮,进入齿轮机构创建完成(Completion)页。

在齿轮机构创建完成(Completion)页,单击 Finish 按钮,即完成齿轮机构的创建,如图 7‑11 所示。

7.2.3 模型仿真与分析

1. 仿真模型

设置仿真时间为**12 s**,仿真步长为**0.001**,如图 7‑13 所示。单击开始仿真按钮即可进行仿真运算。忽略信息窗给出的有关信息。

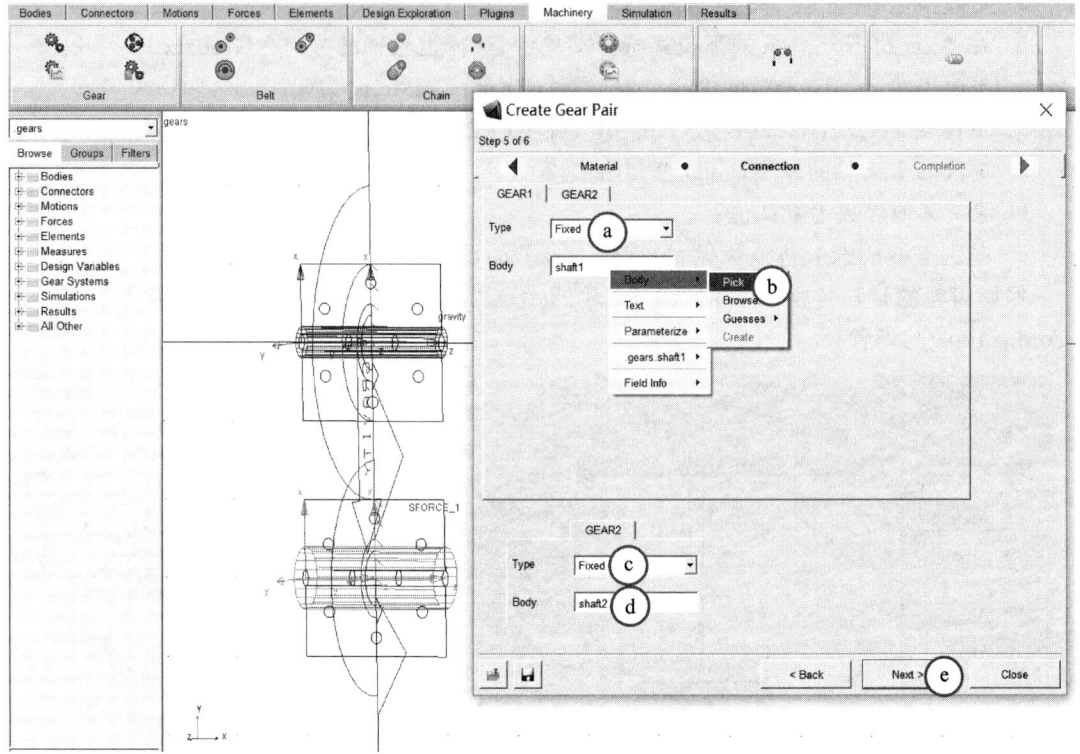

图 7-10 齿轮连接形式(Connection)的设置

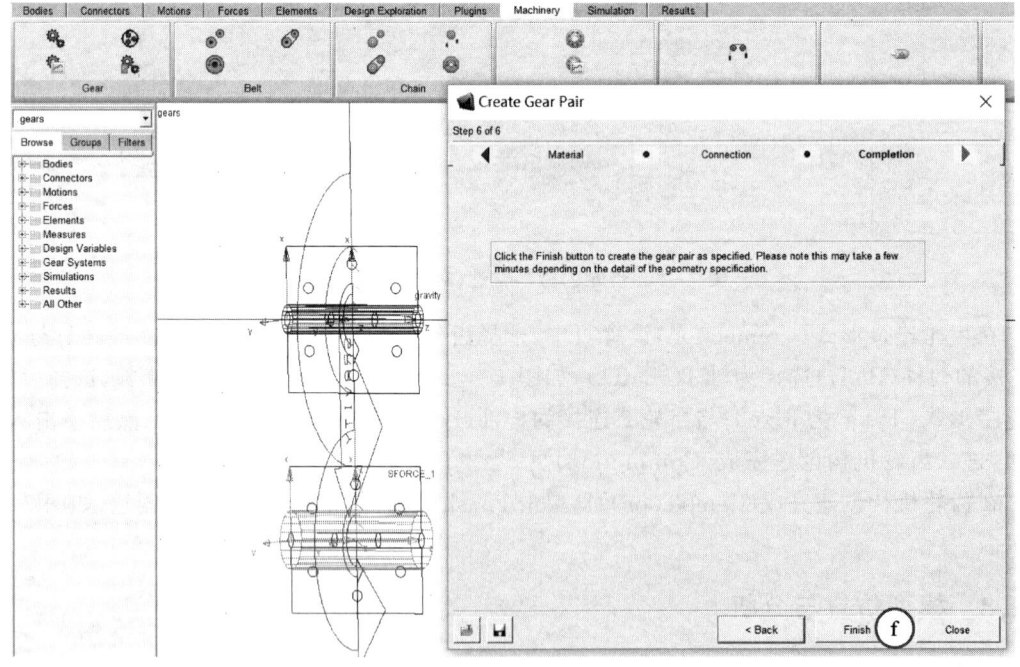

图 7-11 齿轮机构创建完成(Completion)页

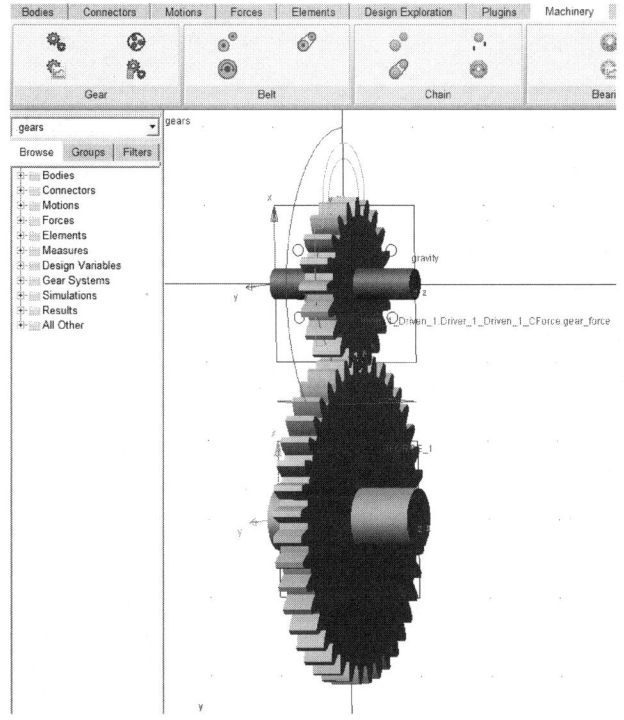

图 7-12 创建完成的齿轮机构模型

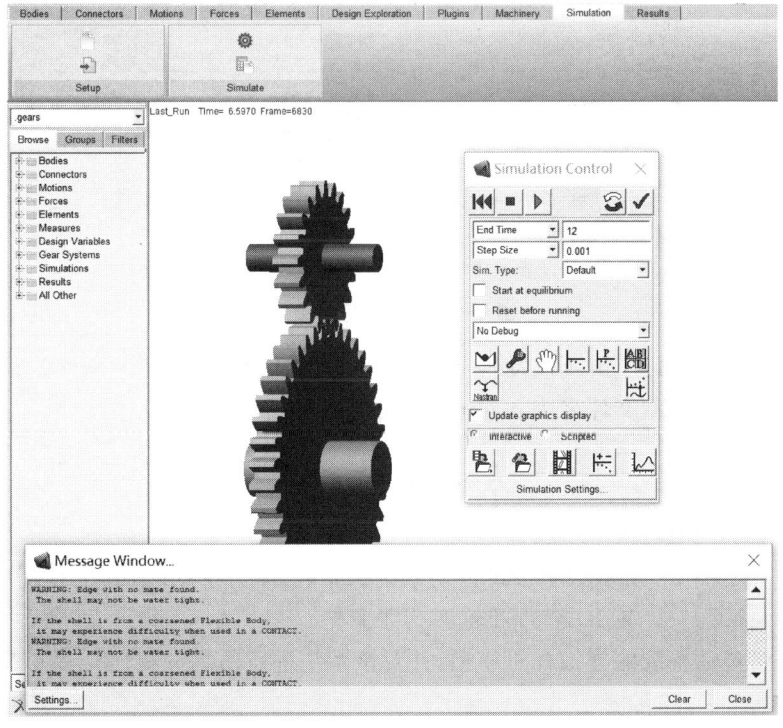

图 7-13 仿真模型

提示：仿真时间可能需要几分钟时间，不勾选 Update graphics display 选项可提高仿真速度。

2. 查看结果

在 ADAMS/View 界面单击 **PostProcessor** 图标或在键盘上按 **F8** 快捷键，进入 ADAMS/PostPreocessor 后处理界面。

如图 7-14 所示，查看仿真结果的步骤如下：

a. 选择 Source 选项为 **Objects**；
b. 选择 Filter 项为 **body**；
c. 选择 Object 项为 **shaft2**；
d. 选择 Characteristic 选项为 **CM_Angular_Velocity**；
e. 选择 Component 项为 **x**；
f. 单击 **Add Curves** 按钮，生成仿真结果曲线。

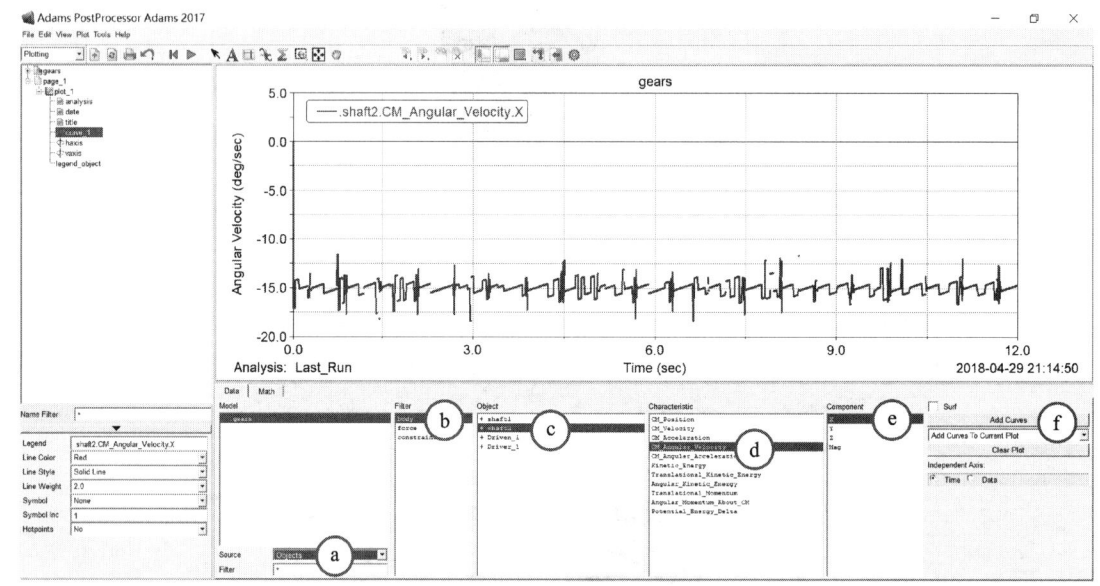

图 7-14 查看仿真结果

从仿真结果曲线可以了解到从动轴 2 的角速度变化特性。

实例 7.2 的保存模型文件名为 **example72_gears.bin**。

7.3 带传动

实例 7.2 图 7-15 所示为某平带传动系统。带轮 A 为主动轮，其上作用的驱动运动的角速度为 $\omega_A = 12$ (°)/s。轮 B、轮 D 和轮 F 为张紧轮。

试建立该带传动系统的虚拟样机模型，并对该系统进行仿真分析。

7.3.1 启动 ADAMS 并设置工作环境

1. 启动 ADAMS

双击桌面上 ADAMS/View 的快捷图标,启动 ADAMS/View。

2. 创建模型名称

定义 Model name 为 **belt_transission**。

3. 设置工作环境

选择系统默认设置即可。

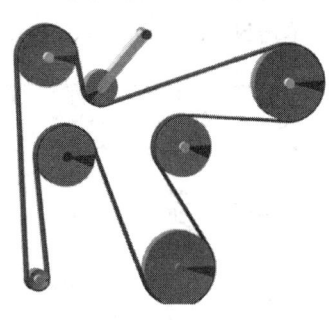

图 7-15 带传动

7.3.2 创建传动轴

按照如图 7-16 所示的参数和位置创建各传动轴(shaft_A、shaft_B、shaft_C、shaft_D、shaft_E、shaft_F、shaft_G)及其与机架(ground)连接的各转动副(JOINT_A、JOINT_B、JOINT_C、JOINT_D、JOINT_E、JOINT_F、JOINT_G)。各传动轴的长度为 50 mm,半径为 10 mm,且各轴的质心都处于 oxy 平面中。

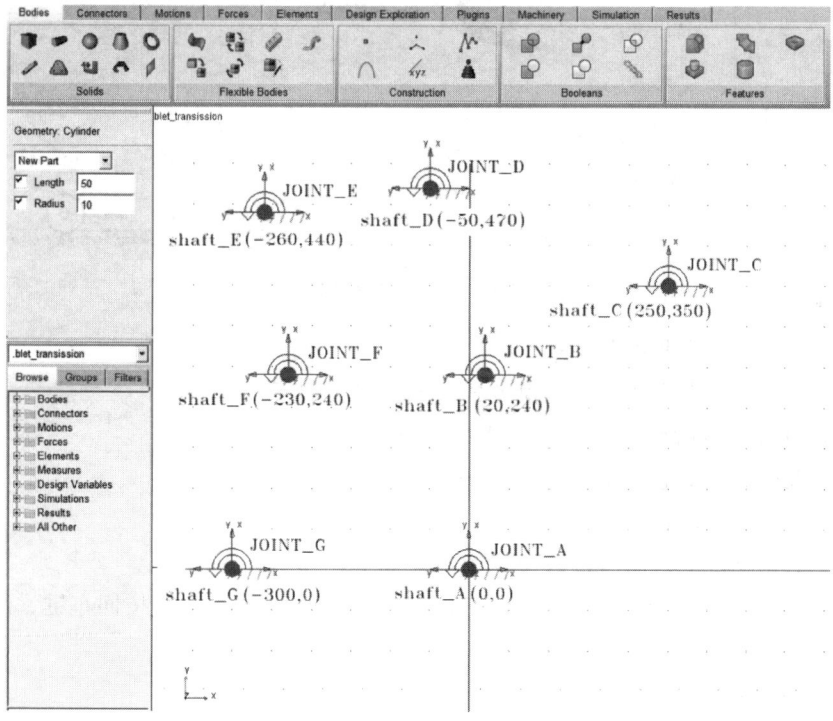

图 7-16 带传动的初始模型

7.3.3 创建带轮组

1. 设置带轮的类型

如图 7-17 所示,带轮类型设置的步骤如下:

a. 在功能区 Machinery 项的 Belt 中,单击 **Create Pulley** 图标,弹出 Create Pulley 对话框;

b. 在 Create Pulley 对话框中,设置 Belt System Name 为 **beltsys_1**;

c. 设置 Pulley Set Name 为**pulleyset_1**；

d. 选择 Type 为**Smooth**，表示创建的是平带轮；

e. 单击**Next** 按钮，进入 Method 页。

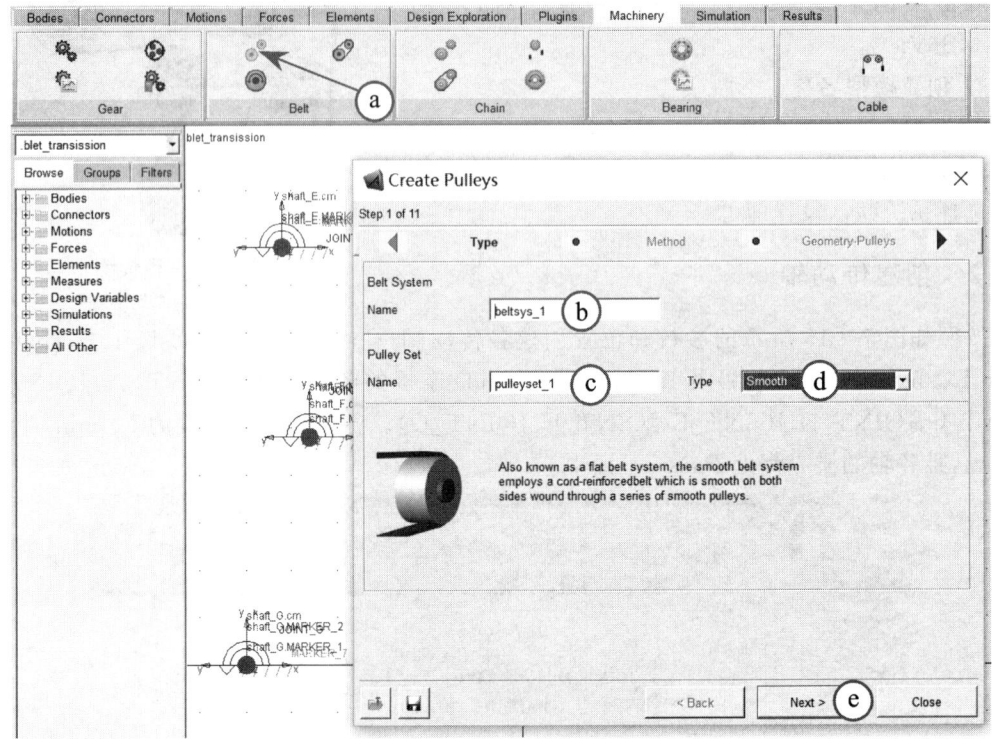

图 7-17　创建平带轮

2. 带传动系统的建模方式选择

如图 7-18 所示，带传动系统建模方式选择的步骤如下：

a. 在 Method 页的 Method 下拉列表中，选择**2D Links**；

b. 单击**Next** 按钮，进入 Geometry–Pulley 页。

3. 带轮几何参数的设置

如图 7-19 所示，带轮几何参数设置的步骤如下：

a. 在 Geometry–Pulley 页，更改 Number of Pulleys 的值为**4**，并按回车键；

b. 选择 Axis of Rotation 的值为**Global Z**；

c. 单击选择标签**1**；

d. 在 Name 文本框中输入**shaft_A_p**；

e. 在 Center Location 文本框中输入**0,0,0**；

f. 在 Pulley Width 文本框中输入**30**；

g. 在 Pulley Pitch Diameter 文本框中输入**150**；

h. 4 个带轮参数设置完成后，单击**Next** 按钮，进入 Material–Pulleys 页。

在完成前 7 步关于第 1 个带轮的建模参数设置后，分别单击标签页 2、3、4，依据表 7-1 中的参数，按照上述设置步骤，分别完成第 2 个带轮、第 3 个带轮和第 4 个带轮的参数设置。

第 7 章 机械传动系统设计与仿真分析

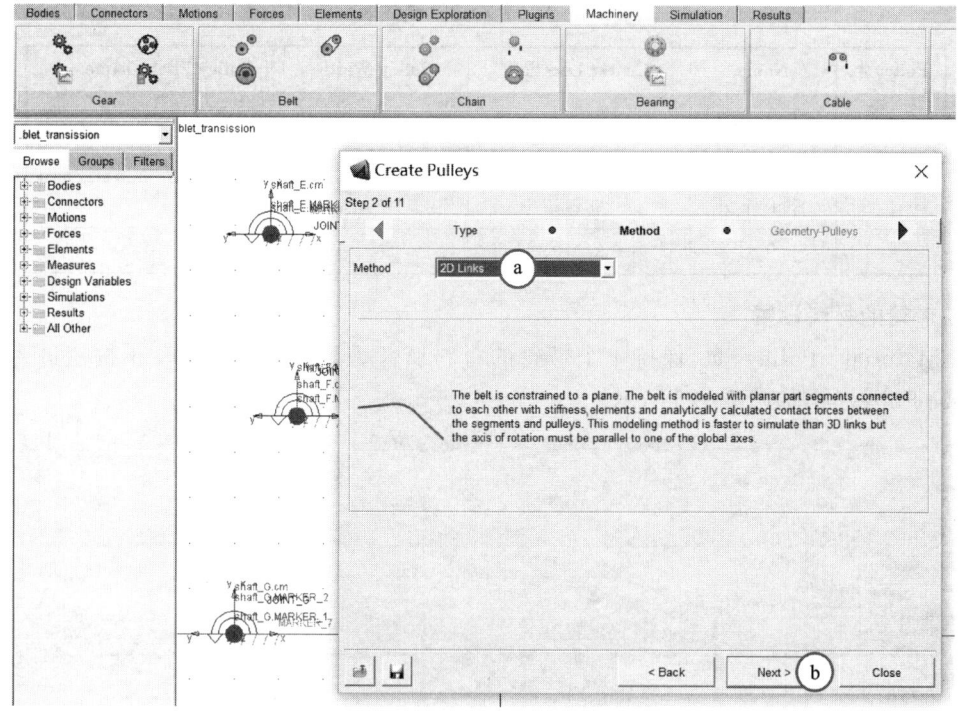

图 7-18 选择带传动系统的建模方法

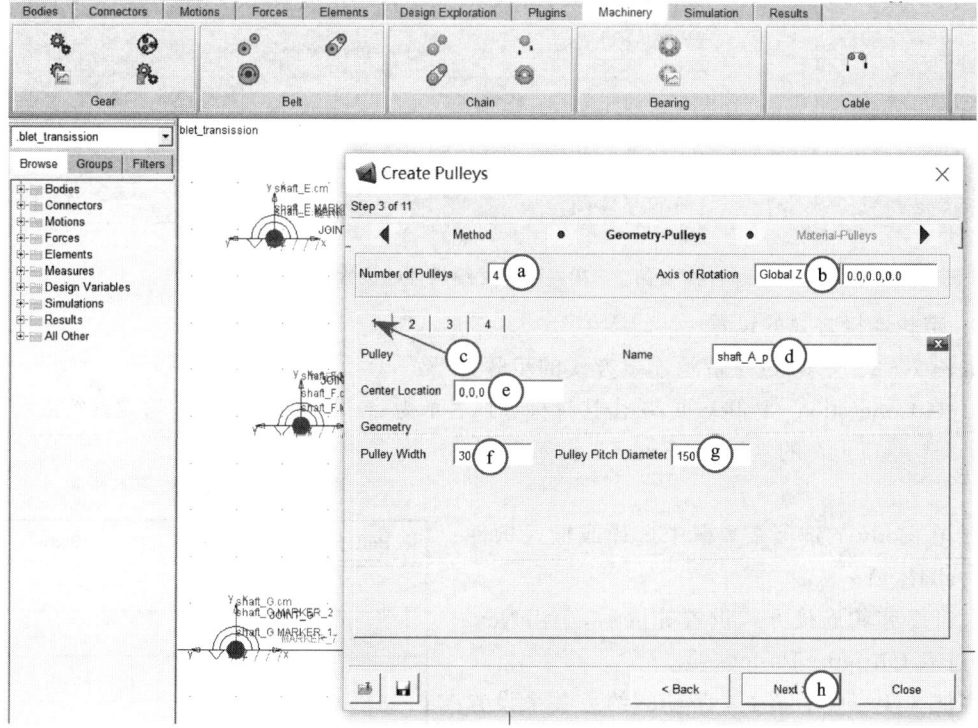

图 7-19 创建第 1 个带轮

表 7-1 带轮建模参数表

Pulley #	Name	Center Location	Pulley Width	Pulley Pitch Diameter
1	Shaft_A_p	0,0,0	30	150
2	Shaft_C_p	250,350,0	30	150
3	Shaft_E_p	−260,440,0	30	120
4	Shaft_G_p	−300,0,0	30	40

4. 带轮的材料设置

在 Material-Pulleys 页,保持 4 个带轮的材料属性为默认,并单击 **Next** 按钮进入 Connection-Pulley 页,如图 7-20 所示。

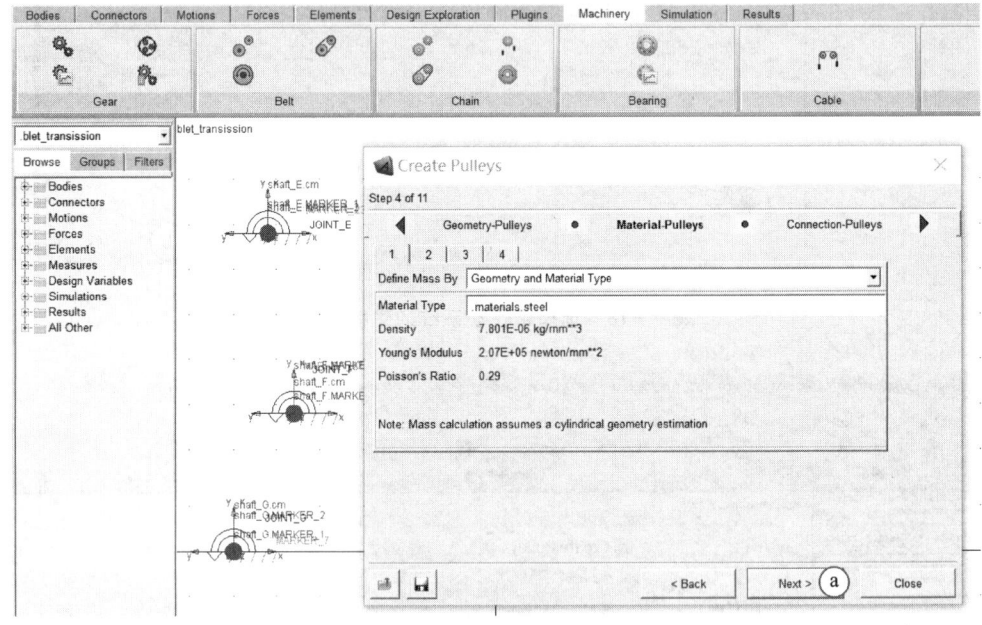

图 7-20 带轮材料属性的设置

5. 带轮连接方式的设置

如图 7-21 所示,设置带轮连接方式的步骤如下:

a. 在 Connection-Pulley 页,单击选择标签1(表示为 crank_shaft_A_p 带轮设置约束关系);

b. 选择 Type 的类型为 **Fixed**,表示固定约束;

c. 在 Body 的选项文本框中选择或输入构件名称为 **shaft_A**;

d. 4 个带轮连接方式设置完成后,单击 **Next** 按钮,进入 Output-Pulleys 页。

在前 3 步完成了第 1 个带轮的约束关系设置后,分别单击标签页 2、3、4,依据表 7-2 中的参数,按照上述设置步骤,完成第 2 个带轮、第 3 个带轮和第 4 个带轮的约束关系设置。

表 7-2 带轮的约束关系表

Pulley #	Type	Body
1	Fixed	shaft_A
2	Fixed	shaft_C
3	Fixed	shaft_E
4	Fixed	shaft_G

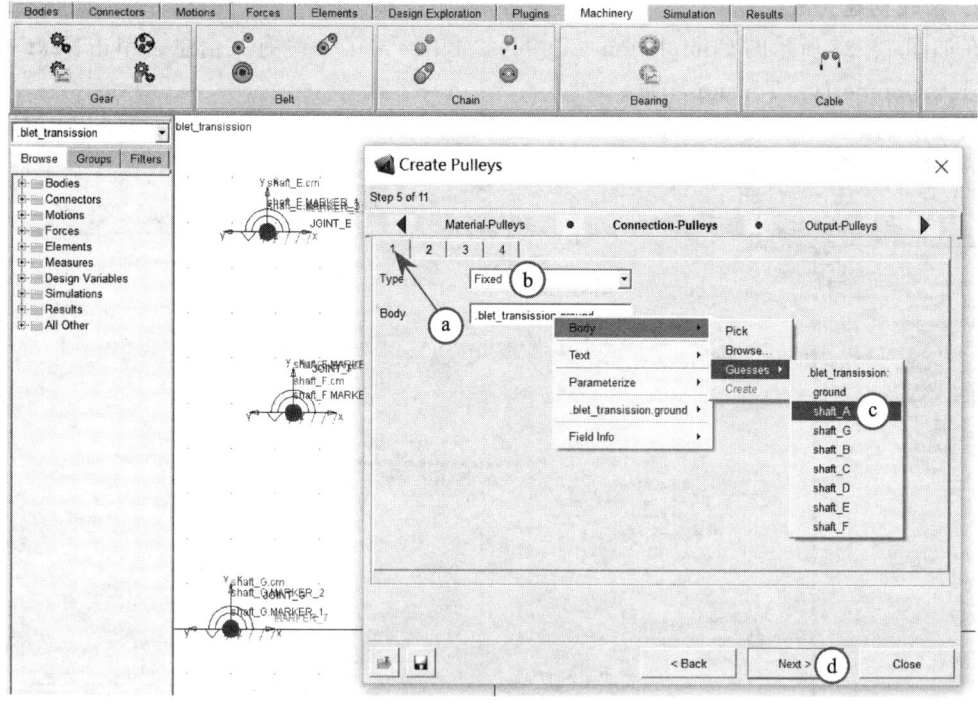

图 7-21 设置第 1 个带轮的连接方式

6. 带轮输出的设置

在如图 7-22 所示的 Output-Pulleys 页，4 个带轮输出项全部保持为默认设置。然后单击 **Next** 按钮，进入 Completion-Pulleys 页。

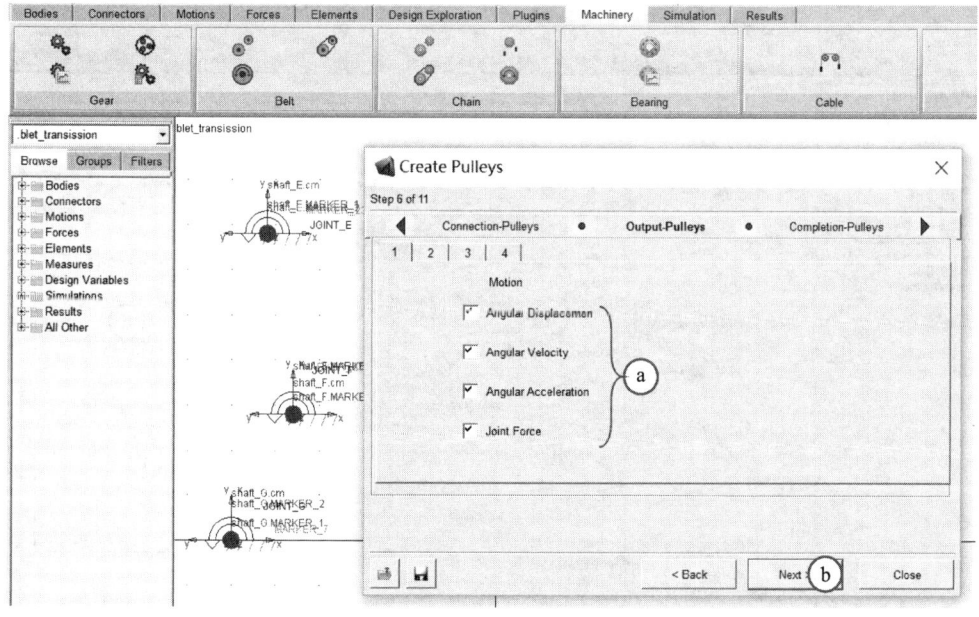

图 7-22 设置带轮的输出选项

7. 带轮创建完成

在如图 7-23 所示的 Completion-Pulleys 页中给出了一些有关信息。单击 **Next** 按钮，即可进入 Geometry-Tensioner 页。

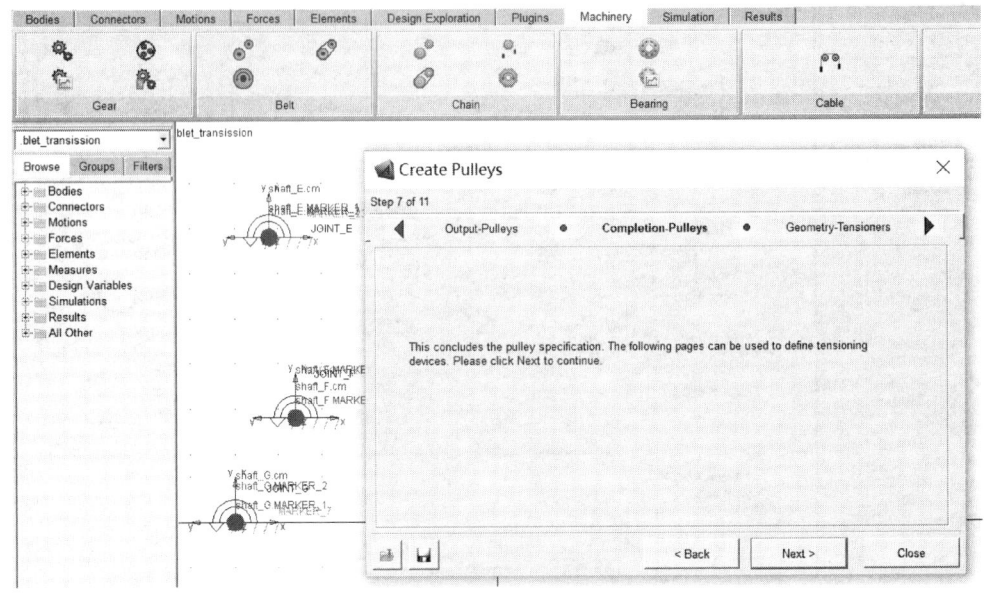

图 7-23 完成带轮设置

8. 张紧轮几何参数的设置

如图 7-24 所示，设置张紧轮的几何参数的步骤如下：

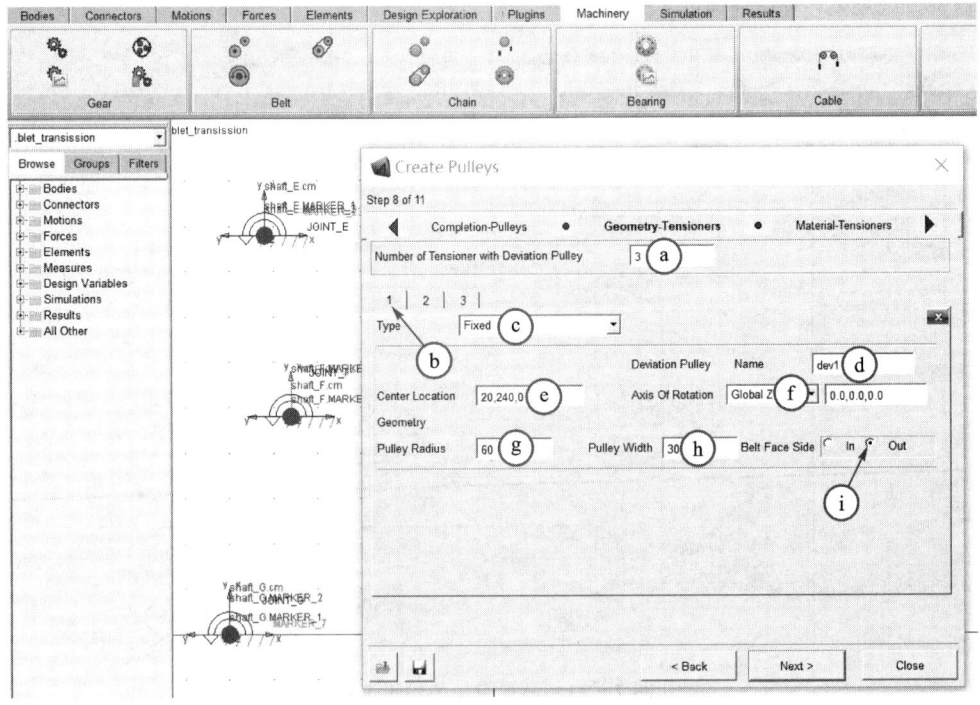

图 7-24 设置第 1 个张紧装置的参数

a. 在 Geometry – Tensioner 页,更改 Number of Tensioner with Deviation Pulley 文本框的值为3(有3各张紧轮),并按回车键;

b. 单击选择标签1;

c. 选择 Type 的类型为 **Fixed**;

d. 输入 Deviation Pulley Name 的值为 **dev1**;

e. 输入 Center Location 文本框的值为 **20,240,0**;

f. 选择 Axis of Rotation 的选项为 **Global Z**;

g. 输入 Pulley Radius 文本框的值为 **60**;

h. 输入 Pulley Width 文本框的值为 **30**;

i. 更改 In/Out 的选项为 **Out**(说明:该设置为带缠绕带轮时使用,相对于带旋转轴,In 表示带顺时针缠绕带轮,Out 表示带逆时针缠绕带轮)。

按照上述操作过程,设置第2个张紧装置的参数如图 7-25 所示。

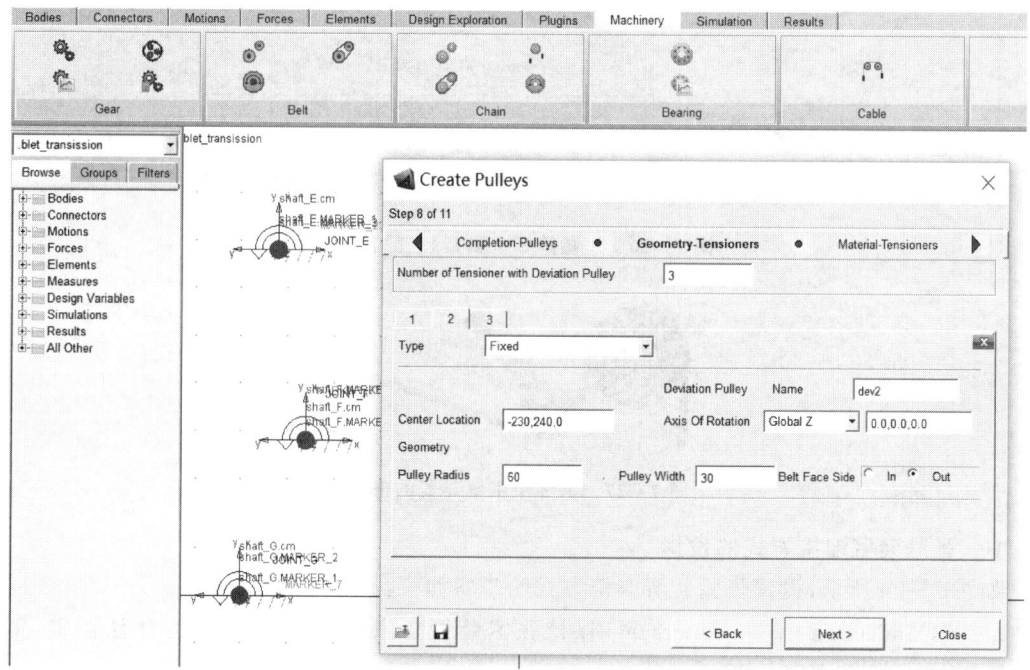

图 7-25 设置第 2 个张紧装置的参数

继续设置第3个张紧装置的参数,如图 7-26 所示。

说明:第3个张紧装置为带有转动连杆的形式,如图 7-27 所示。转动杆与机架在(-50,470,0)位置构成转动副(Rotation),杆的长度为 140 mm,宽度为 20mm,厚度为 30 mm,从 x 轴开始逆时针方向的转角为225°。

全部完成上述操作后,单击**Next**按钮,进入 Material – Tensioners 页。

9. 设置张紧装置的材料属性和约束关系

在 Material – Tensioners 页,保持3个张紧装置的材料属性全部为默认,如图 7-28 所示。然后单击**Next**按钮,进入 Connection – Tensioners 页。

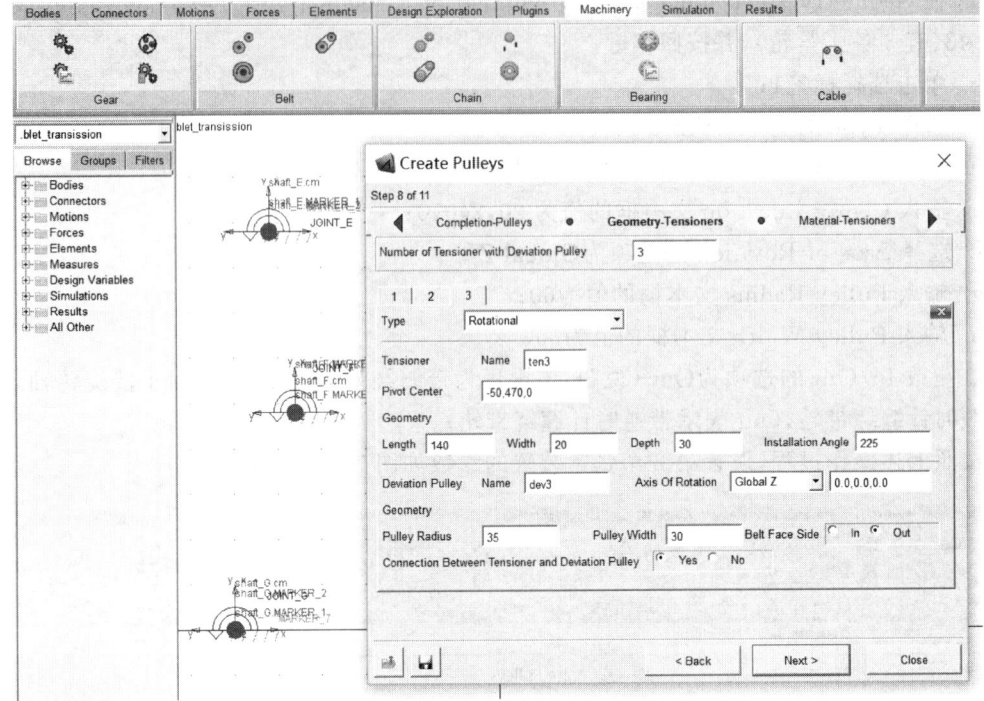

图 7 - 26　设置第 3 个张紧装置的参数

图 7 - 27　第 3 个张紧装置的形式

10. 张紧装置连接方式的设置

如图 7 - 29 所示，设置张紧装置连接方式的步骤如下：

a. 在 Connection - Tensioners 页，保持张紧装置 1 和 2 的约束关系为默认设置，即与 Ground 采用 Fixed 固定约束；

b. 单击选择标签 3；

c. 设置 Tensioner connector 选项为 **Yes**；

d. 选择 Body 选项为 **Existing**，并选择输入部件名称为 **shaft_D**；

e. 输入 Stiffness 值为 100，Damping 值为 1，Preload 值为 100；

f. 单击 **Next** 按钮，进入 Completion 页。

11. 带轮组创建完成

在 Completion 页，显示已完成创建带轮组的所有设置，如图 7 - 30 所示。单击 **Finish** 按钮，完成张紧装置的设置。

通过上述操作生成的带轮组模型如图 7 - 31 所示。

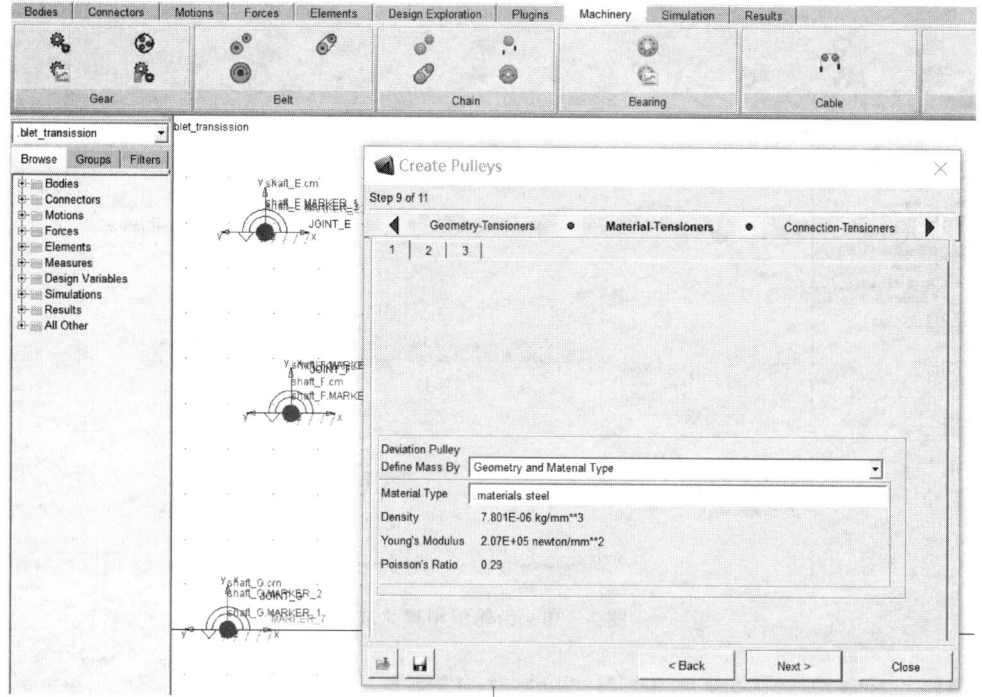

图 7-28 设置张紧装置的材料属性为默认

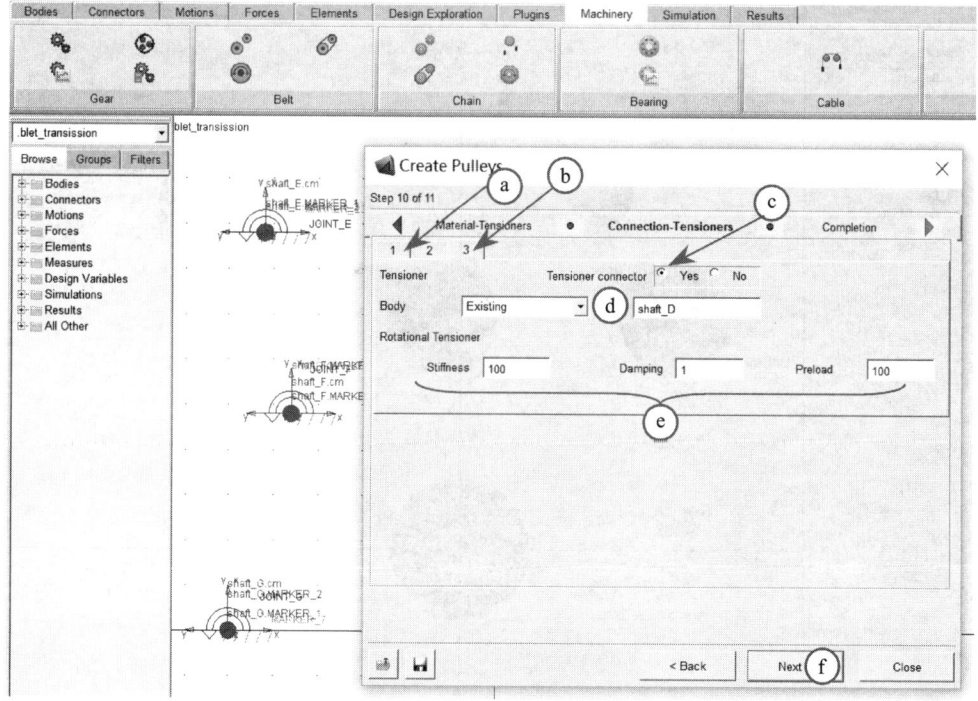

图 7-29 设置张紧装置约束关系

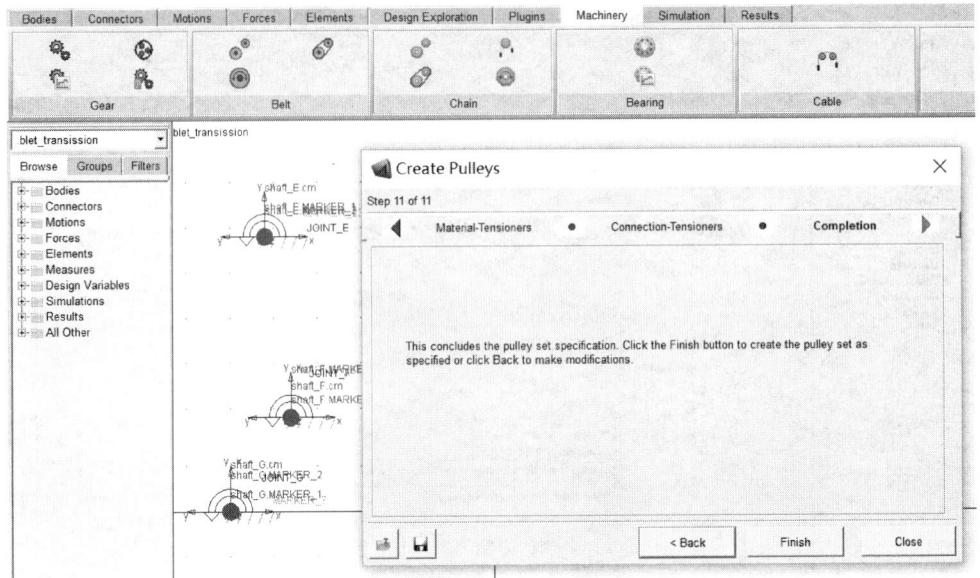

图 7 - 30 带轮组创建完成

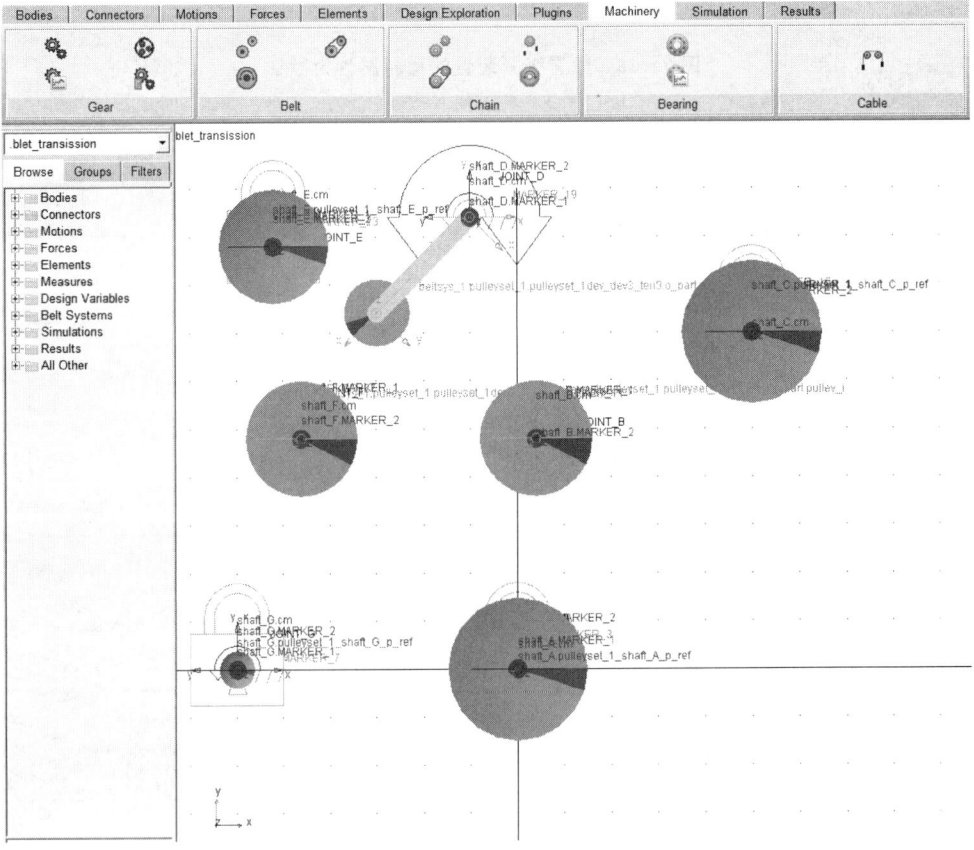

图 7 - 31 生成的带轮组模型

7.3.4 创建带

1. 带的类型设置

如图 7-32 所示,设置带类型的步骤如下:

a. 在功能区 Machinery 项的 Belt 中,单击 **Create Belt** 图标,弹出 Create Belt 对话框;

b. 在 Create Belt 对话框中,在 Pulley Set Name 文本框中输入上述所创建的滑轮组名称 **pulleyset_1**;

c. 单击 **Next** 按钮,进入 Method 页。

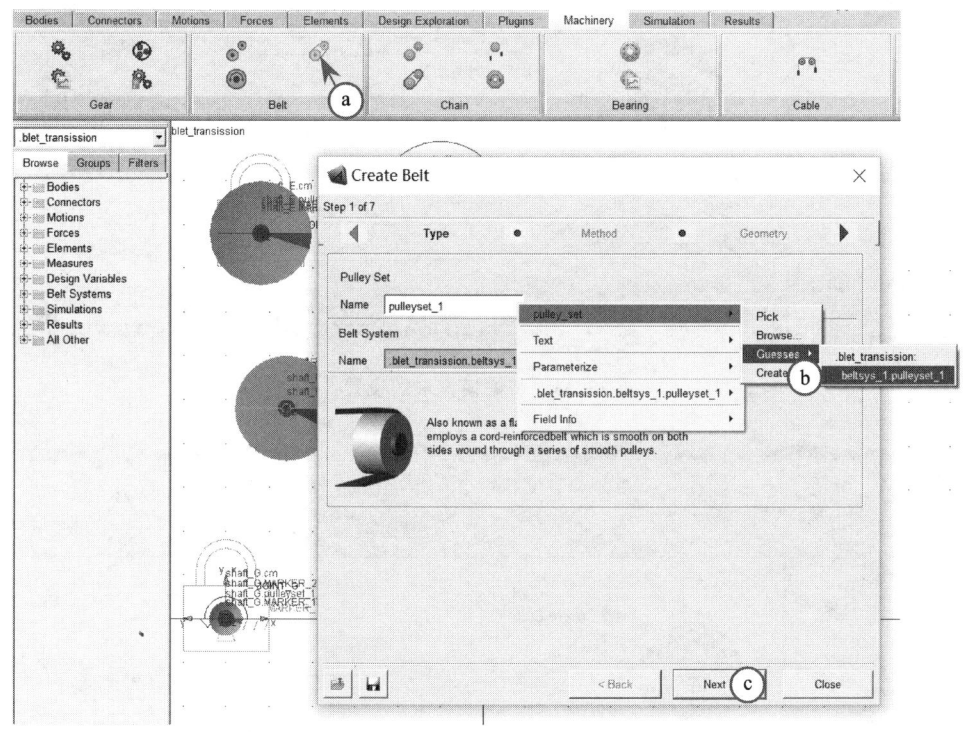

图 7-32 带的类型设置

2. 带的建模方法设置

如图 7-33 所示,设置带建模方法的步骤如下:

a. 在 Method 页,选择 Method 选项为 **2D Links**;

b. 单击 **Next** 按钮,进入 Geometry 页。

3. 带几何参数的设置

如图 7-34 所示,设置带几何参数的步骤如下:

a. 在 Geometry 页,保持 Belt Name 为默认名称 **belt_1**;

b. 修改 Segment Length 的值为 **10**;

c. 其他参数选择为默认参数;

d. 单击 **Next** 按钮,进入 Contact and Mass 页。

4. 带接触参数和质量属性的设置

如图 7-35 所示,设置带接触参数和质量属性的步骤如下:

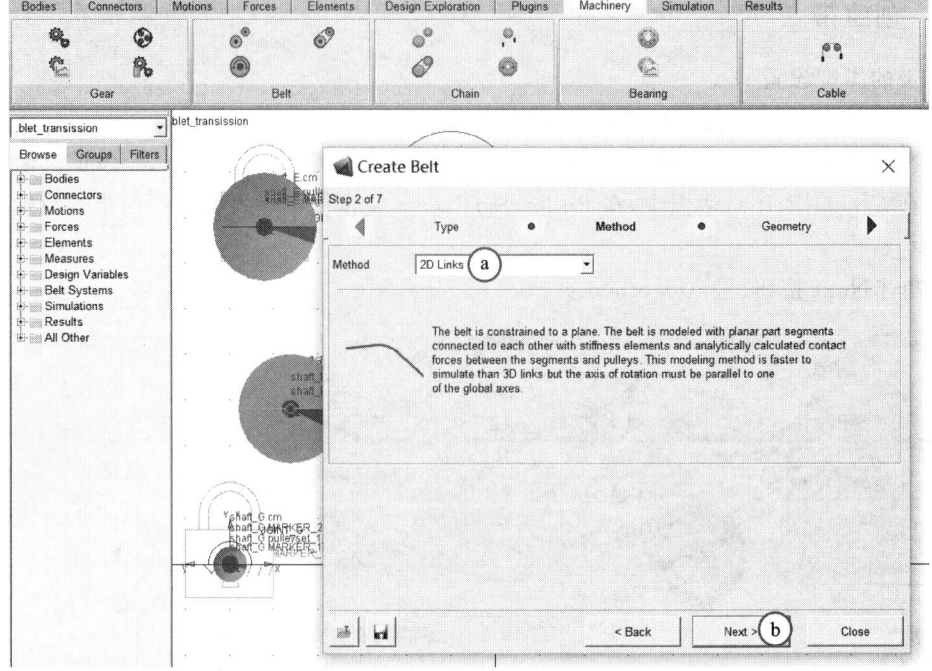

图 7-33 带建模方法的设置

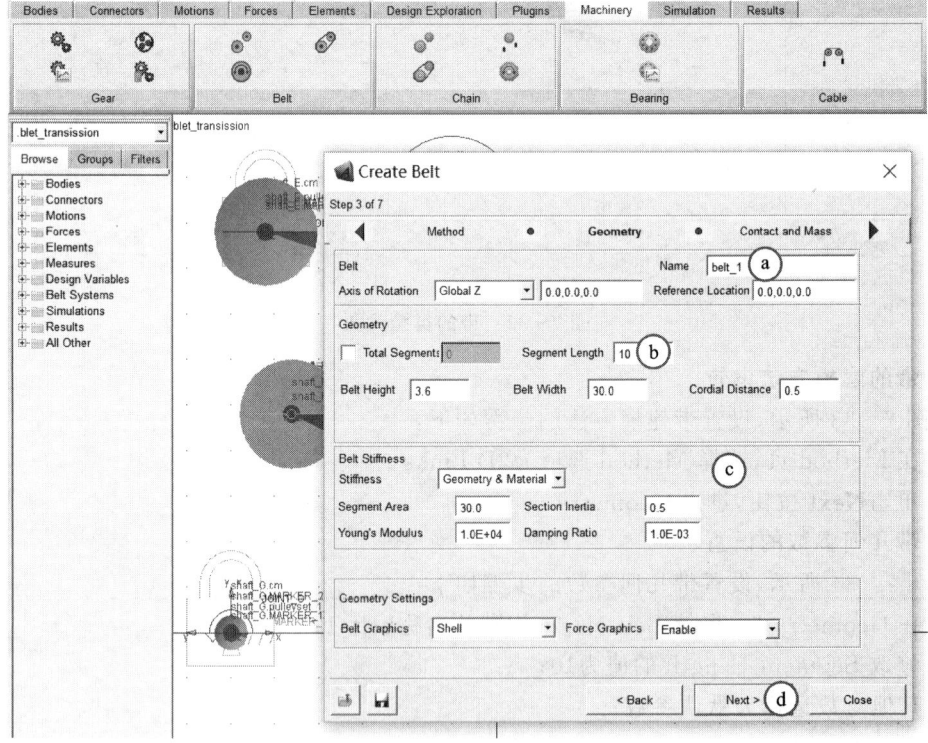

图 7-34 设置带的几何参数

a. 在 Contact and Mass 页,保持 Belt Segment 的质量属性参数为默认;

b. 在 Contact Parameters 中,设置 Exponent 为 1.5,设置 Penetration Depth 为 0.5,其他参数保持默认设置;

c. 在 Friction Parameters 中,保持摩擦参数为默认值;

d. 单击 **Next** 按钮,进入 Wrapping Order 页。

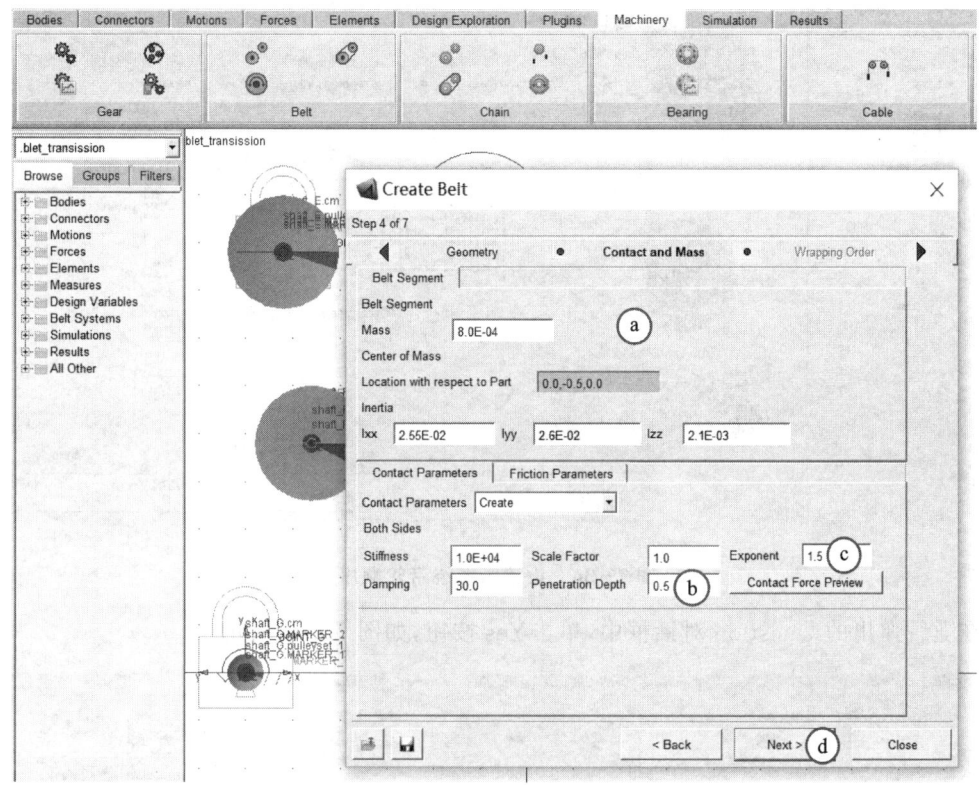

图 7-35 设置带接触和属性参数

5. 带缠绕顺序的设置

设置带缠绕带轮时注意以下事项:

● 相对于带旋转轴方向,带必须是按照顺时针方向缠绕;

● 推荐使用 Guesses 或 Browse 功能选择带轮名称。

如图 7-36 所示,设置带缠绕顺序的步骤如下:

a. 在 Wrapping Order 页,按照顺时针方向顺序,依次选择带轮顺序为

pulleyset_1_shaft_A_p

pulleyset_1_shaft_G_p

pulleyset_1dev_dev2

pulleyset_1_shaft_E_p

pulleyset_1dev_dev3_ten3

pulleyset_1_shaft_C_p

pulleyset_1dev_dev1

b. 单击 Next 按钮。

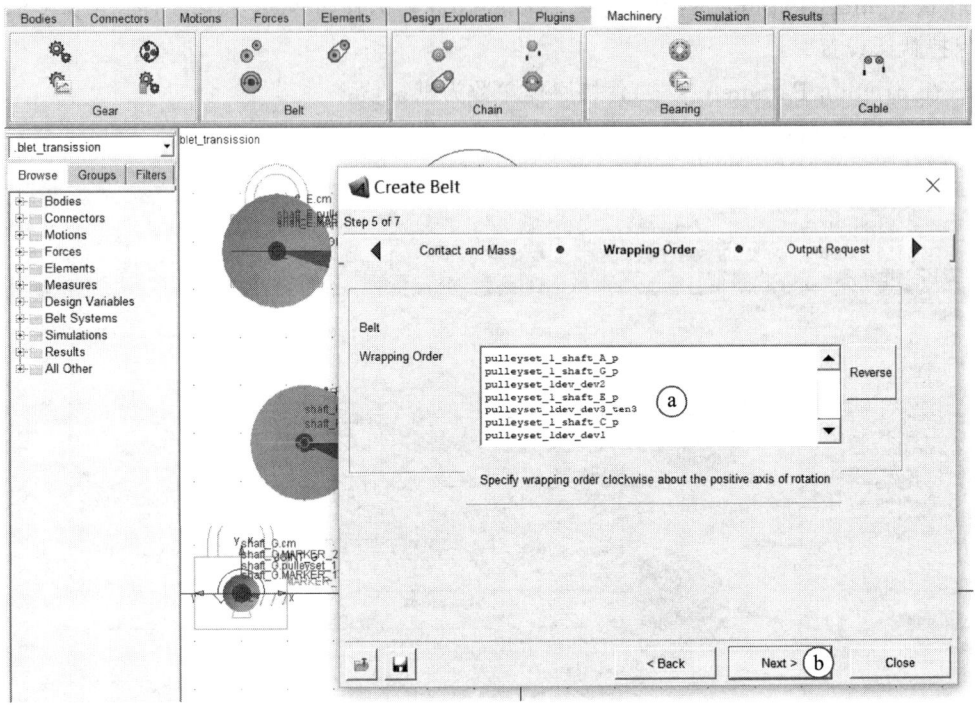

图 7-36 设置带缠绕带轮顺序

在随后弹出的 Question 对话框中,单击 Yes 按钮,如图 7-37 所示。

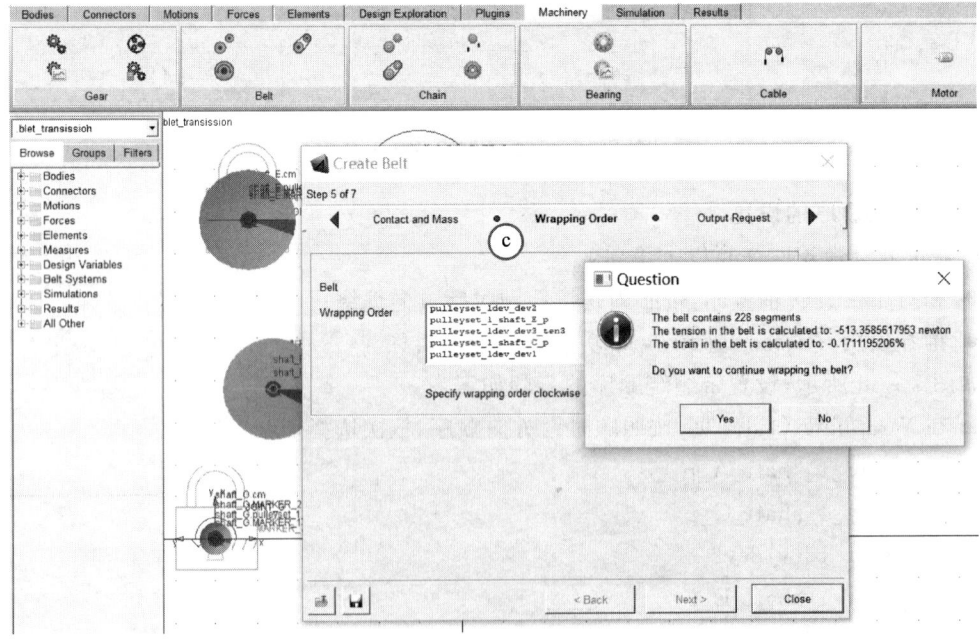

图 7-37 确认带生成参数

生成的带传动系统的仿真模型如图 7-38 所示。

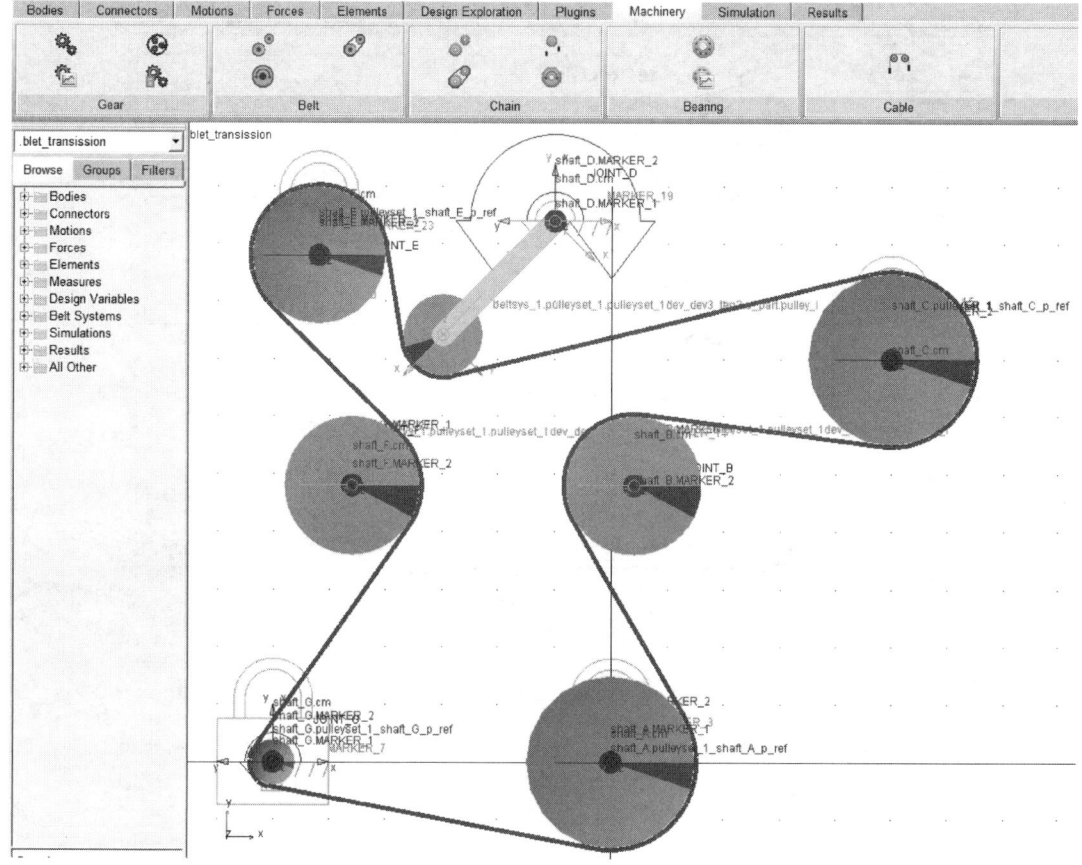

图 7-38　生成的带传动系统模型

6. 带输出的设置

如图 7-39 所示,设置带缠绕顺序的步骤如下:

a. 在 Output Request 页,勾选 Span Request 和 Segment Request 复选框,能自动对相关数据进行后处理设置;

b. 在标签 Belt Span 中,任意选择一个带段作为 Belt Parts,如 **segment_8**;

c. 选择 Reference Part 为 **ground**;

d. 勾选 Motion Average 和 Force Average 复选框;

e. 在标签 Belt Segment 中,任意选择一个带段作为 Link Part(s),如 **segment_5**;

f. 单击 **Next** 按钮,进入 Completion 页。

7. 带传动系统的模型创建完成

在 Completion 页,显示已完成创建传动带的所有设置,单击 **Finish** 按钮即完成带传动系统的建模,如图 7-40 所示。

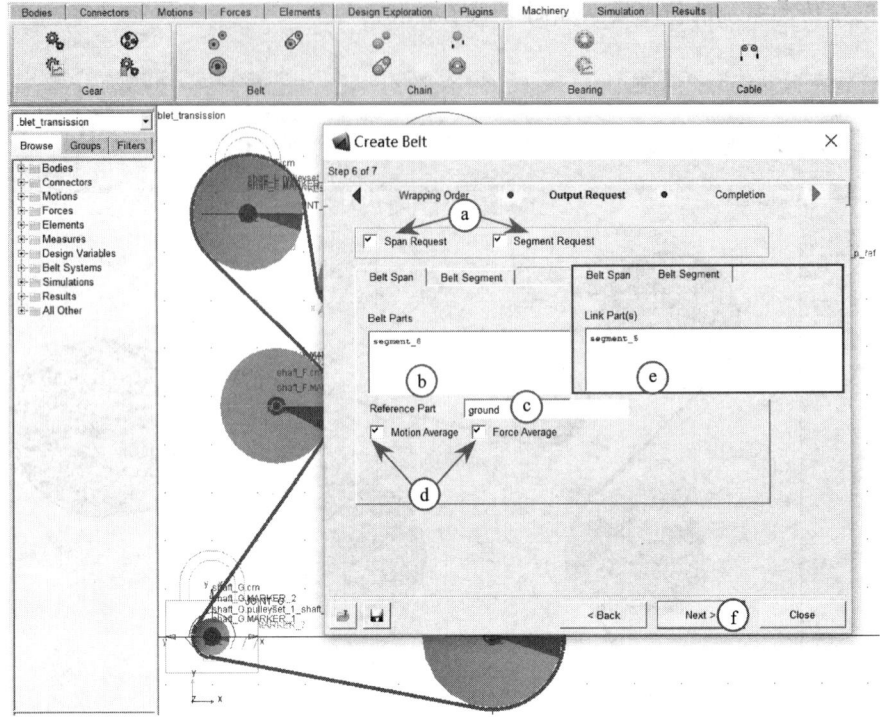

图 7-39　设置带输出

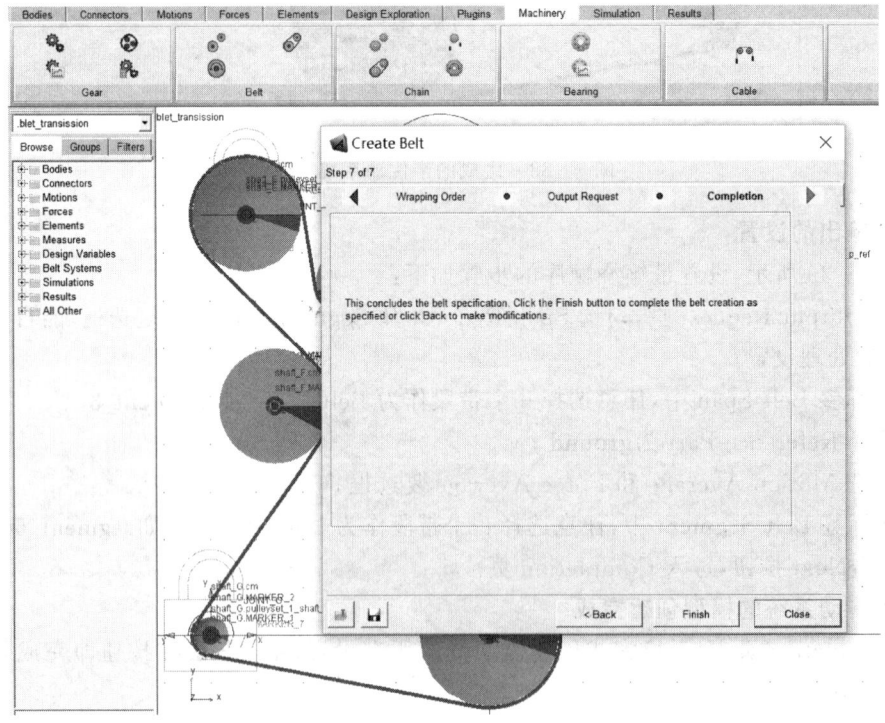

图 7-40　带传动系统创建完成

7.3.5 模型仿真与分析

1. 驱动的施加

如图 7-41 所示,在转动副 A(JOINT_A)上施加一个默认角速度为30 (°)/s 的运动,并更名为**MOTION_A**。

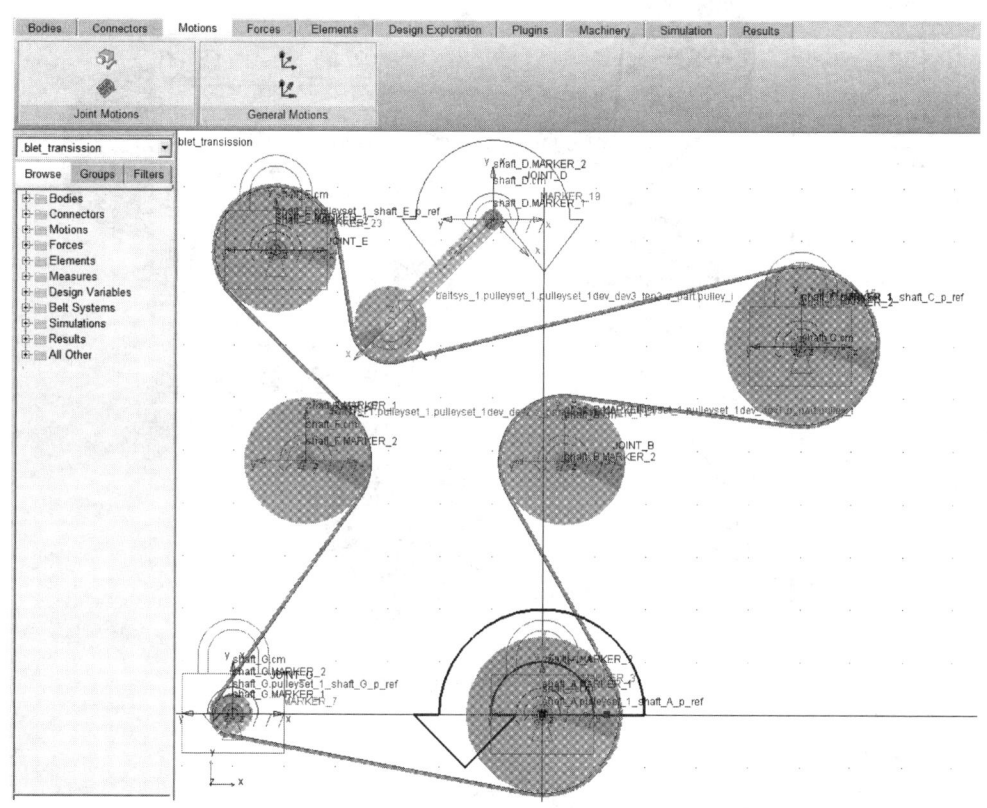

图 7-41 带传动系统的运动施加

2. 模型的仿真

设置仿真时间为12 s,仿真步数为500,如图 7-42 所示。单击开始仿真按钮即可进行仿真运算。

注意:由于模型中包含大量的带段部件,仿真速度会很慢,仿真时间需要几十分钟甚至1个多小时。

3. 查看结果

仿真完成后,在 ADAMS/View 界面单击**PostProcessor** 图标或在键盘上按**F8** 快捷键,进入 ADAMS/PostPreocessor 后处理界面。

如图 7-43 所示,查看带传动系统仿真结果的步骤如下:

a. 右击**Page Layouts** 按钮,选择后处理窗口为**2 Views,side by side**,表示并列的两个窗口;

b. 左侧窗口选择为动画模式**Animation**,并通过**Load Animation** 命令载入仿真动画;

c. 单击右侧窗口空白处,通过 Load Plot 命令设置为曲线窗口;

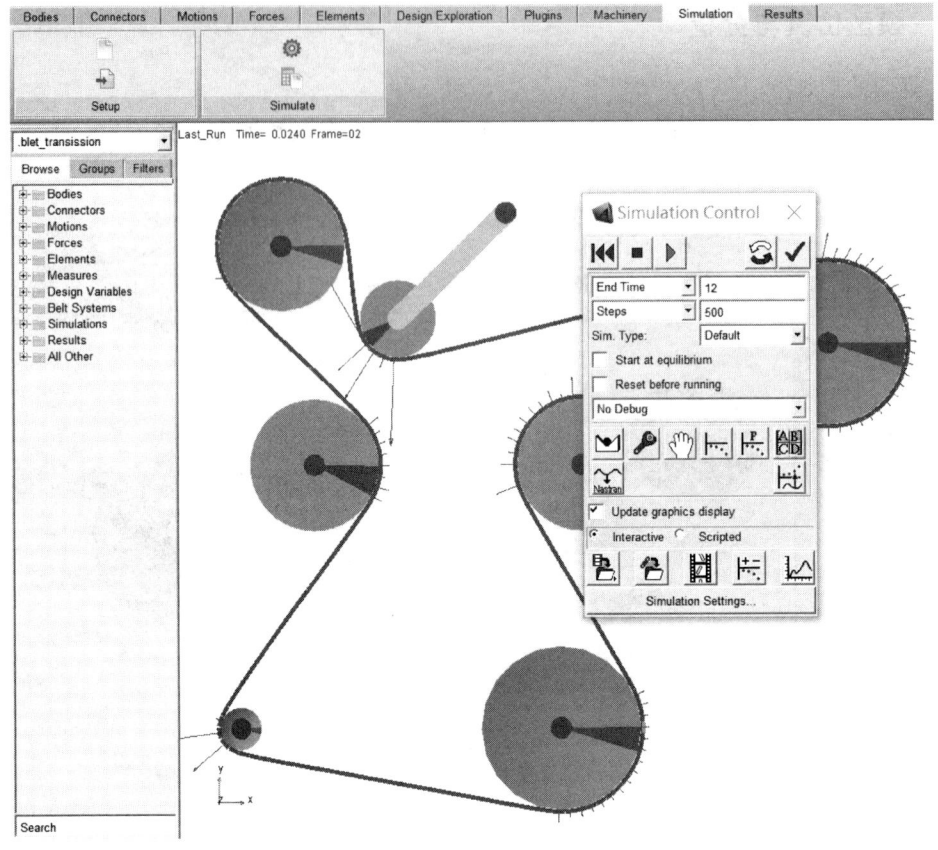

图 7-42 仿真参数设置

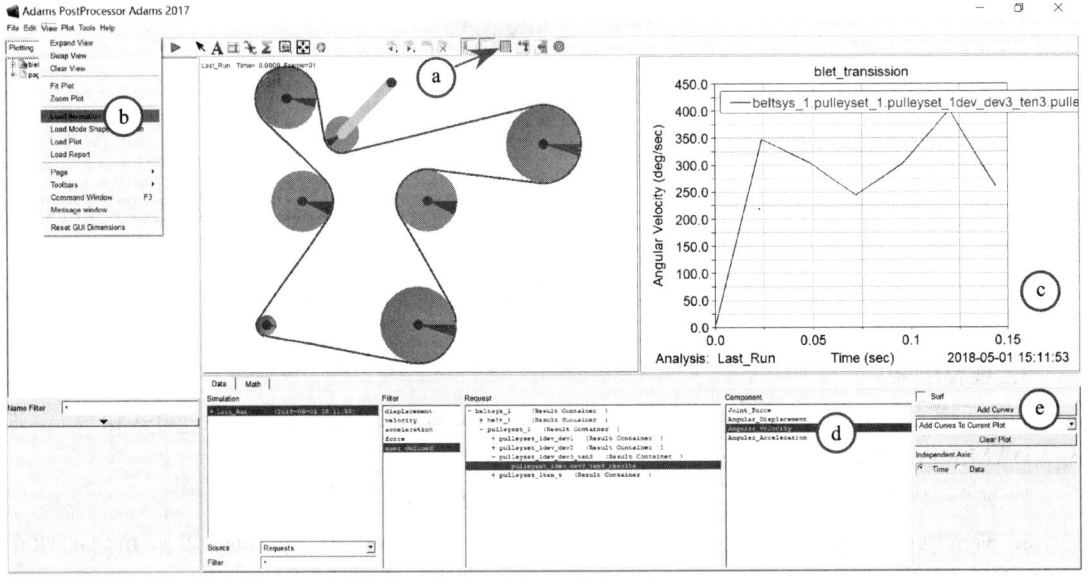

图 7-43 查看仿真结果

d. 在下方的操作面板区域,选中相关的数据名称;

e. 单击 **Add Curves** 按钮,生成仿真结果曲线。

按照上述过程,可以继续添加其他相关仿真数据曲线,这里不再重复操作。

从仿真结果动画和曲线中能了解带传动的传动特性,以及各运动部件和约束的相关数据。

实例 7.3 的保存模型文件名为 **example73_belt_transission.bin**。

7.4 链传动

实例7.3 图 7-44 所示为一链传动系统。链轮 1 为主动轮,其上作用的驱动运动的角速度为 $\omega_A = 30$ (°)/s。链轮 2 为从动轮,其上作用阻力矩 500 N·mm。两链轮中心的位置关系是:水平方向的距离为 450 mm,竖直方向的距离是 100 mm。

试建立该链传动系统的虚拟样机模型,并对该系统进行仿真分析。

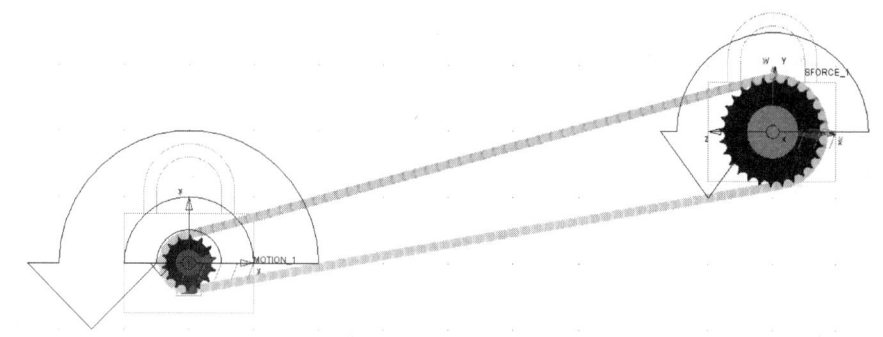

图 7-44 链传动系统

7.4.1 启动 ADAMS 并设置工作环境

1. 启动 ADAMS

双击桌面上 ADAMS/View 的快捷图标,启动 ADAMS/View。

2. 创建模型名称

定义 Model name 为 **sprocket_transission**。

3. 设置工作环境

选择系统默认设置即可。

7.4.2 创建传动轴

按照如图 7-45 所示的参数和位置创建各传动轴(driver_shaft 和 driven_shaft)及其与机架(ground)连接的各转动副(JOINT_1 和 JOINT_2)。传动轴的长度为 100 mm,driver_shaft 轴的半径为 10 mm,driven_shaft 轴的半径为 20 mm,且各轴的质心都处于 oxy 平面中。

7.4.3 创建链轮组

1. 链轮的类型设置

如图 7-46 所示,链轮类型的设置步骤如下:

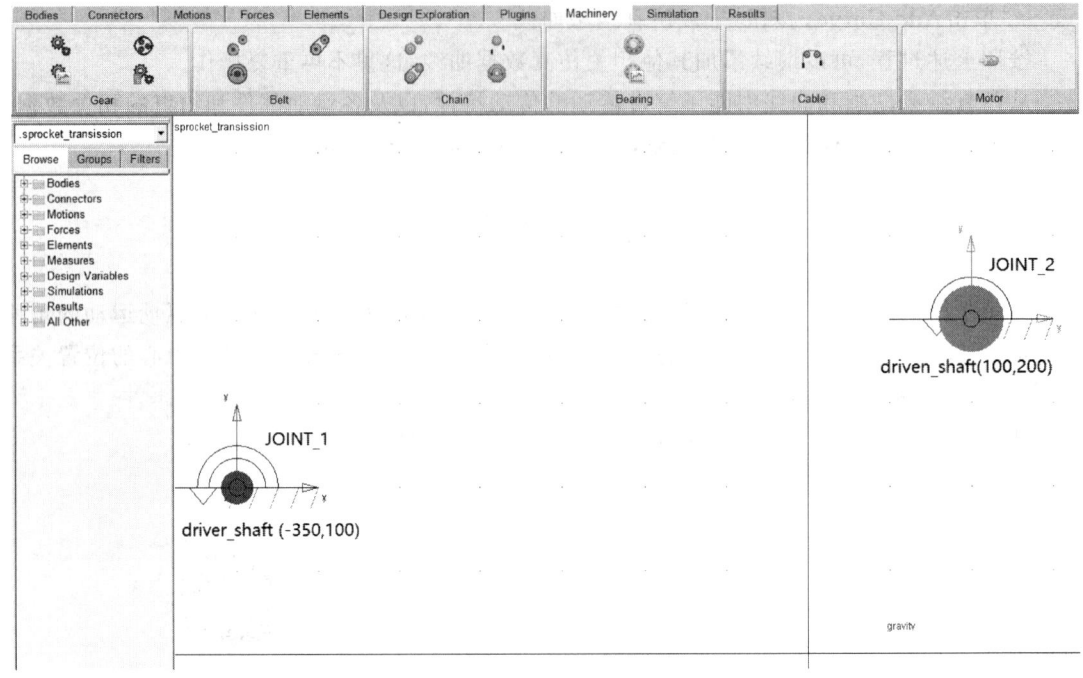

图 7-45 传动轴的创建

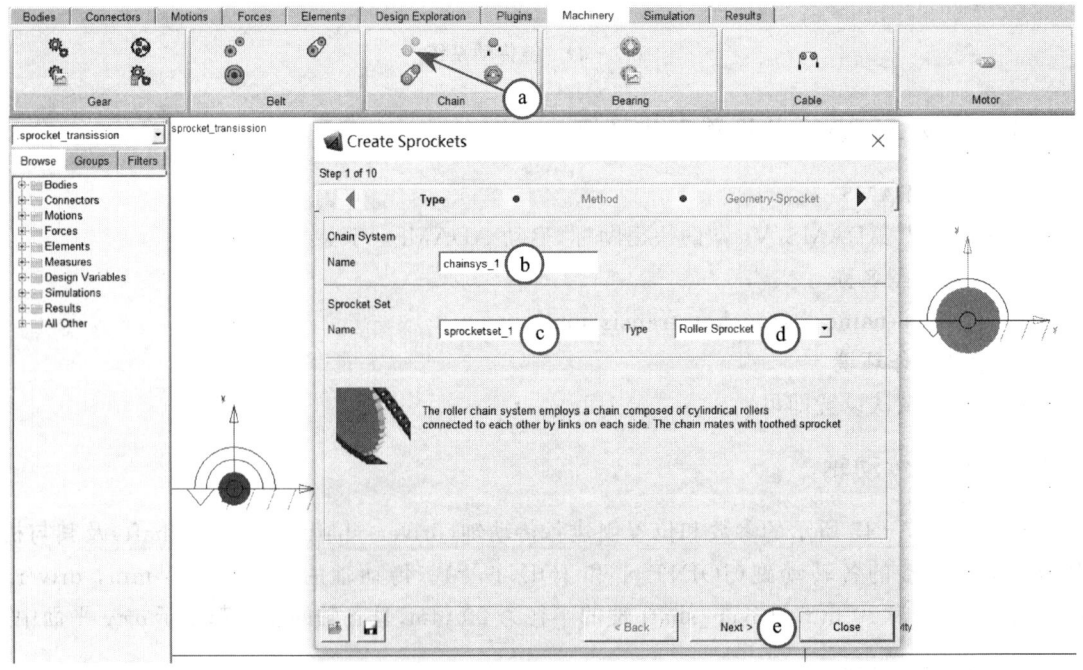

图 7-46 链轮类型的创建

a. 在功能区 Machinery 项的 Chain 中,单击 **Create Sprockets** 图标,弹出 Create Sprockets 对话框;

b. 在 Create Sprockets 对话框中的 Type 页,设置 Chain System Name 为**chainsys_1**;

c. 设置 Sprocket Set Name 为**sprocketset_1**;

d. 选择 Type 为 **Roller Sprocket**,表示创建的是滚子链轮;

e. 单击**Next** 按钮,进入 Method 页。

2. 链传动系统的建模方式选择

如图 7-47 所示,链传动系统建模方式选择的步骤如下:

a. 在 Method 页,在 Method 下拉式选择菜单中选择**2D Links**,阅读下方的建模说明,理解这种建模方法的特点;

b. 单击**Next** 按钮,进入 Geometry - Sprocket 页。

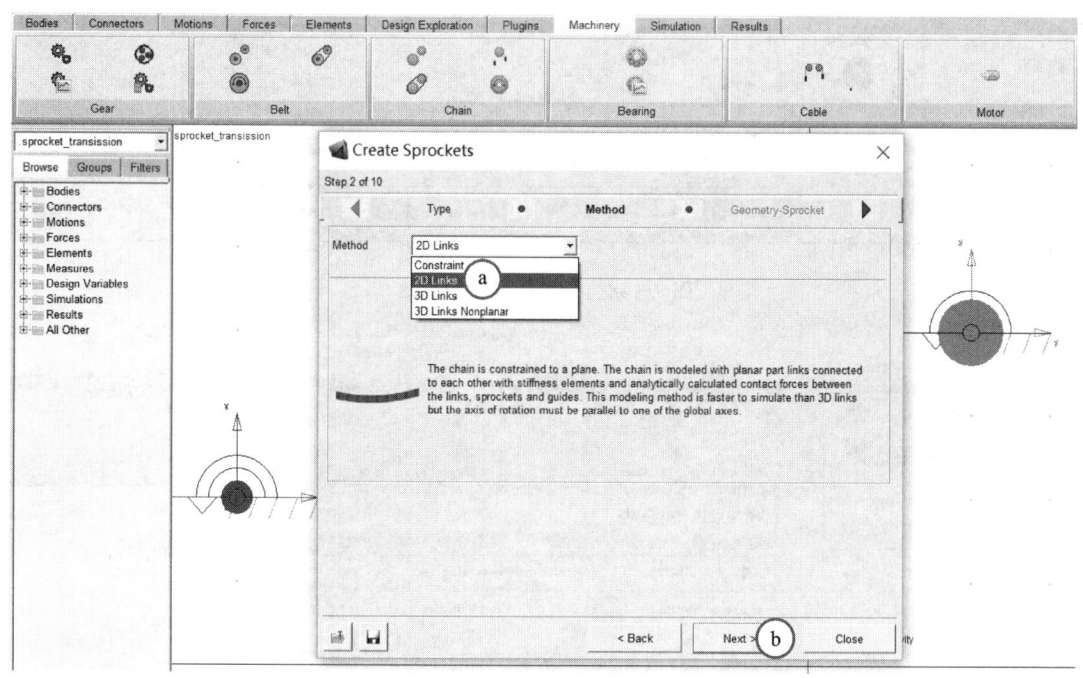

图 7-47 链传动系统的建模方法选择

3. 链轮几何参数的设置

如图 7-48 和图 7-49 所示,链轮几何参数设置的步骤如下:

a. 在 Geometry - Sprocket 页,输入 Number of sprockets 的值为**2**,并按回车键;

b. 选择 Axis of Rotation 的值为**Global Z**;

c. 单击选择标签**1**;

d. 在 Name 文本框中输入**driver**;

e. 在 Center Location 文本框中输入**-350,100,0**;

f. 在 Sprocket Width 文本框中输入**30**;

g. 在 Number of Teeth 文本框中输入**14**,并按回车键,软件自动计算参数值并填充在下方参数文本框中;

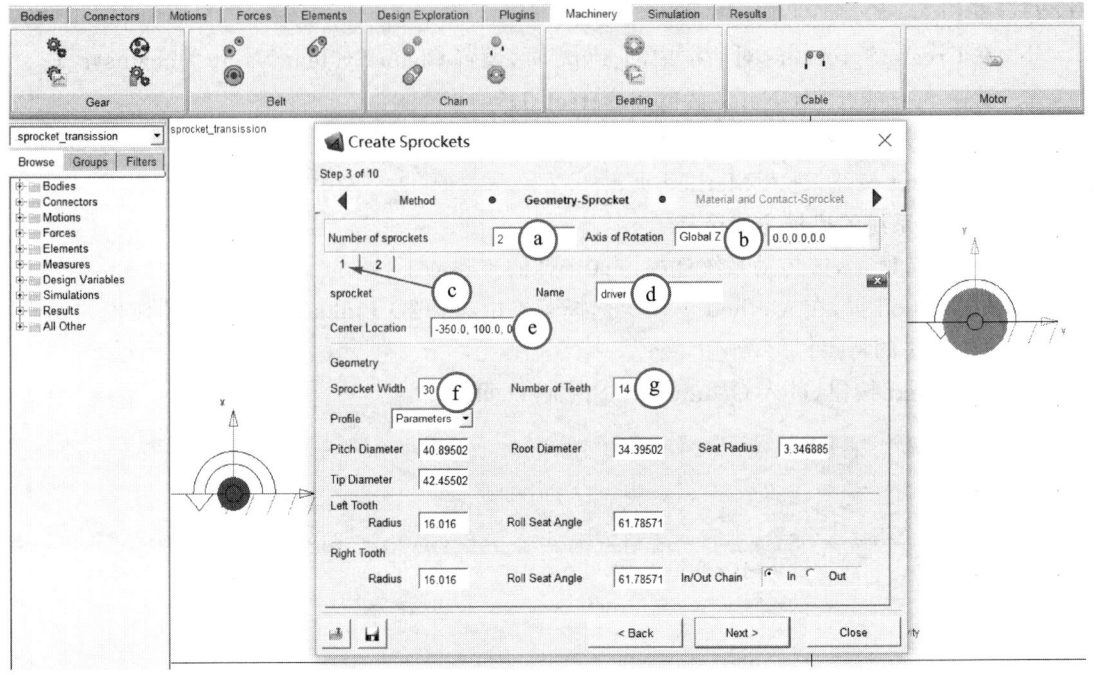

图 7-48　第 1 个链轮的创建

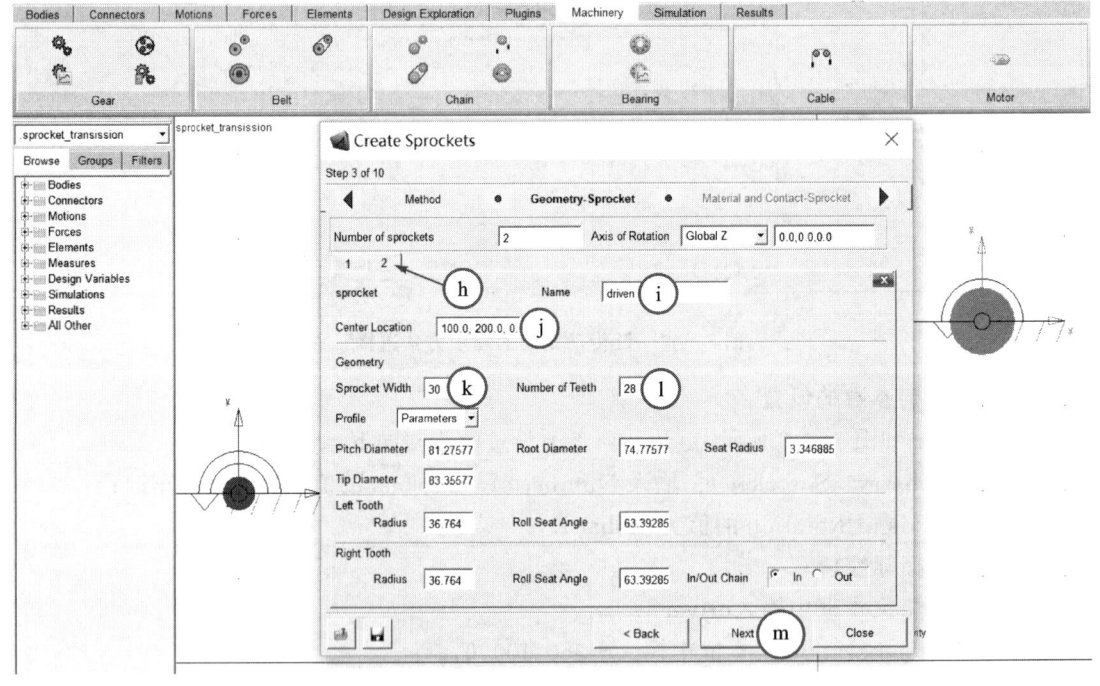

图 7-49　第 2 个链轮的创建

h. 单击标签 2；
i. 在 Name 文本框中输入 **driven**；
j. 在 Center Location 文本框中输入 100,200,0；
k. 在 Sprocket Width 文本框中输入 30；
l. 在 Number of Teeth 文本框中输入 28，并按回车键，下方参数文本框自动填充数据；
m. 单击 **Next** 按钮，进入 Material and Contact-Sprocket 页。

4. 链轮材料属性和接触参数的设置

在 Material and Contact-Sprocket 页，保持 2 个链轮的材料属性和接触参数为默认参数，如图 7-50 所示，并单击 **Next** 按钮，进入 Connection-Sprocket 页。

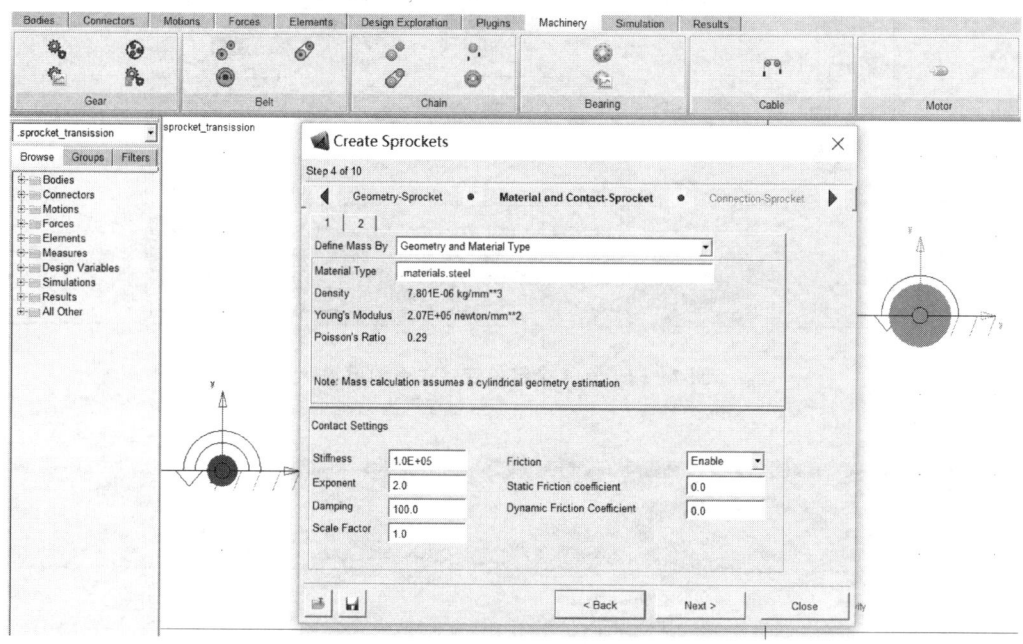

图 7-50 链轮材料属性和接触参数的设置

5. 链轮连接方式的设置

如图 7-51 和图 7-52 所示，设置链带轮连接方式的步骤如下：

a. 在 Connection-Sprocket 页，单击选择标签 1，表示为名称是 driver 的链轮设置约束关系；
b. 选择 Type 的类型为 **Fixed**，表示施加固定约束；
c. 在 Body 文本框中选择输入构件名称为 **driver_shaft**；
d. 单击标签 2；
e. 选择 Type 的类型为 **Fixed**；
f. 在 Body 文本框输入构件名称为 **driven**；
g. 单击 **Next** 按钮，进入 Output-Sprockets 页。

6. 链轮输出的设置

在 Output-Sprockets 页，2 个链轮输出项全部保持为默认设置，即勾选所有项；单击 **Next** 按钮，进入 Completion-Sprocket 页，如图 7-53 所示。

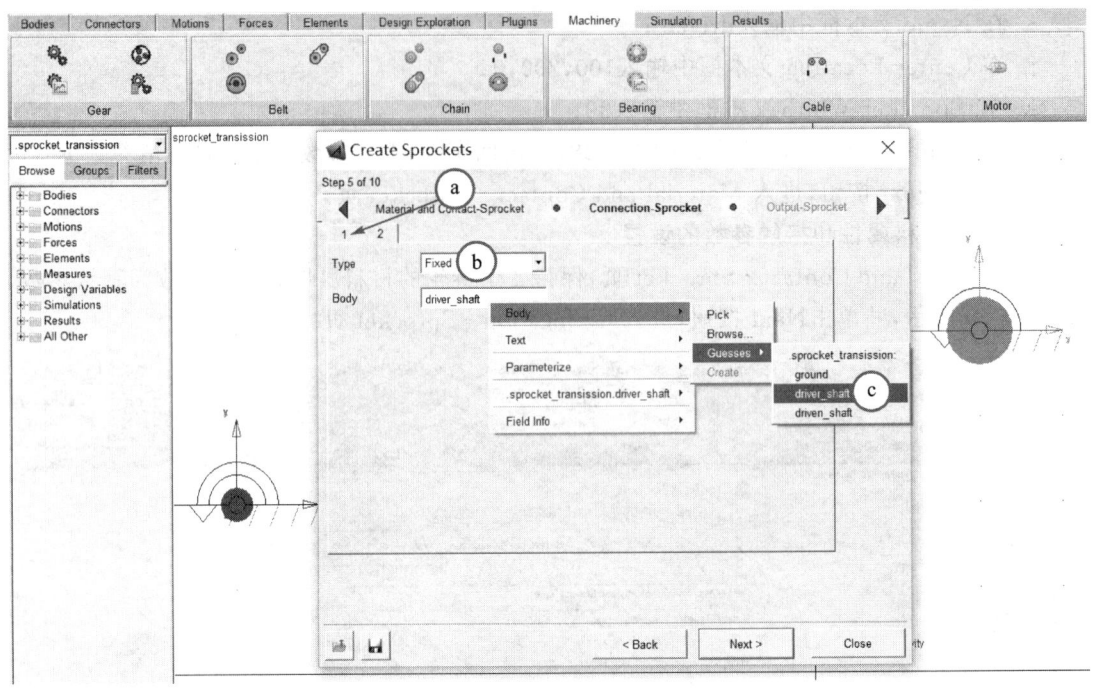

图 7-51 第 1 个链轮连接关系的设置

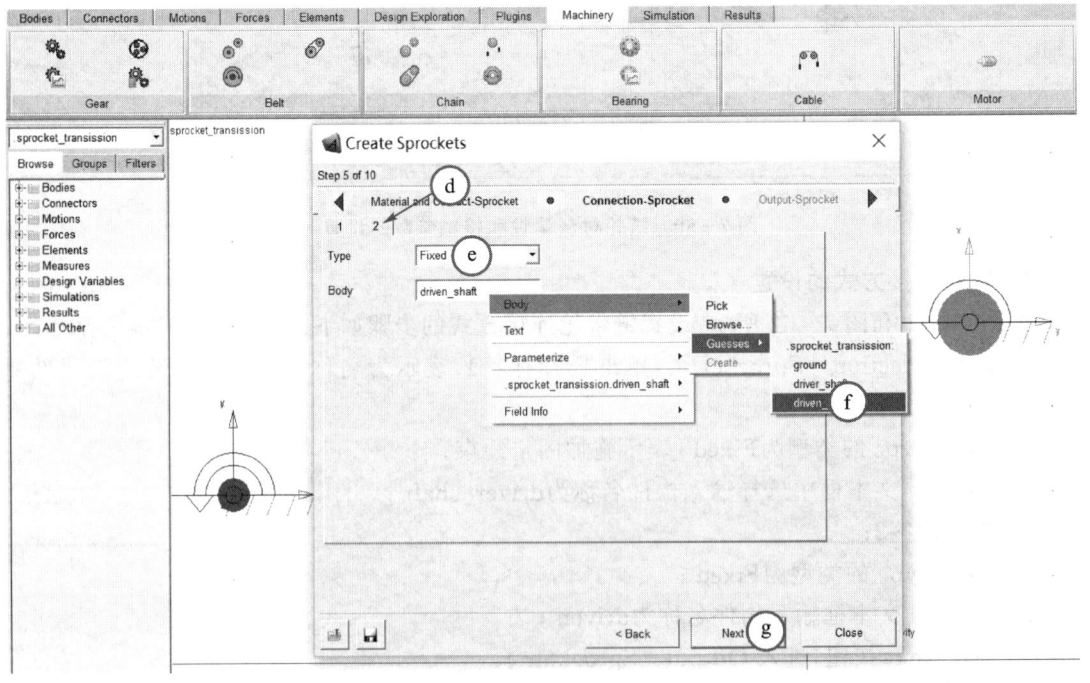

图 7-52 第 2 个链轮连接关系的设置

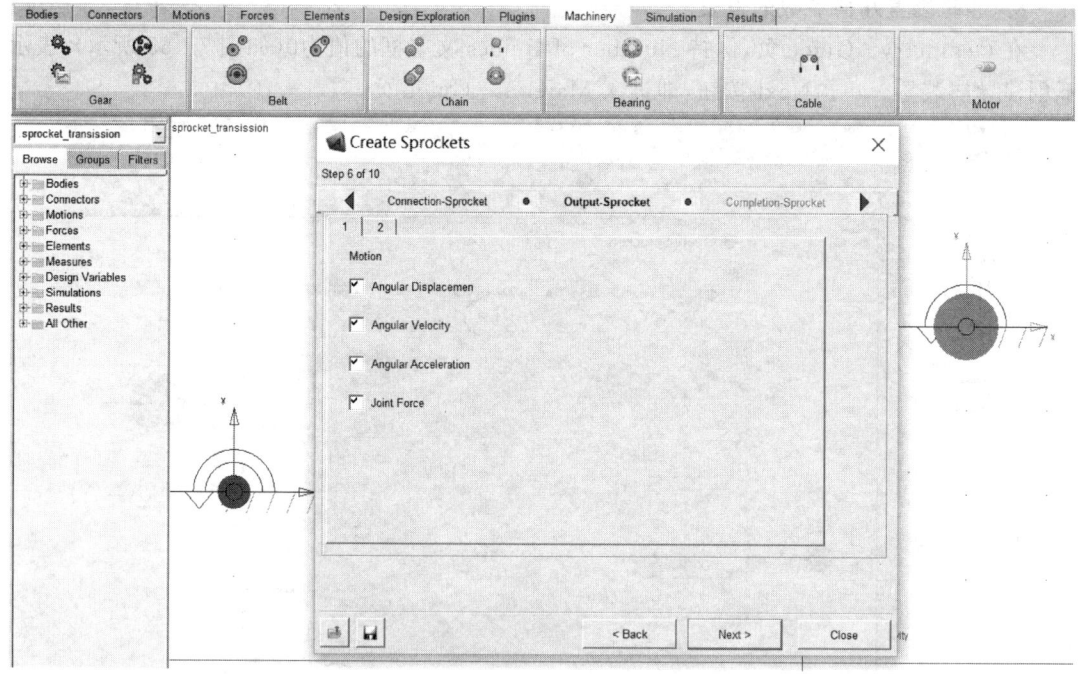

图 7-53 链轮输出选项的设置

7. 链轮创建完成

在如图 7-54 所示的 Completion - Sprocket 页中给出了一些有关信息。单击 **Next** 按钮，即进入 Geometry - Guide 页。

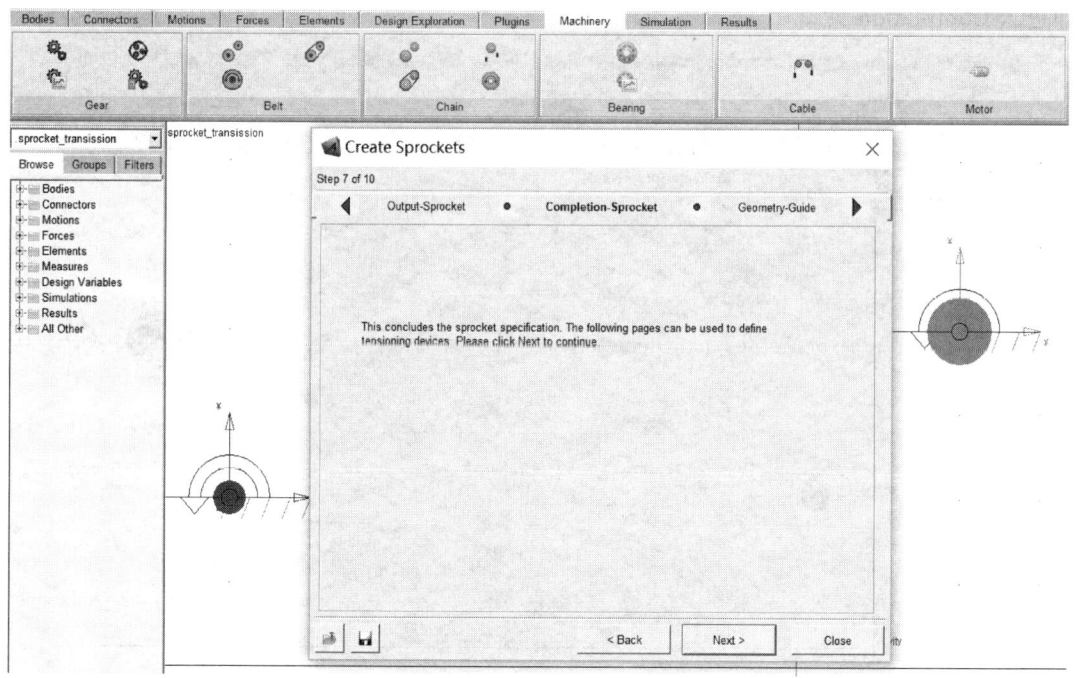

图 7-54 链轮设置完成

8. 导向装置几何参数的设置

在 Geometry - Guide 页,保持 Number of Guides 文本框的值为0(如图 7 - 55 所示),表示不创建导向装置。单击 **Next** 按钮,即进入 Material - Guide 页。

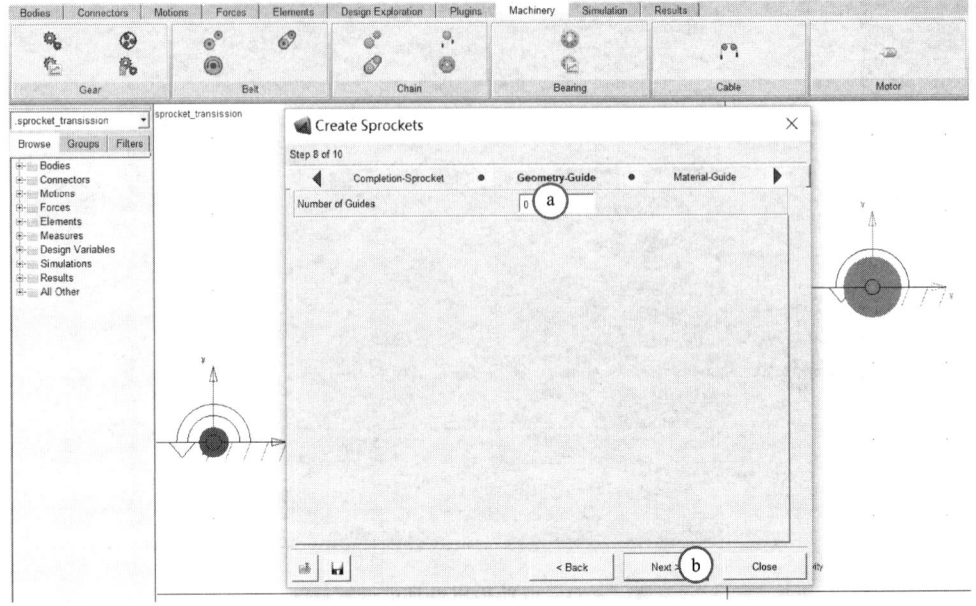

图 7 - 55　导向装置几何参数的设置

9. 导向装置材料的设置

因未设置导向装置,所以 Material - Guide 页为空白,如图 7 - 56 所示。单击 **Next** 按钮,即进入 Completion 页。

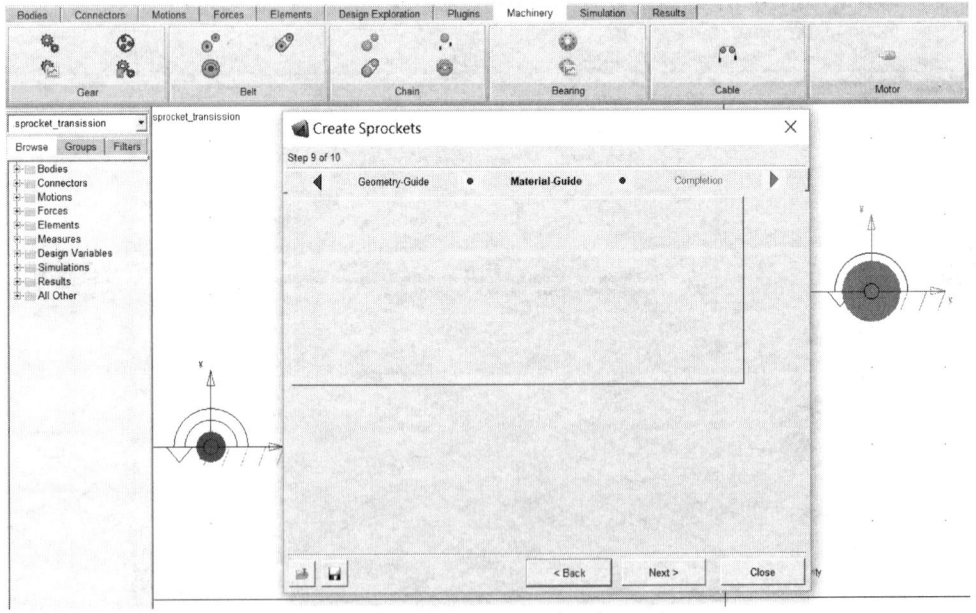

图 7 - 56　导向装置材料属性的设置

10. 链轮组创建完成

在 Completion 页，显示已完成创建链轮组的所有设置，单击 **Finish** 按钮即完成链轮组的创建，如图 7-57 所示。

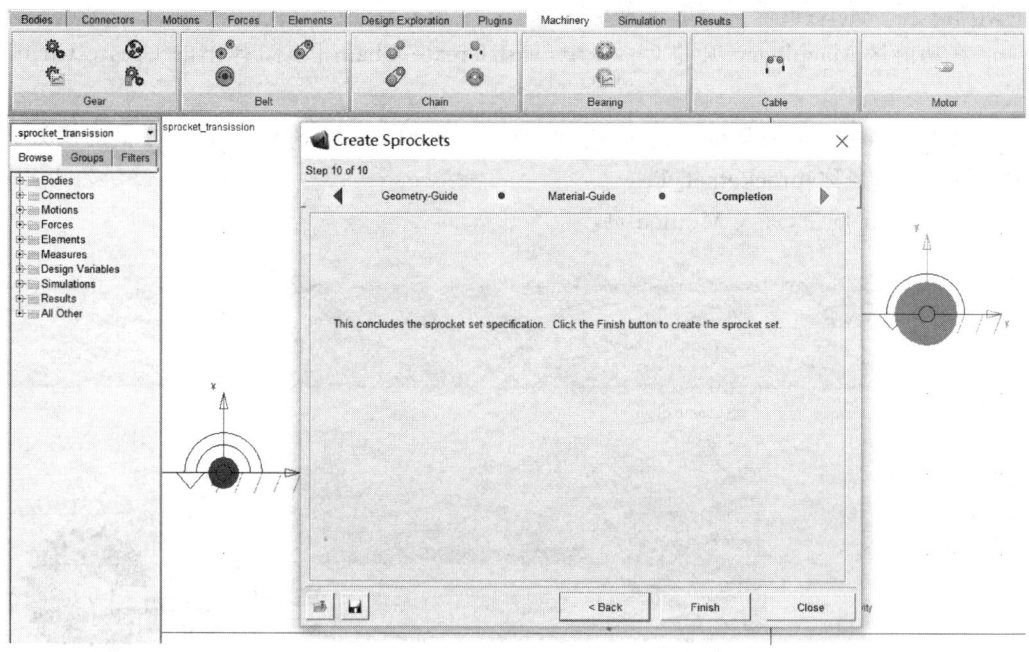

图 7-57 链轮组创建完成

通过上述操作生成的链轮组模型如图 7-58 所示。

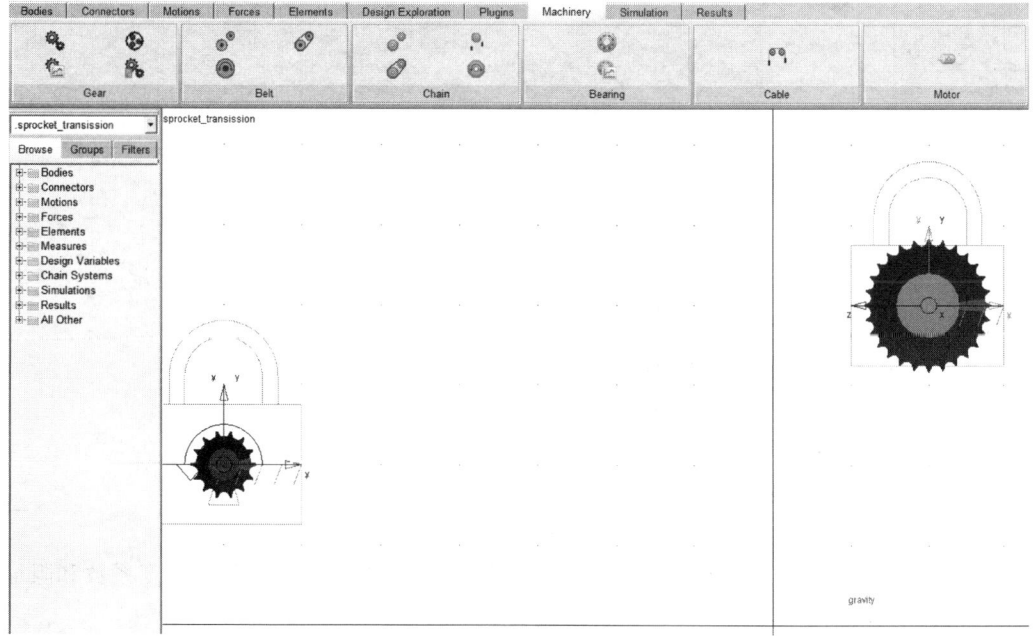

图 7-58 生成的链轮组模型

7.4.4 创建链条

1. 链条的类型设置

如图 7-59 所示，链条类型的设置步骤如下：

a. 在功能区 Machinery 项的 Chain 中，单击 **Create Chain** 图标，弹出的 Create Chain 对话框；

b. 在 Create Chain 对话框中的 Type 页，选择输入 Sprocket Set Name 文本框的值为上述所创建的链轮组名称 **sprocketset_1**；

c. 单击 **Next** 按钮，进入 Method 页。

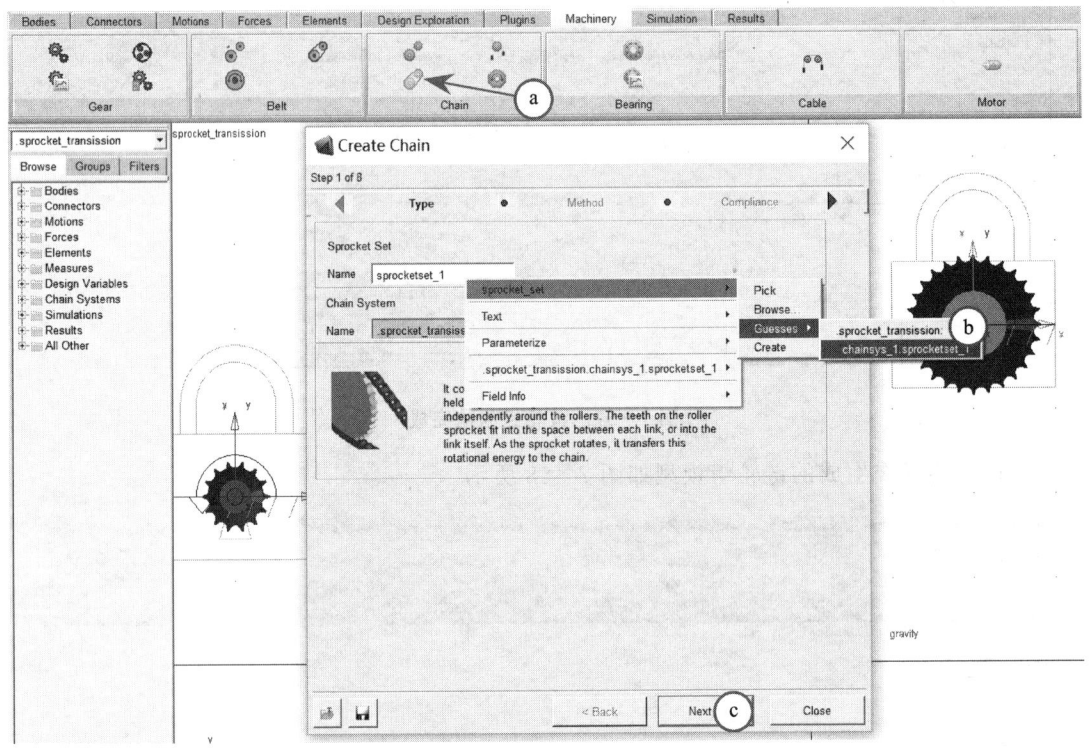

图 7-59 创建链条

2. 链条的建模方法设置

如图 7-60 所示，设置链条建模方法的步骤如下：

a. 在 Method 页，选择 Method 选项为 **2D Links**；

b. 单击 **Next** 按钮，进入 Compliance 页。

3. 链条的柔软度设置

如图 7-61 所示，设置链条柔软度的步骤如下：

a. 在 Compliance 页，选择 Compliance 选项为 **Linear**，表示链节之间的刚度系数和阻尼系数是线性关系，详细信息请阅读下方的文字说明；

b. 单击 **Next** 按钮，进入 Geometry 页。

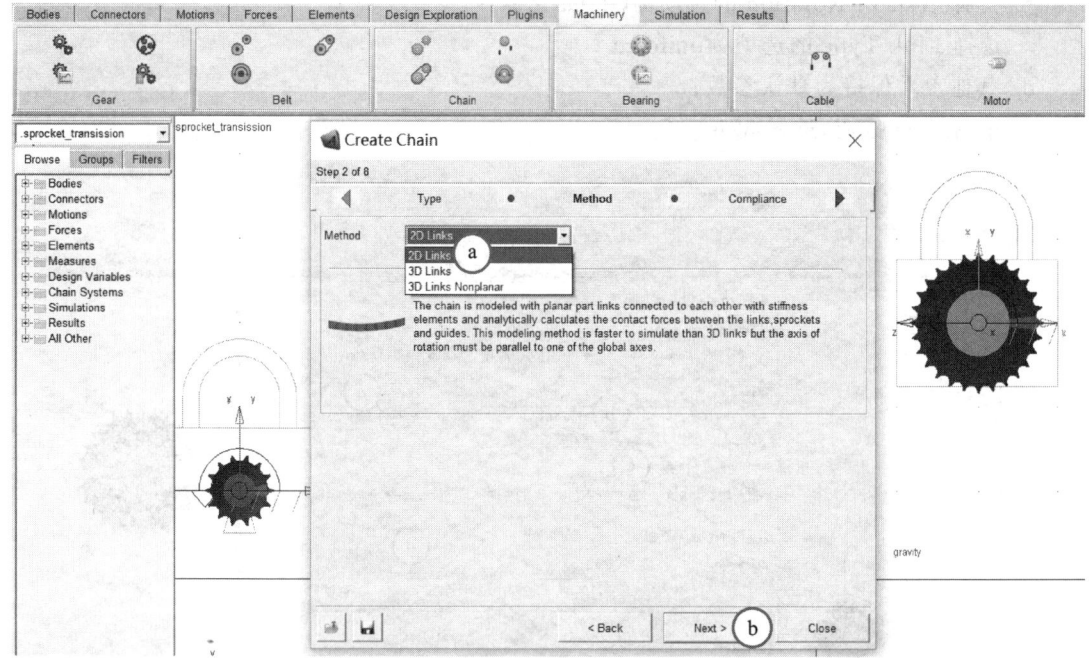

图 7-60　链条建模方法的设置

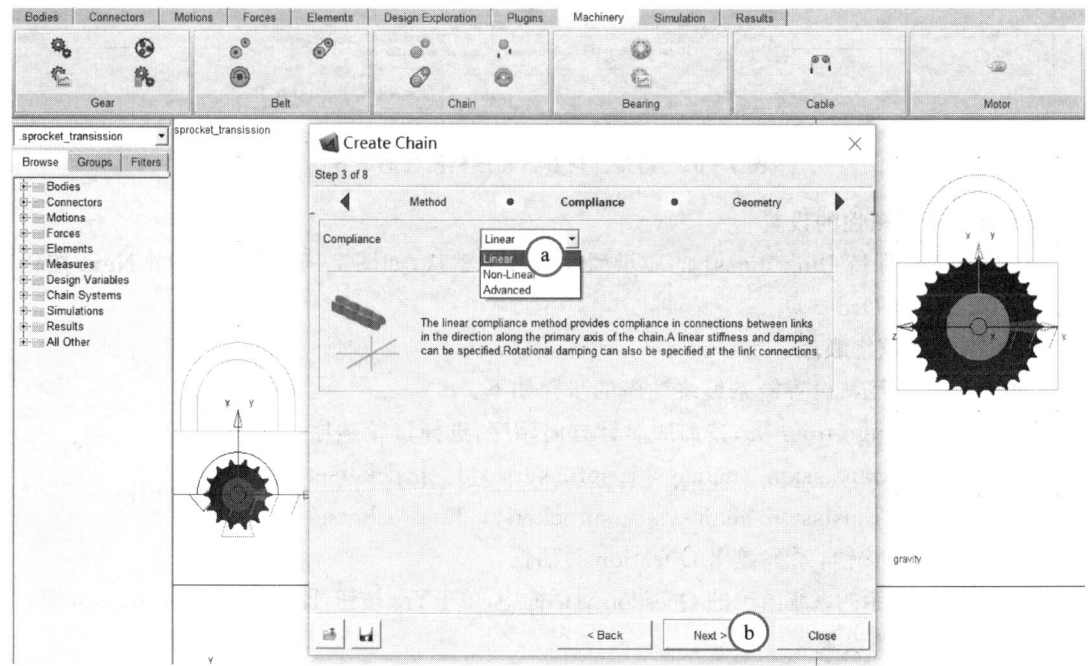

图 7-61　链条柔软度的设置

4. 链条几何参数和接触参数的设置

如图 7-62 所示,设置链条几何参数和接触参数的步骤如下：

a. 在 Geometry 页,输入 Chain Name 为默认名称 **chain_1**;

b. 选择 Axis of Rotation 的选项为 **Global Z**；

c. 选择 Link Type 的选项为 **uniform**；

d. 其他参数保持为默认参数；

e. 单击 **Next** 按钮，进入 Mass 页。

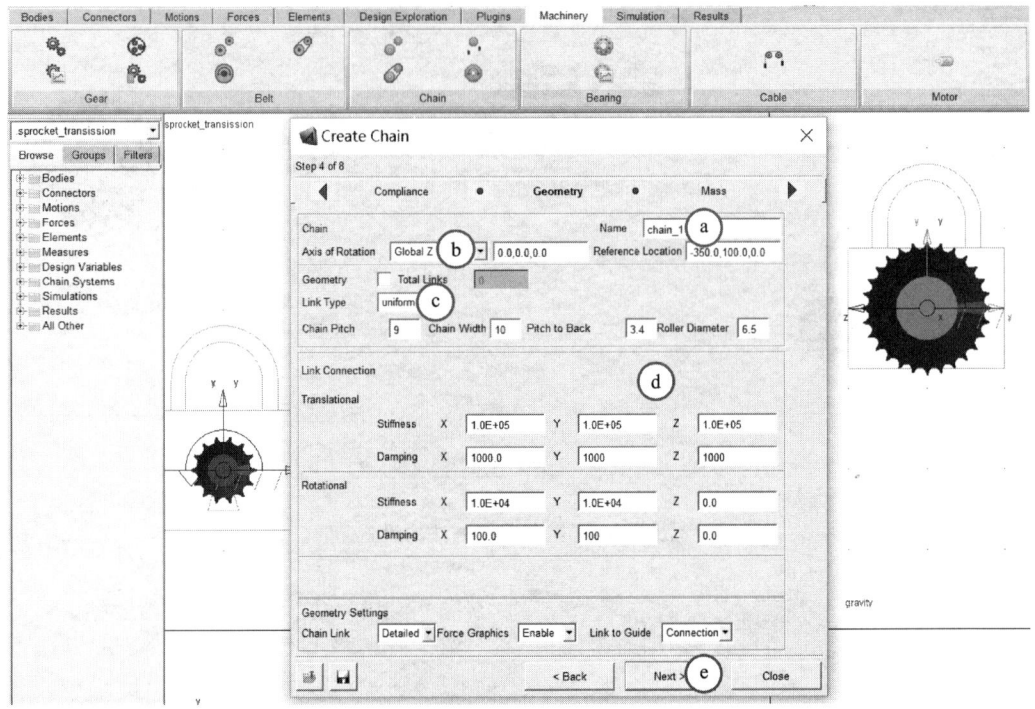

图 7-62 链条几何参数和接触属性的设置

5. 链条质量属性的设置

在 Mass 页，保持 Link mass1 的质量属性参数为默认，如图 7-63 所示。单击 **Next** 按钮，即进入 Wrapping Order 页。

6. 设置链条缠绕顺序

如图 7-64 所示，设置链条缠绕顺序的步骤如下：

a. 在 Wrapping Order 页，按照顺时针方向顺序，选择链轮顺序依次为

① sprocket_transission.chainsys_1.sprocketset_1.sprocketset_1_driver

② sprocket_transission.chainsys_1.sprocketset_1.sprocketset_1_driven

b. 单击 **Next** 按钮，系统弹出 Question 对话框。

在图 7-65 所示的系统给出的 Question 对话框中，单击 **Yes** 按钮，即进入 Output Request 页。

7. 链条输出的设置

如图 7-66 所示，设置链条输出的步骤如下：

a. 在 Output Request 页，勾选 Span Request 和 Link Request 复选框；

b. 在标签 Chain Span 中，任意选择一个链节作为 Chain Part(s)，如 **link_5**；

c. 选择 Reference Part 为 **ground**；

d. 勾选 Motion Average 和 Force Average 复选框；

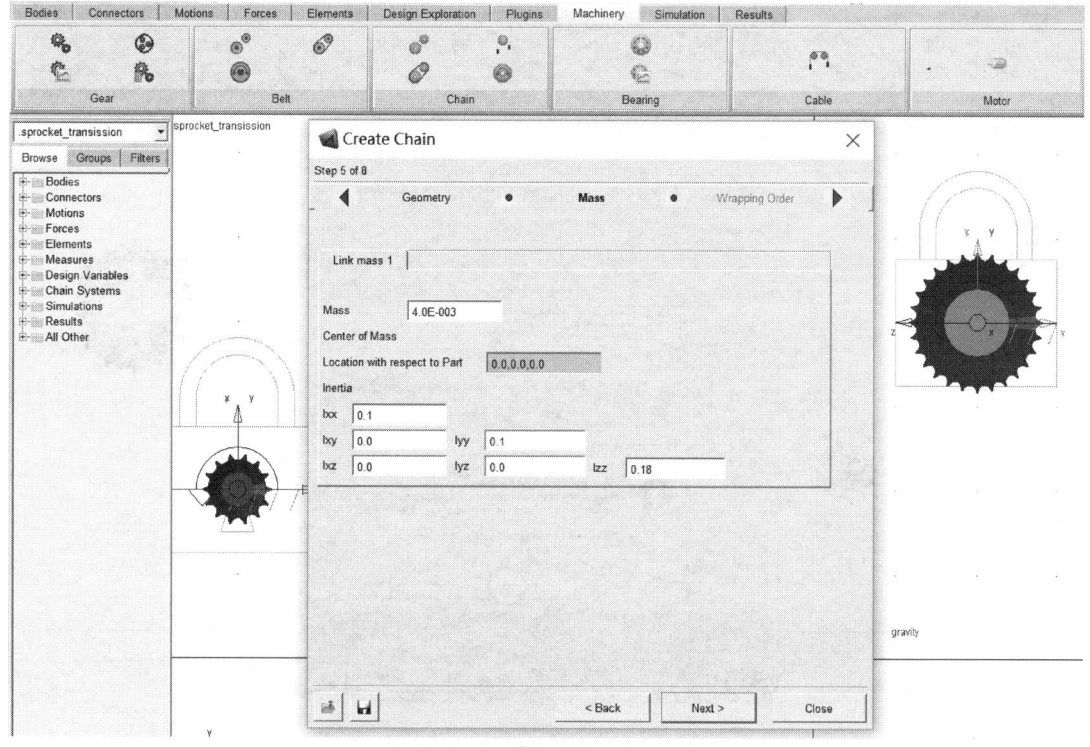

图 7-63 链条质量属性的设置

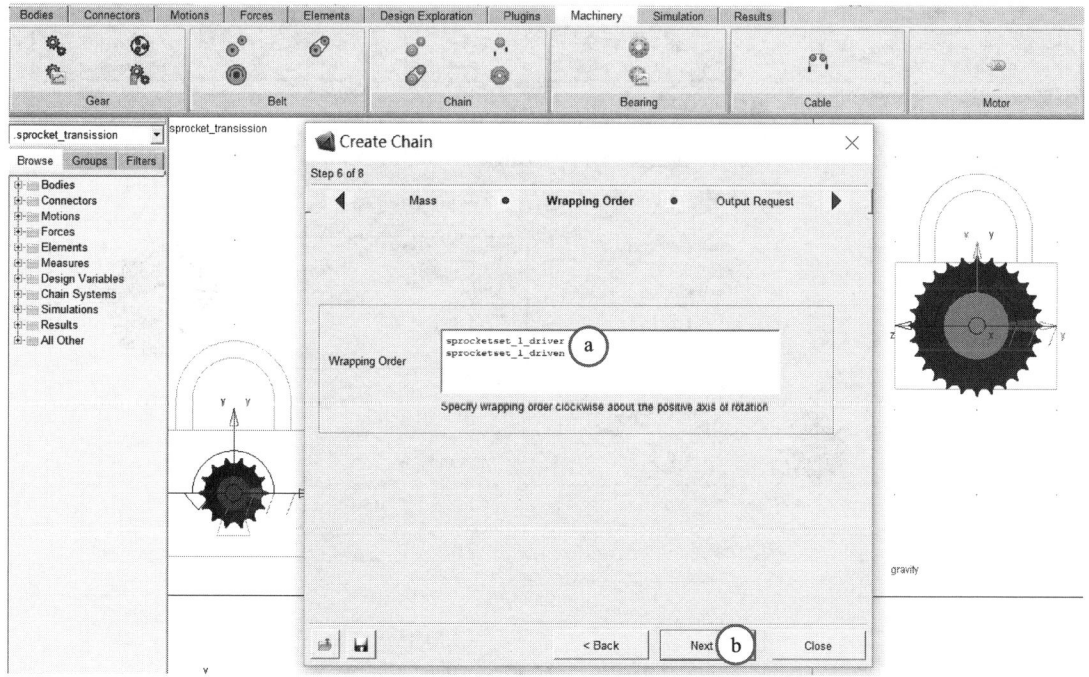

图 7-64 链条缠绕链轮顺序的设置

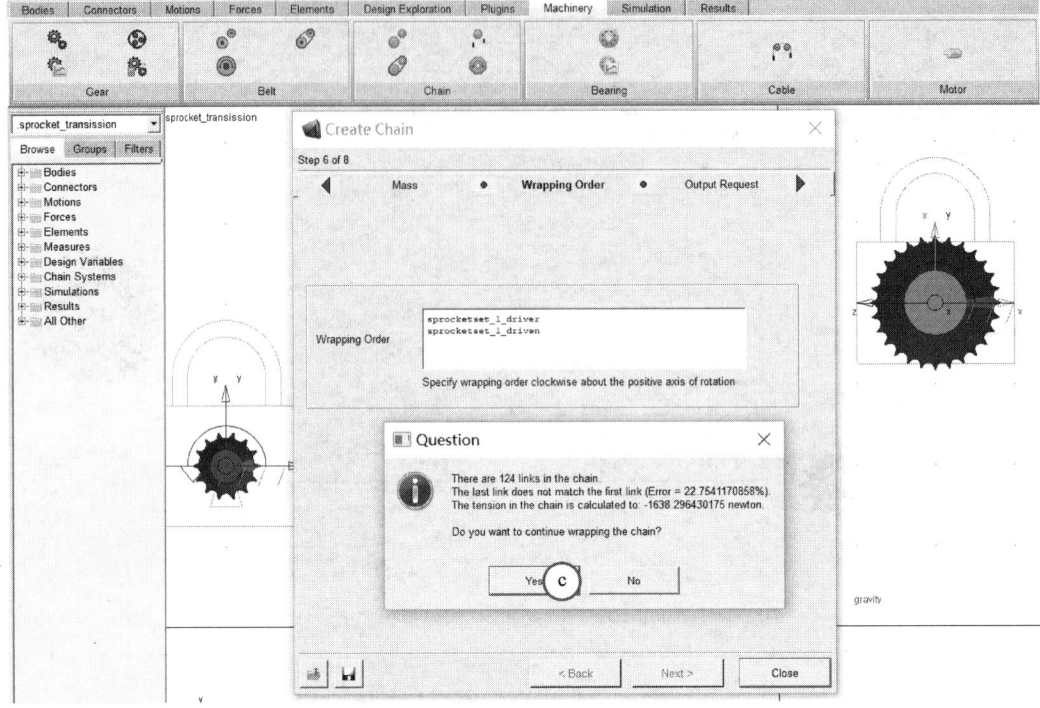

图 7-65 链条生成参数的确认

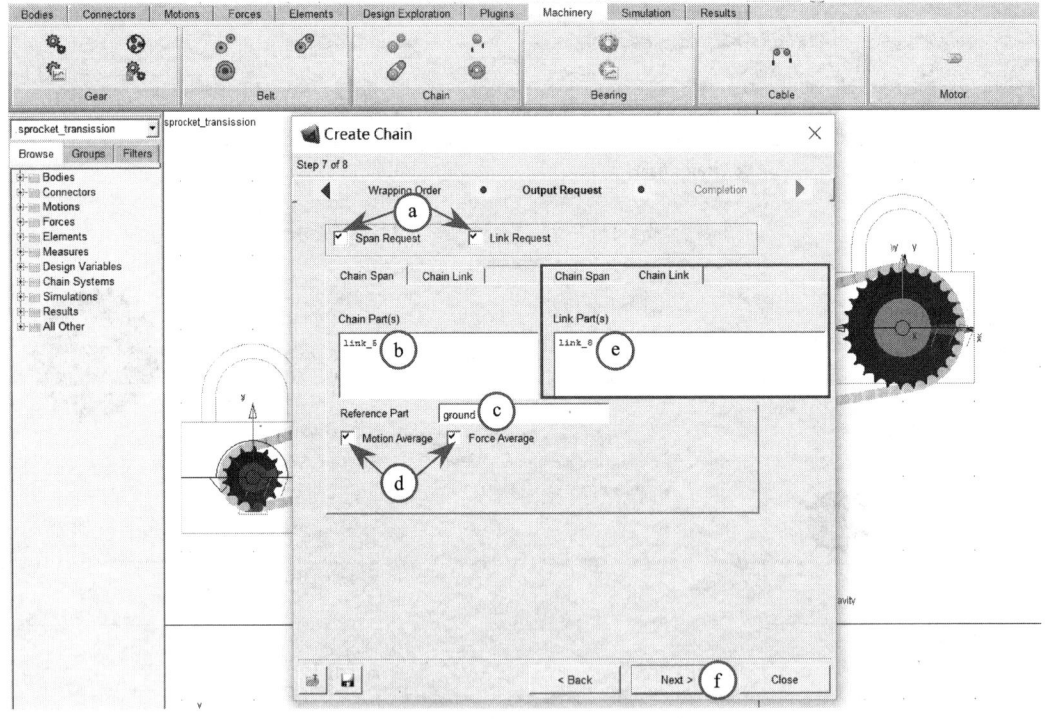

图 7-66 链条输出的设置

e. 在标签 Chain Link 中，任意选择一个链节作为 Chain Link，如 **link_8**；

f. 单击 **Next** 按钮，进入 Completion 页。

8. 链传动系统的模型创建完成

在 Completion 页，单击 **Finish** 按钮完成链传动系统的建模，如图 7-67 所示。

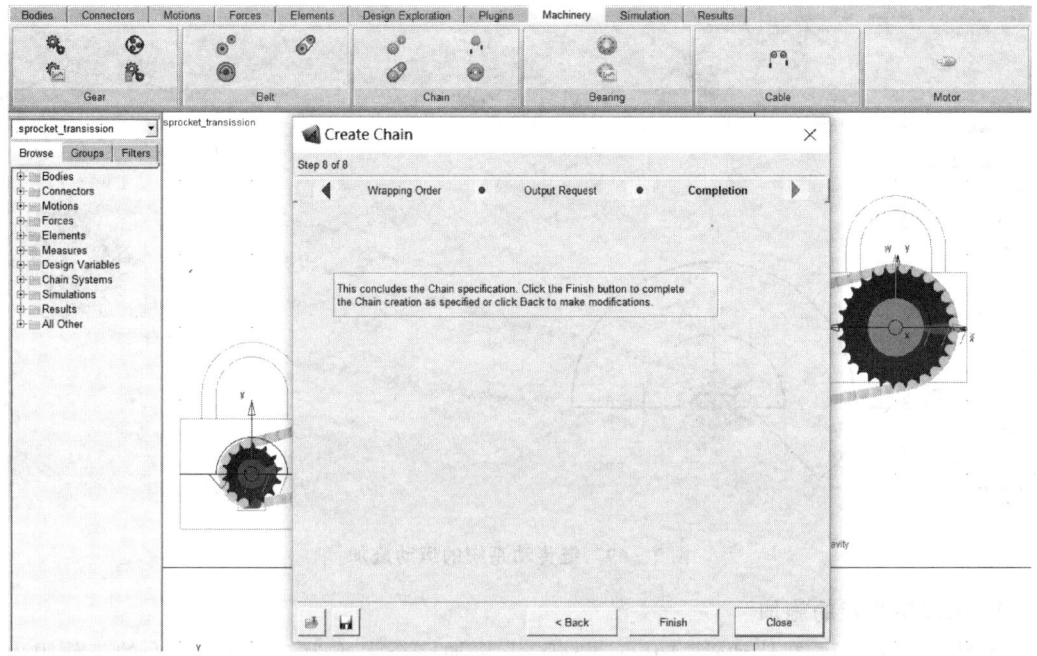

图 7-67 完成创建链条设置

完成的链条创建如图 7-68 所示。

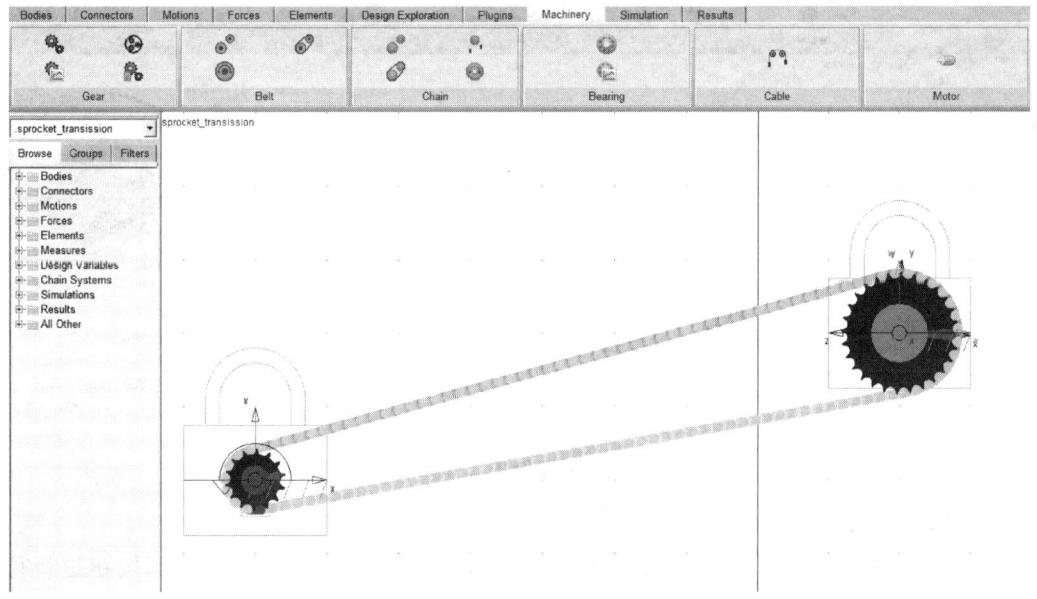

图 7-68 生成的链传动系统仿真模型

7.4.5 模型仿真与分析

1. 驱动的施加

如图 7-69 所示,在转动副 A(JOINT_A)上施加一个默认角速度为30 (°)/s 的运动。

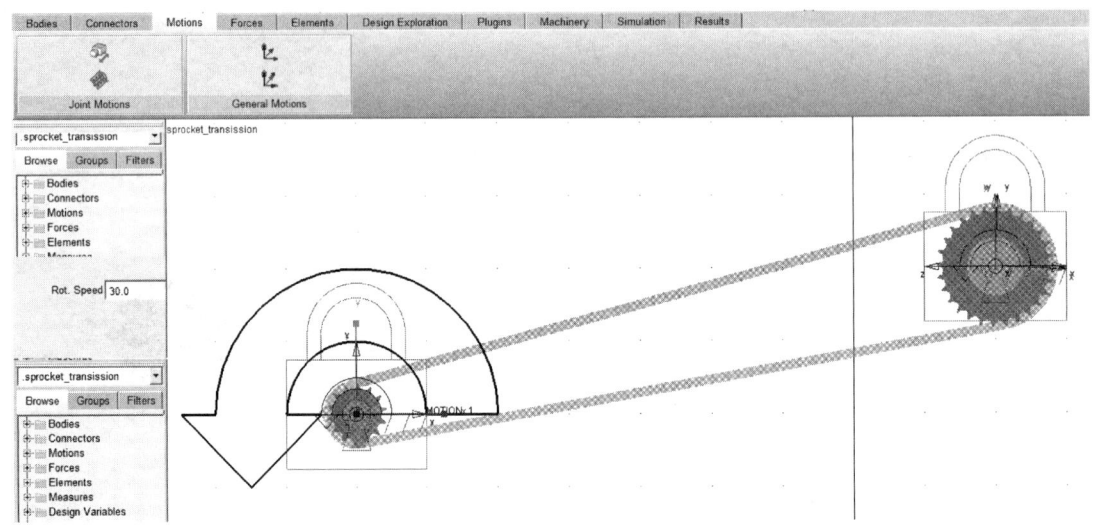

图 7-69 链传动系统的运动施加

2. 工作阻力矩的施加

如图 7-70 所示,在从动轴(driven_shaft)上施加一个大小为 500 N·mm 的工作阻力矩 SFORCE_1。

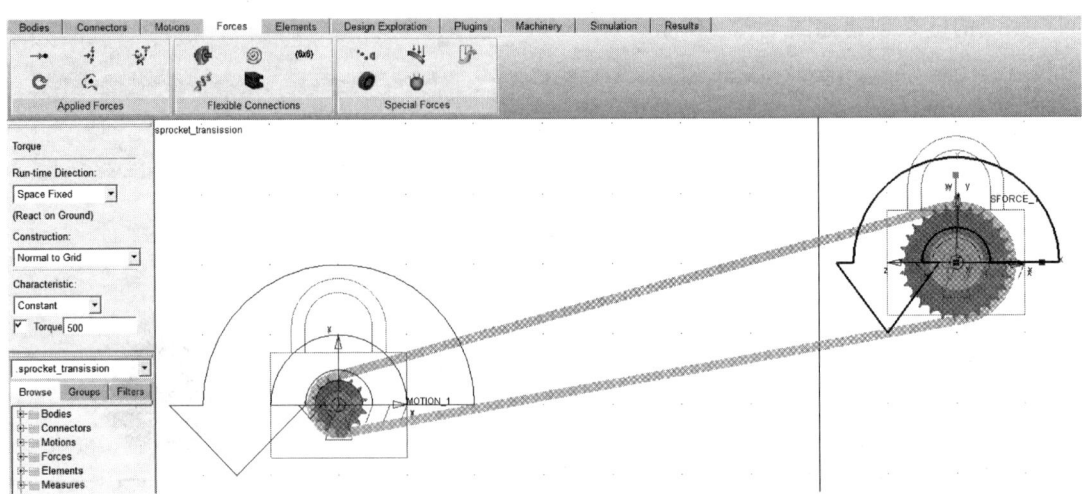

图 7-70 链传动系统的工作阻力矩的施加

3. 模型的仿真

设置仿真时间为12 s,仿真步数为500,如图 7-71 所示。单击开始仿真按钮进行仿真运算。

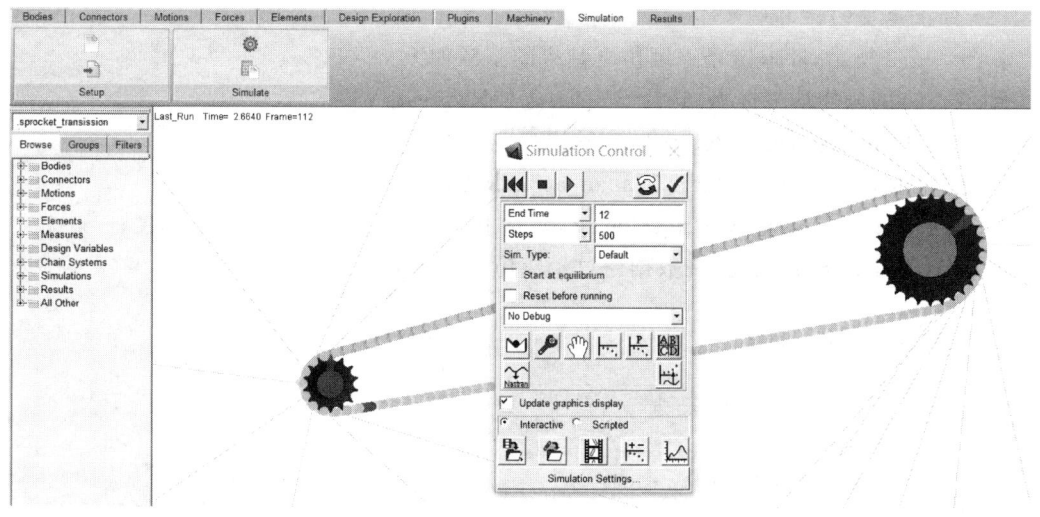

图 7-71 链传动系统的仿真

4. 查看仿真结果

仿真完成后,在 ADAMS/View 界面单击 **PostProcessor** 图标或在键盘上按 **F8** 快捷键,进入 ADAMS/PostPreocessor 后处理界面。

(1) 链条与链轮之间接触力的仿真结果

如图 7-72 所示,获取链条与链轮之间接触力的仿真结果的步骤如下:

    a. 在下方的操作面板区域,选择 Source 选项为 **Requests**;

    b. 选择 Filter 选项为 **user defined**,表示用户定义的数据;

    c. 选择 Request 选项为 **chain_1_link_8_results**;

    d. 选择 Component 选项为 **contact_force**,表示 link_8 与链轮之间的接触力;

    e. 单击 **Add Curves** 按钮,在数据窗口生成仿真结果曲线。

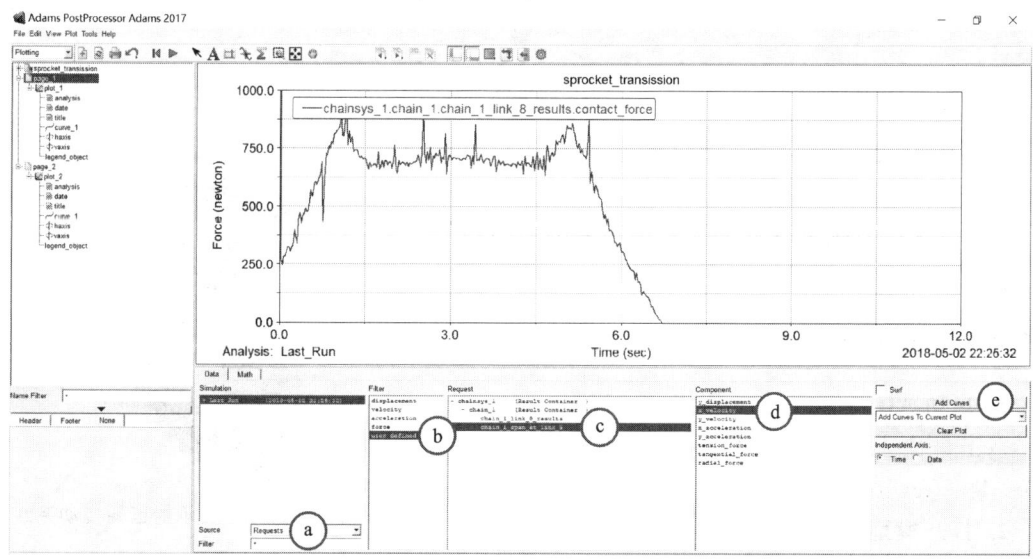

图 7-72 链与轮接触力的仿真结果

(2) 链条速度的仿真结果

如图 7-73 所示，获取链条速度仿真结果的步骤如下：

a. 在下方的操作面板区域，选择 Source 选项 **Requests**；
b. 选择 Filter 选项 **user defined**，表示用户定义的数据；
c. 选择 Request 选项为 **chain_1_span_at_link_5**；
d. 选择 Component 选项为 **x_velocity**，表示 link_5 在 X 方向上的运动速度；
e. 单击 **Add Curves** 按钮，在数据窗口生成仿真结果曲线。

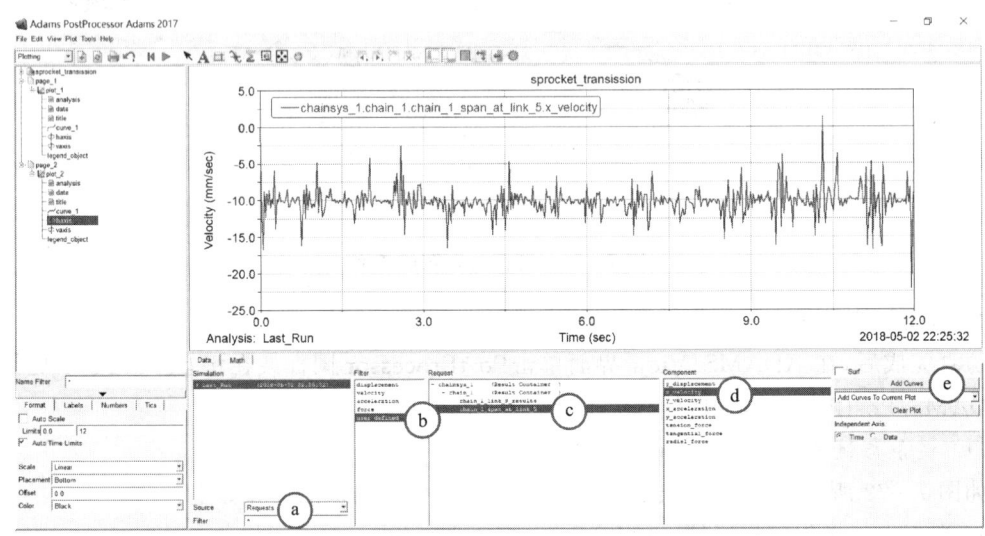

图 7-73 链节速度的仿真结果

另外，还可以把后处理改为 Animation 模式，播放仿真动画，观察链传动的运动过程，以及和其他构件之间的关联。

实例 7.3 的保存模型文件名为 **example74_sprocket_transission.bin**。

7.5 轴 承

实例 7.4 图 7-74 所示为安装有轴承的齿轮传动系统（齿轮传动系统参见图 7-1）。

试建立该带有轴承支承的齿轮传动系统的虚拟样机模型，并对该系统进行仿真分析。

7.5.1 打开模型文件

1. 启动 ADAMS

双击桌面上 ADAMS/View 的快捷图标，启动 ADAMS/View。

2. 打开模型文件

打开已有的模型文件 **example71_gears.bin**，如图 7-75 所示。

图 7-74 带有轴承支承的齿轮传动系统

对模型进行修改,删除两个轴上的转动副,如图 7-76 所示。

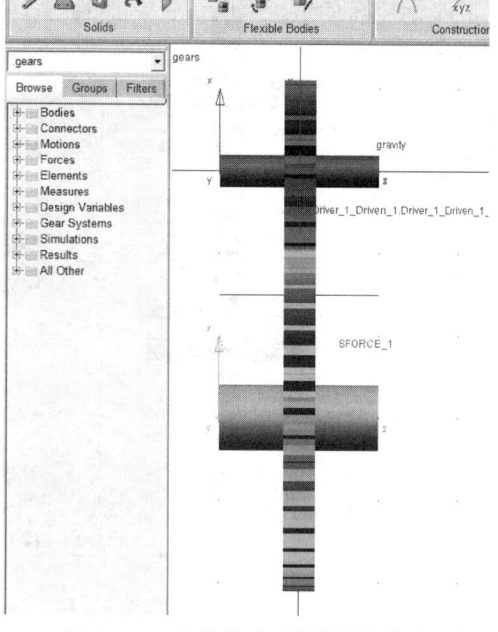

图 7-75　齿轮传动系统模型　　　图 7-76　齿轮传动系统模型的修改

7.5.2　创建轴承

1. 轴承创建方法的选择

如图 7-77 所示,选择轴承创建方法的步骤如下:

a. 在功能区 Machinery 项的 Bearing 中,单击 **Create Bearing** 图标,弹出 Create Bearing 对话框;

b. 在 Create Cable 对话框中的 Method 下拉式选择列表中,选择 **Detailed**;

c. 单击 **Next** 按钮,进入 Type 页。

2. 轴承类型的选择

在 Type 页,选择 Type 为 **Deep Groove Ball Bearing Single Row**(单列深沟球轴承),如图 7-78 所示。单击 **Next** 按钮,即进入 Geometry 页。

3. 轴承几何尺寸的选择

如图 7-79 所示,选择轴承几何尺寸的步骤如下:

a. 在 Geometry 页,输入 Bearing Name 项为 **Bearing_1**;

b. 在 Axis of Rotation 下拉式选择菜单中,选择 **Global X**;

c. 设定 Bearing Location 为 −40.0,0.0,0.0;

d. 在 Diameter 文本框中输入 10(轴承内径与 shaft1 相同);

e. 单击 **Next** 按钮,进入 Conncetion 页。

277

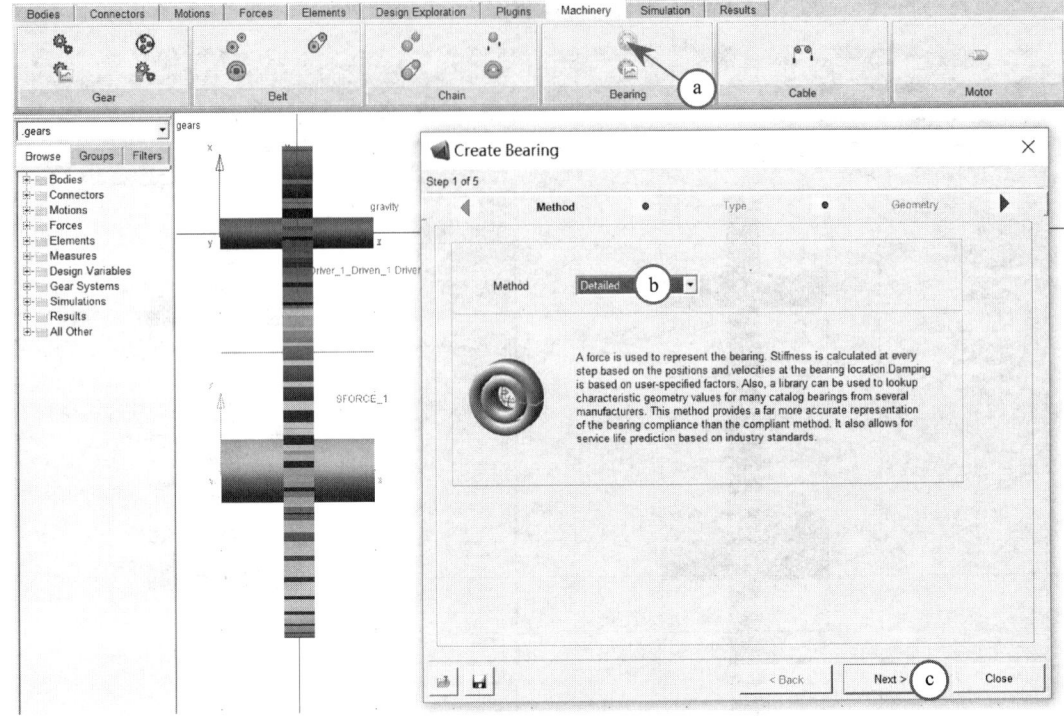

图 7-77 轴承创建方法的选择

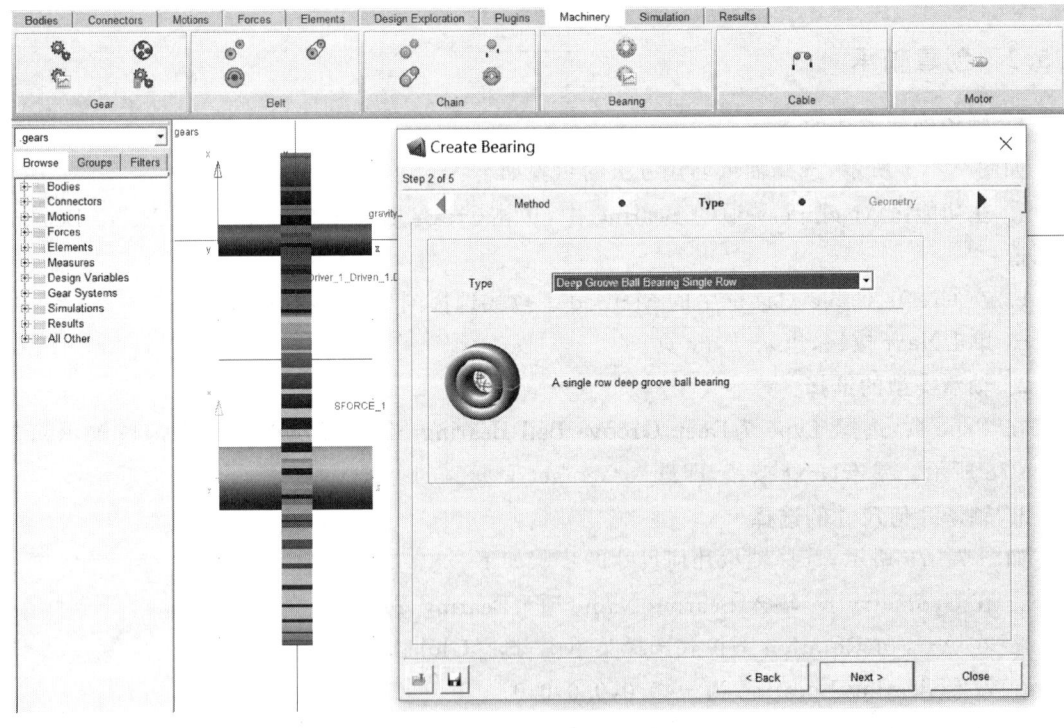

图 7-78 轴承类型的选择

第 7 章 机械传动系统设计与仿真分析

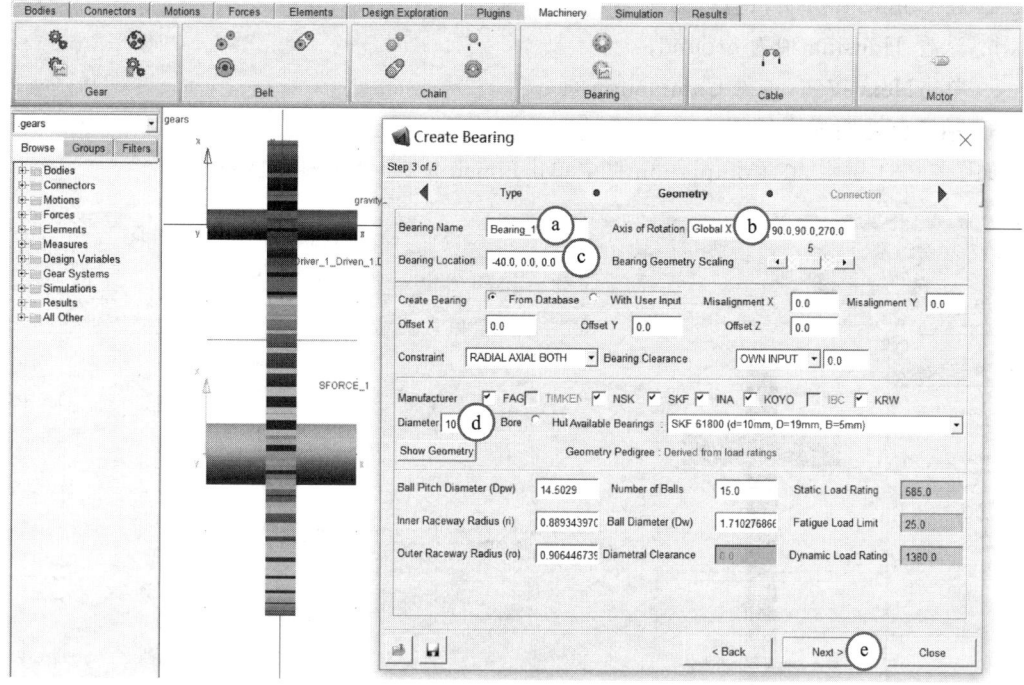

图 7-79 轴承几何尺寸的选择

4. 轴承连接方式的选择

如图 7-80 所示,选择轴承连接方式的步骤如下:

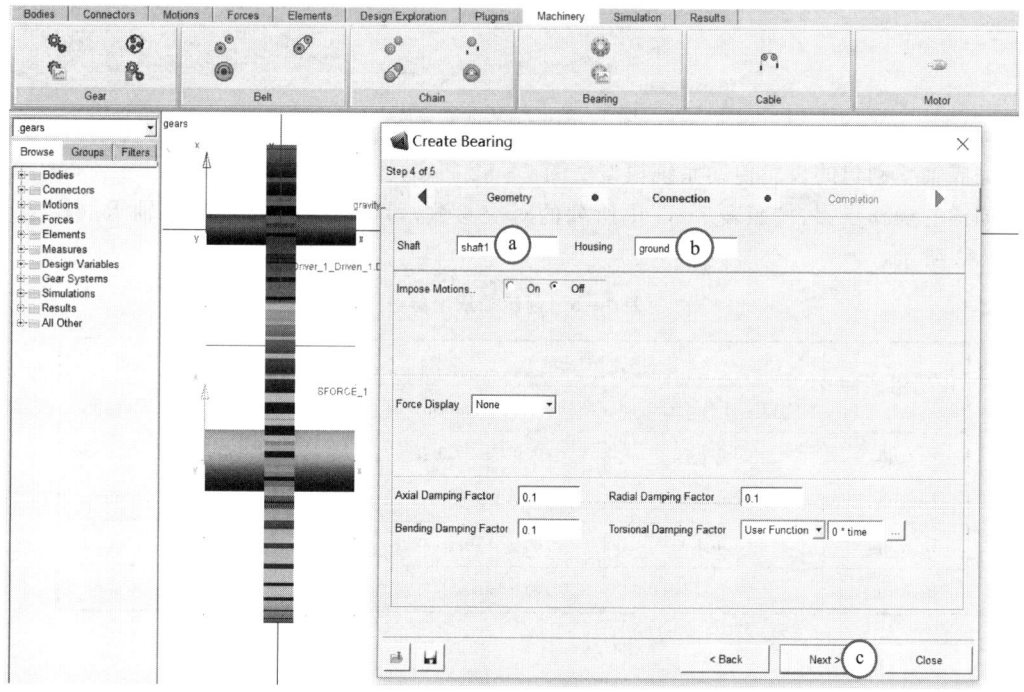

图 7-80 轴承连接方式的选择

a. 在 Connection 页,选择 Shaft 项为 Shaft1;

b. 选择 Housing 项为 ground;

c. 单击 **Next** 按钮,进入 Completion 页。

5. 轴承创建完成

如图 7-81 所示,在 Completion 页中单击 **Finish** 按钮,完成轴承的创建。

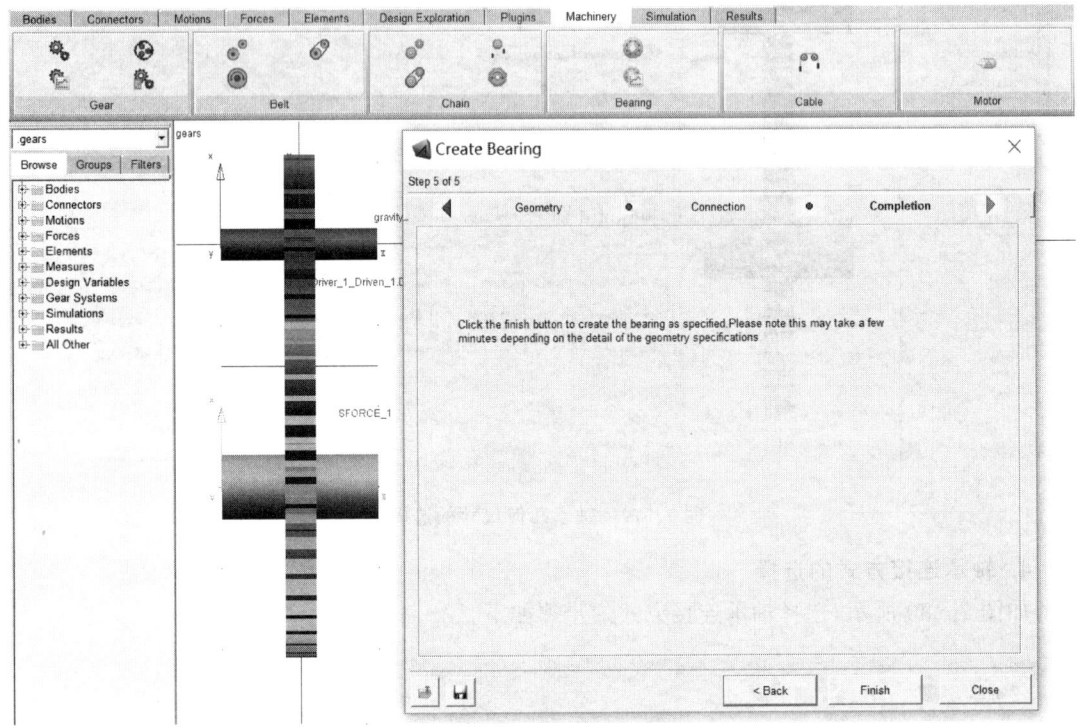

图 7-81 轴承创建完成

完成轴承创建的齿轮传动系统模型如图 7-82 所示。

同样的操作步骤,按照表 7-3 中所列的对应参数,即可创建出其他三个轴承的模型,如图 7-83 所示。

表 7-3 创建轴承用参数

Bearing Name	Geometry			Connection	
	Axis of Rotation	Bearing Location	Diameter	Shaft	Housing
Bearing_1	Global X	-40.0, 0.0, 0.0	10	shaft_1	ground
Bearing_2	Global X	40.0, 0.0, 0.0	10	shaft_1	ground
Bearing_3	Global X	-40.0, -150.0, 0.0	20	shaft_2	ground
Bearing_4	Global X	40.0, 150.0, 0.0	20	shaft_2	ground

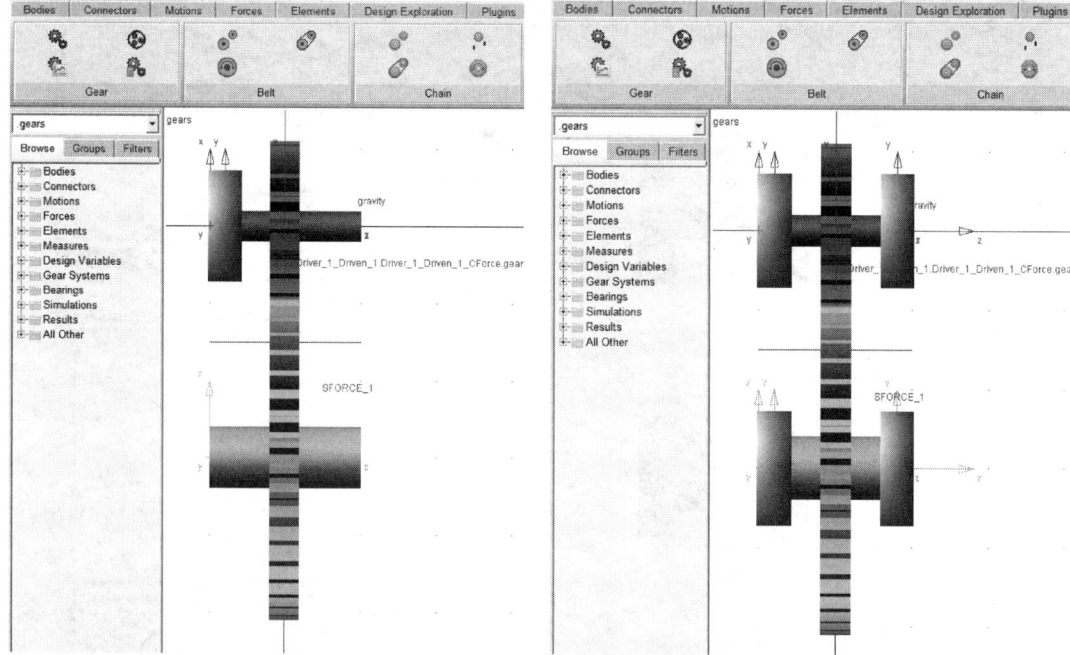

图 7-82　具有轴承的齿轮传动系统模型　　　图 7-83　创建完成的轴承模型

7.5.3　轴承特征的输出设置

如图 7-84 所示,设置轴承输出特征的步骤如下:

a. 在功能区 Machinery 项的 Bearing 中,单击**Bearing output** 图标,弹出 Bearing Output 对话框;

b. 在 Bearing Output 对话框中的 Bearing Name 下拉列表中,选择**bearing | Guesses | Bearing_1**,并保持其他选择默认;

c. 单击**OK** 按钮,完成轴承特征输出的设置。

7.5.4　模型仿真及分析

1. 施加驱动

如图 7-85 所示,给齿轮传动系统施加驱动的步骤如下:

a. 在功能区 Motions 项的 GeneralMotions 中,单击 GeneralPointMotion 图标,弹出 ImposeMotion(s)对话框;

b. 单击输入轴(shaft1),选择驱动(GeneralMotion)所在的第一个构件;

c. 单击机架(ground),选择驱动所在的第二个构件;

d. 单击输入轴(shaft1)的中心位置,比如 cm 标记点;

e. 在弹出的 ImposeMotion(s)对话框中的 Rot X 下拉式选择菜单中,选择 velo(time)=,并输入速度运动规律为 30d * time;

f. 单击 OK 按钮,完成系统驱动的施加。

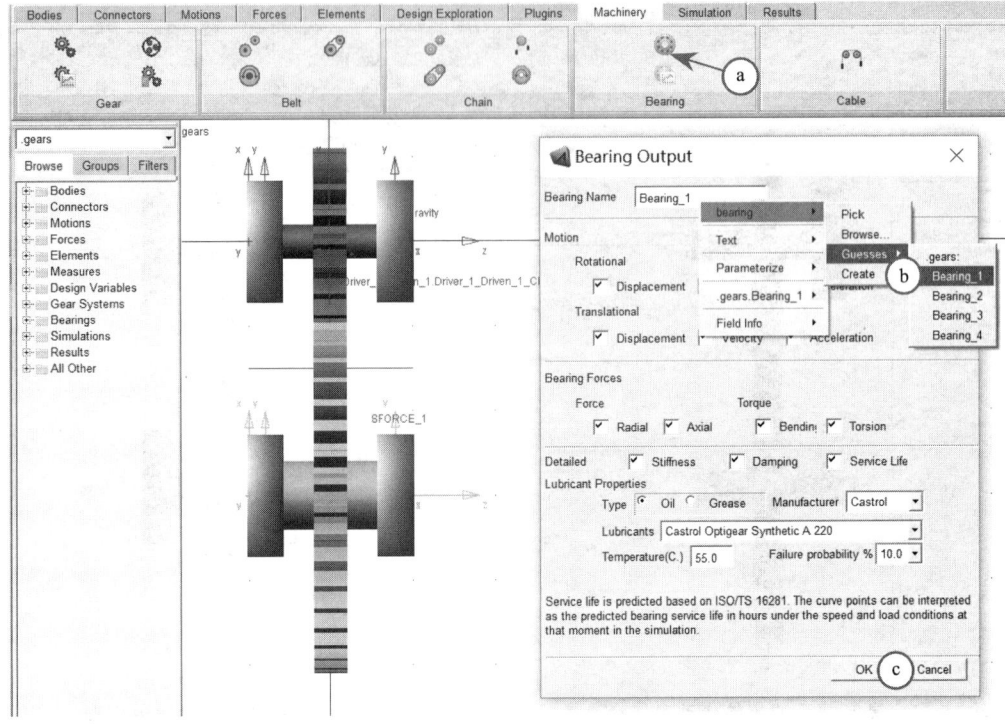

图 7-84 轴承特性输出的设置

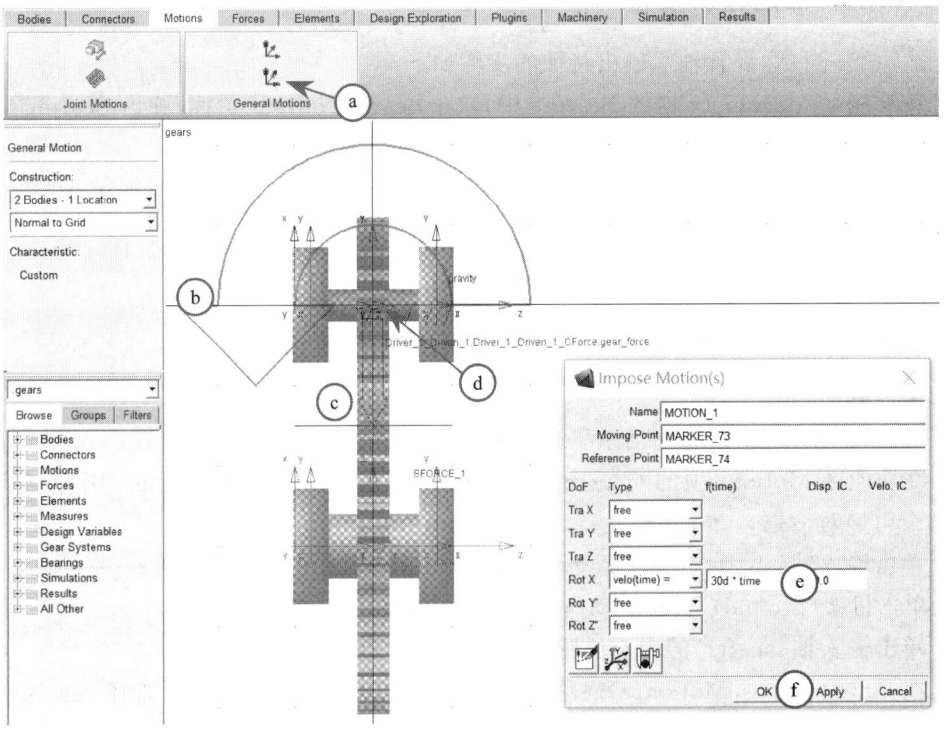

图 7-85 主动轴上运动(速度)的施加

2. 模型的仿真

设置仿真时间为 12 s，仿真步数为 500，如图 7-86 所示。单击开始仿真按钮即可进行仿真运算。

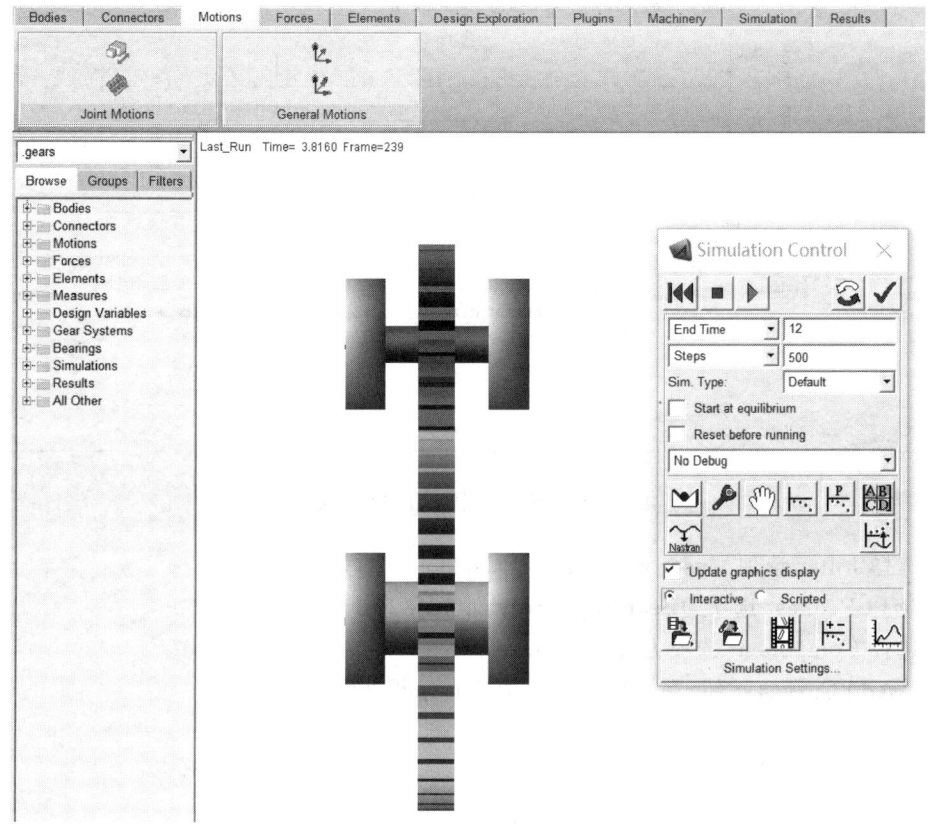

图 7-86　齿轮传动系统仿真分析

3. 查看仿真分析结果

仿真完成后，在 ADAMS/View 界面单击 **PostProcessor** 图标或在键盘上按 **F8** 快捷键，进入 ADAMS/PostPreocessor 后处理界面。

如图 7-87 所示，获取轴承径向力的仿真结果的步骤如下：

a. 在下方的操作面板区域，选择 Source 选项为 **Requests**；

b. 选择 Filter 选项为 **user defined**，表示用户定义的数据；

c. 选择 Request 选项为 **Bearing_1_Bearing_Forces**；

d. 选择 Component 选项为 **Radial_y**，表示轴承 1 的 y 方向径向力；

e. 单 **Add Curves** 按钮，在数据窗口生成仿真结果曲线。

同样的操作，可以查看轴承 3 的 y 方向径向力，以及其他特征参数变化曲线。

如图 7-88 所示，获取轴承寿命仿真结果的步骤如下：

a. 单击 Create a new page 图标，创建一个新的显示页；

b. 在下方的操作面板区域，选择 Source 选项为 **Requests**；

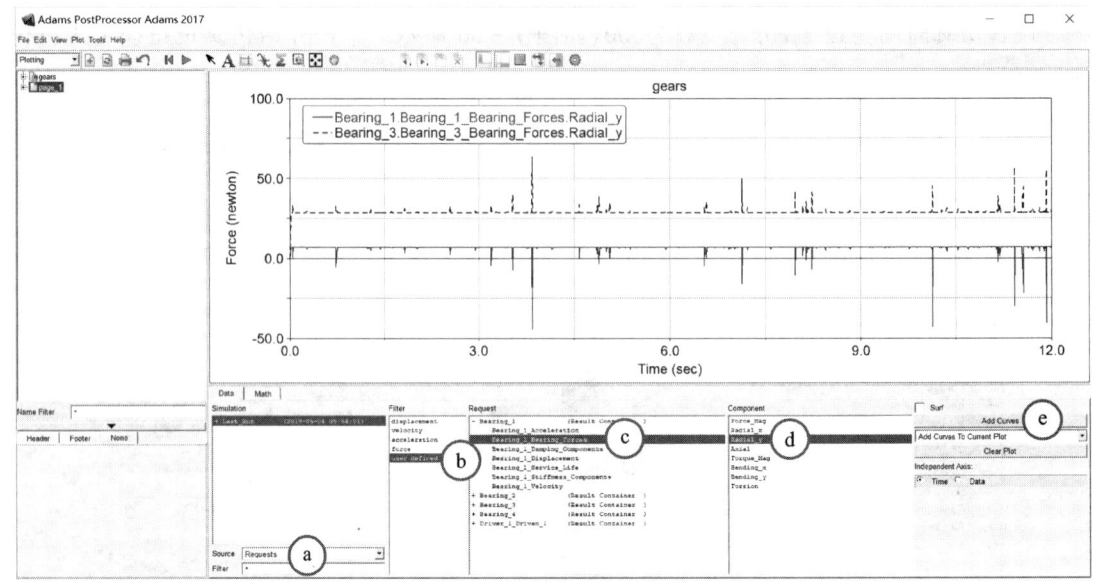

图 7-87 轴承特性测量曲线的显示

  c. 选择 Filter 选项为 **user defined**，表示用户定义的数据；
  d. 选择 Request 选项为 **Bearing_1_Service_Life**；
  e. 选择 Component 选项为 **Service_Life**；
  f. 单 **Add Curves** 按钮，在数据窗口生成仿真结果曲线。

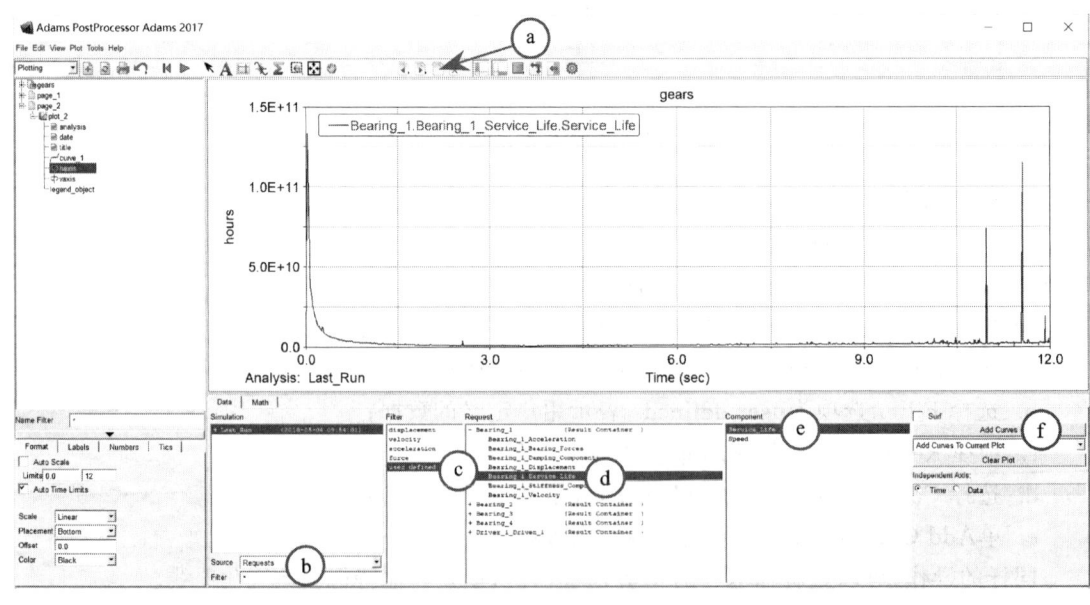

图 7-88 轴承寿命测量曲线的显示

实例 7.5 的保存模型文件名为 **example75_bearing.bin**。

7.6 绳索传动

实例 7.5 图 7-89 所示为一个滑轮组系统。被提升物体的质量为 100 kg,滑轮 A 为定滑轮,其直径为 300 mm,滑轮 B 为动滑轮,其直径为 200 mm。在绳索的末端施加一个恒速为 10 mm/s 的运动下拉绳索。

试建立该带有轴承支承的齿轮传动系统的虚拟样机模型,并对该系统进行仿真分析。

7.6.1 启动 ADAMS 并设置工作环境

1. 启动 ADAMS

双击桌面上 ADAMS/View 的快捷图标,启动 ADAMS/View。

2. 创建模型名称

定义 Model name 为 **cable**。

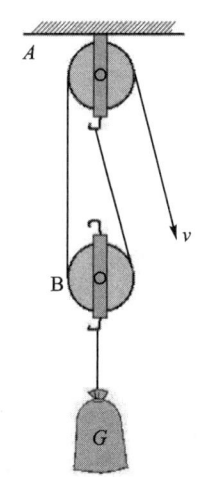

图 7-89 滑轮组系统

3. 设置工作环境

选择系统默认设置即可。

7.6.2 滑轮传动模型的创建

1. 创建动滑轮安装架和绳索末端手柄

如图 7-90 所示,创建滑轮安装架和绳索末端手柄。滑轮安装架用一个长 100 mm、宽 10 mm、厚 5 mm 的连杆来模拟;绳索末端手柄由一个高为 50 mm,半径为 5 mm 的圆柱体来模拟。

2. 创建绳索锚点

如图 7-91 所示,绳索锚点的创建过程如下:

a. 在功能区 Machinery 项的 Cable 中,单击 **Create Cable** 图标,弹出 Create Cable 对话框;

b. 在 Create Cable 对话框的 Cable System Name 文本框中输入的值为 **Cable_Sys_1**;

c. 在 Number of Anchor 文本框中输入的值为 **2**;

d. 单击选择标签 **1**,创建第 1 个锚点,输入的参数为

　Name:**Anc1**

　Location:**0.0,0.0,0.0**

　Connection Part:**ground**

　Winch:**NONE**

e. 单击选择标签 **2**,创建第 2 个锚点,输入的参数为

　Name:**Anc2**

　Location:**150.0,-400.0,0.0**

　Connection Part:**PART_3(模拟手柄的圆柱体)**

　Winch:**NONE**

f. 单击 **Next** 按钮,进入 Pulley Properties 页。

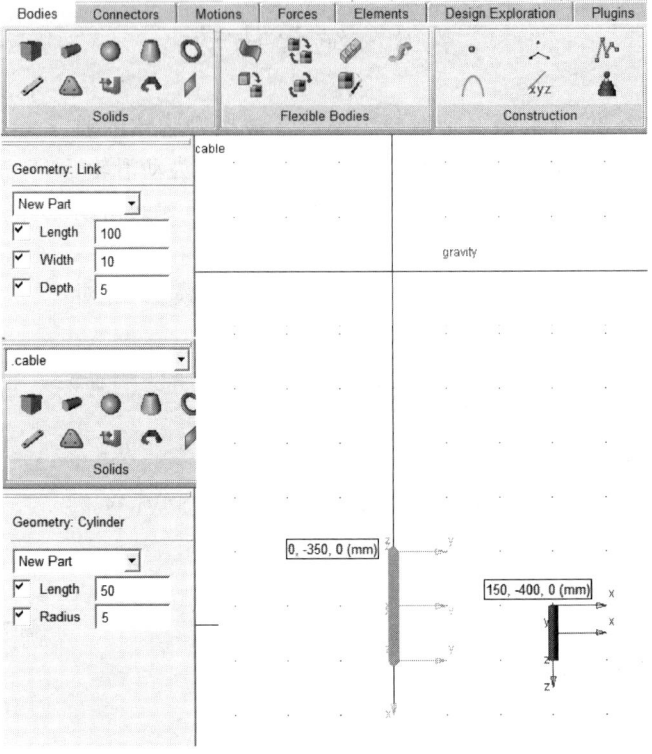

图 7-90 滑轮安装架及绳索手柄的创建

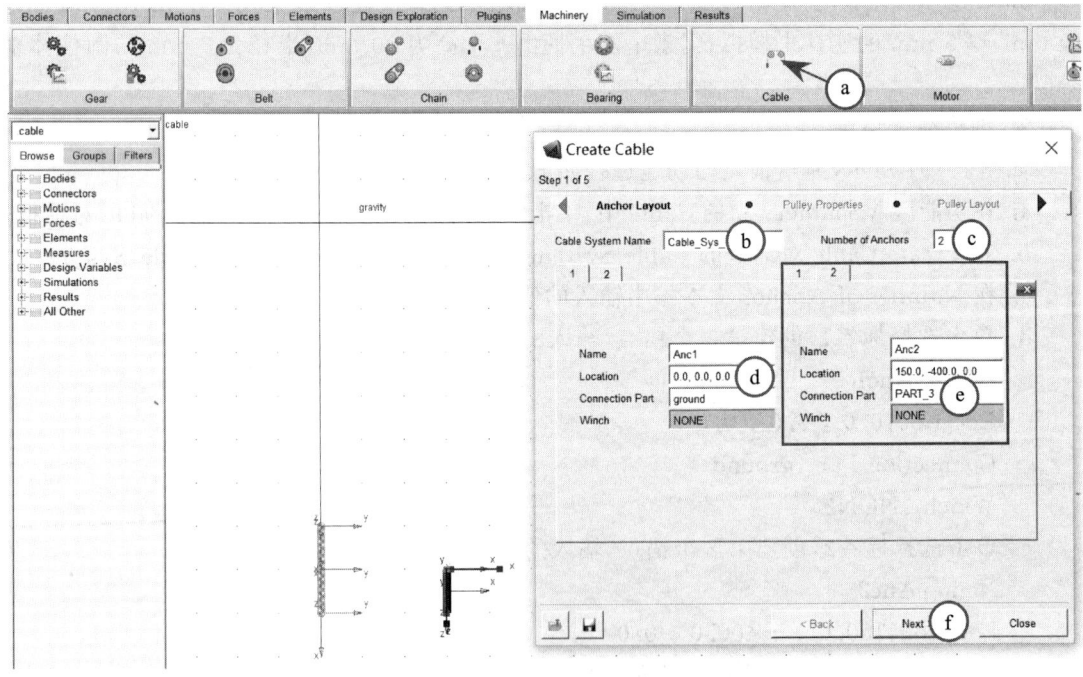

图 7-91 创建绳索传动的锚点

3. 创建滑轮属性

如图 7-92 所示，滑轮属性的创建过程如下：

a. 在 Pulley Properties 页，确认 Number of Pulley_Properties 的值为 **1**；

b. 输入 Pulley Property Name 文本框的值为 **PP**；

c. 输入 Dimensions 参数为

　Width：**10**

　Depth：**4**

　Radius：**2**

　Angle：**20**

d. 单击 **Next** 按钮，进入 Pulley Layout 页。

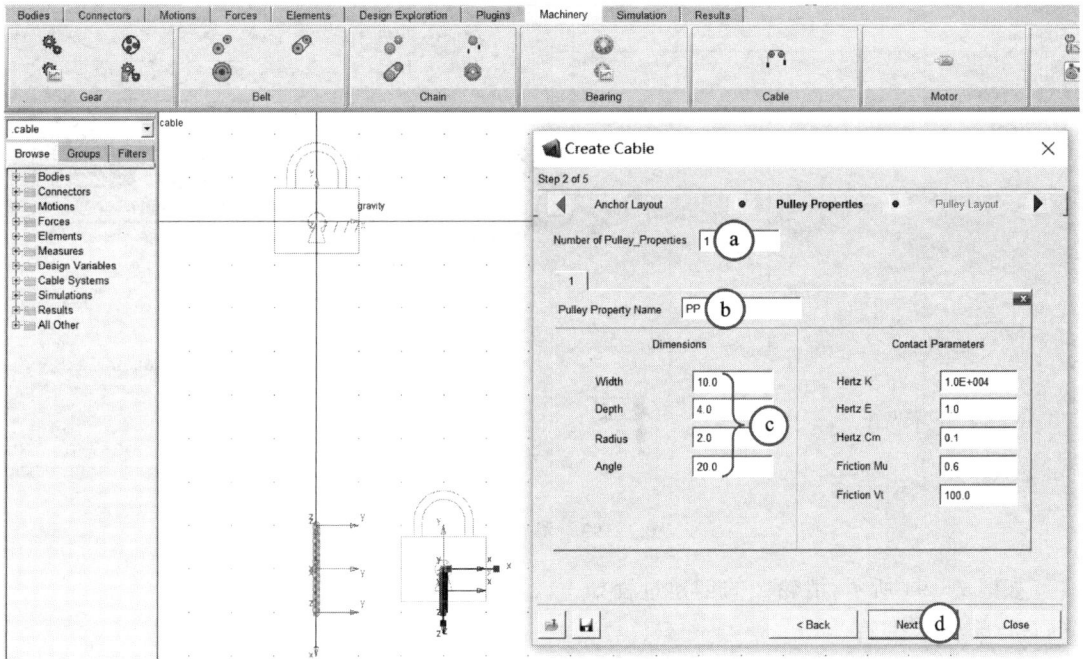

图 7-92　滑轮属性的创建

4. 创建滑轮

如图 7-93 所示，滑轮 1 的创建过程如下：

a. 在 Pulley Layout 页，输入 Number of Pulleys 文本框的值为 2，并按回车键；

b. 选择 Axis of Rotation 的选项为 **Global Z**；

c. 单击标签 1 下的 Layout 标签；

d. 输入参数为：

　Name：**P1**

　Location：**0.0，0.0，0.0**

　Flip Direction：**off**

　Diameter：**300**

　Pulley Property：**PP**

说明：滑轮的缠绕方向，根据右手定则逆时针缠绕方向为正，即为滑轮的默认缠绕方向，此时 Flip Direction 的值为 OFF；如果设置 Flip Direction 参数改为 On，表示滑轮缠绕方向反向，即绳索以顺时针方向缠绕滑轮。

  e. 单击标签 1 下的 Connection 标签，输入参数为

  Connection Type：**Revolute**

  Connection Part：**ground**

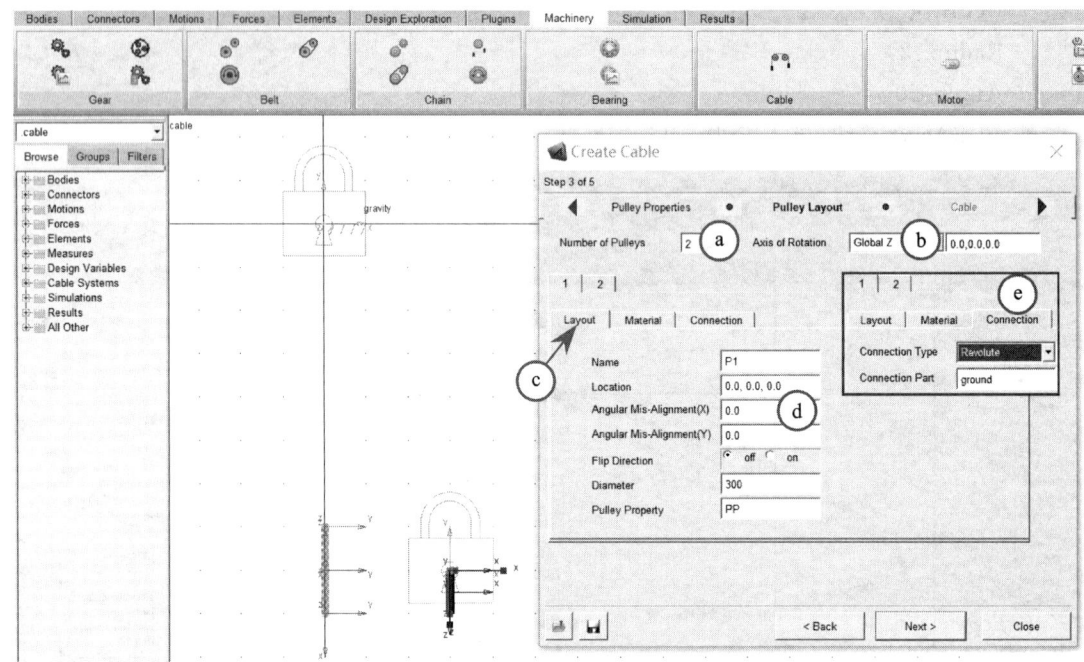

图 7-93　滑轮 1 的创建

如图 7-94 所示，滑轮 2 的创建过程如下：

a. 单击标签 2；

b. 在 Layout 标签下输入参数为

  Name：**P2**

  Location：**0.0，−350.0，0.0**

  Flip Direction：**off**

  Diameter：**200**

  Pulley Property：**PP**

说明：滑轮的缠绕方向，根据右手定则逆时针缠绕方向为正，即为滑轮的默认缠绕方向，此时 Flip Direction 的值为 off；如果设置 Flip Direction 参数改为 on，表示滑轮缠绕方向反向，即绳索以顺时针方向缠绕滑轮。

c. 单击标签 1 下的 Connection 标签，输入参数为

  Connection Type：**Revolute**

  Connection Part：**PART_2**

d. 单击 Next 按钮，滑轮 1 和 2 被创建出来，并同时进入 Cable 页。

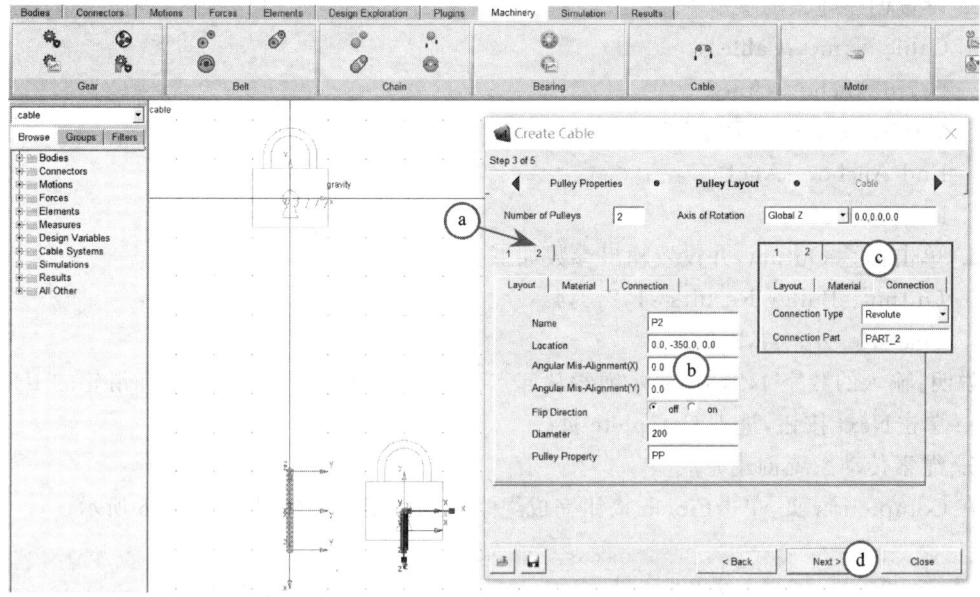

图 7-94 滑轮 2 的创建

5. 创建绳索

如图 7-95 所示,绳索的创建过程如下:

a. 在 Cable 页,设置 Number of Cables 的值为 1;

b. 单击标签 Setup;

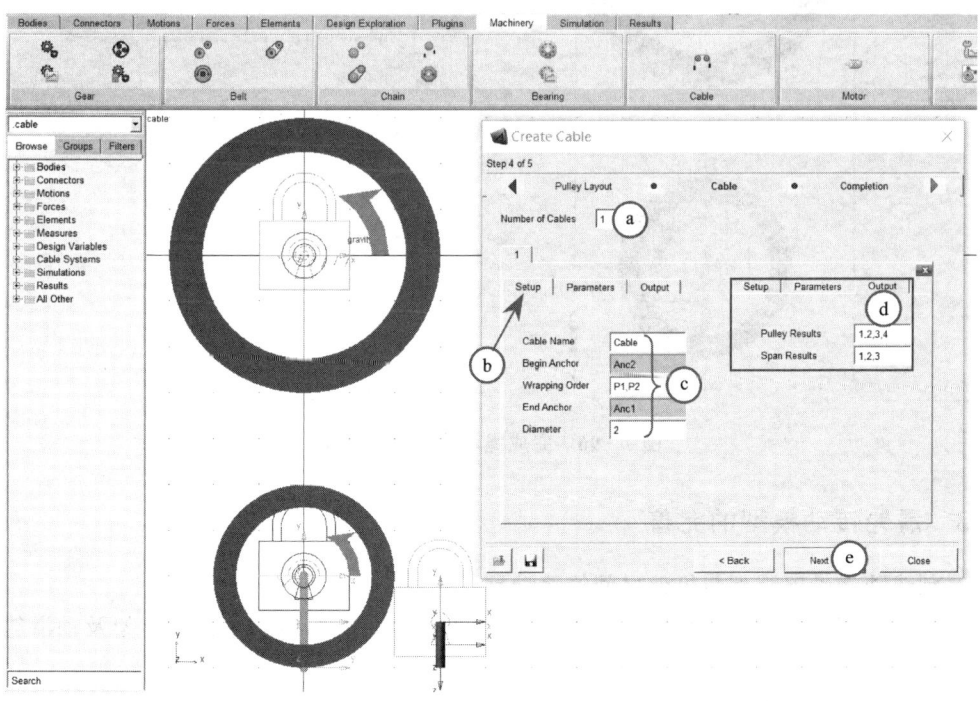

图 7-95 设置绳索参数

c. 设置创建绳索的参数如下：
　Cable Name ：**Cable**
　Begin Anchor ：**Anc2**
　Wrapping Order：**P1，P2**
　End Anchor ：**Anc1**
　Diameter ：**2**
d. 单击标签 Output，并设置输出参数如下：
　Output：Pulley Results ：**1，2，3，4**
　Span Results ：**1，2，3**
说明：输入的数字 1，2，3…表示绳索从起点到终点按照顺序连接的锚点和滑轮的 ID。
e. 单击 **Next** 按钮，进入 Complete 页。
6. 绳索传动系统创建完成
在 Completion 页，单击 **Finish** 按钮完成绳索传动系统的创建，如图 7 - 96 所示。

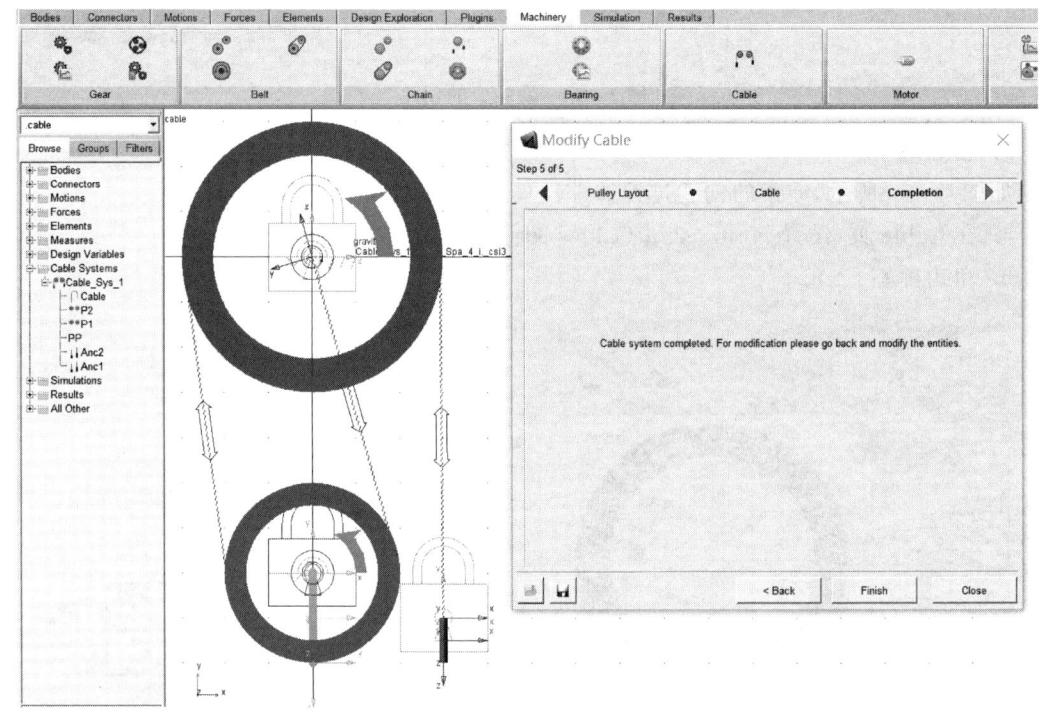

图 7 - 96　完成绳索传动系统创建

7.6.3　滑轮传动模型的完善

1. 创建动滑轮安装架与机架之间的移动副

如图 7 - 97 所示，在动滑轮安装架与机架之间创建一个移动副，限制安装架及动滑轮只能上下移动。

2. 创建手柄与机架之间的移动副

如图 7 - 98 所示，在手柄与机架之间创建一个移动副。

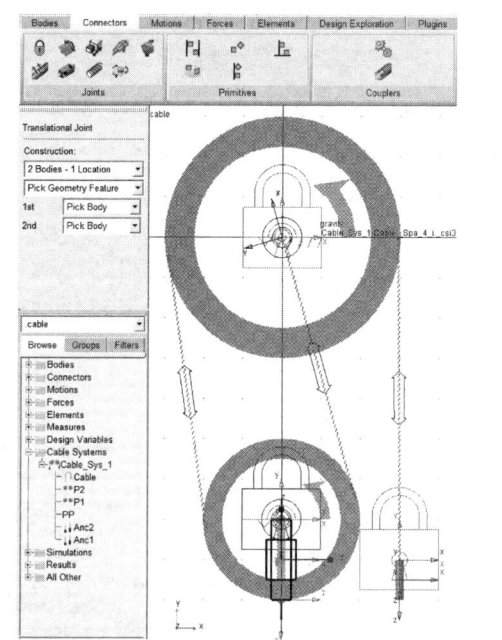
图 7-97 动滑轮安装架与机架之间的移动副

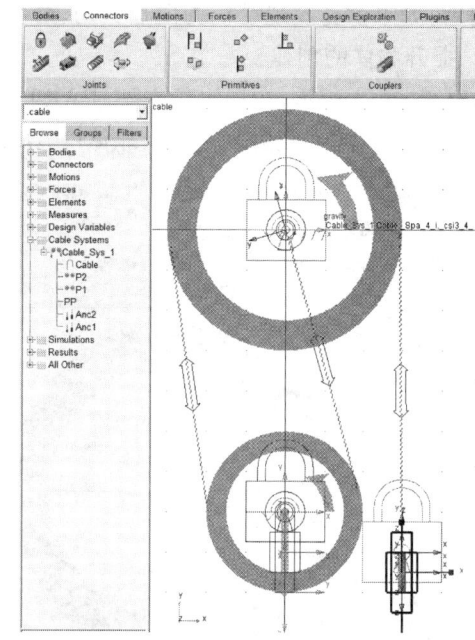
图 7-98 手柄与机架之间的移动副

3. 创建绳索手柄的运动

如图 7-99 所示，在手柄与机架之间的移动副上施加一个运动 10 * time 。

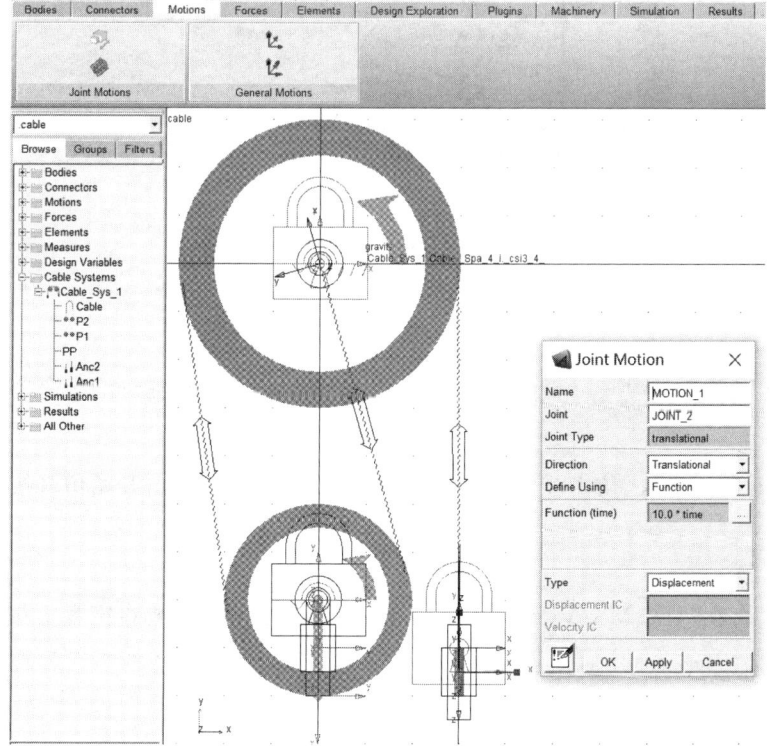

图 7-99 绳索手柄上驱动运动的创建

提示:如果仿真发现手柄为向上移动,请更改手柄的运动为$-10*time$。

4. 提升物体的创建

如图 7-100 所示,在动滑轮支架(PART_2)下端附加(注意是 Add to Part 选项)一个半径为 50 mm 的球体,并更改支架及球体(PART_2)的质量为 100 kg。

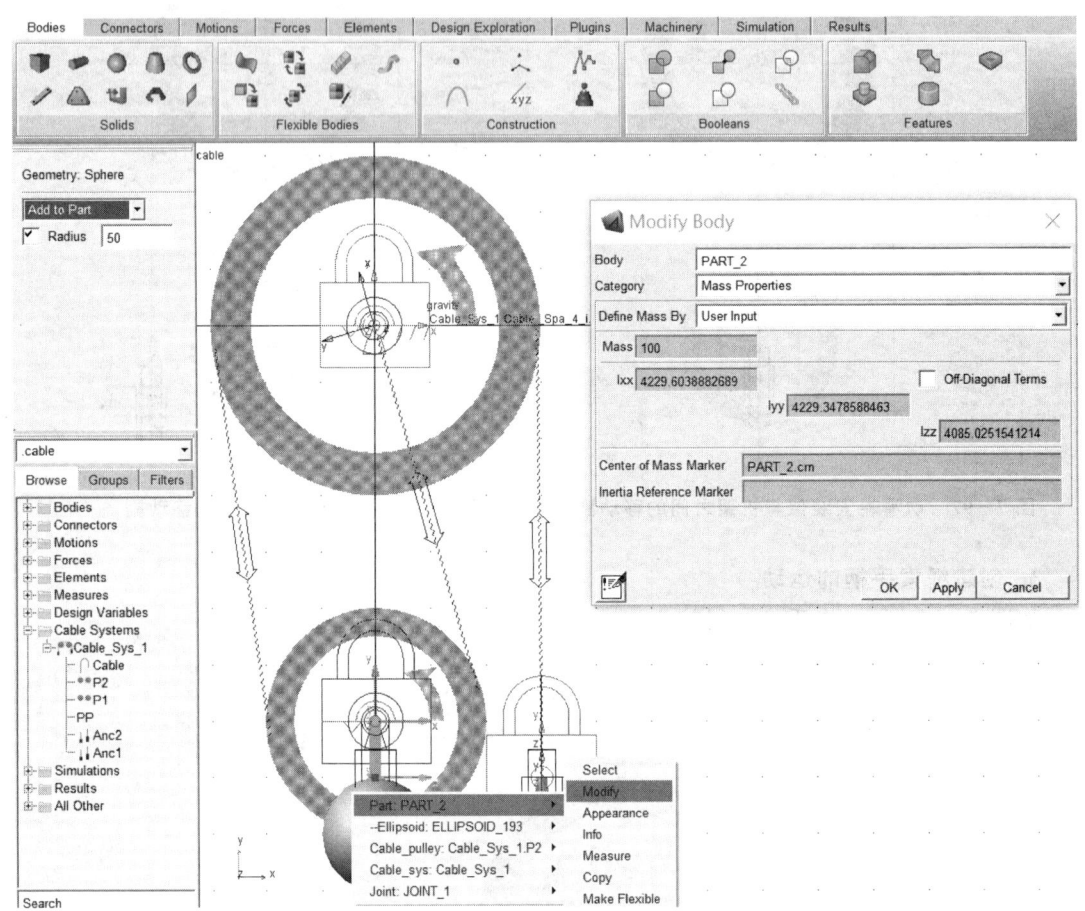

图 7-100 提升物体的创建

7.6.4 模型仿真与分析

1. 模型仿真

设置仿真时间为 10 s,仿真步数为 500,如图 7-101 所示。单击开始仿真按钮即可进行仿真运算。

2. 查看结果

仿真完成后,在 ADAMS/View 界面单击 **PostProcessor** 图标或在键盘上按 **F8** 快捷键,进入 ADAMS/PostPreocessor 后处理界面。

如图 7-102 所示,查看仿真结果的步骤如下:

a. 在下方的操作面板区域,选择 Source 为 **Requests**;

b. 在 Filter 列表中选择 **force**;

第 7 章　机械传动系统设计与仿真分析

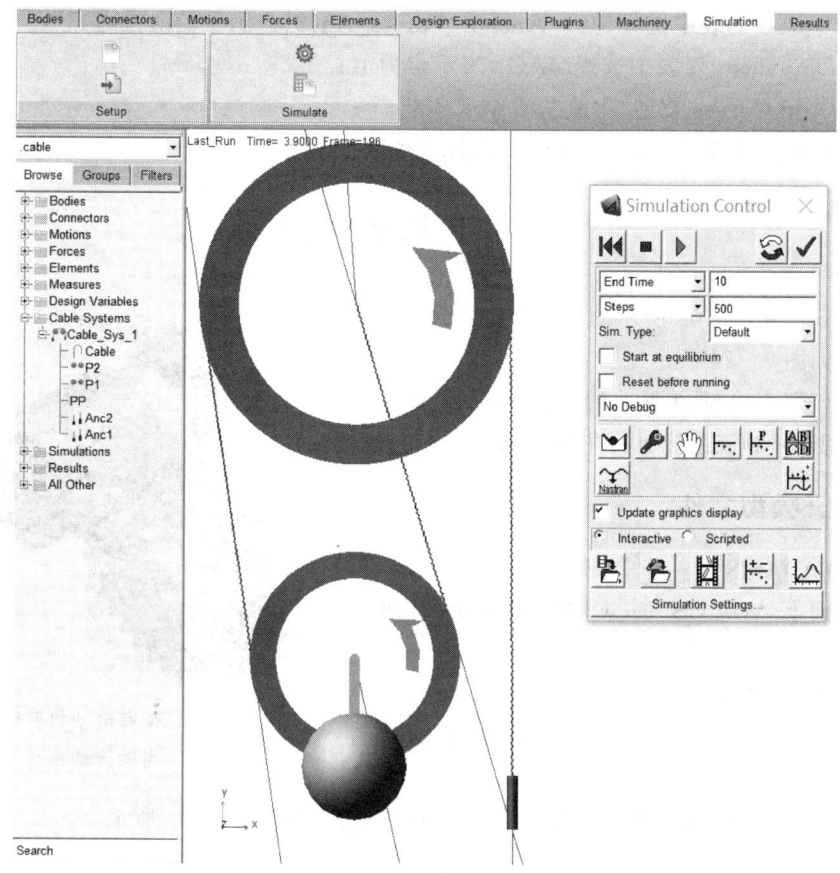

图 7-101　模型的仿真

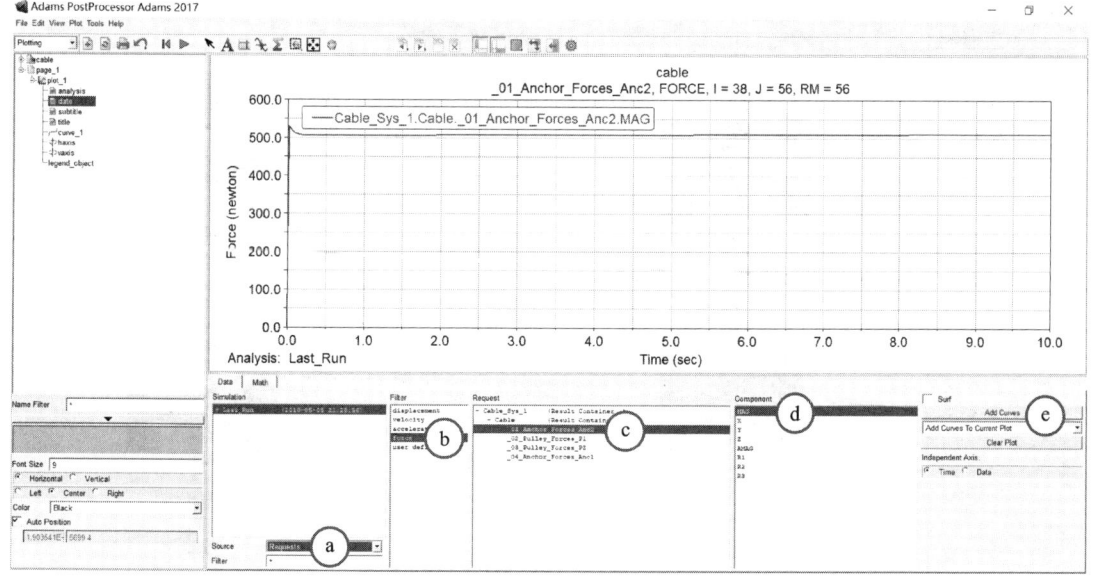

图 7-102　查看仿真结果

c. 在 Request 列表中选择为 **01_Anchor_Forces_Anc2**（显示手柄的拉力）；

d. 在 Component 列表中选择 **MAG**，表示合力值；

e. 单击 **Add Curves** 按钮，生成仿真结果曲线。

实例 7.6 的保存模型文件名为 **example76_cable.bin**。

7.7 电动机驱动

实例 7.6 图 7-103 所示的齿轮传动系统（齿轮传动系统如图 7-74 所示）。

试建立该带有电动机驱动的齿轮传动系统的虚拟样机模型，并对该系统进行仿真分析。

7.7.1 打开模型文件

1. 启动 ADAMS

双击桌面上 ADAMS/View 的快捷图标，启动 ADAMS/View。

2. 打开模型文件

打开已有的模型文件 **example75_bearing.bin**，如图 7-104 所示。

图 7-103 带有电动机驱动的齿轮传动系统

对模型进行修改，删除轴 1 上的运动（MOTION_1），如图 7-105 所示。

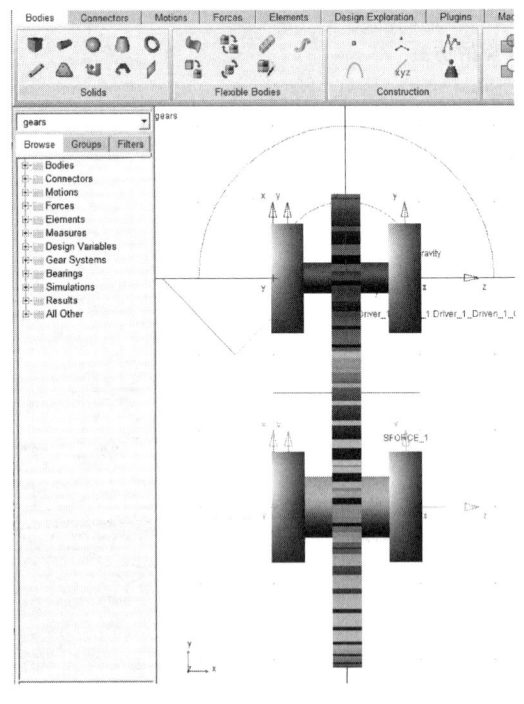

图 7-104 齿轮传动系统模型

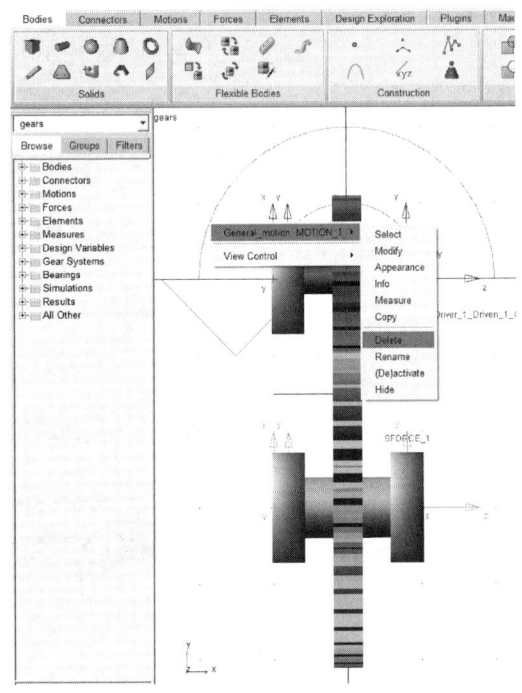

图 7-105 齿轮传动系统模型的修改

7.7.2 电动机的创建

1. 电动机建模方法的选择

如图 7-106 所示,电动机建模方法选择的步骤如下:

a. 在功能区 Machinery 项 Motor 中,单击**Create Motor** 图标,弹出 Create Motor 对话框;

b. 在 Create Motor 对话框中,选择 Method 的选项为**Analytical**(表示使用解析的方式建立电动机模型);

c. 单击**Next** 按钮,进入 Motor Type 页。

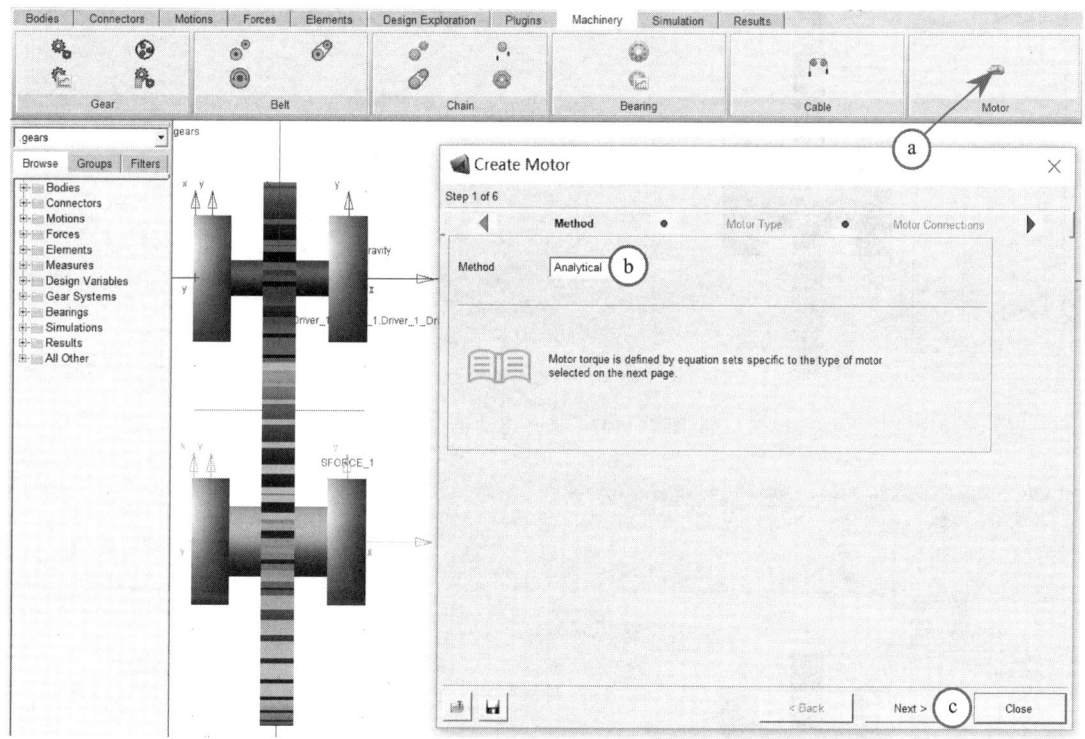

图 7-106 电动机建模方法的选择

2. 电动机类型的选择

如图 7-107 所示,电动机类型选择的步骤如下:

a. 在 Motor Type 页,选择 Motor Type 的选项为**DC**(直流电动机);

b. 单击**Next** 按钮,进入 Motor Connections 页。

3. 电动机连接关系的设置

如图 7-108 所示,电动机连接关系设置的步骤如下:

a. 在 Motor Connections 页,输入 Motor Name 文本框的值为**Motor_1**;

b. 选择 Motor 选项为**New**;

c. 选择 Direction 选项为**CCW**(逆时针方向);

d. 在 Location 文本框中输入电动机的创建位置值为**70.0,0.0,0.0**;

e. 选择 Axis of Rotation 的选项为**Global X**;

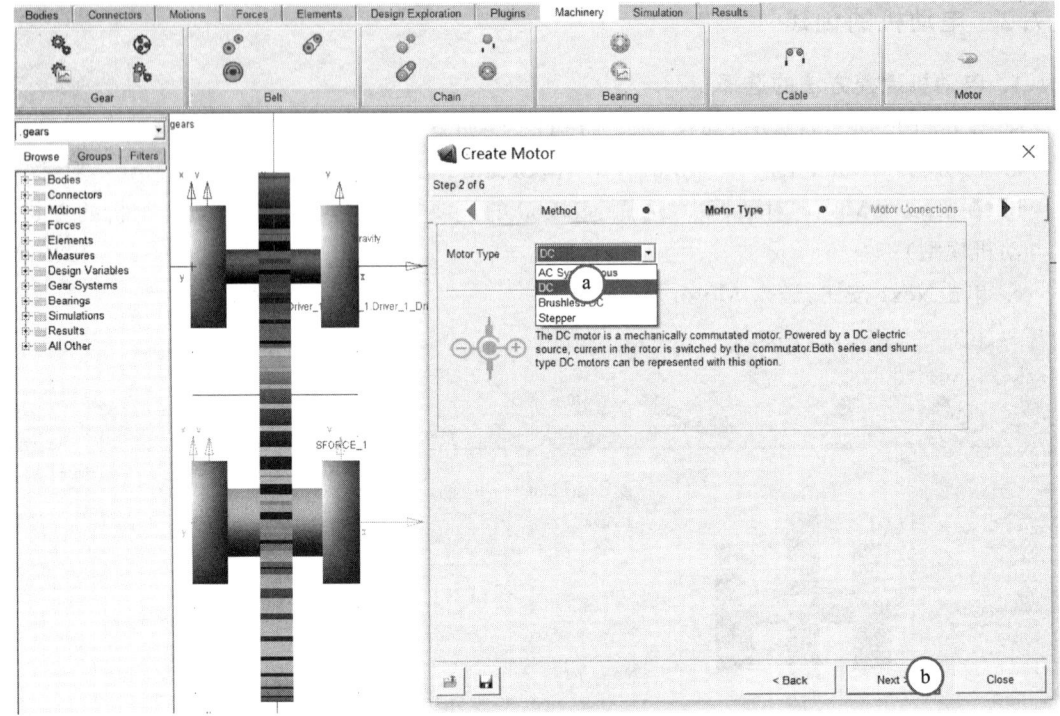

图 7-107 选择电动机类型

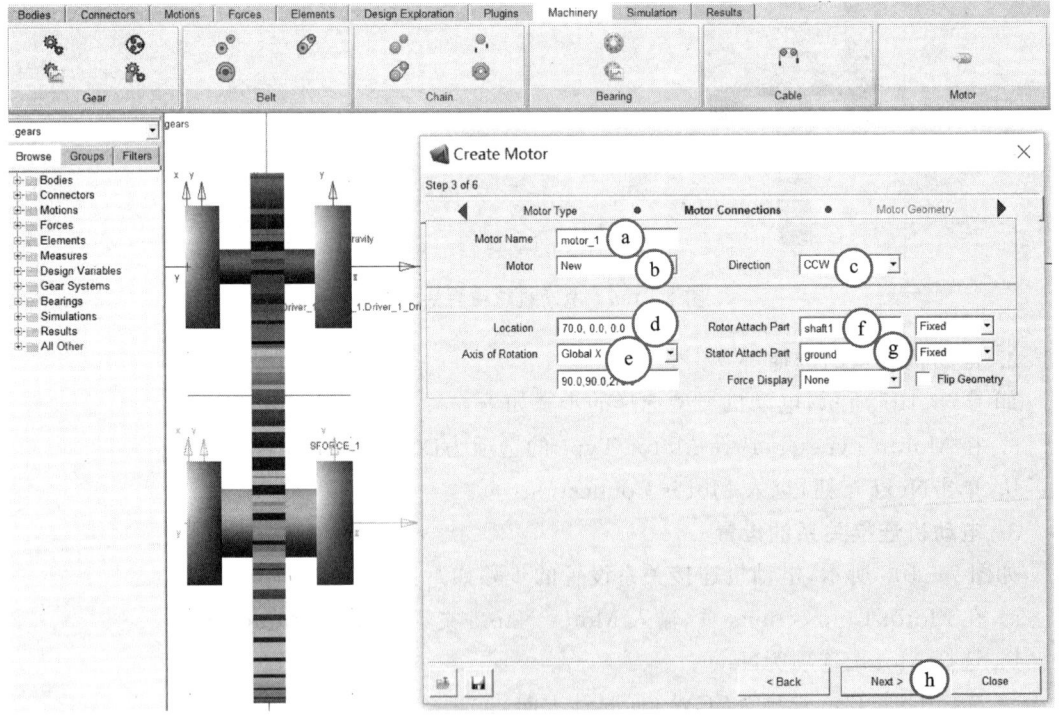

图 7-108 电动机连接关系的设置

f. 右击 Rotor Attach Part 文本框选择输入部件名称为 **shaft1**，选择连接关系为 **Fixed**，表示电动机转子通过固定约束连接 shaft1 轴；

g. 右击 Stator Attach Part 文本框选择输入部件名称为 **ground**，选择连接关系为 **Fixed**，表示电动机定子通过固定约束连接 ground；

h. 单击 **Next** 按钮，进入 Motor Geometry 页。

4. 电动机几何属性的设置

如图 7-109 所示，电动机几何属性设置的步骤如下：

a. 在 Motor Geometry 页，输入 Rotor Length 为 **100**，输入 Rotor Radius 为 **50**；

b. 输入 Stator Length 为 **100**，输入 Stator Radius 为 **50**；

c. 保持其他参数为默认值，单击 **Next** 按钮，进入 Inputs 页。

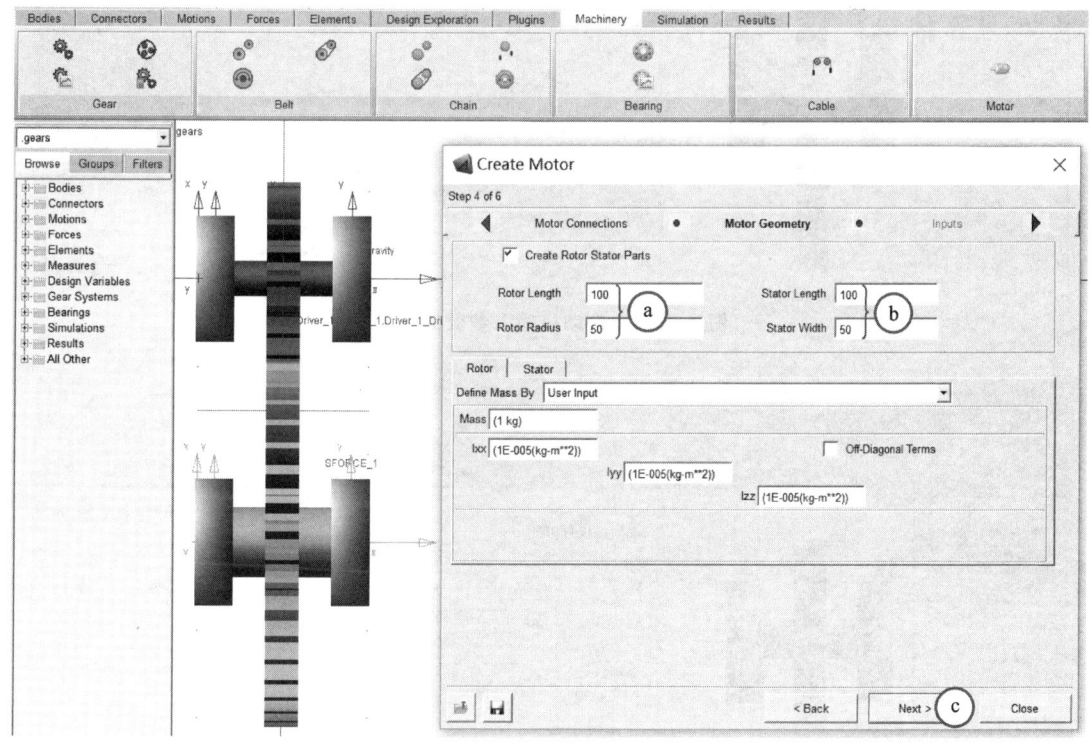

图 7-109 电动机几何属性的设置

5. 电动机输入参数的设置

如图 7-110 所示，在 Inputs 页保持电动机输入参数为默认值。单击 **Next** 按钮，即可进入 Motor Output 页。

6. 电动机输出参数的设置

如图 7-111 所示，在 Motor Output 页保持电动机输出参数为默认值。单击 **Finish** 按钮，完成电动机模型创建。

模型窗口中显示已创建的电动机模型，如图 7-112 所示。

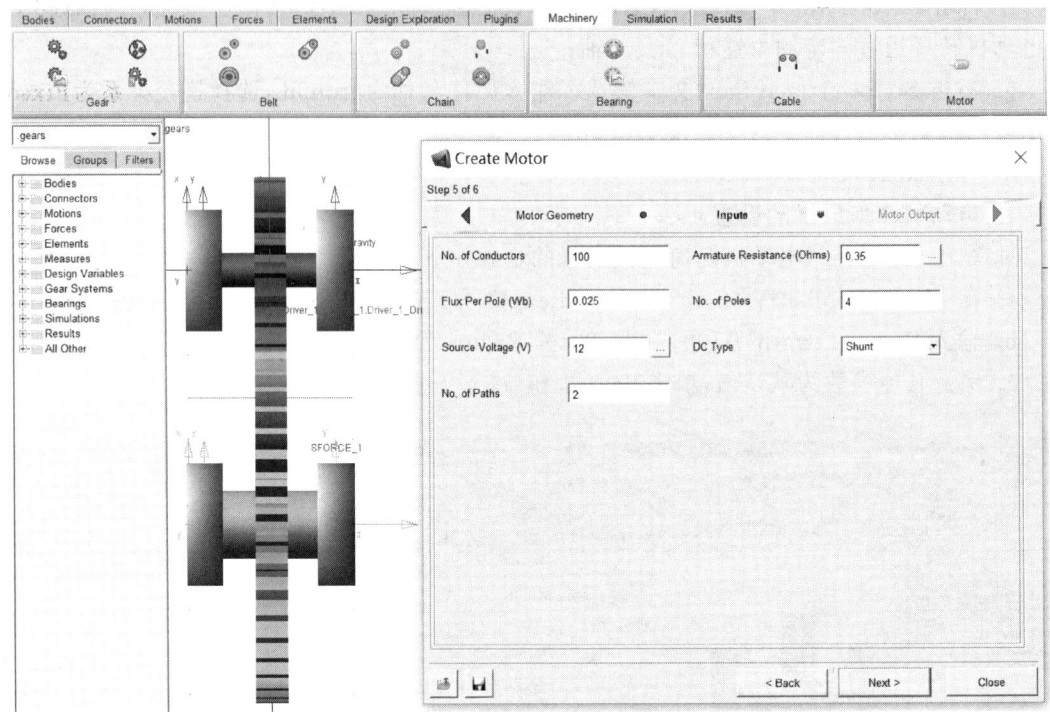

图 7-110　电动机输入参数的设置

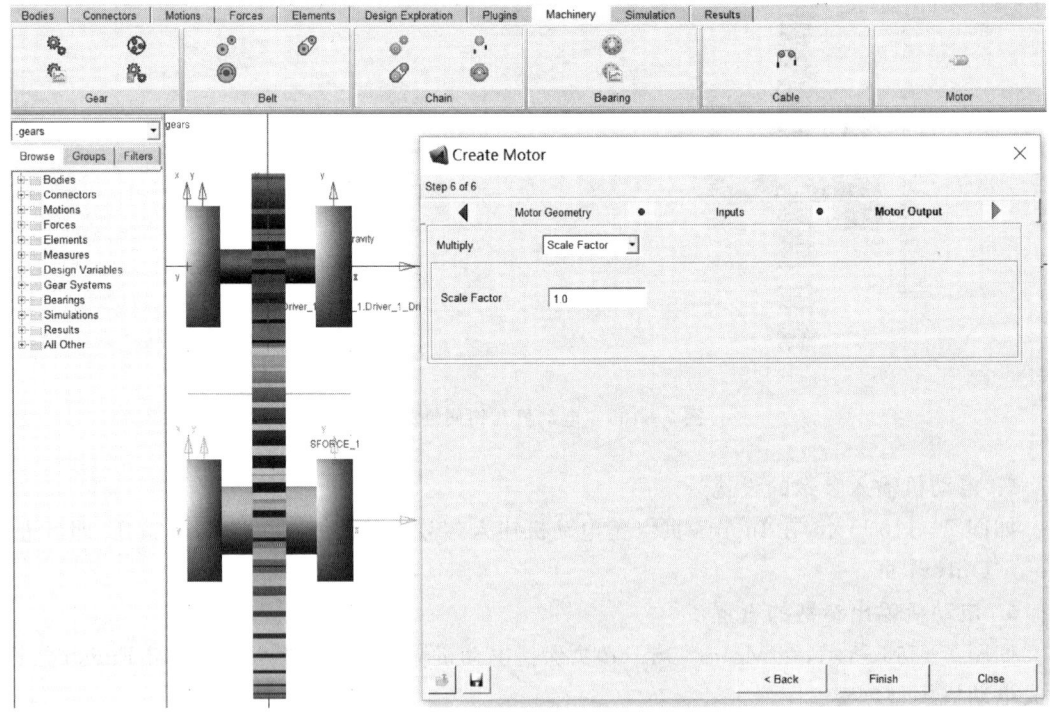

图 7-111　电动机输出参数的设置

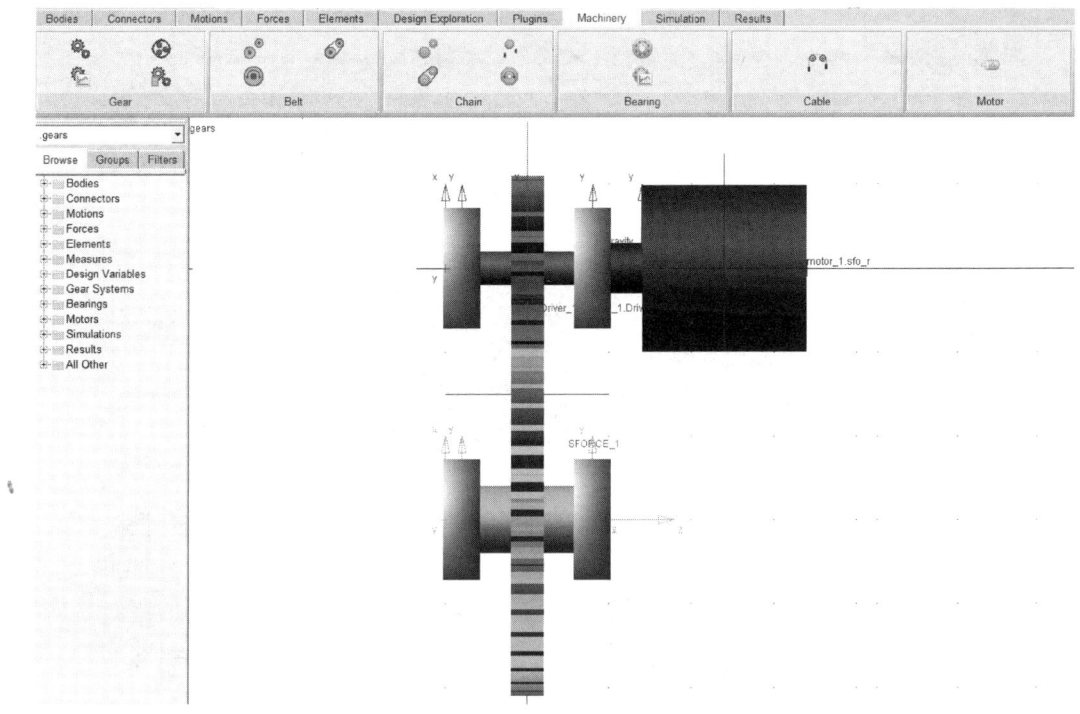

图 7-112 完成电动机模型创建

7.7.3 模型仿真与分析

1. 模型仿真

设置仿真时间为1 s，仿真步数为500，如图 7-113 所示。单击开始仿真按钮即可进行仿真运算。

2. 查看仿真结果

在 ADAMS/View 界面单击**PostProcessor** 图标或在键盘上按**F8** 快捷键，进入 ADAMS/PostPreocessor 后处理界面。

如图 7-114 所示，电动机驱动扭矩的测量步骤如下：

a. 在曲线操作面板区域，选择 Source 选项为**Requests**；

b. 选择 Filter 项为**User_defined**；

c. 选择 Request 项为**motor_1_data**；

d. 选择 Component 项为**Motor_torque**；

e. 单击**Add Curves** 按钮，生成所建电动机的驱动扭矩曲线。

如图 7-115 所示，电动机转速的测量步骤如下：

a. 增加新的显示页；

b. 选择 Component 项为**Motor_rpm**；

c. 单击**Add Curves** 按钮，生成所建电动机的转速曲线。

采用类似的步骤，还可以提取到电动机功率、电动机电流等特性的仿真结果。

实例 7.7 的保存模型文件名为**example77_motor. bin**。

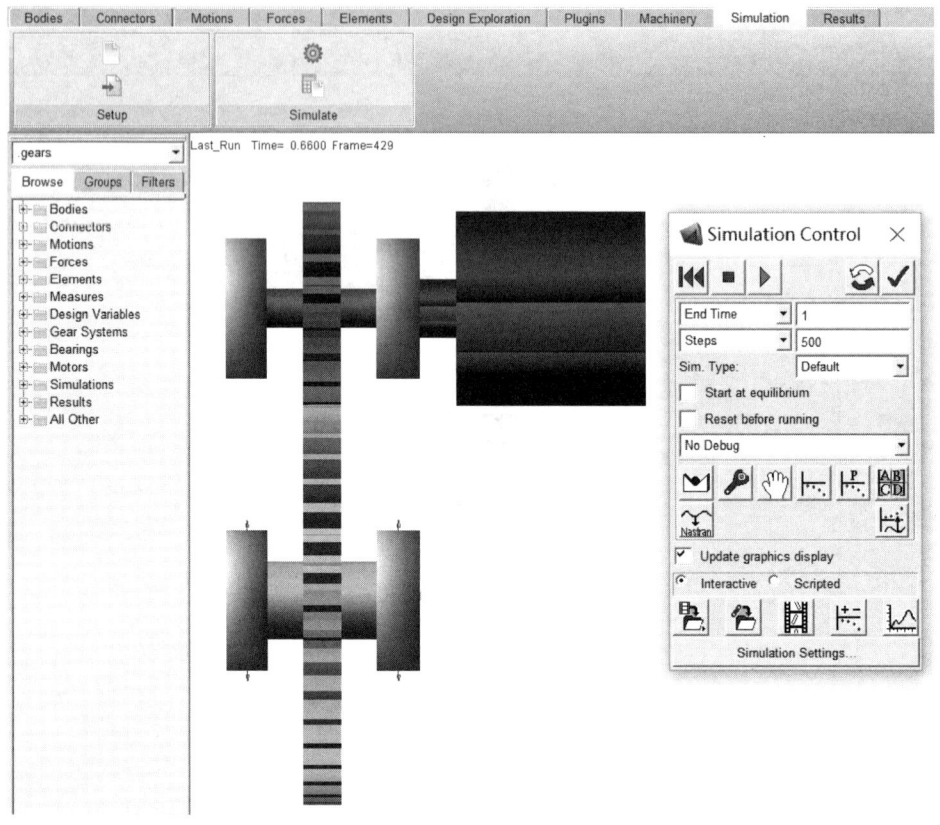

图 7-113 系统模型仿真

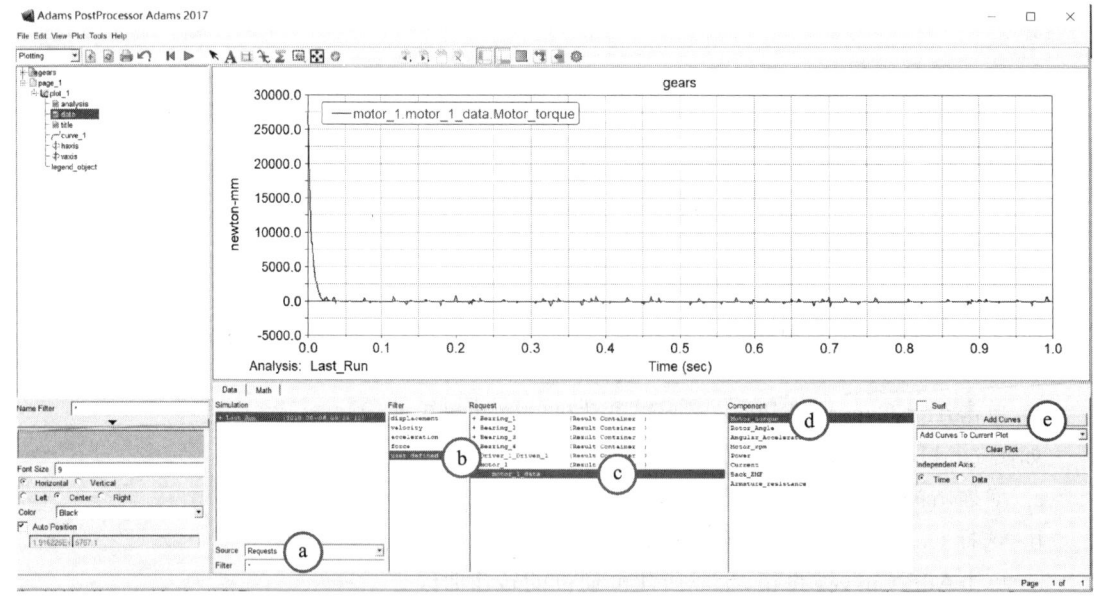

图 7-114 电动机驱动扭矩的测量结果

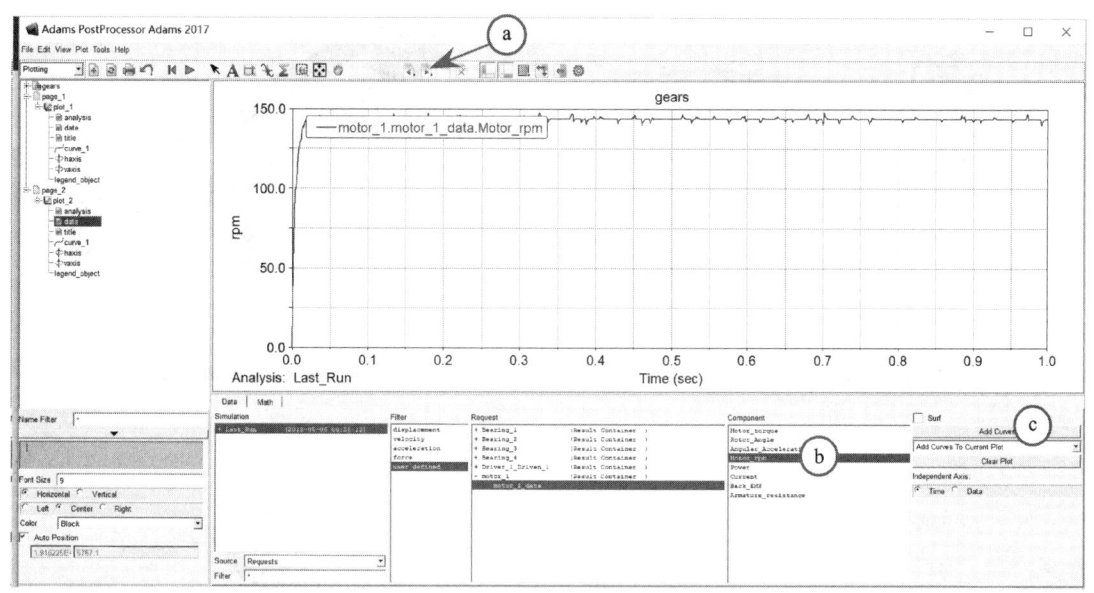

图 7-115 电动机转速的测量结果

思考题与习题

1. ADAMS/Machinery 模块都包含有哪些传动机构的建模功能?

2. 一对外啮合渐开线标准直齿圆柱齿轮传动,已知传动比 $i_{12}=3$,模数 $m=4$ mm,压力角 $\alpha=20°$,齿顶高系数 $h_a^*=1$,齿顶间隙系数 $c^*=0.25$。小齿轮为主动轮,其角速度为 $\omega_1=30$ (°)/s。试建立该齿轮机构的虚拟样机模型,并通过模型仿真分析从动大齿轮的实际角速度。

3. 图 7-116 所示为一个差动轮系,已知两个中心轮 1 和 3 的齿数分别为 $z_1=20$ 和 $z_3=60$,角速度分别为 $\omega_1=30$ (°)/s 和 $\omega_3=50$ (°)/s,且方向相反。

(1) 计算行星架的角速度大小;

(2) 建立该差动轮系的虚拟样机模型;

(3) 仿真分析虚拟样机模型,测量出行星架的角速度;

(4) 比较行星架角速度的理论计算值和仿真分析测量值的差异。

4. 图 7-117 所示为平带传动系统。已知两个带轮的中心距 $a=400$ mm,两个带轮的直径为 75 mm。在带的下方竖直安放一个张紧装置,杆长为 140 mm,张紧轮的直径为 30 mm。带轮 1 为主动,其逆时针方向转动的角速度为 $\omega_1=30$ (°)/s。试建立该带传动的虚拟样机模型,并通过仿真分析得出带轮 2 的角速度。

5. 图 7-118 所示为一链传动系统。链轮 1 为主动轮,其上作用的驱动运动的角速度为 $\omega_A=30$ (°)/s。链轮 2 为从动轮,其上作用阻力矩 1 000 N·mm。两链轮中心的位置关系是:水平方向的距离为 400 mm,竖直方向的距离是 100 mm。

(1) 建立该链传动系统的虚拟样机模型;

(2) 仿真分析链轮 2 的运动特性。

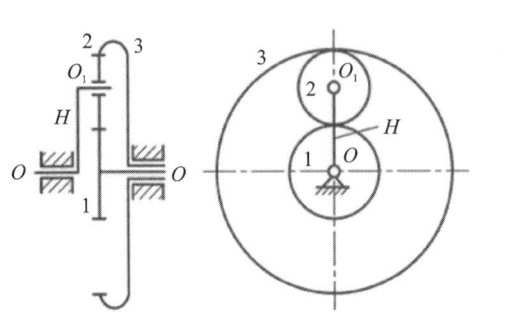

图7-116 差动轮系机构运动见图

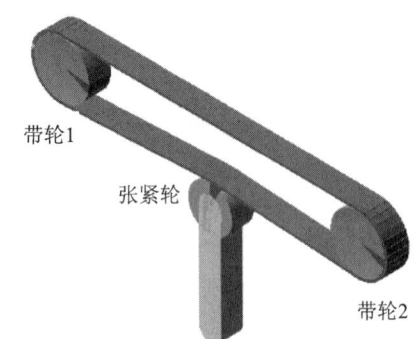

图7-117 带传动机构模型示意图

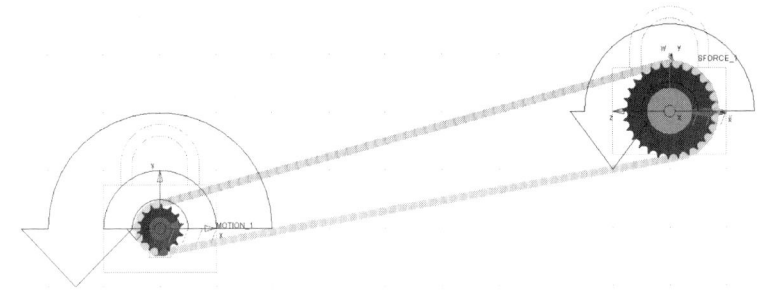

图7-118 链传动系统

6. 图7-119所示为一定滑轮动系统。已知滑轮的直径为200 mm,绳索一端悬挂的重物的质量为20 kg,绳索另一端手的拉力为120 N,绳索的直径为2 mm。

(1) 建立该定滑轮传动系统的虚拟样机模型;

(2) 仿真分析重物的运动特性。

7. 图7-120所示的轴系结构示意图。长度为240 mm,直径为$D=20$ mm轴的两端由两个向心深沟球轴承支撑,在轴的中间位置作用一个载荷$F=200$ N。已知两轴承的距离为$L=200$ mm,轴以角速度$\omega=30$ (°)/s匀速转动。

(1) 建立该轴系的虚拟样机模型;

(2) 仿真分析轴承的受力及其寿命。

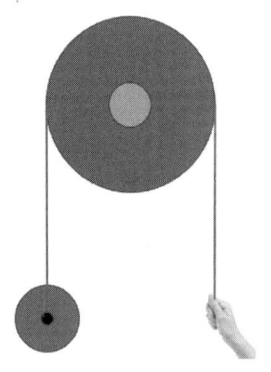

图7-119 定滑轮传动系统

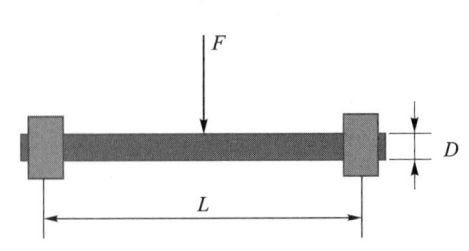

图7-120 滚动轴承支撑的轴

第 8 章　虚拟样机建模中的用户化设计

ADAMS/View 的用户化设计包括定制用户界面(用户对话框和用户菜单)、宏命令和条件循环语句。它们建立在 ADAMS 命令语言基础上,是虚拟样机技术应用中进行二次开发的有效工具和核心内容。本章只介绍定制用户界面的设计。

8.1　定制用户对话框

实例 8.1　在第 5 章的实例 5.1 中,参数化创建了压力机的虚拟样机模型,如图 5-12 所示。该压力机模型是以杆长 l_{AB}、l_{BC}、l_{AD} 为变量进行参数化的。通过更改 Modify Design Variable 对话框中设计变量的数值来对模型进行参数化,如图 8-1 所示。但这样的操作对用户来说很不方便,为此要求创建一个如图 8-2 所示的便于对上述 3 个杆长修改的用户对话框。

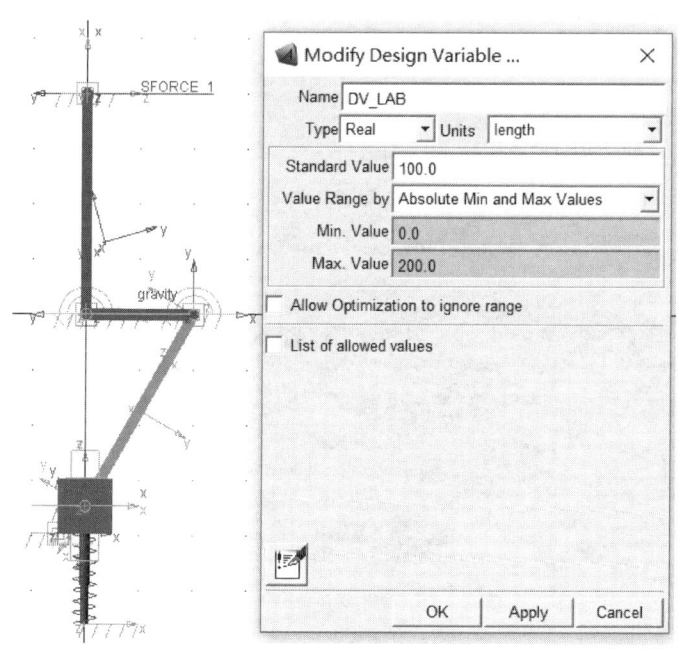

图 8-1　机构尺寸的更改

8.1.1　打开机构模型文件

1. 启动 ADAMS

双击桌面上 ADAMS/View 的快捷图标,启动 **ADAMS/View**。

2. 打开机构模型文件

打开机构模型文件 **example51_press_variable.bin**。

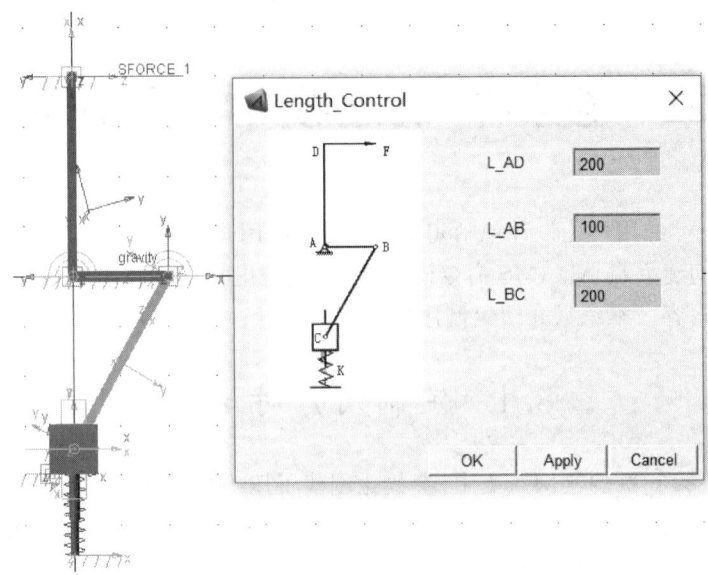

图 8-2 用户对话框

8.1.2 创建用户对话框

1. 创建对话框

(1) 创建新对话框

如图 8-3 所示,创建新对话框的步骤如下:

a. 选择 **Tools | Dialog Box | Create** 菜单项,打开 Dialog-Box Builder 窗口;

b. 在该窗口中选择 **Dialog Box | New** 菜单项,弹出 New Dialog Box 对话框,即完成创建用户对话框。

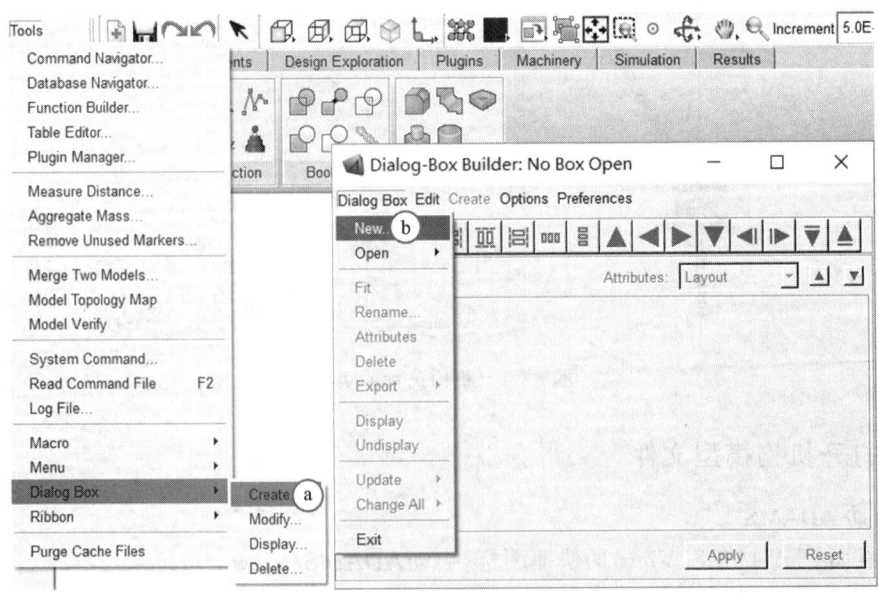

图 8-3 用户对话框的创建

（2）添加按钮

如图 8-4 所示，添加按钮的步骤如下：

a. 在 New Dialog Box 对话框中，更改 Name 为 **Length_Control**；

b. 在 Create Buttons 选项组中选中 **OK**、**Apply** 和 **Cancel** 等复选框；

c. 单击 **OK** 按钮即完成按钮的添加。

新创建的 Length_Control 对话框如图 8-5 所示。

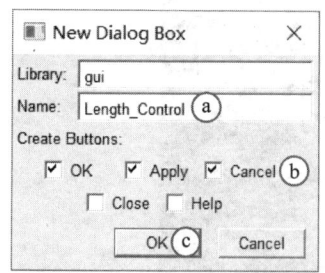

图 8-4　按钮的选择

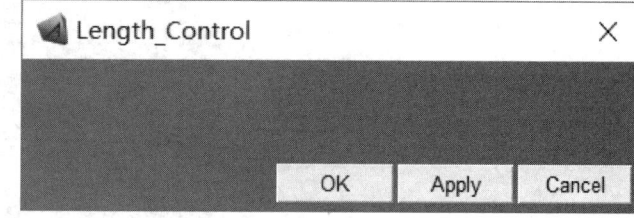

图 8-5　新创建的对话框

（3）调整对话框大小

按以下步骤调整对话框的大小，如图 8-6 所示。

a. 在 Dialog-Box Builder 窗口的 Attributes 下拉列表框中选择 **Layout**；

b. 更改 Width 为 **400**；

c. 更改 Height 为 **300**；

d. 单击 **Apply** 按钮即完成对话框大小的调整。

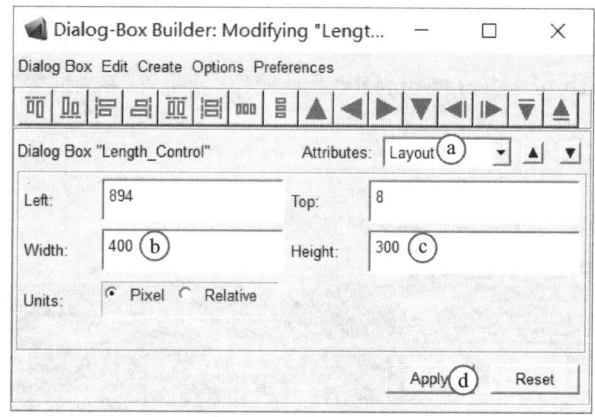

图 8-6　对话框大小的设置

2．创建文本框和标签

（1）创建文本框

如图 8-7 所示，按以下步骤创建输入杆长的文本框：

a. 在 Dialog-Box Builder 窗口中选择 **Create | Field** 菜单项，弹出 Length _Control 对话框；

b. 在 Length _Control 对话框上单击，得到文本框 field_1；

c. 重复上述步骤一次,得到文本框 field_2;

d. 再重复一次得到文本框 field_3,至此就完成了 3 个文本框的创建。

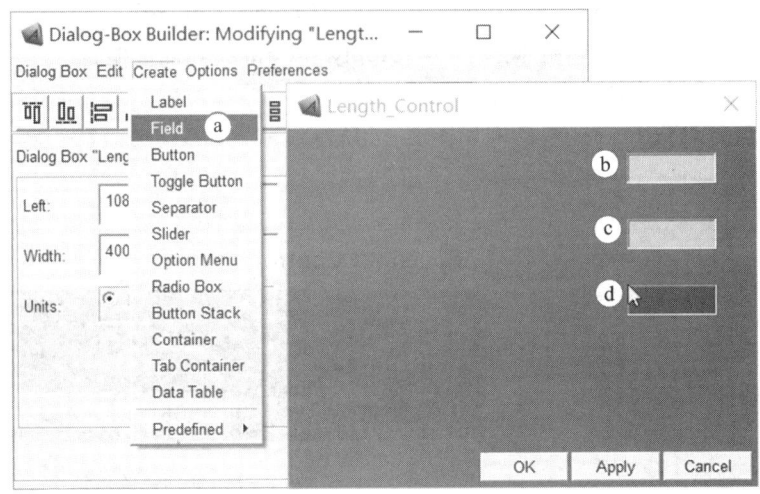

图 8-7 文本框的创建

(2) 调整文本框

若所创建文本框的位置不对齐、大小不统一,则可以通过适当的调整,使其位置对齐、大小统一,如图 8-8 所示。

a. 用光标框选中**3 个文本框**;

b. 在 Dialog-Box Builder 窗口中单击 **Align left edge of selected objects** 工具按钮,使 3 个文本框左对齐;

c. 单击 **Align height of selected objects** 工具按钮,使 3 个文本框等高度;

d. 单击 **Align width of selected objects** 工具按钮,使 3 个文本框等长度,至此即完成文本框的调整。

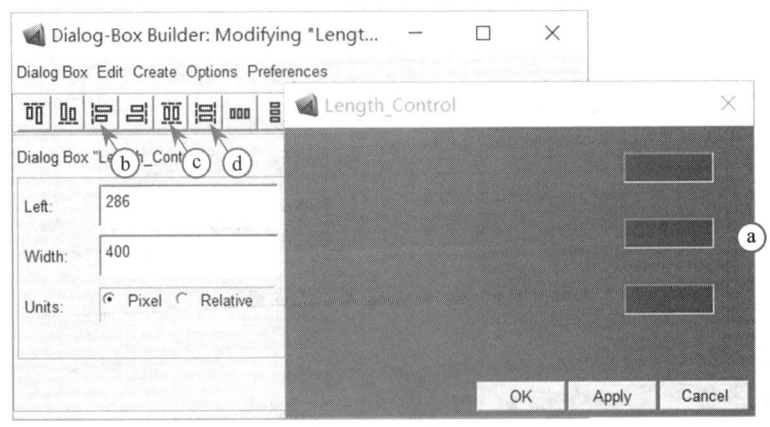

图 8-8 文本框的调整

(3) 创建文字说明标签

如图 8-9 所示,创建文字说明标签的步骤如下:

a. 在 Dialog-Box Builder 窗口中选择 **Create | Label** 菜单项，弹出 Length_Control 对话框；

b. 在该对话框的适当位置处单击，得到标签 lable_1；

c. 重复上述步骤一次，得到标签 lable_2；

d. 再重复一次，得到标签 lable_3，至此即完成文字说明标签的创建。

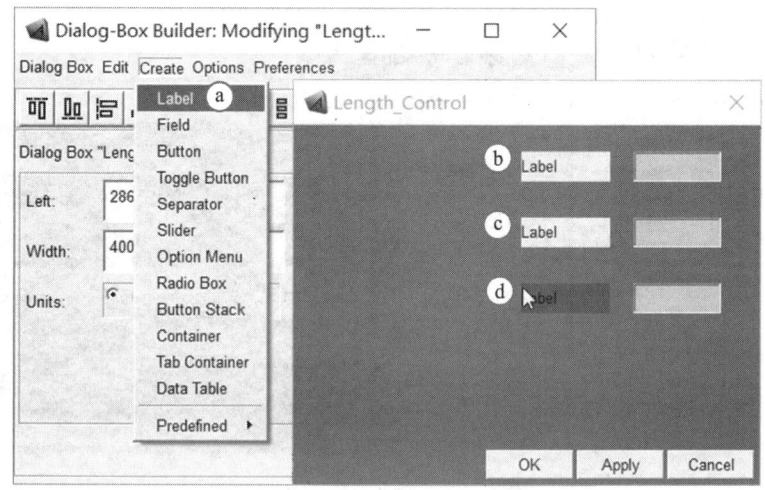

图 8-9　文字标签的创建

（4）更改标签的标识

如图 8-10 所示，按以下步骤更改标签的标识：

a. 双击标签**label_1**；

b. 在 Dialog-Box Builder 窗口中选择 Attributes 下拉列表框为**Appearance**；

c. 将 Label Text 文本框的内容 Label 更改为**L_AD**；

d. 选中 Justified 选项组中的**Center**；

e. 单击**Apply**按钮即完成标签标识的更改。

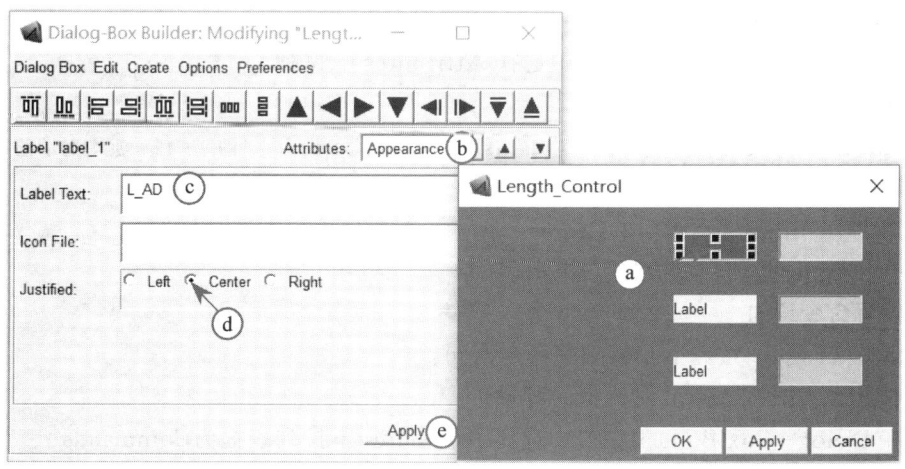

图 8-10　标签说明的更改

同理,将 lable_2 的 Label Text 中的内容 Label 更改为**L_AB**,将 label_3 的 Label Text 中的内容 Label 更改为**L_BC**。

(5) 创建图形说明标签

按图 8-11 所示操作顺序创建一个标签 label_4,用于显示压力机的机构运动简图。

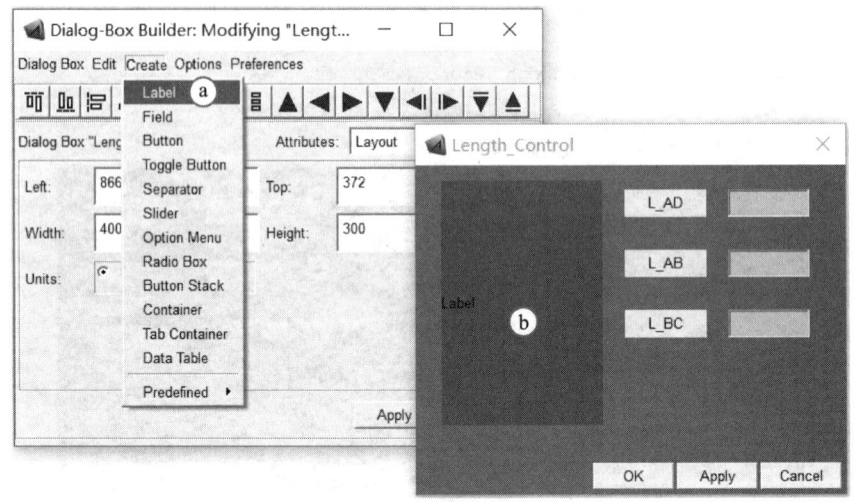

图 8-11 图形标签的创建

说明:此标签的大小在放入机构运动简图后可以进一步调整。

(6) 添加标签图形

创建一个压力机的机构运动简图(如图 8-12 所示),并以 bmp 的形式保存。例如,这里创建了一个保存在 E:\adams_examples\chapter_8 目录下的 press_sketch.bmp 文件。

如图 8-13 所示,按如下步骤在 label_4 中加入机构运动简图图片:

a. 双击标签**label_4**;

b. 在 Dialog-Box Builder 窗口中选择 Attributes 下拉列表框为**Appearance**;

c. 在 Icon File 文本框中输入 E:\adams_examples\press_sketch.bmp;

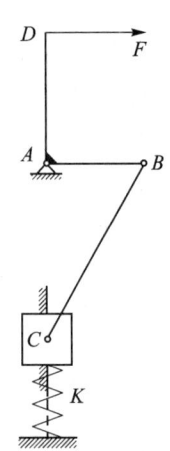

图 8-12 机构运动简图图片

d. 选中 Justified 选项组中的**Center**;

e. 单击**Apply**按钮即完成标签图形的添加。

3. 编写命令语句

如图 8-14 所示,按以下步骤编写命令语句:

a. 双击 Length_Control 对话框的**背景**;

b. 在 Dialog-Box Builder 窗口中选择 Attributes 下拉列表框为**Commands**;

c. 在命令文本框中输入

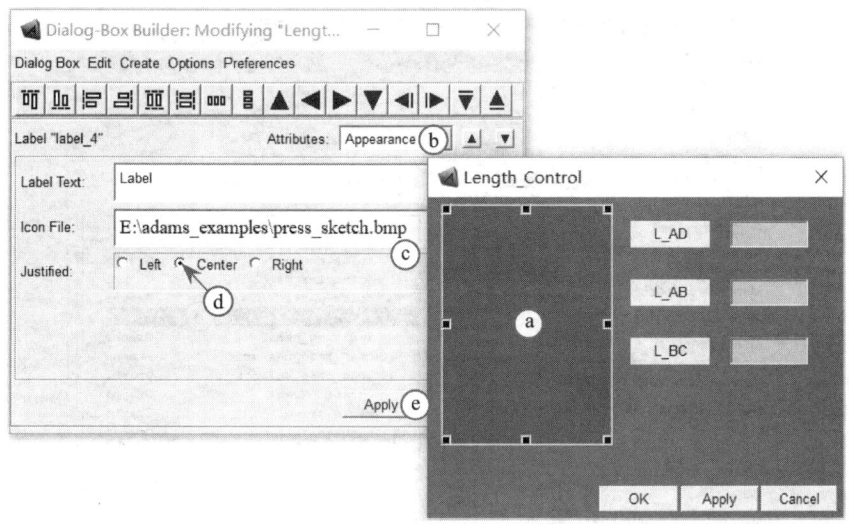

图 8-13 标签中图片的添加

$$\text{variable set variable} = \text{DV\_LAD real} = \$ \text{field\_1}$$
$$\text{variable set variable} = \text{DV\_LAB real} = \$ \text{field\_2}$$
$$\text{variable set variable} = \text{DV\_LBC real} = \$ \text{field\_3}$$

即完成命令语句的创建。

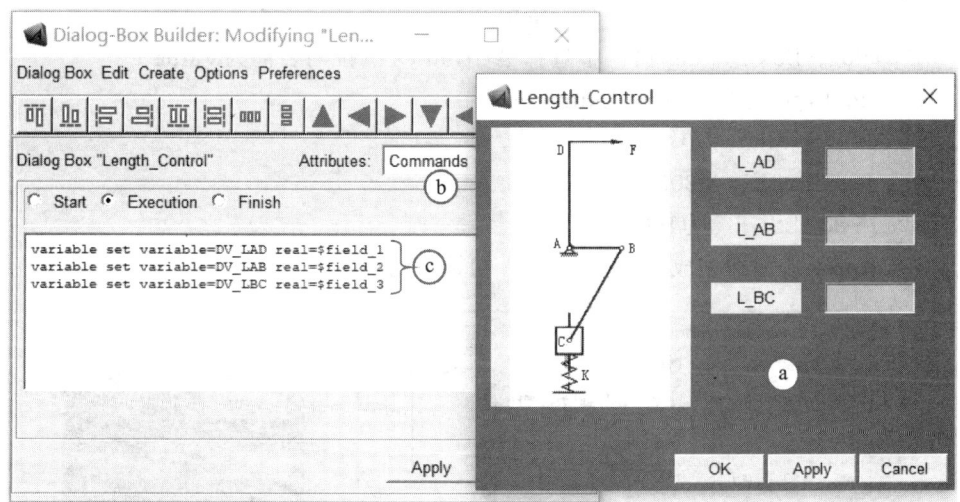

图 8-14 命令语句的创建

提示：若不慎关闭了 Length_Control 对话框，Dialog-Box Builder 窗口也将同时自动关闭。若想再次打开 Length_Contro 对话框并借助 Dialog-Box Builder 窗口对其进行编辑，则须按图 8-15 所示的步骤来操作。另外，在仅有 Length_Control 对话框存在，并且当双击其背景时 Dialog-Box Builder 窗口仍不出现的情况下，也须按图 8-15 所示的步骤打开 Dialog-Box Builder 窗口。

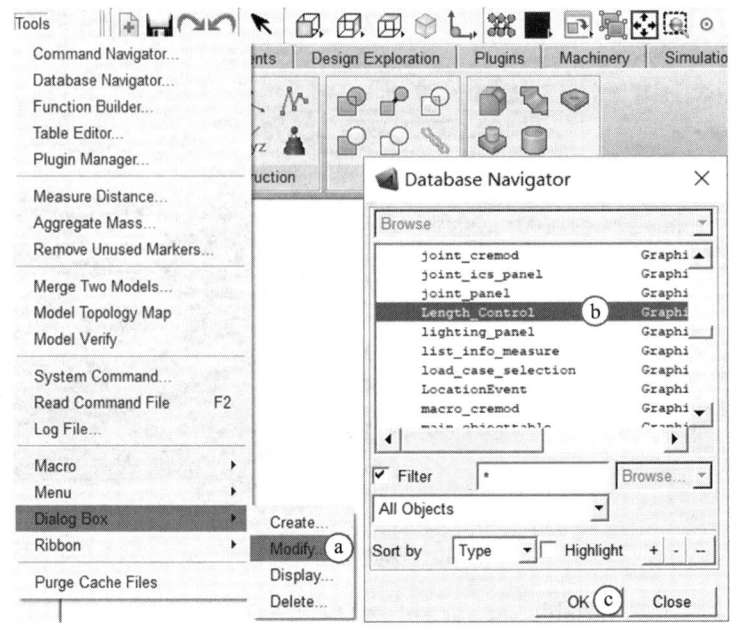

图 8 – 15　Dialog – Box Builder 窗口的打开

4. 设定文本框中的初始值

如图 8 – 16 所示，按以下步骤设定文本框中的初始值：

a. 在 Length_Control 对话框中双击 **field_1**；

b. 在 Dialog – Box Builder 窗口中选择 Attributes 下拉列表框为 **Value**；

c. 在 Field Type 选项组中选中 **Numeric**；

d. 输入 Lower Limit 为 **0**；

e. 输入 Upper Limit 为 **200**；

f. 输入 Preload String 为 **100**；

g. 单击 **Apply** 按钮即完成文本框 field_1 初始值的设定。

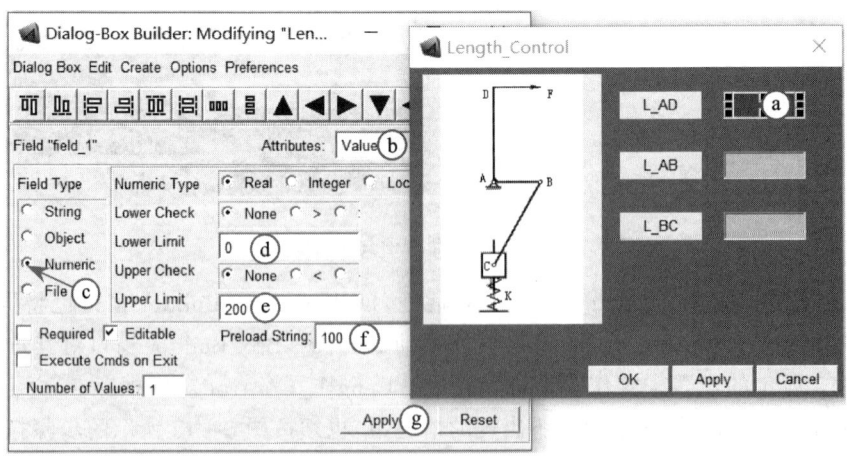

图 8 – 16　文本框 field_1 初始值的设定

采用同样方法设置 field_2 和 field_3 文本框中的初始值,如图 8-17 所示。

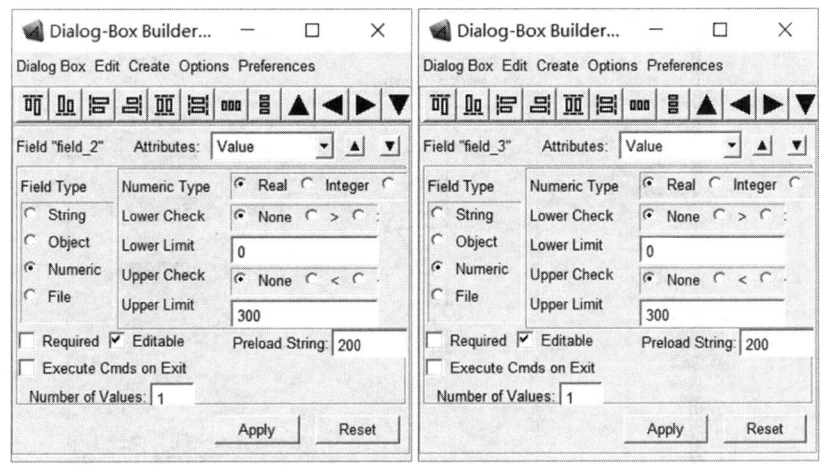

图 8-17　文本框 field_2 和 field_3 初始值的设定

8.1.3　测试用户对话框

1. 测试对话框的方式

测试对话框有两种方法。

第一种方法是直接关闭 Dialog-Box Builder 窗口,自动进入对 Length_Control 对话框的测试(使用)状态,如图 8-18 所示。

第二种方法是在 Dialog-Box Builder 窗口中选择 **Options | Test Box**(如图 8-19 所示),进入对 Length_Control 对话框的测试状态。

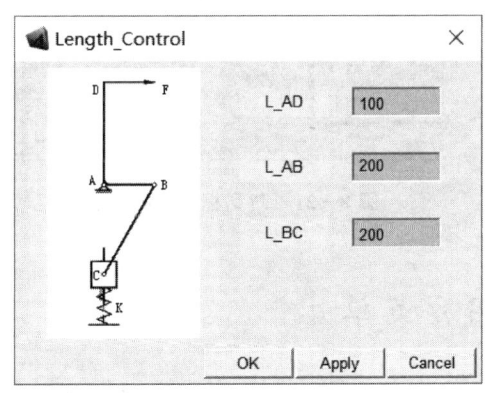

图 8-18　Length_Control 对话框

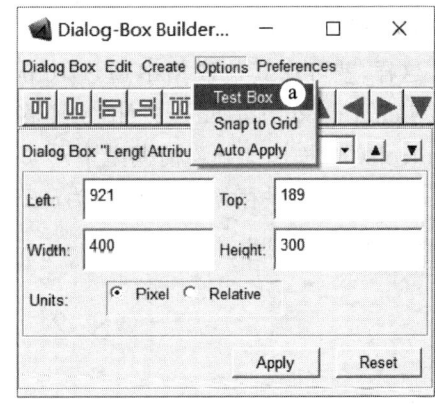

图 8-19　对话框的测试方式

2. 测试对话框

如图 8-20 所示,当 Length_Control 对话框处于测试状态时,按以下步骤进行测试:

a. 将 L_AD 的数值更改为150,将 L_AB 的数值更改为80,将 L_BC 的数值更改为160;

b. 单击 **Apply** 按钮,可观察到机构的尺寸发生了变化。

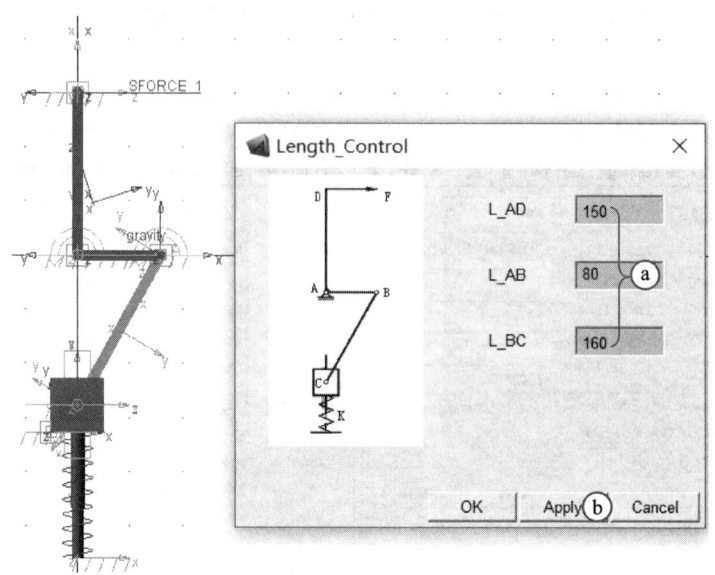

图 8-20 对话框的测试

提示：更改完各数值后，若单击 OK 按钮，则系统在获取了新的设计变量值后，将对话框自动关闭。重新打开对话框的方法如图 8-15 所示。

8.1.4 输出对话框文件

在 Dialog-Box Builder 窗口中，选择 **Dialog Box | Export | Command File** 菜单项，即在默认目录下保存了对话框文件 **Length_Control.cmd**，输出操作如图 8-21 所示。

这样，就可在其他模型中通过 Import 命令调入 Length_Control.cmd 文件，从而将 Length_Control 对话框添加到当前模型中。

实例 8.1 的保存模型文件名为 **example81_press_dialogbox.bin**。

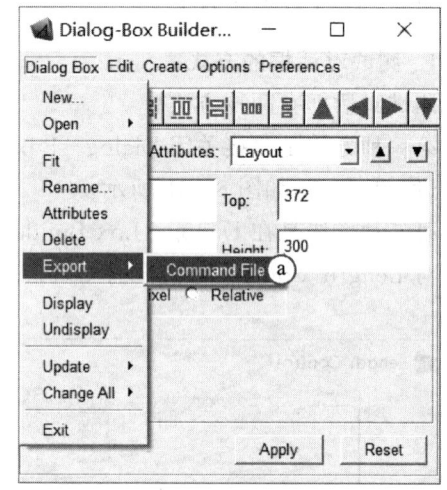

图 8-21 对话框文件的输出

8.2 定制用户菜单

上述创建完成了用户对话框，但我们发现，一旦关闭了用户对话框，对于一个不熟悉该软件的使用者来说，要想重新打开用户对话框并不是件很容易的事情。为了使用方便，需要定制用户菜单，以方便对话框的调用。

实例 8.2 试在 ADAMS/View 的主菜单中增加一个 My menu 菜单，用于打开定制的 Length_Control 用户对话框，即当选择 My menu | Length_Control 菜单命令时，即可重新打开已经关闭的 Length_Control 对话框，用户菜单的式样如图 8-22 所示。

第 8 章 虚拟样机建模中的用户化设计

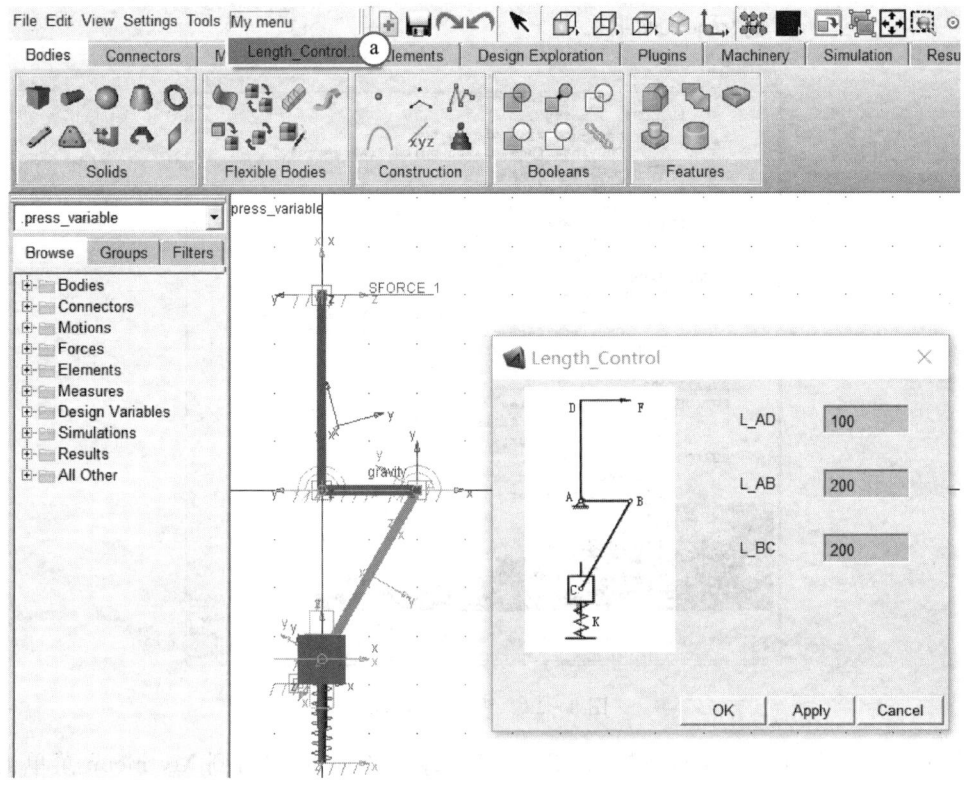

图 8-22 用户菜单

8.2.1 打开机构模型文件

1. 启动 ADAMS

双击桌面上 ADAMS/View 的快捷图标,启动 **ADAMS/View**。

2. 打开机构模型文件

打开机构模型文件 **example81_press_dialogbox.bin**。

8.2.2 创建用户菜单

选择 **Tools | Menu | Modify** 菜单项(如图 8-23 所示),打开如图 8-24 所示的 Menu Builder 窗口。在该窗口的最后添加如下命令:

MENU1 &My menu
 NAME=my menu
 HELP=This is my menu
 BUTTON2 &Length_Control...
  HELP=Open "Length_Control" dialogbox
  CMD=int dia disp dia=.gui.Length_Control

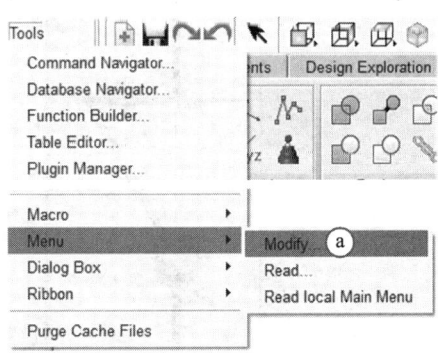

图 8-23 菜单的修改

313

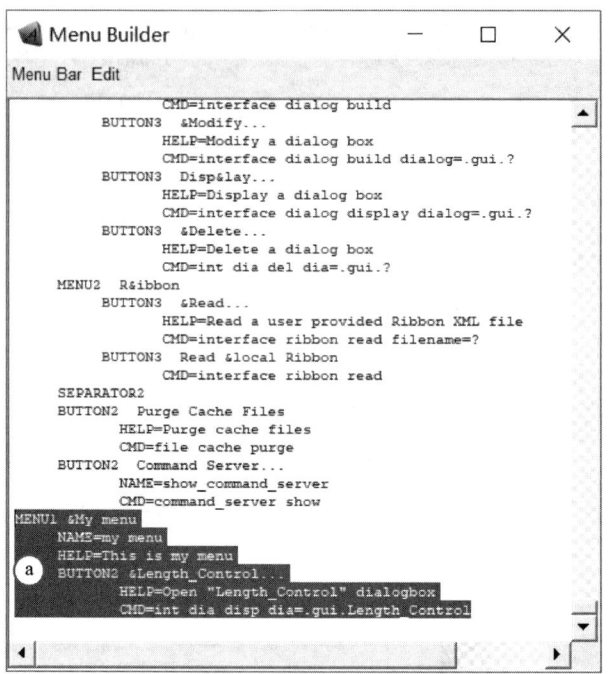

图 8-24 新菜单的添加

在 Menu Builder 窗口中选择 **Menu Bar | Apply** 菜单项，可以看到 My menu 菜单被添加到主菜单中，如图 8-25 所示。

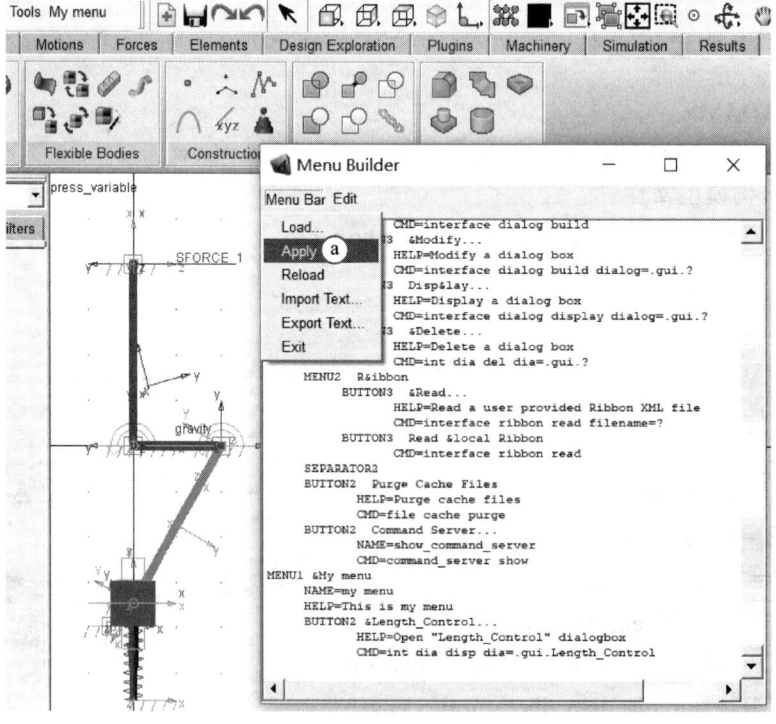

图 8-25 用户菜单的添加

8.2.3 执行用户菜单

选择 **My menu | Length_Control** 菜单项,Length_Control 对话框即刻弹出,如图 8 - 26 所示。

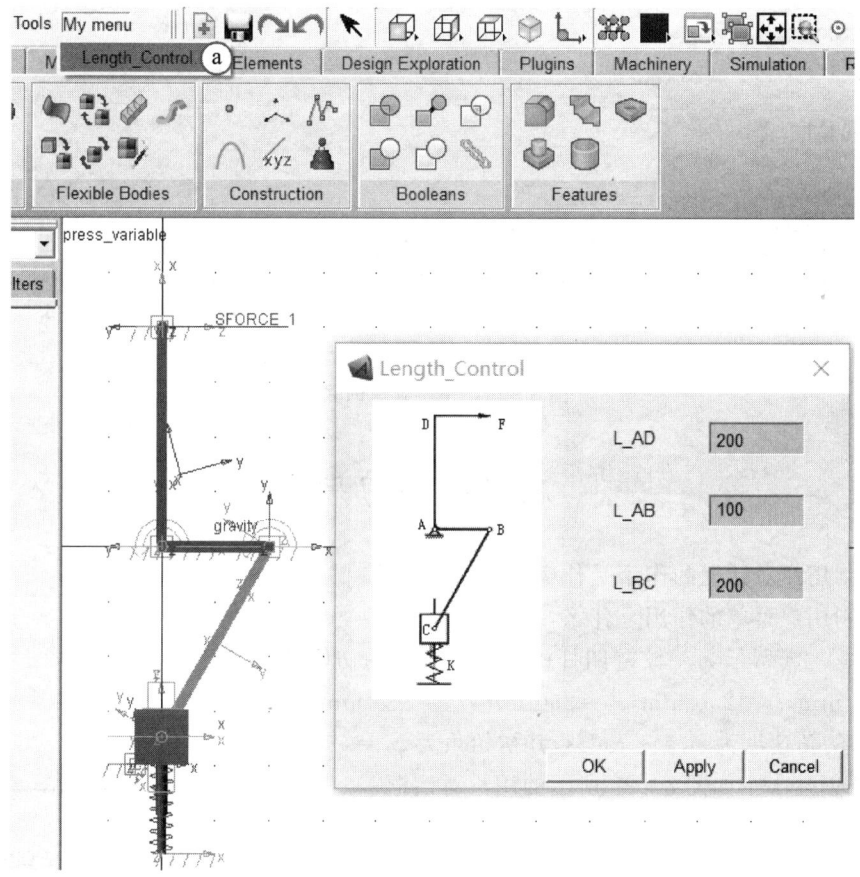

图 8 - 26 用户菜单的应用

8.2.4 输出用户菜单

如图 8 - 27 所示,按以下步骤输出用户菜单文件:

a. 在 Menu Builder 窗口中选择 **Menu Bar | Export Text** 菜单项,弹出 Select File 对话框;

b. 选择菜单文件要保存的路径;

c. 输入保存的文件名 **my menu**;

d. 单击"**打开**"按钮即完成用户菜单的输出。

实例 8.2 的保存模型文件名为 **example82_menu.bin**。

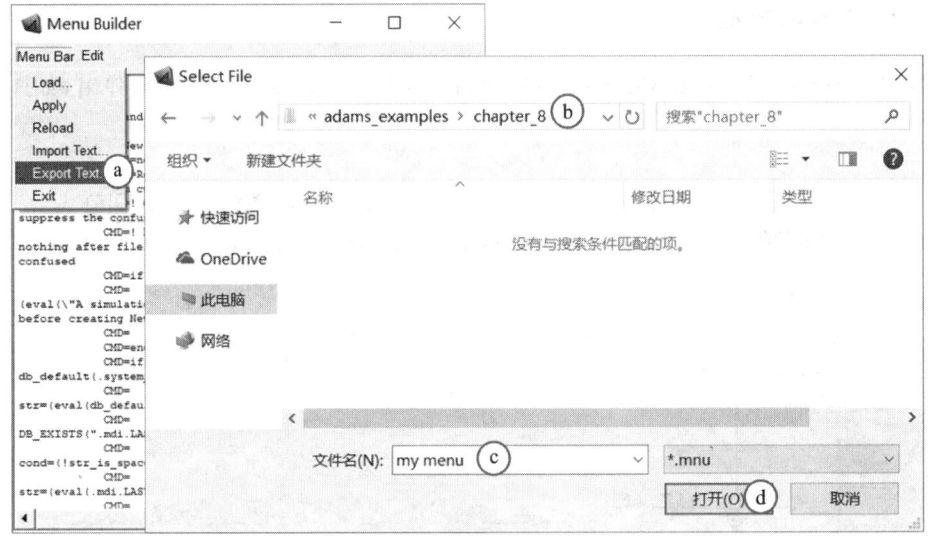

图 8-27 用户菜单的输出

思考题与习题

1. 定制用户对话框的作用是什么？
2. 定制用户菜单的作用是什么？
3. 图 8-28 所示为一铰链四杆机构。设各杆的初始长度为 $l_1=120$ mm，$l_2=250$ mm，$l_3=260$ mm，$l_4=300$ mm，构件 1 匀速转动的角速度为 $\omega_1=1$ rad/s，其初始角为 $\varphi_1=45°$。

（1）试创建 1 个如图 8-29 所示的用户对话框；

（2）分别输入 5 个变量的数值，观察机构模型的变化；

（3）分析构件 3 的运动。

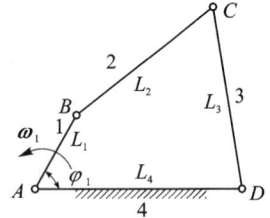

图 8-28 铰链四杆机构

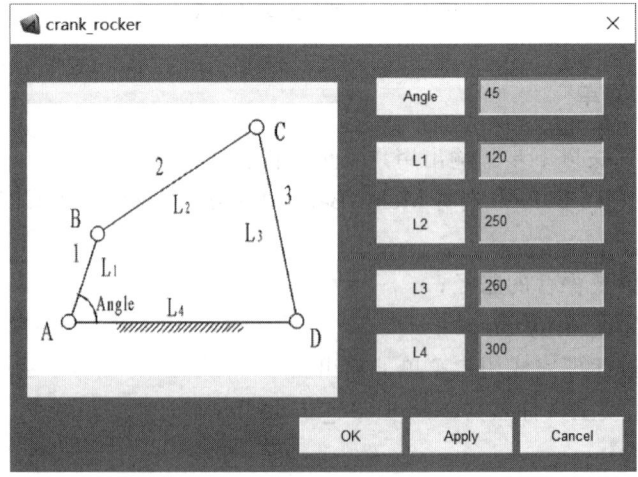

图 8-29 用户对话框 crank_rocker

4. 图 8-30 所示为一对心曲柄滑块机构。设曲柄和连杆的初始长度为 $a=100$ mm, $b=200$ mm。

(1) 试创建 1 个如图 8-31 所示的用户对话框;

(2) 分别更改 3 个变量的数值,观察机构模型的变化。

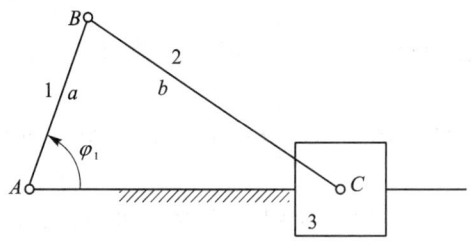

图 8-30 曲柄滑块机构

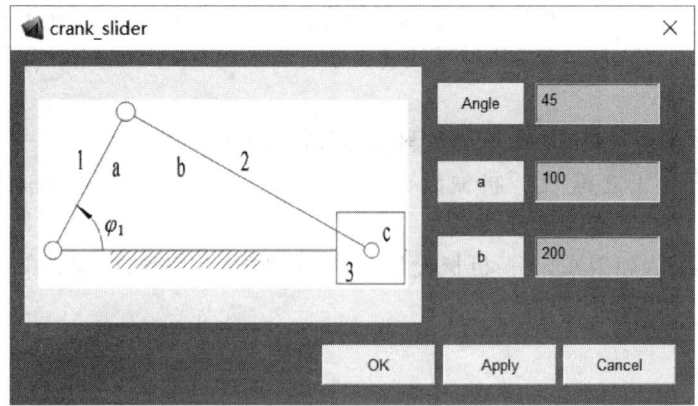

图 8-31 用户对话框 crank_slider

参考文献

[1] 郭卫东. 虚拟样机技术与 ADAMS 应用实例教程[M]. 北京:北京航空航天大学出版社,2008.

[2] 郭卫东,李守忠,马璐. ADAMS2013 应用实例精解教程[M]. 北京:机械工业出版社,2015.

[3] MSC.Software. MSC.ADAMS/View 高级培训教程[M]. 刑俊文,陶永忠,译. 北京:清华大学出版社,2004.

[4] 李军,刑俊文,覃文浩,等. ADAMS 实例教程[M]. 北京:北京理工大学出版社,2002.

[5] 王国强,张进平. 虚拟样机技术及其在 ADMAS 上的实践[M]. 西安:西北工业大学出版社,2002.

[6] 郑建荣. ADMAS——虚拟样机技术入门与提高[M]. 北京:机械工业出版社,2002.

[7] 陈立平,张云清,任卫群,等. 机械系统动力学分析及 ADAMS 应用教程[M]. 北京:清华大学出版社,2005.

[8] 郭卫东. 机械原理[M]. 2 版. 北京:科学出版社,2014.

[9] 吴瑞祥,刘静华,王之栎,等. 机械设计基础(上册)[M]. 北京:北京航空航天大学出版社,2005.

[10] 吴瑞祥,王之栎,郭卫东,等. 机械设计基础(下册)[M]. 北京:北京航空航天大学出版社,2005.